高职高专"十三五"建筑及工程管理类专业系列规划教材

建筑设备安装基本技能

主　编　徐洪涛

副主编　张鹏举　齐冠然　赵小宁　王兴科

主　审　吴笑伟

西安交通大学出版社
XI'AN JIAOTONG UNIVERSITY PRESS

内 容 提 要

　　本书是建筑设备类专业的实践性教材，其内容包括钳工、焊工、管道工、建筑电工和钣金工等五个工种的基本操作技术和加工工艺。采用"项目引领、任务驱动"的思路编写，内容注重实际应用，理论联系实际。图文并茂，通俗易懂，便于教师教学和学生自学。全书内容丰富，教师在教学中可根据实际教学情况，对全书内容作选择性讲授。

　　本书可作为高职高专院校建筑设备类、机电类、土建类、管理类等专业的教材，也可作为中职学校、技工院校等相关专业的教材，以及工程技术人员学习和培训用书。

前言

本书是为适应全国建设行业对建筑设备工程技术领域人才的需求,进一步强化学生的实际动手能力的培养,提高操作技能和技术服务能力而编写的。

在本书的编写过程中,依据了当前职业教育的改革精神,编者立足教学实际,汲取众多国家级规划教材及其他相关教材的优点,结合多名工作在教学一线教师在教学实践中的心得体会,并结合了河南建筑职业技术学院在近几年的职业教育实践中的所作的一些探索。

本书是建筑设备类专业的实践性教材,主要内容包括安装钳工、焊工、管道工、建筑电工和钣金工等五个工种的基本操作技术和加工工艺等相关知识,通过实践操作使学生初步掌握基本操作技术,能够进行安全文明操作,为从事工程施工和管理工作奠定基础。

本书具有以下特点:

(1)采用"项目引领、任务驱动"的思路编写,将五个工种作为五个项目,在每个项目中设置了一些任务,通过工作任务来整合相关知识与技能。

(2)采用理论与实际相结合的方式,注重实际应用,理论知识的讲述重点在于培养学生分析和解决实际问题的能力。

(3)具有图文结合、直观易懂、结合实际、可操作性强等特点。

本书由河南建筑职业技术学院徐洪涛主编并统稿,河南建筑职业技术学院张鹏举、齐冠然和石家庄理工学院赵小宁、陕西铁路工程职业技术学院王兴科担任副主编,河南交通职业技术学院吴笑伟主审。参加本书编写工作的人员及分工情况如下:徐洪涛(项目一),湖南劳动人事职业学院张会强(项目二:任务 2.1~任务 2.3),齐冠然(绪论、任务 2.4、任务 3.7、任务 5.1、任务 5.2),张鹏举(项目三:任务 3.1~任务 3.6),河南建筑职业技术学院任伟(项目四),巩义市第一中等专业学校赵向前(项目五:任务 5.3~任务 5.6)。

由于编者学识水平和时间所限,书中难免有疏漏和不当之处,恳请广大师生和读者批评指正,并留下您宝贵的意见和建议,编者不胜感激。

编者

2015 年 6 月

目 录

绪　论

一、建筑业的发展加大了对具有操作能力的技能型人才的需求

随着科技创新步伐的加快,新技术、新工艺、新设备、新材料在建筑工程施工中的广泛应用,建筑业的发展步伐也在不断加快,这也对现代建筑安装企业的施工与管理提出了更高的要求,对技能型专业人才的社会需求不断增大。作为担负培养技能型人才的高等职业院校,教育的任务也更加繁重。从事建筑安装工程施工与管理的专业技术人员,应当是懂专业、能操作、会管理的综合性技能型人才,不仅具有较高的综合素质和专业能力,还应具有熟练的基本操作能力。为此,在建筑安装工程施工中,要求从业者掌握钳工、焊工、管道工、建筑电工和钣金工等五大工种的基本知识和基本技能。这是保证建筑安装工程施工质量和提高施工管理水平的需要。加强对建筑安装施工企业的专业技术人员操作技能的培训,对于提高施工管理水平,保证施工质量与安全,适应社会对人才规格质量的需求,都具有重要意义。

二、本课程的性质、任务与内容

本课程是高职高专建筑设备类专业的一门实践性很强的专业基础课程,主要内容包括安装钳工、焊工、管道工、建筑电工和钣金工等五个工种的基本操作技术和加工工艺等相关知识。学生通过本课程的理论学习和实际操作,能初步掌握五个工种的基本知识和基本操作技术,并能够做到安全文明操作,为从事工程施工和管理工作奠定基础。

本课程具体内容如图 0-1 所示。

三、本课程的学习方法与要求

1.明确项目任务,掌握基本知识

本书的每个项目中都设置了一些任务,完成这些工作任务需要相关知识和技能。学习者应该首先分析项目任务,清楚其中包含的基本知识和基本技能。为了更好地完成这些工作任务,学习者应重视基本知识的学习,深入理解基本知识,不仅要"知其然",还要"知其所以然"。

2.理论联系实践,强化基本技能训练

教师要根据项目任务有目的、有计划、有组织地安排学生进行基本技能操作训练。学习者要端正实训态度,基本技能操作训练不仅仅是为了提高动手操作能力,更重要的是培养解决实际问题的能力和和创新能力。在基本技能操作训练中,学习者应以相关基本知识为指导,在操作中反复体会基本知识和基本操作要领,在提高动手操作能力的同时,加深对基本知识的理解。

3.重视安全知识,强化质量意识

在基本技能操作训练前,学习者要熟悉作业现场和机具设备有关知识,熟知本工种的安全操作规程,掌握必要的安全技术知识。教学组织者要建立明确的规章制度,制定严格的安全操作规程,认真贯彻"安全第一,预防为主"的方针,始终要把操作安全放在第一位。在基本技能操作训练中,学习者要时刻保持较强的安全意识,充分了解机具的性能,掌握操作要领,明确工作危险部位和危险设备及操作应注意的事项,凡没有经过安全教育和操作训练者,不得独立操作。在完成任务的过程中,学习者要按照相关规范和质量标准进行操作,力争高标准、高质量完成项目任务。

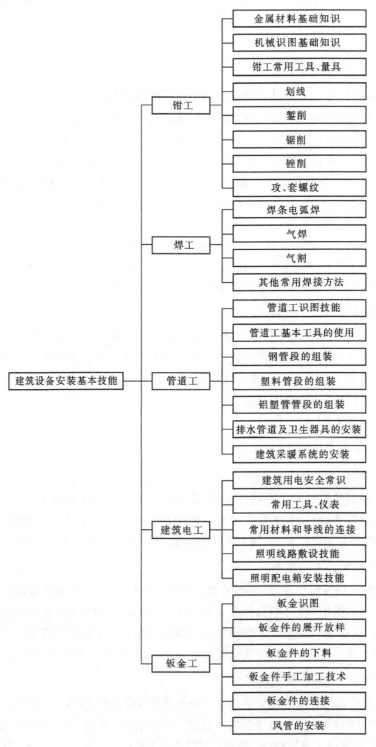

图 0-1　课程内容体系

项目一
钳 工

教学导航

学习任务	任务 1.1 金属材料基础知识 任务 1.2 机械识图基础知识 任务 1.3 钳工常用工具、量具 任务 1.4 划线 任务 1.5 錾削 任务 1.6 锯削 任务 1.7 锉削 任务 1.8 钻削 任务 1.9 攻、套螺纹	参考学时	14
能力目标	了解钳工的基本任务,能按照要求进行划线、錾削、锯割、锉削、孔加工、攻螺纹、套螺纹等,最后能独立完成鸭嘴锤的加工		
教学资源与载体	多媒体网络平台,教材,动画,ppt和视频,教学做一体化教室,工程图纸,评价考核表		
教学方法与策略	项目教学法,引导法,演示法,参与型教学法		
教学过程设计	演示、播放录像或动画,给出图纸,学习认知各种钳工操作,引发学生求知欲望,作好学前铺垫		
考核评价内容	根据各个任务的知识网络,按工艺要点给分,重点考核钣金2技能训练的过程和成果		
评价方式	自我评价( )小组评价( )教师评价( )		

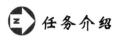

任务 1.1　金属材料基础知识

任务介绍

在建筑设备安装工程中,要使用机具对金属材料进行加工,首先要了解金属材料的相关知识。本任务主要是熟悉金属材料的种类、机械性能、热处理等基础知识。

任务目标

1.知识目标

(1)熟悉金属材料的种类;

(2)掌握金属材料的机械性能指标;

(3)了解金属材料的热处理方法。

2.能力目标

能分析低碳钢的拉伸曲线。

知识分布网络

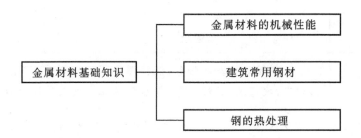

相关知识

1.1.1　金属材料的基本机械性能

所谓金属材料的使用性能是指金属材料在使用过程中所表现出来的性能,如机械性能、物理性能、化学性能等。金属材料使用性能的好坏,决定了它的使用范围与使用寿命。所谓工艺性能是指金属材料在加工过程中表现出来的性能,如铸造性能、可焊性、可锻性、热处理性能、切削加工性等。金属材料工艺性能的好坏,决定了它在制造过程中加工成形的适应能力。

金属材料在载荷作用下所表现出来的性能,称为机械性能(或称为力学性能)。材料的机械性能主要有:强度、塑性、硬度、冲击韧度和疲劳强度等。

一、常用术语

1.应力与应变

(1)应力:物体内部任一截面单位面积上的相互作用力。同截面垂直的称为"正应力"或"法向应力",同截面相切的称为"剪应力"或"切应力"。

(2)应变:物体形状尺寸所发生的相对改变。物体内部某处的线段在变形后长度的改变值同线段原长之比值称为"线应变"。

2.两种基本变形

(1)弹性变形:材料受外力作用时产生变形,当外力去除后恢复其原来形状,这种随外力消失而消失的变形,称为弹性变形。

(2)塑性变形:材料在外力作用下产生永久的不可恢复的变形,称为塑性变形。

二、金属材料的基本机械性能

1.强度

强度是指材料在外力作用下抵抗塑性变形和断裂的能力。按作用力性质不同,强度可分为屈服点(屈服强度)、抗拉强度、抗压强度、抗弯强度、抗剪强度等。在工程上常用来表示金属材料强度的指标有屈服强度和抗拉强度。

金属材料的主要强度指标是通过单向拉伸试验获得的。试验一般在标准条件下进行,即采用符合国家标准规定形式和尺寸的标准试件,在室温 20℃左右,按规定的加载速度在拉力试验机上进行。试验所用试样如图 1-1 所示。

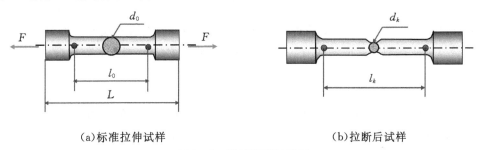

(a)标准拉伸试样　　　　　　　　　　(b)拉断后试样

图 1-1　拉伸试样示意图

图 1-1 中 d_0 和 l_0 分别为试样在拉伸前的计算直径和计算长度,d_k 和 l_k 分别为试样在拉断后的断口直径和计算长度。

低碳钢和低合金钢(含碳量和低碳钢相同)一次拉伸时的应力—应变曲线简化的光滑曲线如图 1-2 所示。应力—应变曲线中各段情况分析如下:

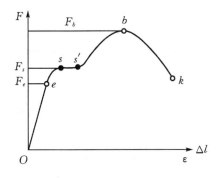

图 1-2　低碳钢拉伸曲线

oe 段:直线,弹性变形。

es 段:曲线,弹性变形＋塑性变形。

ss' 段:水平线(略有波动),明显的塑性变形屈服现象,作用的力基本不变,试样连续伸长。

$s'b$ 段:曲线,弹性变形＋均匀塑性变形。

b 点:出现缩颈现象,即试样局部截面明显缩小,试样承载能力降低,拉伸力达到最大值,而后降低,但变形量增大。

k 点:试样发生断裂。

e 点:弹性极限点;

s 点:屈服点;

b 点:极限载荷点;

k 点:断裂点。

$$\frac{F}{s_0} = \sigma \qquad\qquad \frac{\Delta l}{l_0} = \varepsilon$$

式中,s_0——试样的原始截面积(mm^2)。

(1)弹性极限(σ_e)。弹性极限是指金属材料能保持弹性变形的最大应力。它表征了材料抵抗弹性变形的能力。σ_e 的计算公式为:

$$\sigma_e = F_e/s_0 \qquad (MPa)$$

(2)屈服强度(σ_s)。屈服强度是指材料在外力作用下,产生屈服现象时的最小应力。它表征了材料抵抗微量塑性变形的能力。屈服强度是塑性材料选材和评定的依据。σ_s 的计算公式为:

$$\sigma_s = F_s/s_0 \qquad (MPa)$$

(3)抗拉强度(σ_b)。抗拉强度是材料在拉断前承受最大载荷时的应力。它表征了材料在拉伸条件下所能承受的最大应力。抗拉强度是脆性材料选材的依据。

$$\sigma_b = F_b/s_0 \qquad (MPa)$$

2. 塑性

塑性是指金属材料在外力作用下产生永久变形而不致引起破坏的性能。金属材料的塑性通常用伸长率和断面收缩率来表示。

(1)伸长率 δ。计算公式为:

$$\delta = \frac{l_k - l_0}{l_0} \times 100\%$$

(2)断面收缩率 φ。

断面收缩率是指试样拉断后断面处横截面积的相对收缩值。计算公式为:

$$\varphi = \frac{s_0 - s_k}{s_0} \times 100\%$$

δ 和 φ 愈大,则塑性愈好。良好的塑性是金属材料进行塑性加工的必要条件。

3. 硬度

金属材料抵抗其他更硬的物体压入其内的能力,叫硬度。

硬度是材料性能的一个综合的物理量,表示金属材料在一个小的体积范围内抵抗弹性变形、塑性变形或破断的能力。

金属材料的硬度可用专门仪器来测试,常用的有布氏硬度机、洛氏硬度机等。

(1)布氏硬度(HB)。用布氏硬度机测试出来的硬度叫布氏硬度。其试验原理为:用一定直径的压头(球体),以相应试验力压入待测表面,保持规定时间卸载后,测量材料表面压痕直径,以此计算出硬度值。如图1-3所示。布氏硬度的计算公式为:

$$HB=0.102\frac{2F}{\pi D(D-\sqrt{D^2-d^2})}$$

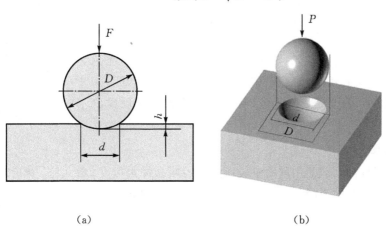

（a）　　　　　　　　　　　　　（b）

图1-3　布氏硬度测试示意图

压头为钢球时,布氏硬度用符号 HBS 表示,适用于布氏硬度值在450以下的材料。压头为硬质合金球时,用符号 HBW 表示,适用于布氏硬度在650以下的材料。

例如,120HBS 10/1000/30 表示直径为10mm的钢球在1000kgf载荷作用下保持30s测得的布氏硬度值为120。

布氏硬度通常用于测定铸铁、有色金属、低合金结构钢等材料的硬度。

(2)洛氏硬度(HR)。在洛氏硬度机上测试出来的硬度叫洛氏硬度。其试验原理为:用锥顶角为120°的金刚石圆锥或直径1.588mm的淬火钢球,以相应试验力压入待测表面,保持规定时间卸载后卸除主试验力,以测量的残余压痕深度增量来计算出硬度值。如图1-4所示。洛氏硬度的计算公式为:

$$HR=K-e/0.002$$

根据压头类型和主载荷不同,分为九个标尺,常用的标尺为 A、B、C。

HRA 是采用60kg载荷和钻石锥压入器求得的硬度,用于硬度极高的材料。例如:硬质合金。

HRB 是采用100kg载荷和直径1.58mm淬硬的钢球求得的硬度,用于硬度较低的材料。例如:退火钢、铸铁等。

HRC 是采用150kg载荷和钻石锥压入器求得的硬度,用于硬度很高的材料。例如:淬火钢等。

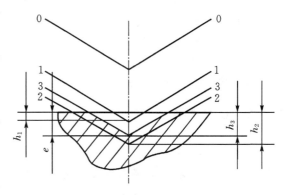

图1-4　洛氏硬度测试示意图

符号 HR 前面的数字为硬度值,后面为使用的标尺。如:60HRC 表示使用金刚石圆锥压头,所加载荷为 150 kgf,所测得的硬度值为 60。

(3)维氏硬度(HV)。其实验原理为:以一定的试验力将压头压入试样表面,保持规定时间卸载后,在试样表面留下一个四方锥形的压痕,测量压痕两对角线长度,以此计算出硬度值。与布氏硬度试验原理基本相同,只是压头改用了金刚石四棱锥体。如图 1-5 所示。

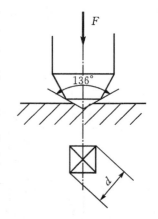

维氏硬度用符号 HV 表示,符号前的数字为硬度值,后面的数字按顺序分别表示载荷值及载荷保持时间。例如:580HV30 表示用 30kgf(294.2N)试验力保持 10~15s 测定的维氏硬度值为 580。

4. 冲击韧度（a_k）

金属材料抵抗冲击载荷作用而不破坏的能力叫做冲击韧度。常用一次摆锤冲击试验来测定金属材料的冲击韧度。如图 1-6 所示。计算公式为:

图 1-5 维氏硬度测试示意图

$$a_k = A_K/s_0(\text{J} \cdot \text{cm}^{-2})$$

式中:A_k——折断试样所消耗的冲击功(J);

s_0——试样断口处的原始截面积(mm^2)。

冲击韧度 a_k 就是试样缺口处单位截面积上所消耗的冲击吸收功。

5. 疲劳强度

工程上一些机件工作时受交变应力或循环应力作用,即使工作应力低于材料的 σ_s,但经过一定循环周次后仍会发生断裂,

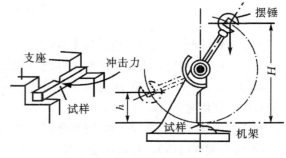

图 1-6 冲击韧性试验示意图

这样的断裂现象称之为疲劳。据统计,约 80％的机件失效为疲劳破坏。当零件所受的应力低于某一值时,即使循环周次无穷多也不发生断裂,称此应力值为疲劳强度或疲劳极限。

材料的疲劳强度通常在旋转对称弯曲疲劳试验机上测定。疲劳曲线如图 1-7 所示。无数次应力循环,对于钢材为 10^7,有色金属和某些超高强度钢常取 10^8。

产生疲劳破坏的原因,一般认为是由于材料有杂质、表面划痕及其他能引起应力集中的缺陷。

1.1.2 建筑常用钢材

一、钢材的分类

钢的分类方法很多,通常有以下几种分类方法:

1. 按冶炼时脱氧程度分类

按脱氧程度不同,钢分为沸腾钢(代号为 F)、半镇静钢(代号为 b)、镇静钢(代号为 Z)和特殊镇静钢(代号为 TZ),镇静钢和特殊镇静钢的代号可以省去。

图 1-7 疲劳曲线

（1）沸腾钢。炼钢时仅加入锰铁进行脱氧，脱氧不完全，钢液中还有较多金属氧化物，浇铸钢锭后钢液冷却到一定的温度，其中的碳会与金属氧化物发生反应，生成的大量一氧化碳气体外逸，引起钢液激烈沸腾，因而这种钢材称为沸腾钢，其代号为"F"。

（2）镇静钢。炼钢时一般用硅脱氧，也可采用锰铁、硅铁和铝锭等作为脱氧剂，脱氧完全，钢液中金属氧化物很少或没有，在浇铸钢锭时钢液会平静地冷却凝固，这种钢称为镇静钢，其代号为"Z"。镇静钢组织致密，气泡少，偏折程度小，各种力学性能比沸腾钢优越，可用于受冲击荷载的结构或其他重要结构。

（3）半镇静钢。用少量的硅进行脱氧，脱氧程度介于沸腾钢和镇静钢之间，钢液浇筑后有微弱沸腾现象，故称为半镇静钢，代号为"b"。半镇静钢是质量较好的钢。

（4）特殊镇静钢。比镇静钢脱氧程度更充分彻底的钢，故称为特殊镇静钢，代号为"TZ"。特殊镇静钢的质量最好，适用于特别重要的结构工程。

2. 按化学成分分类

（1）碳素钢。化学成分主要是铁，其次是碳，故也称碳钢或铁碳合金，其含碳量为 0.02%～0.60%，碳素钢除了含有铁、碳外，还含有极少量的硅、锰和微量的硫、磷等元素。

碳素钢按含碳量不同又可分为低碳钢、中碳钢和高碳钢。低碳钢含碳量小于 0.25%；中碳钢含碳量为 0.25%～0.60%；高碳钢含碳量大于 0.60%。

（2）合金钢。合金钢是在炼钢过程中，为改善钢材的性能，特意加入某些合金元素而制得的一种钢。常用合金元素有：硅、锰、钦、钒、锭、铬等。

按合金元素总含量不同，合金钢又可分为低合金钢、中合金钢和高合金钢。低合金钢合金元素总含量小于 5%；中合金钢合金元素总含量为 5%～10%；高合金钢合金元素总含量大于 10%。

按照用途合金钢可分为三大类：合金结构钢、合金工具钢、特殊性能钢。合金结构钢主要包括合金钢、易切削钢、调质钢、渗碳钢、弹簧钢、滚动轴承钢等几类。合金工具钢，是用于制造刀具、模具、量具等工具的钢。特殊性能钢指具有特殊物理、化学性能的钢，常用的有铬不锈钢、铬镍不锈钢。铬不锈钢含碳量较少，强度、硬度不高，塑性韧性较好。铬镍不锈钢硬度不高，塑性韧性较好，比铬不锈钢具有更好的耐磨性。

建筑结构上所用的钢材主要是碳素钢中的低碳钢和合金钢中的低合金钢。

3. 钢材按其横断面的形状特征分类

钢材按其横断面的形状特征可分为板材（钢板）、管材（钢管）、型材（型钢）和线材（钢丝）四大类。它们分别由钢板轧机、钢管轧机、型材轧机和拉丝机轧制或拉制而成。

（1）钢板。钢板是结构件制造中广泛应用的原材料之一，常用于制造压力容器、机身、壳体等结构件。钢板按其厚度分薄钢板和厚钢板两大类。

①薄钢板。薄钢板指厚度在 4mm 以下的钢板。按国家标准规定供应的薄钢板，其厚度为 0.2～4mm，宽度为 500～1500mm，长度为 1000～4000mm。

薄钢板尺寸的表示方法为：厚度×宽度×长度。如热轧厚度为 1mm，宽度为 750mm，长度为 1500mm 的薄钢板，尺寸标记为"1.0×750×1500"；如果是冷轧薄钢板，则应标记为"冷 1.0×750×1500"。

②厚钢板。厚度在 4mm 以上的钢板统称为厚钢板，通常把 4～25mm 厚的钢板称为中板，25mm 以上的钢板称为厚板。由于厚板轧机所能轧制的最大厚度为 60mm，超过 60mm 的

钢板需在专门的特厚板轧机上轧制,所以叫特厚板。厚钢板尺寸标记方法与薄钢板相同。

（2）型钢。钢结构构件一般宜直接选用型钢,这样可减少制造工作量,降低造价。型钢尺寸不合适或构件很大时,则用钢板制作。构件间或直接连接或附以连接钢板进行连接。所以,钢结构中的元件是型钢及钢板。型钢有热轧及冷成型两种,如图1-8及图1-9所示。型钢的规格见表1-1。

钢板　等边角钢　不等边角钢　钢管　槽钢　　工字钢　宽翼缘工字钢　T型钢

图1-8　热轧型钢截面

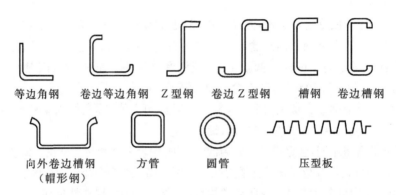

等边角钢　卷边等边角钢　Z型钢　卷边Z型钢　　槽钢　卷边槽钢

向外卷边槽钢　　方管　　圆管　　　压型板
（帽形钢）

图1-9　冷弯型钢的截面形式

表1-1　型钢的规格

项　目		内　容
热轧钢板		热轧钢板分厚板及薄板两种,厚板的厚度为 4.5～60mm,薄板厚度为 0.35～4mm。前者广泛用来组成焊接构件和连接钢板,后者是冷弯薄壁型钢的原料。在图纸中钢板用"厚×宽×长"(单位为 mm)前面附加钢板横断面的方法表示,如:—15×900×2800 表示某钢板厚度为 15mm,宽度为 900mm,长度为 2800mm
热轧型钢	角钢	有等边和不等边两种。等边角钢(也叫等肢角钢),以边宽和厚度表示,如 L100～10 为肢宽 100mm、厚 10mm 的等边角钢。不等边角钢(也叫不等肢角钢)则以两边宽度和厚度表示,如 L100×80×8 为长肢宽 100mm、短肢宽 80mm、厚度为 8mm 的不等边角钢,我国目前生产的等边角钢,其肢宽为 20～200mm,不等边角钢的肢宽为 25mm×16mm～200mm×125mm
	槽钢	我国槽钢有两种尺寸系列,即热轧普通槽钢[《冷轧钢板和钢带的尺寸、外形、重量及允许偏差》(GB 708—2006)]与热轧轻型槽钢。前者的表示法如[30a,指槽钢外廓高度为 30cm 且腹板厚度为最薄的一种;后者的表示法如 25Q,表示外廓高度为 25cm,Q 是汉语拼音"轻"的拼音字首。同样号数时,轻型者由于腹板薄及翼缘宽而薄,其截面积小但回转半径大,能节约钢材减少自重。不过轻型系列的实际产品较少

续表 1-1

项　目		内　容
热轧型钢	工字钢	与槽钢相同,也分成上述的两个尺寸系列,即普通型和轻型。与槽钢一样,工字钢外轮廓高度的厘米数即为型号,普通型者当型号较大时腹板厚度分 a、b 及 c 三种。轻型工字钢由于壁较薄,不再按厚度划分。两种工字钢表示法如 I32c、I32Q 等
	H 型钢和剖分 T 型钢	热轧 H 型钢分为三类:宽翼缘 H 型钢(HW)、中翼缘 H 型钢(HM)和窄翼缘 H 型钢(HN)。H 型钢型号的表示方法是先用符号 HW、HM 和 HN 表示类别,后面加"高度(mm)×宽度(mm)",如 HW300×300,即为截面高度为 300mm、冀缘宽度为 300mm 的宽翼缘 H 型钢。剖分 T 型钢也分为三类。即:宽翼缘剖分 T 型钢(TW)、中翼缘剖分 T 型钢(TM)和窄翼缘剖分 T 型钢(TN)。剖分 T 型钢系由对应的 H 型钢沿腹板中部对等削分而成。其表示方法与 H 型钢类似,如 TN225×200 表示截面高度为 225mm、冀缘宽度为 200mm 的窄翼缘剖分 T 型钢
冷弯薄壁型钢		冷弯薄壁型钢是用 2~6mm 厚的薄钢板经冷弯或模压而成型的。在国外,冷弯型钢所用钢板的厚度范围有加大的趋势,如美国可用到 1 英寸(25.4mm)厚

4.铸铁

含碳量大于 2.11% 的铁碳合金称为铸铁。在成分上铸铁与钢的主要不同在于铸铁含碳和含硅量较高,杂质元素硫、磷多。铸铁的强度、塑性和韧性较差,一般都不能进行锻造,但它却具有良好的铸造性、减磨性、切削加工性等。

根据铸铁在结晶过程中的石墨化程度不同,铸铁可分为灰口铸铁、白口铸铁。根据铸铁在石墨结晶形态的不同,铸铁又可分为灰口铸铁、白口铸铁、可锻铸铁和球墨铸铁。

(1)灰口铸铁,其断口呈灰色,硬度高,脆性大,较难加工。

(2)白口铸铁,其断口呈白亮色,硬度高,脆性大,加工难,很少直接用它来制造机器零件。

(3)可锻铸铁,又称马铁或玛钢,是由白口铸铁在固态下,经长时间石墨化退火而得到的具有团絮状石墨的一种高强度铸铁。其性能优于灰口铸铁,有较高的塑性和韧性,其延伸率可达到 12%。因此,它也称展性铸铁或韧性铸铁。

(4)球墨铸铁,是通过在浇铸前向铁水中加入一定量的球化剂进行球化处理,并加入少量的孕育剂以促进石墨化,在浇铸后可直接得到具有球状石墨结晶的铸铁,即球墨铸铁。球墨铸铁的机械性能比灰口铸铁和可锻铸铁高,其抗拉强度、塑性、韧性与相应组织的铸钢差不多,因此,常用于要求较高的零件,如柴油机曲轴、减速箱齿轮等。

二、建筑结构用钢的分类

钢结构用的钢材主要有四种:碳素结构钢、低合金高强度结构钢、高层建筑结构用钢板和优质碳素结构钢。

钢铁产品牌号通常采用大写汉语拼音字母、化学元素符号和阿拉伯数字相结合的方法表示。为了便于国际交流和贸易的需要,也可以采用大写英文字母或国际惯例表示符号。

1.碳素结构钢

(1)牌号及其表示方法。国家标准《碳素结构钢》(GB/T 700—2006)中规定,牌号由 Q+数字(屈服点数值,单位为 N/mm²)+质量等级符号(如 A、B、C、D)+脱氧方法符号(如 F、b)

四个部分组成。其中以"Q"代表屈服点;屈服点数值共分 195、215、235、255 和 275 五种;质量等级以硫、磷等杂质含量由多到少,分别用 A、B、C、D 符号表示;脱氧方法以 F 表示沸腾钢、b 表示半镇静钢,Z 表示镇静钢和 TZ 表示特殊镇静钢,Z 和 TZ 在钢的牌号中予以省略。

以建筑钢结构中使用的 Q235 钢来说,A、B 两级钢的脱氧方法可以是 Z、b、F,C 级钢的只能为 Z,D 级钢的只能为 TZ。故表示为:Q235—A(B、C、D)·F(Z、TZ)。

按其冲击韧性和硫、磷杂质含量由多到少分为 A、B、C、D 四个质量等级,由 A 到 D 表示质量由低到高。

(2)碳素结构钢技术性能与应用。

根据国家标准《碳素结构钢》(GB/T 700—2006),随着牌号的增大,对钢材屈服强度和抗拉强度的要求增大,对伸长率的要求降低。

不同牌号的碳素钢在土木工程中有不同的应用范围:

Q195——强度不高,塑性、韧性、加工性能与焊接性能较好,主要用于轧制薄板和盘条等。

Q215——与 Q195 钢基本相同,其强度稍高,大量用做管坯、螺栓等。

Q235——强度适中,有良好的承载性,又具有较好的塑性和韧性,可焊性和可加工性也较好,是钢结构常用的牌号,大量制作成钢筋、型钢和钢板用于建造房屋和桥梁等。

Q255——强度高、塑性和韧性稍差,不易冷弯加工,可焊性较差,主要用于铆钉或栓接结构,以及钢筋混凝土的配筋。

Q235 是建筑工程中最常用的碳素结构钢牌号,其既具有较高强度,又具有较好的塑性、韧性,同时还具有较好的可焊性。Q235 良好的塑性可保证钢结构在超载、冲击、焊接、温度应力等不利因素作用下的安全性,因而 Q235 能满足一般钢结构用钢的要求。不同等级的 Q235 应用如下:

Q235—A 一般用于只承受静荷载作用的钢结构。

Q235—B 适合用于承受动荷载焊接的普通钢结构。

Q235—C 适合用于承受动荷载焊接的重要钢结构。

Q235—D 适合用于低温环境使用的承受动荷载焊接的重要钢结构。

2.低合金高强度结构钢

低合金高强度结构钢是在钢的冶炼过程中添加少量的几种合金元素(含碳量均不大于 0.02%,合金元素总量不大于 0.05%),使钢的强度明显提高,故称低合金高强度结构钢。合金元素有硅(Si)、锰(Mn)、钒(V)、铌(Nb)、铬(Cr)、镍(Ni)及稀土元素等。

(1)牌号及其表示方法。根据国家标准《低合金高强度结构钢》(GB/T 1591—2008)的规定,低合金高强度结构钢分为 Q295、Q345、Q390、Q420 和 Q460 共五个牌号,其符号的含义和碳素结构钢牌号的含义相同。每个牌号根据硫、磷等有害杂质的含量,分为 A、B、C、D 和 E 五个等级。Q345、Q390、Q42 是钢结构设计规范中规定采用的钢种。这三种钢都包含有 A、B、C、D、E 五个质量等级,和碳素钢一样,不同的质量等级是按对冲击韧性(夏比 V 形缺口试验)的要求来区分的。

例如,Q345B,表示屈服强度不小于 345MPa,质量等级为 B 级的低合金高强度结构钢。

常见表示法和代表的含义示例如下:

① Q345D——屈服强度为 345N/mm^2,D 级,特殊镇静钢。

② Q390A——屈服强度为 390N/mm²，A 级，镇静钢。

③ Q420E——屈服强度为 420N/mm²，E 级，特殊镇静钢。

（2）技术性能与应用。

低合金高强度结构钢主要用于轧制各种型钢、钢板、钢管及钢筋，广泛用于钢结构和钢筋混凝土结构中，特别适用于各种重型结构、高层结构、大跨度结构及桥梁工程等。

3.优质碳素结构钢

优质碳素结构钢不以热处理或热处理（正火、淬火、回火）状态交货，用做压力加工用钢和切削加工用钢。

（1）分类。优质碳素结构钢分为普通含锰钢（0.35%～0.80%）和较高含锰钢（（0.70%～1.20%）两大组。

（2）牌号及表示方法。优质碳素结构钢牌号通常由五部分组成[《钢铁产品牌号表示方法》（GB/T 221—2008）]。

第一部分：以两位阿拉伯数字表示平均碳含量（以万分之几计）。

第二部分（必要时）：较高含锰量的优质碳素结构钢，加锰元素符号 Mn 。

第三部分（必要时）：钢材冶金质量，即高级优质钢、特级优质钢分别以 A、E 表示，优质钢不用字母表示。

第四部分（必要时）：脱氧方式表示符号，即沸腾钢、半镇静钢、镇静钢分别以"F""b""Z"表示，但镇静钢表示符号通常可以省略。

第五部分（必要时）：产品用途、特性或工艺方法表示符号。

根据国家现行标准《优质碳素结构钢》（GB/T 699—1999）的规定：

优质碳素结构钢共有 31 个牌号，其牌号由数字和字母两部分组成。两位数字表示平均碳含量的万分数；字母分别表示锰含量、冶金质量等级、脱氧程度。

锰含量为 0.25%～0.80%时，不注"Mn"；锰含量为 0.70%～1.2%时，两位数字后加注"Mn"。如果是高级优质碳素结构钢，应加注"A"；如果是特级优质碳素结构钢，应加注"E"；对于沸腾钢，牌号后面为"F"；对于半镇静钢，牌号后面为"b"。

例如："15F"即表示碳含量为 0.15%，锰含量为 0.25%～0.80%，冶金质量等级为优质，脱氧程度为沸腾状态的一般含锰量的优质碳素结构钢。"45Mn"表示平均含碳量为 0.45%，较高含锰量的镇静钢。"30"表示平均含碳量为 0.30%，普通含锰量的镇静钢。

优质碳素结构钢的特点是生产过程中对硫、磷等有害杂质控制较严，脱氧程度大部分为镇静状态，因此质量较稳定。优质碳素结构钢的力学性能主要取决于碳含量，碳含量高则强度也高，但塑性和韧性降低。

在土木工程中，30～45 号钢优质碳素结构钢主要用于重要结构的钢铸件及高强螺栓；65～80号钢主要用于预应力混凝土碳素钢丝、刻痕钢丝和钢绞线。

1.1.3 钢的热处理

钢的热处理是指把钢在固态下加热到一定的温度，进行必要的保温，并以适当的速度冷却，以改变钢的内部组织结构，从而得到所需性能的工艺方法。

热处理过程一般分为加热、保温和冷却三个步骤。由于加热温度、保温时间和冷却速度的不同，可使钢产生不同的组织转变。钢的热处理工艺主要有退火、正火、淬火、回火和表面淬火等。

1.退火

退火是将钢件加热到高于或低于钢的临界面点,保温一定时间,随后在炉中或埋入导热性较差的介质中缓慢冷却,以获得接近平衡状态组织的一种热处理工艺。

退火的目的:降低硬度,以利于切削加工;细化晶粒,改善组织,提高机械性能;消除内应力,并为下一道淬火工序作好准备;提高钢的塑性和韧性,便于进行冷冲压和冷拉拔加工。

2.正火

正火的作用与退火相似。由于正火是在空气中冷却,冷却速度比退火快,钢经过正火处理后,所获得的组织比退火后的更细。

3.淬火

把钢件加热到某一温度,经过保温,然后在水或油中快速冷却,以获得高硬度组织的一种热处理工艺。

淬火的目的:提高钢的硬度,各种工具、模具、量具、滚动轴承等都需要通过淬火来提高硬度和耐磨性。

4.回火

回火就是把淬火后的钢重新加热到某一温度,保温一段时间后,然后置于空气或水中冷却的热处理工艺。

回火的目的:消除淬火时应冷却过快而产生的内应力,降低淬火钢的脆性,使它具有一定的韧性,故回火总是伴随在淬火之后进行的。根据加热温度的不同,回火可分为低温回火、中温回火和高温回火。

5.表面淬火

表面淬火是将钢件的表面层淬透到一定的深度,而中心部仍保持未淬火状态的一种局部淬火方法。

表面淬火的目的:获得高硬度的表面和有利的残余应力分布,以提高工件的耐磨性或疲劳强度。

思考题

1.什么叫金属材料的机械性能?其主要评价指标有哪些?

2.什么叫强度?工程上常用什么来表示金属材料强度的指标?

3.试分析低碳钢的拉伸曲线。低碳钢的拉伸过程可分成几个阶段?每个阶段有什么特点?

4.简述建筑钢材的分类。

5.说明以下型钢的规格所表示的意义。

(1)—15×1000×3000;(2)L120×100×10;(3)I306;

(4)I32a;(5)HM300×300;(6)TM225×200

6.解释以下钢材牌号所表示的意义。

(1)Q235—AF;(2)Q420E;(3)45Mn

任务 1.2 机械识图基础知识

 **任务介绍**

  识图是制造行业的一项基础工作和基本技能,也是最重要的工作和技能。如果在实际工作中管理者与操作员看不懂图纸,不能领会图纸的意思,不可能加工出图纸上要求的合格产品,造成生产加工工作不能顺利进行,甚至可能造成产品的大量报废,使企业遭受重大损失。因此,生产加工企业要把识图工作当成一项非常重要的工作来抓,培养全体员工的识图能力和水平。

 任务目标

1.知识目标
(1)掌握三视图的投影规律;
(2)熟悉各种视图的表达方法;
(3)熟悉尺寸公差、形位公差和表面粗糙度的表示方法。

2.能力目标
能根据三视图的投影规律和各种视图的表达方法正确识读机件的零件图和装配图。

 知识分布网络

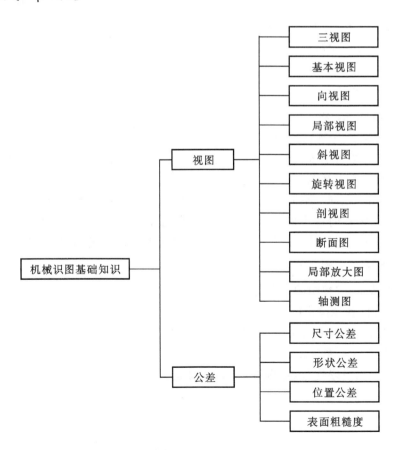

相关知识

1.2.1 视图

一、三视图

一般只用一个方向的投影来表达形体是不确定的,通常需将形体向几个方向投影,才能完整清晰地表达出形体的形状和结构。如图 1-10 所示。

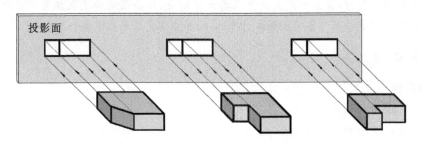

图 1-10 一个投影不能确定空间物体的情况

1.三面投影体系

选用三个互相垂直的投影面,建立三投影面体系。如图 1-11 所示。在三投影面体系中,三个投影面分别用 V(正面)、H(水平面)、W(侧面)来表示。三个投影面的交线 OX、OY、OZ 称为投影轴,三个投影轴的交点称为原点。

2.三视图的形成

如图 1-12(a)所示,将 L 形块放在三投影面中间,分别向正面、水平面、侧面投影。在正面的投影叫主视图,在水平面上的投影叫俯视图,在侧面上的投影叫左视图。

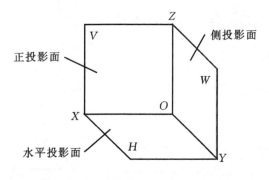

图 1-11 三投影面体系

为了把三视图画在同一平面上,如图 1-12(b)所示,规定正面不动,水平面绕 OX 轴向下转动 90°,侧面绕 OZ 轴向右转 90°,使三个互相垂直的投影面展开在一个平面上,如图 1-12(c)所示。为了画图方便,把投影面的边框去掉,得到图 1-12(d)所示的三视图。

3.三视图的投影关系

如图 1-13 所示,三视图的投影关系为:

(1)V 面、H 面(主、俯视图)——长对正;

(2)V 面、W 面(主、左视图)——高平齐;

(3)H 面、W 面(俯、左视图)——宽相等;

这是三视图间的投影规律,是画图和看图的依据。

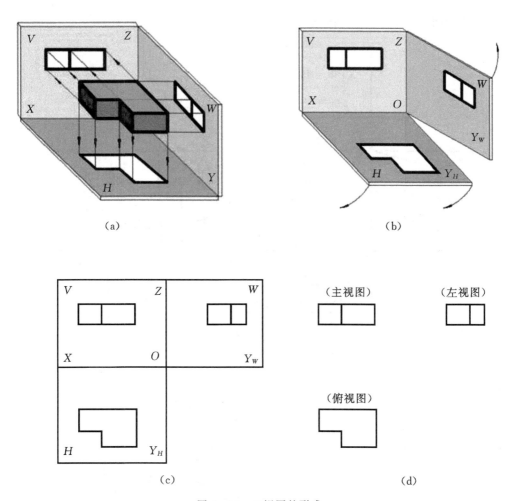

（a）

（b）

（c）

（d）

图 1-12 三视图的形成

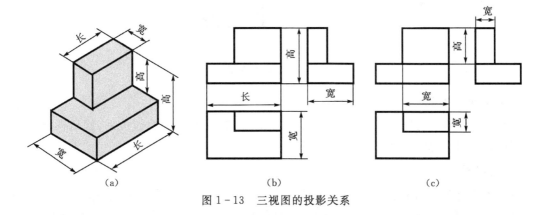

（a）

（b）

（c）

图 1-13 三视图的投影关系

二、基本视图

1. 基本概念

如图 1-14（a）所示,在三视图（主视图、俯视图、左视图）基础上增加右视图、仰视图和后视图,得到了如图 1－14(b)所示的六个基本视图。

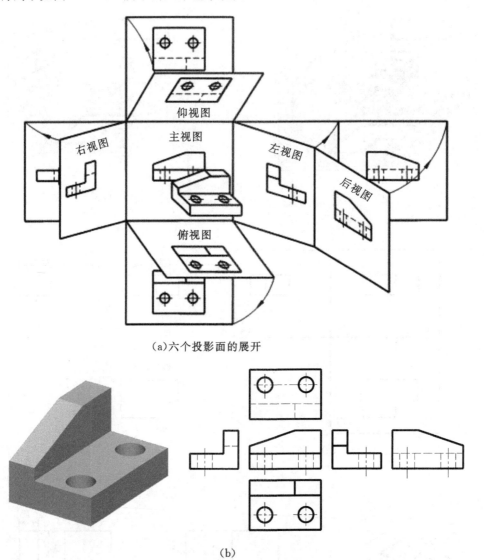

（a)六个投影面的展开

（b)

图 1－14　基本视图

2.基本视图的投影关系

如图 1－15 所示,投影关系:仍遵守"长对正,高平齐,宽相等";方位关系:除后视图外,靠近主视图是后面,远离主视图是前面。

三、向视图

有时为了合理使用图纸,基本视图不能按照配置关系布置时,可以用向视图来表示。向视图是可以自由配置的视图。在向视图中应在视图的上方标出"×向"("×"为大写拉丁字母),并在相应的视图附近用箭头指明投影方向,注上同样的字母,如图 1－16 中 A、B、C 向视图所示。

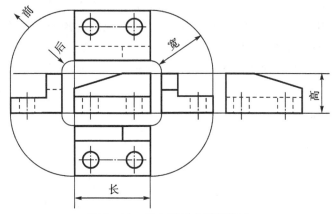

图 1-15 基本视图的投影关系

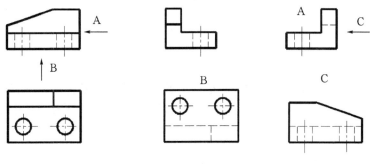

图 1-16 向视图

四、局部视图

局部视图是将机件的某一部分(即局部)向基本投影面投射所得的视图。

局部视图由于是只画出机件某个部分的视图,所以用波浪线表示与机件其余部分的断裂处投影,当所表达的部分结构是完整的,其外轮廓线又成封闭时,波浪线可省略不画,如图1-17所示。

一般在局部视图上方标出视图的名称"×向"("×"为大写拉丁字母),在相应的视图附近用箭头指明投影方向,并注上同样的字母,当局部视图按投影关系配置,中间又没有其他图形隔开时,可省略标注。

五、斜视图

斜视图是机件向不平行于基本投影面的平面投影所得的视图。如图1-18所示。斜视图只使用于表达机件倾斜部分的局部形状。其余部分不必画出,其断裂边界处用波浪线表示。

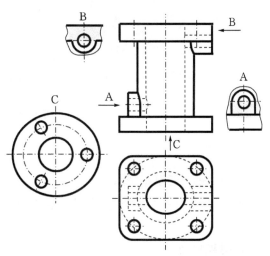

图 1-17 局部视图

斜视图通常按向视图形式配置。必须在视图上方标出名称"×",用箭头指明投影方向,并在箭头旁水平注写相同字母。在不引起误解时允许将斜视图旋转,但需在斜视图上方注明。

斜视图一般按投影关系配置,便于看图。必要时也可配置在其他适当位置。在不致引起误解时,允许将倾斜图形旋转便于画图,旋转后的斜视图上应加注旋转符号。

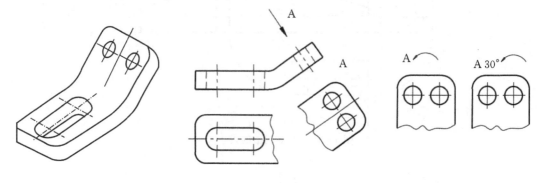

图 1-18　斜视图

六、旋转视图

假想将机件的倾斜部分旋转到与某一个选定的基本投影面平行后,再向该投影面投射所得的视图称为旋转视图。如图 1-19 所示。旋转视图一般适用于具有旋转中心的机件,旋转视图不加任何标注。

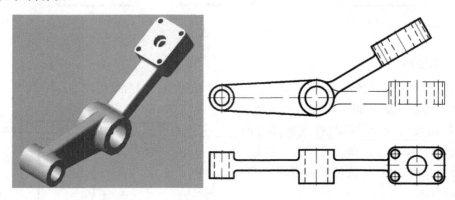

图 1-19　旋转视图

七、剖视图

(一)剖视图的基本概念

为了减少视图中的虚线,使图面清晰,可以采用剖视的方法来表达机件的内部结构和形状。

1. 剖视图的形成

假想用剖切面剖开机件,将处在观察者和剖切面之间的部分移去,而将其余部分全部向投影面投影所得的图形称剖视图,并在剖面区域内画上剖面符号。如图 1-20 所示。

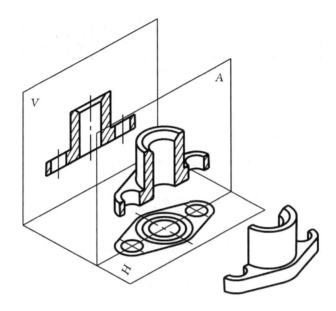

图 1-20 剖视图的形成

2.剖视图的画法

剖视图的画法如图 1-21 所示。

(1)确定剖切面的位置。

(2)将处在观察者和剖切面之间的部分移去,而将其余部分全部向投影面投射;不同的视图可以同时采用剖视。

(3)在剖面区域内画上剖面符号;剖视图中的虚线一般可省略。

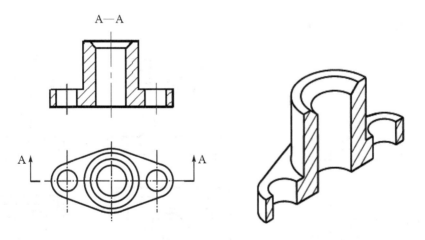

图 1-21 剖视图的画法

(4)不同的材料有不同的剖面符号。在绘制机械图样时,用得最多的是金属材料的剖面符号。如图 1-22 所示。

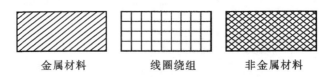

金属材料　　　　线圈绕组　　　　非金属材料

图 1-22　剖面符号

3.画剖视图的注意事项

（1）剖切平面的选择：一般都选特殊位置平面，如通过机件的对称面、轴线或中心线；被剖切到的实体其投影反映实形。

（2）剖切是一种假想过程，其他视图仍完整画出。

（3）剖切面后面的可见部分应该全部画出。

（4）在剖视图上已经表达清楚的结构，其表示内部结构的虚线省略不画。但没有表示清楚的结构，允许画少量虚线。

（5）剖面线为细实线，最好与主要轮廓或剖面区域的对称线成 45°角；同一物体的剖面区域，其剖面线画法应一致。

（二）剖视图的种类

1.全剖视图

假想用剖切面完全剖开机件所得的视图，如图 1-23 所示。

2.半剖视图

当机件具有对称平面时，在垂直于对称平面的投影面上投影所得的图形，以对称中心线为界，一半画成剖视，另一半画成视图，如图 1-24 所示。

3.局部剖视图

用剖切面局部地剖开机件所得的视图，如图 1-25 所示。

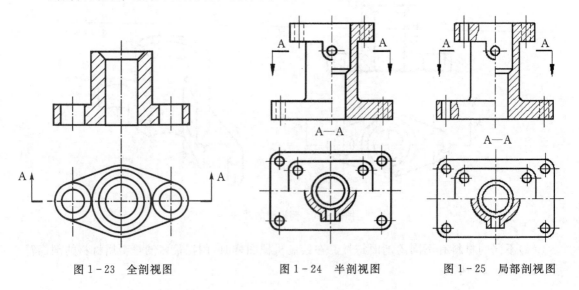

图 1-23　全剖视图　　　　图 1-24　半剖视图　　　　图 1-25　局部剖视图

(三)剖切面和剖切方法

1. 单一剖切面

平行于某一基本投影面的单一剖切平面剖切,如前面所讲的全剖视图、半剖视图和局部剖视图;采用倾斜于某一基本投影面的垂直面作为单一剖切平面剖开物体,如图 1-26 所示 A—A 剖视图(剖切面是正垂面),由于这种投影方式与斜视图非常相似,故也称为"斜剖"。

2. 多个剖切面

采用多个剖切面,则有以下几类剖切方法:

(1)阶梯剖。如果机件的内部结构较多,又不处于同一平面内,并且被表达结构无明显的回转中心时,可用几个平行的剖切平面剖开机件,如图 1-27 所示。

(2)旋转剖。两相交剖切平面,其交线应垂直于某一基本投影面,用两相交剖切平面剖开机件的剖切方法进行剖切。采用这种方法画剖视图时,先假想按剖切位置剖开机件,然后将被剖切平面剖开的倾斜部分结构及其有关部分,

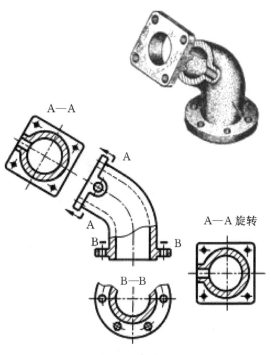

图 1-26　斜剖视图

绕回转中心(旋转轴)旋转到与选定的基本投影面平行后再投影,如图 1-28 所示。

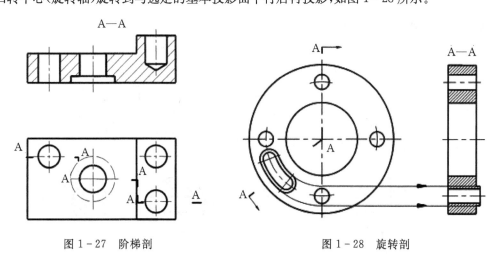

图 1-27　阶梯剖　　　　　　　图 1-28　旋转剖

3. 复合剖

相交剖切平面与平行剖切平面的组合称为组合剖切平面,也称为复合剖。用组合剖切平面剖开机件的剖切方法进行剖切,如图 1-29 所示。

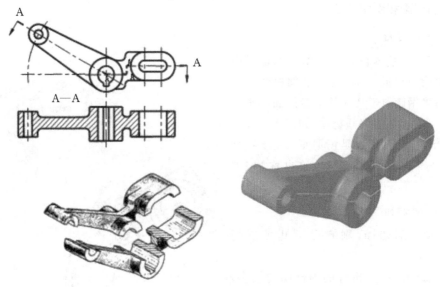

图 1-29 复合剖

八、断面图

(一)断面图的概念

断面图是假想用剖切面将机件的某处剖开,仅画出其断面的图形。

断面图与剖视图的区别为:断面图仅画出其断面的图;剖视图必须画出剖面及剖面后的机件投影。

(二)断面图的种类

1.移出断面

断面图配置在视图轮廓线之外,如图 1-30 所示。

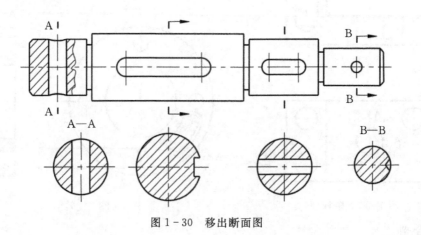

图 1-30 移出断面图

2.重合断面

剖面图配置在剖切平面迹线处,并与原视图重合,如图 1-31 所示。

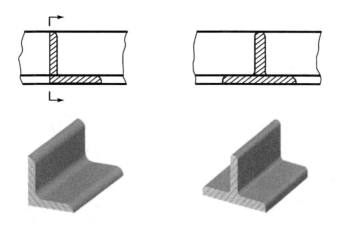

图 1-31 重合断面图

九、局部放大图

局部放大图是将机件的部分结构,用大于原图形所采用的比例画出的图形。可画成视图、剖视图或剖面图,一般配置在放大部位的附近,如图 1-32 所示。

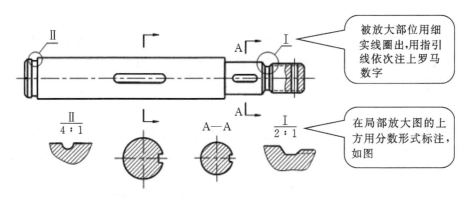

被放大部位用细实线圈出,用指引线依次注上罗马数字

在局部放大图的上方用分数形式标注,如图

图 1-32 局部放大图

十、轴测图

轴测图是物体在平行投影下形成的一种单面投影,它能同时反映出物体的长、宽、高三个方向的尺度,立体感较强,具有较好的直观性。如图 1-33 所示。工程上有时采用轴测图作为辅助图样,进一步说明被表达物体的结构、设计思想、工作原理。轴测图是绘制三视图的基础及参考。

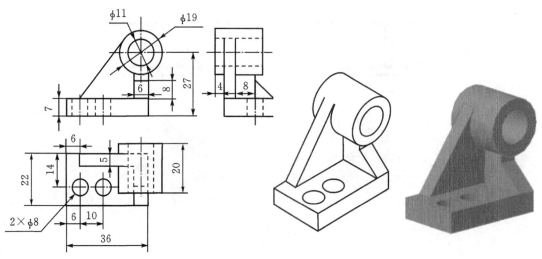

图 1-33 轴测图

1.2.2 公差

一、尺寸公差

要实现零件的互换性,除统一其结构和尺寸外,还应统一规定公差与配合,这是保证互换性的基本措施之一,而公差与配合标准是基本的互换性标准。为了正确理解和应用公差配合标准,必须了解以下术语和定义。

1.与尺寸有关的术语和定义

(1)基本尺寸。即设计给定的尺寸。它是根据零件的强度、刚度、结构和工艺性等要求确定的。设计时应尽量采用标准尺寸,以减少加工所用刀具、量具的规格。基本尺寸的代号为:孔用 D,轴用 d 表示。

(2)实际尺寸。即通过测量所得的尺寸。由于存在测量误差,所以实际尺寸并非尺寸的真值。同时由于形状误差等影响,零件同一表面不同部位的实际尺寸往往是不等的。实际尺寸的代号为:孔用 D_a,轴用 d_a 表示。

(3)极限尺寸。即允许尺寸变化的两个界限值。两个极限尺寸中较大的一个称最大极限尺寸,孔用 D_{max},轴用 d_{max} 表示。较小的一个称最小极限尺寸,孔用 D_{min},轴用 d_{min} 表示。极限尺寸可大于、小于或等于基本尺寸,合格零件的实际尺寸应在两极限尺寸之间。

2.与公差偏差有关的术语和定义

(1)尺寸偏差。某一尺寸减其基本尺寸所得的代数差,称为尺寸偏差,简称偏差。实际尺寸减其基本尺寸所得的代数差,称为实际偏差。极限尺寸减其基本尺寸所得的代数差,称为极限偏差。

极限偏差有两个,即上偏差和下偏差。

①上偏差:最大极限尺寸减其基本尺寸所得的代数差。孔的上偏差代号为 ES,$ES=D_{max}-D$;轴的上偏差代号为 es,$es=d_{max}-d$。

②下偏差:最小极限尺寸减其基本尺寸所得的代数差。孔的下偏差代号为 EI,$EI=D_{min}$

$-D$；轴的下偏差代号为 ei，$ei=d_{\min}-d$。

偏差可以为正、负或零值。当极限尺寸大于、小于或等于基本尺寸时，其极限偏差便分别为正、负或零值。为方便起见，通常在图样上标注极限偏差而不标注极限尺寸。

（2）尺寸公差。允许尺寸的变动量，称为尺寸公差，简称公差，以代号 T 表示。

公差等于最大极限尺寸与最小极限尺寸的代数差，也等于上偏差与下偏差的代数差。公差总为正值。

孔公差：$T_h=D_{\max}-D_{\min}=ES-EI$

轴公差：$T_s=d_{\max}-d_{\min}=es-ei$

关于尺寸公差与偏差的概念可用如图 1-34 所示的公差与配合示意图表示。

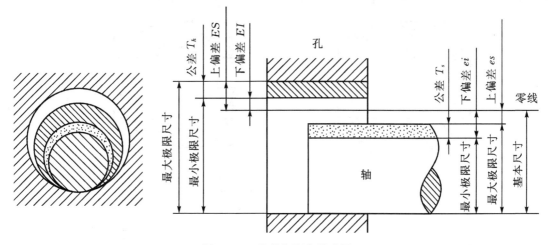

图 1-34　公差与配合示意图

（3）公差带。在分析公差与配合时，需要作图。但因公差数值与尺寸数值相差其远，不便用同一比例。因此，在作图时，只画出放大的孔和轴的公差图形，这种图形称为公差带图，也称为公差与配合图解，如图 1-34 所示的公差与配合示意图可作成如图 1-35 所示的公差与配合图解。在作图时，先画一条横坐标代表基本尺寸的界线，作为确定偏差的基准线，称为零线。再按给定比例画两条平行于零线的直线，代表上偏差和下偏差。这两条直线所限定的区域称为公差带，线间距即为公差。正偏差位于零线之上，负偏差位于零线之下。在零线处注出基本尺寸，在公差带的边界线旁注出极限偏差值，单位用"μm 或 mm"皆可。

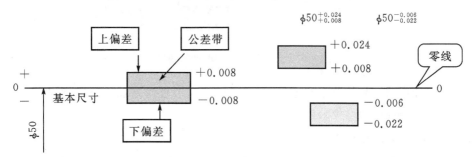

图 1-35　差带图

公差带由"公差带大小"和"公差带位置"两个要素组成。公差带图可以直观地表示出公差的大小及公差带相对于零线的位置。例如,$\phi 50 \pm 0.008$。

二、形位公差

1. 形位误差的概念及影响

零件在机械加工过程中不仅会产生尺寸误差,还会产生形状误差和位置误差(简称形位误差)。形位误差不仅会影响机械产品的质量(如工作精度、联接强度、运动平稳性、密封性、耐磨性、噪声和使用寿命等),还会影响零件的互换性。如图 1-36(a)为一对间隙配合孔和轴,轴加工后的实际尺寸和形状如图 1-36(b)所示。由图可知,轴的尺寸满足公差要求,但由于轴是弯曲的,存在形状误差,使得孔与轴还是无法进行装配。如图 1-37 所示,由于台阶轴的两轴线不处于同一直线上,即存在位置误差,因而无法装配到台阶孔中。

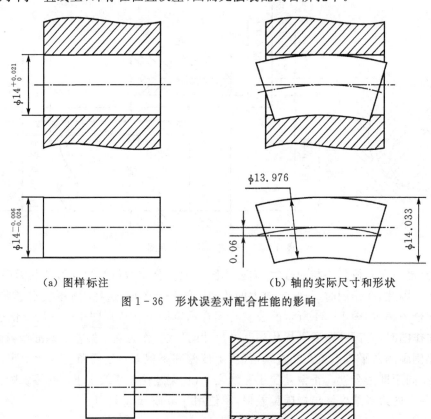

(a) 图样标注　　　　　　　　(b) 轴的实际尺寸和形状

图 1-36　形状误差对配合性能的影响

图 1-37　位置误差对装配性能的影响

因此,为保证机械产品的质量和零件的互换性,应对形位误差加以限制,给出一个经济合理的误差许可变动范围,即形位公差。

2. 形位公差的项目与符号

国家标准《形状和位置公差通则、定义、符号和图样表示方法》(GB/T 1182—1996)将形位公差分为 14 种,其名称及符号如表 1-2 所示。

表 1－2　形位公差项目

公差		特征	符号	有或无基准要求	公差		特征	符号	有或无基准要求
形状	形状	直线度	—	无	位置	定向	平行度	//	有
		平面度	▱	无			垂直度	⊥	有
		圆度	○	无			倾斜度	∠	有
		圆柱度	⌭	无		定位	位置度	⊕	有或无
形状或位置	廓轮	线轮廓度	⌒	有或无			同轴（同心）度	◎	有
							对称度	＝	有
		面轮廓度	⌓	有或无		跳动	圆跳动	↗	有
							个跳动	↗↗	有

3.形位公差的标注方法

根据国家标准(GB/T 1182—1996)规定,在图样上,形位公差一般采用代号标注,无法采用代号标注时,允许在技术要求中用文字加以说明。形位公差的标注结构为框格、指引线和基准代号,框格里的内容包括公差项目符号、公差值、代表基准的字母及相关要求符号等。如图 1－38 所示。

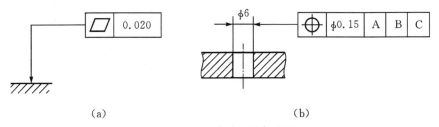

（a）　　　　　　　　　　　　　　　（b）

图 1－38　形位公差的标注图

(1)公差框格。公差框格由两格或多格组成,两格的一般用于形状公差,多格的一般用于位置公差。公差框格一般水平放置,其线型为细实线。框格中的内容从左到右顺序填写:公差项目符号;公差值(mm)和有关符号;基准字母和有关符号。

(2)指引线。指引线由细实线和箭头组成,用来连接公差框格和被测要素。它从公差框格的一端引出,并保持与公差框格端线垂直,箭头指向相关的被测要素。当被测要素为轮廓要素时,指引线的箭头应置于要素的轮廓线或其延长线上,并与尺寸线明显错开,见图 1－39(a);当被测要素为中心要素时,指引线的箭头应与该要素的尺寸线对齐,见图 1－39(b)。指引线原则上只能从公差框格的一端引出一条,可以曲折,但一般不多于两次。

(3)基准代号。基准符号与基准代号如图 1－40 所示。代表基准的字母用大写英文字母(为不引起误解,其中 E,I,J,M,O,P,L,R,F 不用)表示。单一基准由一个字母表示,如图 1－41所示;公共基准采用由横线隔开的两个字母表示,如图 1－42 所示;基准体系由两个或三个字母表示,如图 1－38(b)所示,按基准的先后次序从左到右排列,分别为第Ⅰ基准、第Ⅱ基准和第Ⅲ基准。

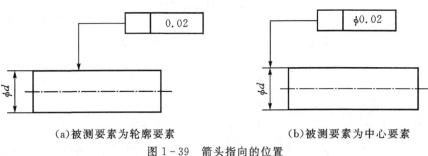

(a)被测要素为轮廓要素   (b)被测要素为中心要素

图 1-39　箭头指向的位置

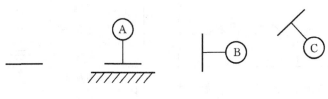

(a)基准符号   (b)基准代号

图 1-40　基准符号与基准代号

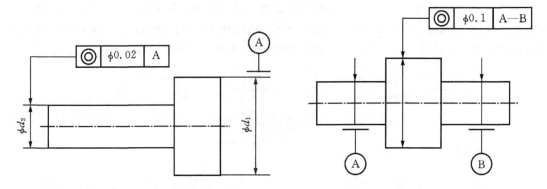

图 1-41　基准代号的用法   图 1-42　公共基准

相对于被测要素的基准,用基准符号表示在基准要素上,字母应与公差框格内的字母相对应,并均应水平书写,如图 1-40 所示。当基准要素为轮廓要素时,基准符号应置于要素的轮廓线或其延长线上,并与尺寸线明显错开;当基准要素为中心要素时,基准符号应与该要素的尺寸线对齐。其标注方法如图 1-41 所示。

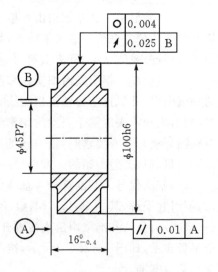

【例 1-1】识读 1-43 图所示的齿轮毛坯形位公差。

(1)φ100h6 外圆对孔 φ45P7 的轴线的径向圆跳动公差为 0.025mm;

(2)φ100h6 外圆的圆度公差为 0.004mm;

(3)零件上箭头所指两端面之间的平行度公差为 0.01mm。

图 1-43　齿轮毛坯形位公差

三、表面粗糙度

1.表面粗糙度的定义

经机械加工的零件表面,总是存在着宏观和微观的几何形状误差。微观几何形状特性,即微小的峰谷高低程度及其间距状况称为表面粗糙度。如图1-44所示。

2.表面粗糙度对零件使用性能的影响

零件表面粗糙不仅影响美观,而且对运动面的摩擦与磨损、贴合面的密封等都有影响,另外还会影响定位精度、配合性质、疲劳强度、接触刚度以及抗腐蚀性等。例如,在间隙配合中,由于表面粗糙不平,会因磨损而使间隙迅速增大,致使配合性质改变;在过盈配合中,表面经压合后,过粗的表面会被压平,减少了实际过盈量,从而影响结合的可靠性;较粗糙的表面,接触时的有效面积减少,使单位面积承受的压力加大,零件相对运动时,磨损就会加剧;粗糙的表面,峰谷痕迹越深,越容易产生应力集中,使零件疲劳强度下降。

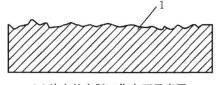

（a）放大的实际工作表面示意图

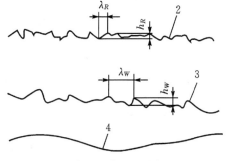

（b）实际工作表面分解图

h_R, h_w—波高；λ_R, λ_w—波距；1—实际工作表面；2—表面粗糙度；3—波度；4—表面宏观几何形状

图1-44 表面粗糙度的概念

3.表面特征代号及标注

国标对表面粗糙度符号、代号及标注都作了规定,以下主要对高度参数 R_a、R_z、R_y 的标注作简要说明。

符号在图样上用细实线画出,符号及其意义如表1-3所示。

表1-3 表面粗糙度符号及意义

符号	意义及说明
$\sqrt{}$	基本符号,表示表面可用任何方法获得。当不加注粗糙度参数值或有关说明(例如,表面处理、局部热处理状况等)时,仅适用于简化代号标注
$\sqrt{}$	基本符号加一短划,表示表面是用去除材料的方法获得。例如,车、铣、钻、磨、剪切、抛光半腐蚀、电火花加工及气割等
$\sqrt{}$	基本符号加一小圆,表示表面是用不去除材料的方法获得。例如,铸、锻、冲压变形、热轧、冷轧、粉末冶金等。或者是用于保持原供应状态的表面(包括保持上道工序的状况)
$\sqrt{}$ $\sqrt{}$ $\sqrt{}$	在上述3个符号的长边上均加一横线,用于标注有关参数和说明
$\sqrt{}$ $\sqrt{}$ $\sqrt{}$	在上述3个符号上均加一小圆,表示所有表面具有相同的表面粗糙度要求

常见表面粗糙度高度参数值标注示例及其意义如表1-4所示。表面粗糙度在图样上标注如表1-5所示。

表1-4　常见表面粗糙度高度参数值的标注示例及意义

代号	意义	代号	意义
3.2	用任何方法获得的表面粗糙度，R_a 的上限值为 3.2μm	3.2max	用任何方法获得的表面粗糙度，R_a 的最大值为 3.2μm
3.2	用去除材料的方法获得的表面粗糙度，R_a 的上限值为 3.2μm	3.2max	用去除材料方法获得的表面粗糙度，R_a 的最大值为 3.2μm
3.2	用不去除材料方法获得的表面粗糙度，R_a 的上限值为 3.2μm	3.2max	用不去除材料方法获得的表面粗糙度，R_a 的最大值为 3.2μm
3.2 1.6	用去除材料方法获得的表面粗糙度，R_a 的上限值为 3.2μm，R_a 的下限值为 1.6μm	3.2max 1.6min	用去除材料方法获得的表面粗糙度，R_a 的最大值为 3.2μm，R_a 的最小值为 1.6μm

表1-5　表面粗糙度在图样上的标注示例

图样上标注方法	对零件表面粗糙度标注要求
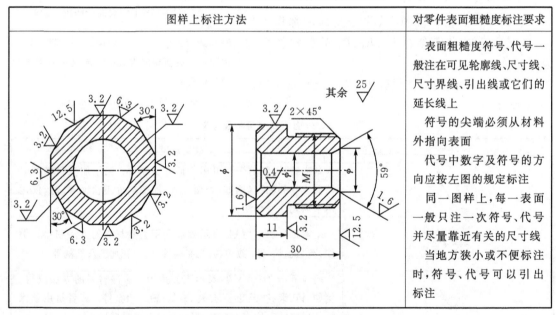	表面粗糙度符号、代号一般注在可见轮廓线、尺寸线、尺寸界线、引出线或它们的延长线上 符号的尖端必须从材料外指向表面 代号中数字及符号的方向应按左图的规定标注 同一图样上，每一表面一般只注一次符号、代号并尽量靠近有关的尺寸线 当地方狭小或不便标注时，符号、代号可以引出标注

图样上标注方法	对零件表面粗糙度标注要求
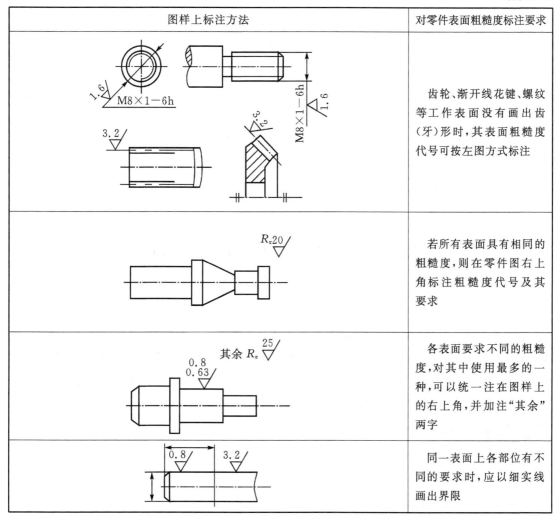	齿轮、渐开线花键、螺纹等工作表面没有画出齿（牙）形时,其表面粗糙度代号可按左图方式标注
	若所有表面具有相同的粗糙度,则在零件图右上角标注粗糙度代号及其要求
	各表面要求不同的粗糙度,对其中使用最多的一种,可以统一注在图样上的右上角,并加注"其余"两字
	同一表面上各部位有不同的要求时,应以细实线画出界限

思考题

1. 三视图包括哪三个视图? 它们之间遵循怎样的投影规律?

2. 基本视图包括哪几个视图? 它们之间遵循怎样的投影规律?

3. 向视图和局部视图有什么不同?

4. 斜视图和旋转视图有什么不同?

5. 剖视图有哪几种表示方法?

6. 什么是断面图? 它有哪些类型?

7. 什么是尺寸偏差? 什么是尺寸公差?

8. 一根轴的直径为 $\phi 60 \pm 0.015$,试计算其最大极限尺寸、最小极限尺寸、上偏差、下偏差、公差。

9. 解释下图中形位公差表示的意义。

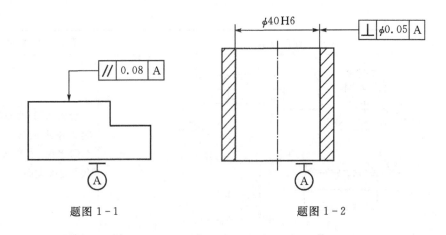

题图 1-1　　　　　　　　　　　题图 1-2

任务 1.3　钳工常用工具、量具

任务介绍

　　钳工是用手持工具并常在台虎钳上进行金属切削加工操作的一个工种。目前,许多繁重的工作都被机械设备加工所代替,但是,对要求精度高、形状复杂的零件的加工及装配仍需要钳工手工进行。本任务主要是熟悉钳工常用工具和量具,并通过对钳工常用量具工作原理的学习,掌握其读数和正确使用量具的方法。

任务目标

1.知识目标

(1)熟悉钳工常用工具;

(2)掌握游标卡尺的读数方法;

(3)掌握千分尺的读数方法。

2.能力目标

(1)能在台虎钳上正确夹持工件;

(2)能正确使用游标卡尺测量工件;

(3)能正确使用千分尺测量工件。

 知识分布网络

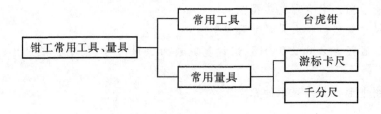

相关知识

1.3.1 钳工常用工具

一、台虎钳

台虎钳是钳工夹持工件的通用夹具。台虎钳是夹持工件的主要工具,如图1-45所示。台虎钳的规格是用钳口的宽度表示,常用的有100mm、125mm和150mm。

(a)固定式　　　　　　　　　　　　　　(b)回转式

图1-45　台虎钳

1.回转式台虎钳结构及工作原理

台虎钳的主体由铸铁制成,分固定和活动两个部分,台虎钳的张开或合拢,是靠活动部分一根螺杆与固定部分内的固定螺母发生螺旋作用而进行的。台虎钳座用螺栓紧固在钳台上。对于回转式台虎钳,台虎钳的底座的连接靠两个锁紧螺钉的紧合,根据需要,松开锁紧螺钉,便可作人为的圆周旋转,如图1-46所示。在钳身上装有淬火的钢制钳口,通过螺钉固定。根据所要加工工件的精度不同(如粗加工和精加工等),钳口有两种形式,一是在端面上有滚花网纹的钳口;二是端面光滑的平面钳口。前者主要用于毛坯表面和低精密工件装夹,后者主要用于已精加工的表面和高精密工件的装夹。一般在钳工加工时,为了提高效率,钳口都使用滚花钳口,需要装夹已精加工的工件表面时,在钳口中垫紫铜皮。

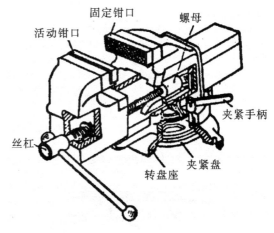

图1-46　回转式台虎钳结构

2.在台虎钳上夹持工件的方法

(1)工件应夹持在台虎钳钳口的中部,以使钳口受力均匀。如图1-47所示。

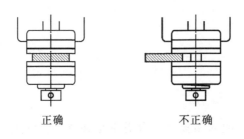

正确　　　　　　　　不正确

图 1－47

（2）台虎钳夹持工件的力，只能尽双手的力扳紧手柄，不能在手柄上加套管子或锤敲击，以免损坏台虎钳内螺杆或螺母上的螺纹。如图 1－48 所示。

（3）长工件只可锉夹紧的部分，锉其余部分时，必须移动重新夹紧。如图 1－49 所示。

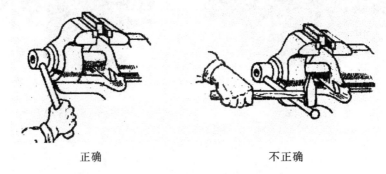

正确　　　　　　　　不正确

图 1－48　工件的夹持示意图

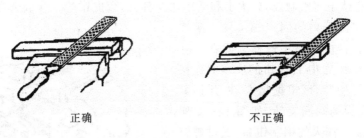

正确　　　　　　　　不正确

图 1－49　锉削长工件时的夹持示意图

（4）锉削时，工件伸出钳口要短，工件伸出太多就会弹动。如图 1－50 所示。

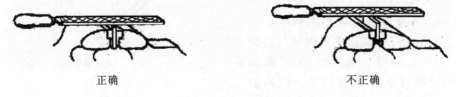

正确　　　　　　　　不正确

图 1－50　锉削工件时的夹持示意图

（5）夹持槽铁时，槽底必须夹到钳口上，为了避免变形用螺钉和螺母撑紧。如图 1－51 所示。

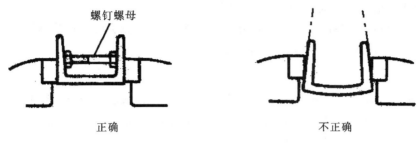

图 1-51 槽钢的夹持示意图(一)

(6)用垫木夹持槽铁最合理,如不用辅助件夹持就会变形。如图 1-52 所示。

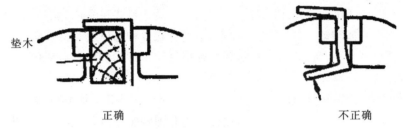

图 1-52 槽钢的夹持示意图(二)

(7)夹持圆棒料时,应用 V 形槽垫铁是合理的夹持方法。如图 1-53 所示。

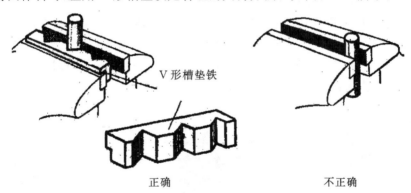

图 1-53 圆棒料的夹持示意图

(8)夹持钢管时,应用一对 V 形槽垫铁夹持。否则管子就会夹扁变形,尤其是薄壁管更容易夹扁变形。如图 1-54 所示。

图 1-54 钢管的夹持示意图

（9）夹持工件的光洁表面时，应垫铜皮加以保护。

（10）锤击工件可以在砧面上进行，但锤击力不能太大，否则会使虎钳受到损害。

（11）台虎钳内的螺杆、螺母及滑动面应经常加油润滑。

二、电钻

电钻是利用电做动力的钻孔机具。电钻工作原理是电磁旋转式或电磁往复式小容量电动机的电机转子做磁场切割做功运转，通过传动机构驱动作业装置，带动齿轮加大钻头的动力，从而使钻头刮削物体表面，更好的洞穿物体。

电钻主要规格有 4、6、8、10、13、16、19、23、32、38、49mm 等，数字指在抗拉强度为 390N/mm² 的钢材上钻孔的钻头最大直径。对有色金属、塑料等材料最大钻孔直径可比原规格大 30%～50%。

电钻可分为 3 类：手电钻、冲击钻、锤钻。手电钻可分为手枪式和手提式两种，如图 1-55 所示。

手电钻的铝头只能转动，不能作前后冲击，不适合在各种墙体及石材表面打孔。手电钻使用的通常是高速麻花钻头，可以在金属（包括各种钢材）、木材和塑料表面钻孔。

使用时应注意如下事项：

（1）使用前先空转 1min，检查转动是否正常，如有异常的振动，应排除故障后再使用；

（2）钻头应保持锋利，钻孔时不宜用力过猛。当孔即将钻穿时，应减少压力以防事故发生。

三、电磨头

电磨头是一种高效磨削工具。如图 1-56 所示。

使用时注意的事项：①使用前先空转 3min，检查其传动及响声是否正常；如有异常的振动或噪音，应排除故障后再使用。②砂轮的外径不允许超过电磨头铭牌上所规定的尺寸。③新安装的砂轮必须进行修整。④使用电磨头时，砂轮与工件的接触力不宜过大，不允许用砂轮猛压工件或用砂轮冲击工件，以防砂轮爆裂而造成事故。

（a）手枪式　　　　　　　　（b）手提式

图 1-55　电钻　　　　　　　　　　　　图 1-56　电磨头

四、砂轮机

砂轮机是磨钻头、錾子、刮刀等小刃具的专用设备，代号用 M 表示，其构造如图 1-57 所示。其中，1 为机身（由铸铁制成）；2 为磨头（砂轮片）；3 为保护罩；4 为机座；5 为工作台；6 为轴；7 为传动轮；8 为滚动轴承；9 为注油孔；10 为传动带；11 为开关；下部有一个电动机。

砂轮机使用时的注意事项如下：

（1）砂轮机的旋转方向要正确，只能使磨屑向下飞离砂轮；

（2）砂轮起动后，应等砂轮旋转平稳后再开始磨削，若发现砂轮跳动明显，应及时停机修整；

（3）砂轮机的搁架与砂轮之间的距离应保持在3mm以内，以防止磨削件轧人，造成事故；

（4）磨削过程中，操作者应站在砂轮的侧面或斜对面，而不要站在正对面，且用力不要过大。

1.3.2 钳工常用量具

一、游标卡尺

游标卡尺是一种中等精度的量具，可以直接量出工件的外径、孔径、长度、宽度、深度和孔距等。常见游标卡尺有普通游标卡尺、深度游标卡尺和高度游标卡尺等。其结构和刻线、读数原理基本相同，本书以普通游标卡尺为例介绍其结构和刻线原理。

1. 游标卡尺的结构

图 1-58 所示为常见的三用游标卡尺的结构。三用游标卡尺的测量范围一般有（0～125）mm 和（0～150）mm 两种。用外量爪 8、9 可测外尺寸，用刀口内量爪 1、2 可测内尺寸，测深尺 7 可测深度和高度，量爪 1、9 与主尺 6 为一整体，量爪 2、8 与尺框 3 为一整体，游标尺 5 用螺钉 4 固定在尺框 3 上。带游标的尺框能沿尺身移动，并可用螺钉 4 固定在尺身的任何位置上。

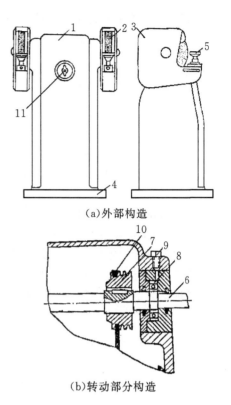

（a）外部构造

（b）转动部分构造

图 1-57 砂轮机

尺框 3 上方内侧与尺身之间安有一片簧，它可使尺框与尺身始终保持单面的可靠接触，使尺框沿尺身移动时保持平稳。测深尺 7 的一端固定在尺框内，能随尺框在尺身背面的导向槽内移动。

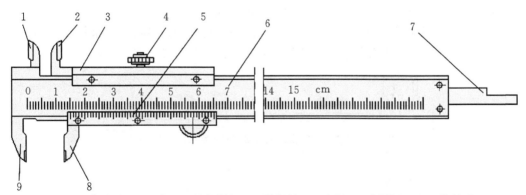

1、2—外量爪；3—尺框；4—锁紧螺钉；5—游标尺；6—主尺；7—深测尺；8、9—外量爪

图 1-58 游标卡尺

2. 游标卡尺及读数方法

（1）刻线原理。游标卡尺的规格按照测量范围可分为：0～125mm、0～200mm、0～300mm、400～1000mm、600～1500mm、800～2000mm 等。按照其测量精度，有 0.05mm 和 0.02mm 两种，其中 0.02mm 精度的应用较广，本书只介绍 0.02mm 精度游标卡尺的刻线原

理,0.05mm 精度的游标卡尺刻线原理与之相似。

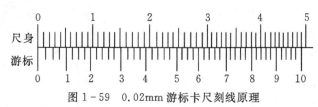

图 1-59　0.02mm 游标卡尺刻线原理

如图 1-59 所示,尺身上每小格是 1mm,当两量爪合并时,游标上第 50 格的刻线刚好和尺身上 49mm 刻线对齐,尺身与游标每小格之差为:

$$1-49/50=0.02(mm)$$

这个差值就是 0.02mm 游标卡尺的测量精度。

(2)0.02mm 游标卡尺读数方法。

①读出游标上零线左边尺身上的整毫米数,作为测量结果的整数部分;

②读出游标上与尺身上刻线对齐的刻线数值,用此数值乘以 0.02 的乘积作为小数部分;

③把整数部分与小数部分相加即为尺寸测量的结果,如图 1-60 所示,图中所示读数结果为 $33+23×0.02=33.46(mm)$。

主尺读数:33mm

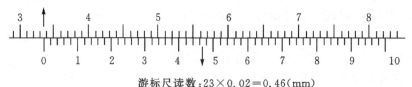

游标尺读数:23×0.02=0.46(mm)

图 1-60　0.02mm 游标卡尺读数方法

3.游标卡尺使用方法

图 1-61 所示为三用游标卡尺测量工件尺寸的方法。在测量工件孔时要注意:测前应将卡爪开口尺寸小于被测孔径,然后轻轻推动游标使卡爪与被测面接触;把游标卡尺的卡脚放在直径位置处,防止偏斜。测深时,要防止测深杆倾斜而造成测量尺寸变大现象。

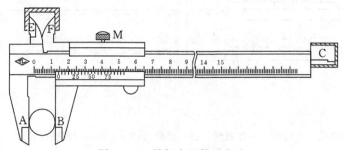

图 1-61　游标卡尺使用方法

4.游标卡尺维护保养

(1)游标卡尺不得乱作别用,以避免造成损坏或降低精度。

(2)移动卡尺的游标及微动装置时,要松开紧固螺钉。

(3)测量结束后要把卡尺放平,特别是大尺寸规格的卡尺,以防止尺身弯曲变形。

(4)带测深的游标卡尺,用完后要把量爪合拢,防止测深杆外露而造成变形或折断。

(5)卡尺用完后要擦干净,涂上防锈油并放到卡尺盒内保存。

二、外径千分尺

千分尺是一种精密量具,它的测量精度比游标卡尺要高,因而,在测量高精度零件尺寸时,要使用千分尺。千分尺种类较多,但它们工作原理相同,都是采用螺旋测微方式进行精密测量的,本书以常用的外径千分尺为例说明千分尺的结构、刻线原理和读数方法。

1. 外径千分尺的结构

外径千分尺结构如图1-62所示。

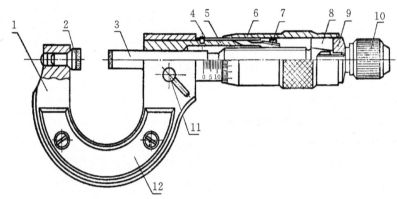

1—尺架;2—固定测砧;3—测微螺杆;4—螺纹轴套;5—固定刻度套筒;6—微分筒;
7—调节螺母;8—接头;9—垫片;10—测力装置;11—锁紧螺钉;12—绝热板

图1-62 外径千分尺结构

2. 千分尺刻线原理及读数方法

千分尺的规格按测量范围分为:0~25、25~50……每间隔25mm为一个测量范围,使用时要按照工件的实际尺寸来选择合适的千分尺。千分的制造精度分为0级和1级,0级精度最高,1级稍差。

(1)刻线原理。固定套筒上刻有主尺刻度,分成两行,下面是整毫米刻度,上面是半毫米刻度。测微螺杆上的螺纹是单线螺纹,导程是0.5mm,当微分筒转动1圈,螺杆移动0.5mm,微分筒圆周上均匀刻有50格,这样微分筒转动1格,螺杆移动0.01mm。

(2)读数方法。

①读出微分筒边缘在主尺上的整毫米数和半毫米数,一定要注意不能遗漏应读出的0.5mm的刻线值。

②读出微分筒上的尺寸,要看清微分筒圆周上哪一格与固定套筒的中线基准对齐,将格数乘0.01mm即得微分筒上的尺寸。

③把两个读数加起来就是测得的实际尺寸。

例如,如图1-63所示,读套筒上侧刻度为3,下刻度在3之后,也就是说3+0.5=3.5,

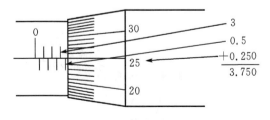

图1-63 千分尺读数方法示例一

然后读套管刻度与 25 对齐,就是 25.0×0.01=0.250,全部加起来就是 3.750mm。

图 1-64 中(a)图读数是 0mm,也就是在测量前确定千分尺的初始误差,如果测量前两砧座相接触时,读数不是(a)图的数值,在实际测量时读数后要把该误差考虑进去才能得到真实的尺寸;(b)图读数是 5.385mm;(c)图读数是 5.885mm,也就是说在读数时要注意看半毫米刻线有没有漏出来。

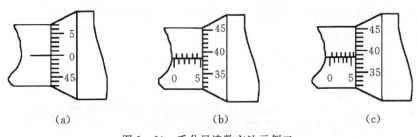

(a)　　　　　　　　(b)　　　　　　　　(c)

图 1-64　千分尺读数方法示例二

3. 千分尺的维护与保养

(1)使用时或使用后都要避免发生摔碰。

(2)不允许用砂纸或硬的金属刀具去污或除锈。

(3)千分尺不能与其他工具混放在一起,使用后要擦净放入盒中。

(4)大型的千分尺要平放在盒内,以免引起变形。

三、内径千分尺

内径千分尺用于测量工件的内尺寸,如孔径、槽宽等。测量精度一般为 0.01mm。内径千分尺固定套筒上的刻线方向与外径千分尺相反,如图 1-65 所示。常用的测量范围有 5～30mm 和 25～50mm 两种,其读数方法与外径千分尺的读数方法相同。

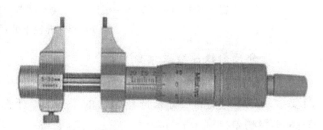

图 1-65　内径千分尺

四、塞规

塞规是用来检验工件内径尺寸的量具。它有两个测量面:小端尺寸按工件内径的最小极限尺寸制作,在测量内孔时应能通过,称为通规;大端尺寸按工件内径的最大极限尺寸制作,在测量内孔时不通过工件,称为止规。如图 1-66 所示。

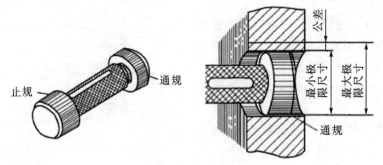

图 1-66　塞规

用塞规检验工件时,如果通规能通过且止规不能通过,说明该工件合格。二者缺一不可,否则为不合格。

五、卡规

卡规是用来检验轴类工件外圆尺寸的量规。它有两个测量面:大端尺寸按轴的最大极限尺寸制作,在测量时应通过轴颈,称为通规;小端尺寸按轴的最小极限尺寸制作,在测量时不通过轴颈,称为止规。如图 1-67 所示。

用卡规检验轴类工件时,如果通规能通过且止规不能通过,说明该工件的尺寸在允许的公差范围内,是合格的。二者缺一不可,否则为不合格。

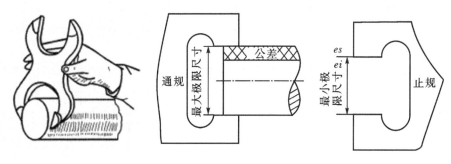

图 1-67 卡规

六、塞尺

塞尺也称探隙尺、厚薄规。塞尺是由一些不同厚度的薄钢片组成的测量工具。在每片钢片上都刻有厚度的尺寸数字,在一端像扇股那样钉在一起。如图 1-68 所示。

塞尺是测定两个工件的隙缝以及平板、直角尺和工作物间的隙缝时使用的。

塞尺的长度有 50、100 和 200mm 等三种。厚度为 0.03～0.1mm 时,中间每片间隔为 0.01mm;如果厚度为 0.1～1mm 时,中间每片间隔为 0.05mm。

使用时,用适当厚度的塞尺插进被测定工件的隙缝里作测定。若没有适当厚度的,可组成数片进行测定(一般不超过三片)。使钢片在隙缝内既能活动,又使钢片两面稍有轻微的摩擦为宜。

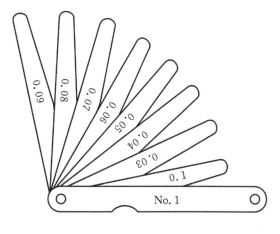

图 1-68 塞尺

思考题

1. 简述在台虎钳上如何正确夹持工件。

2. 指出题图 1-3(a)(b)(c)(d)所示的游标卡尺显示的读数结果。

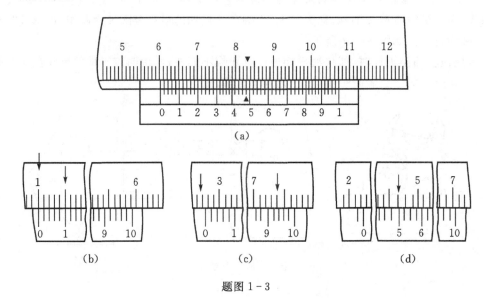

（a）

（b）　　　　　　　　（c）　　　　　　　　（d）

题图 1-3

3. 指出题图 1-4(a)(b)(c)所示的千分尺显示的读数结果。

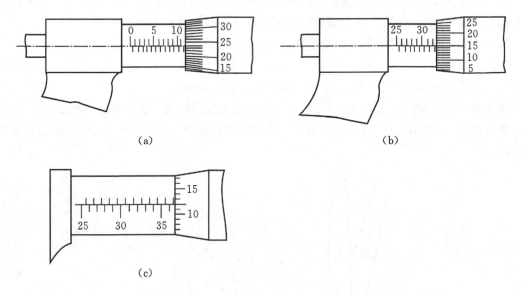

（a）　　　　　　　　　　　　　　　（b）

（c）

题图 1-4

任务1.4 划 线

任务介绍

本任务是熟练掌握划线工具的使用,并能准确地在毛坯或工件上进行平面划线和立体划线,使所划的线条清晰、宽度适中,样冲眼准确,能满足后续加工需要。最后要在一块钢板和一段圆钢上进行简单平面、立体划线。图纸如图1-69、图1-70所示。

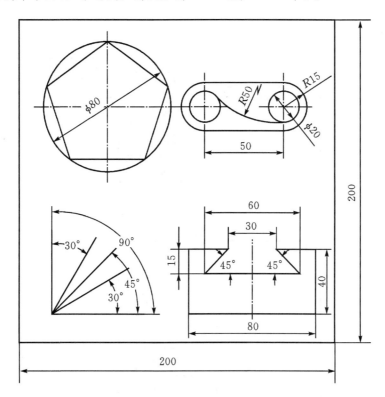

图1-69 平面划线

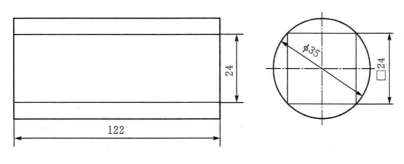

图1-70 立体划线

任务目标

1.知识目标

(1)熟悉划线工具;

(2)掌握划线的基本操作。

2.能力目标

(1)能在工件上正确进行平面划线的操作;

(2)能在工件上正确进行立体划线的操作。

 知识分布网络

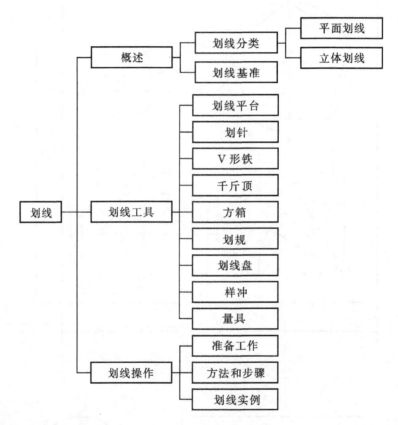

 相关知识

1.4.1 划线概述

划线是根据图纸要求,在毛坯或半成品上划出加工界线的一种操作。划线分为平面划线和立体划线。如图 1-71 所示。平面划线是指只需要在一个表面上进行划线就能完全确定加工界限的划线。立体划线是指在工件的几个不同表面上进行的划线(各表面一般相互垂直),才能完全确定加工界限的划线。

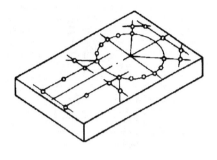
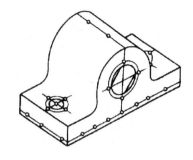

(a)平面划线 (b)立体划线

图 1-71 划线的种类

一、划线的作用

划线主要有以下作用：

(1)确定工件的加工余量,使加工有明确的界限。

(2)便于工件的找正装夹。

(3)能及时发现不合格毛坯并及时处理,避免了加工后造成损失。

(4)对于误差不大的不合格毛坯,通过借料划线可以进行补救,能后续加工出合格工件。

二、划线的要求

划线的基本要求是要保证尺寸的准确性,对于立体划线还要保证在长宽高三方向的线条相互垂直。同时还要求划出的线条清晰、粗细均匀,一般划线精度要达到 0.25～0.5mm,因而划线只是确定初步的加工界限,在实际加工中不能以划线所得的界限直接确定加工后的最终尺寸,必须要靠测量来保证工件尺寸的准确性。

三、划线基准

1.划线基准的选择

划线基准是指在划线时选择工件上的某个点线面作为依据,用它来确定工件的各部位尺寸、几何形状及工件上各要素的相对位置。

划线时,根据工件的形状不同,基准有以下三种形式：

(1)以两个相互垂直的表面(或直线)为基准,见图 1-72(a)。

(2)以一个平面和一条中心线为基准,见图 1-72(b)。

(3)以两条中心线为基准,见图 1-72(c)。

2.划线基准的确定原则

(1)划线基准尽量采用设计基准。

(2)选择已经精加工过的并且精度最高的边、面等。

(3)选择较长的边或相对两边、两面的对称中心线。

(4)较大的圆的中心线。

(5)在薄板上选择划线基准时,还要考虑节约材料以及材料的裁剪方向,合理确定。

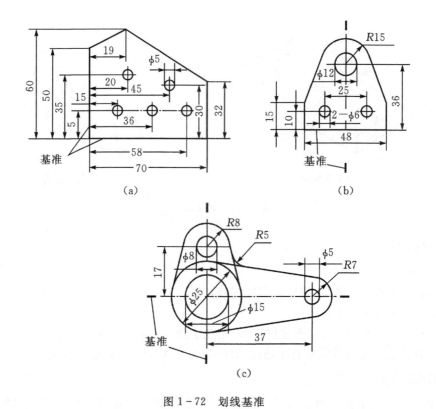

(a)　　　　　　　　　　　　(b)

(c)

图 1-72　划线基准

1.4.2　划线工具

一、划线平台

划线平台一般由铸铁制造,用来放置划线工件和划线工具的基础平台(如图 1-73 所示)。划线平台使用和保养的规则如下:

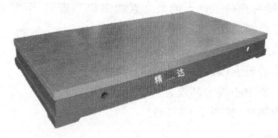

图 1-73　划线平台

(1)划线平台放置时要尽可能保证工作表面处于水平状态,以防止出现翘曲变形。

(2)保持工作表面清洁,防止刮伤工作表面。

(3)工件和划线工具在平台上要轻拿轻放,防止撞击工作表面而造成平台精度降低。

(4)用后及时对工作表面进行清洁,并涂机油,以防止生锈。

二、划针

划针用来在工件上划线的最常用工具，用弹簧钢或高速钢制造，直径一般为 3～5mm，尖端磨成 15°～20°，并经淬火处理（见图 1-74）。

使用划针时的注意事项如下：

(1)划直线时，应先用划针和钢直尺定好其中一点的划线位置，然后调整钢直尺与另一点的划线位置对准，再画出连接直线。

(2)划线时，针尖要紧靠导向工具边缘，上部向外 15°～20°，并向划线的移动方向倾斜 45°～75°（见图 1-75）。

(3)针尖要保持尖锐，用后套上塑料保护套，不要让针尖露出，并不要把划针放到衣袋中。

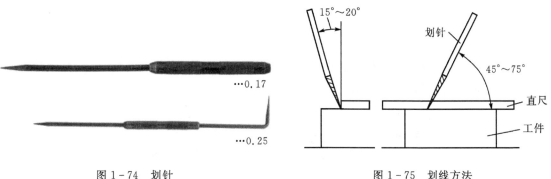

图 1-74　划针　　　　　　　　　　　　图 1-75　划线方法

三、V 形铁

V 形铁主要用来支撑圆柱表面的工件，能使轴线平行于划线平板的上平面，便于用划针盘找中心、划中心线。V 形铁常用铸铁或碳钢制造，相邻各表面相互垂直，V 形槽一般呈 90°，对于比较长的圆柱表面工件，要用两个等高的 V 形铁才能正常使用（见图 1-76）。

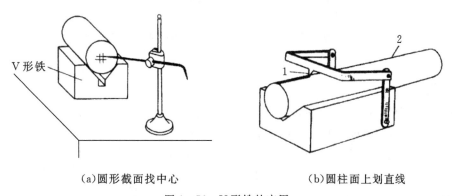

(a)圆形截面找中心　　　　　　　　　(b)圆柱面上划直线

图 1-76　V 形铁的应用

四、千斤顶

千斤顶是在划线平板上支承毛坯或不规则工件进行立体划线用的，由于其高度可以调节，所以便于找正工件的水平位置。使用时，通常用三个千斤顶来支承工件。如图 1-77 所示。

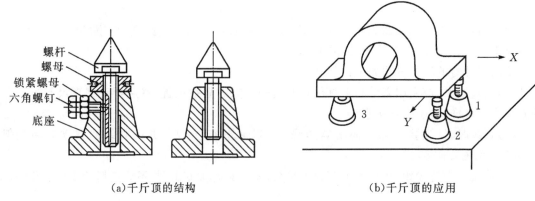

螺杆
螺母
锁紧螺母
六角螺钉
底座

X
Y
3 1 2

（a）千斤顶的结构　　　　　　　　　（b）千斤顶的应用

图 1-77　千斤顶及应用

五、方箱

方箱的六个面互相垂直，它用于夹持较小的工件，通过翻转方箱，便可在工件各表面上划出相互垂直的直线。如图 1-78 所示。

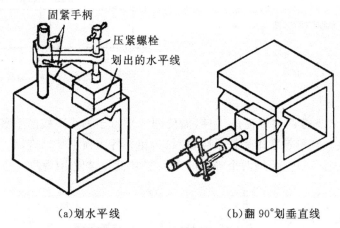

固紧手柄
压紧螺栓
划出的水平线

（a）划水平线　　　　　　　　（b）翻 90°划垂直线

图 1-78　方箱上划线

六、划规

划规是用来划圆或圆弧，等分线段、角度，以及量取尺寸的工具（见图 1-79），划规的两个规脚一般进行淬硬处理，两规脚长度不同，较长的一个用来定心，另一个规脚用来划线，定心的规脚要用较大的力，以防止划线时滑动。

七、划线盘

划线盘是立体划线用的主要工具，分普通划线盘和可微调划线盘，如图 1-80（a）、（b）所示。划线盘是在划线平板上划水平线和校正工件的位置。使用时，调节划针到一定的高

（a）普通划规　　（b）弹簧划规

图 1-79　划规

度并移动划线盘底座，划针的尖端即可对工件划出水平线；弯头端即可找正表面是否与划线平板平面相对平行。如图 1-80（c）所示。

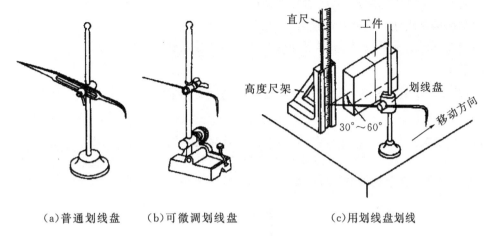

(a)普通划线盘　　(b)可微调划线盘　　　　(c)用划线盘划线

图1-80　划线盘及应用

在使用划线盘时要注意以下几点：

(1)划针应处于水平位置且不宜伸出过长，以免发生振动，影响划线精度；

(2)划线时应使底座紧贴平板平面平稳移动，划针与划线方向夹角应为锐角，即线是拖划出来的，这样可减少划针的抖动；

(3)划线盘用完后，应将划针竖直折起，使尖端朝下，以减少所占空间和防止伤人。

八、样冲

样冲是用于在工件上所划的线条上打样冲眼，做出加强界线标志和划圆弧或钻孔的定位中心。如图1-81所示。一般用工具钢制成，尖端淬硬，顶尖角用于标志界限时为40°，用于作定位中心时为60°。

图1-81　样冲

样冲的使用方法：先将样冲倾斜，使尖端对准线的正中，然后，将样冲立直，用锤子垂直猛击样冲尾端，在工件上冲出清晰的样冲眼(见图1-82)。划圆与钻孔前，应在中心部位上打上定中心样冲眼。如图1-83所示。

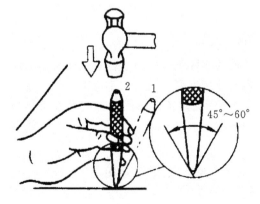

图1-82　样冲使用方法图

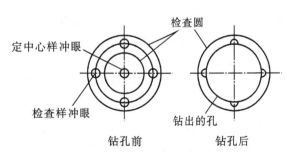

图1-83　钻孔前的划线和打样冲眼

使用样冲时的注意事项：

(1)冲点位置要准确，不能偏离线条中心。

（2）曲线上冲点距离要小一点，直线上可以大一点，但要保证最少有三个点。

（3）在线条交点处一定要有冲点。

（4）冲点深浅要掌握适当，在薄壁件或光滑表面上冲点要浅，反之要深一点。

九、量具

划线常用的量具有直角尺、钢直尺、高度尺和高度游标卡尺等。

1.直角尺

直角尺是测量直角的量具。直角尺用中碳钢制成，经精磨或刮研后，两条边成准确的90°。如图1-84所示。它除了可以作垂直度检验外，还可以作为划平行线、垂直线的导向工具及校正工件在平板上的准确位置。如图1-85所示。

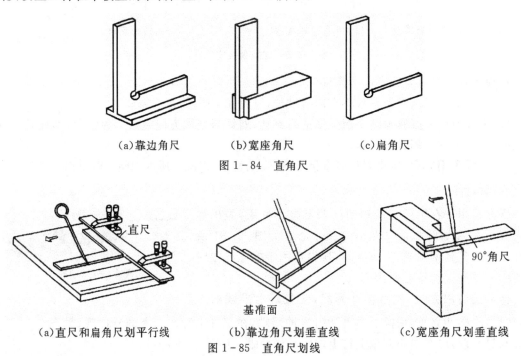

(a)靠边角尺　　　　　(b)宽座角尺　　　　　(c)扁角尺

图1-84　直角尺

(a)直尺和扁角尺划平行线　　　(b)靠边角尺划垂直线　　　(c)宽座角尺划垂直线

图1-85　直角尺划线

2.钢直尺

钢直尺是用于度量尺寸的量具，使用时应注意刻度的读数。钢直尺用不锈钢制成，钢直尺的尺面上有公制和英制的刻线，可以直接测量、读出工件的实际尺寸。由于钢直尺本身的刻线误差及测量误差，所以用钢直尺测量工件误差较大，当尺寸精度要求较高时不能采用。钢直尺按其长度可分为150、300、500和1000mm四种规格，供不同测量范围选用。英制尺寸换算为公制尺寸时，只要将该英寸数乘以25.4mm即可。

3.高度尺

高度尺是配合划针盘量取高度尺寸的量具，它由底座和钢直尺组成，如图1-86(a)所示。钢直尺垂直固定在底座上，以保证所量取的尺寸准确。

4.高度游标卡尺

高度游标卡尺是高度尺和划针盘的组合。如图1-86(b)所示。高度游标卡尺是精密测量工具，精度可达0.02mm，适用于半成品（光坯）的划线，不允许用它来划毛坯线。使用时，要防止撞坏硬质合金划线脚。

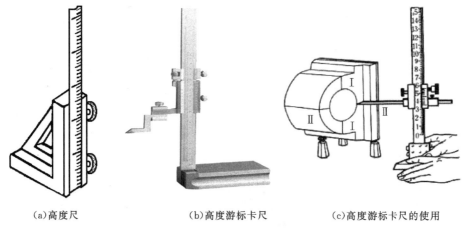

(a)高度尺   (b)高度游标卡尺   (c)高度游标卡尺的使用

图 1-86   高度尺与高度游标卡尺

1.4.3 划线的基本操作

一、划线前的准备工作

1.清坯涂色

为保证划线的清晰度,应清除工件表面的氧化铁皮、油污、型砂、飞边、毛刺等,并在划线部位的表面涂上一层薄而均匀的涂料。常用的涂料有:石灰水用于铸、锻件毛坯表面;粉笔用于小件毛坯表面;龙胆紫用于钢、铸件半成品(光坯)及有色金属表面。

2.在工件的孔中装中心塞块

在有孔的工件上划圆或等分圆周时,为便于划线,必须在孔内先安装一个定圆心用的塞块。塞块有铅塞块、木塞块和可调节塞块。铅塞块使用方便,但只适用于直径较小的孔。其他两种塞块适用于较大直径的孔。当用木块时,在定圆心的部位预先钉上一铁皮。

二、划线方法与步骤

1.划线方法

钳工划线必须掌握以下几种基本划法:

(1)划垂直线。如图 1-87 所示。已知一线段 AB ,在线上取一点 O ,用划规以 O 为中心截取等距离两点 D 和 E 。再以 D 和 E 为圆心,用略大于等距离为半径划弧,两弧相交于 F 点,联结 OF 即为垂直于 AB 的直线。

(2)划平行线。如图 1-88 所示。已知一线段 AB ,在线上取两点 a 和 b 为圆心,以平行距离为半径作出两圆弧,与两圆弧相切的直线 CD 即平行于 AB 。

(3)求圆心。其方法有几何作图法、用划规求圆心和用划针盘求圆心。

①几何作图法:如图 1-89 所示。在圆上取 ab、bc 两弦,两弦中垂线的交点 O 即为所求圆心。

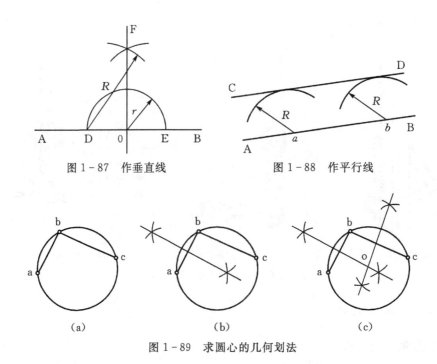

图 1-87 作垂直线　　　　　图 1-88 作平行线

图 1-89 求圆心的几何划法

②用划规求圆心:如图 1-90 所示。将划规两脚开度调到略大于半径,分别以圆周上四点为圆心,在圆柱形端面上划四条短线,再在短线包围区内凭目测定出圆心。此方法所得圆心为大致的中心,适用于圆柱体端面的划线。

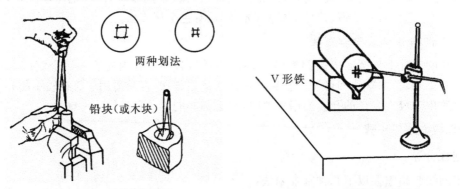

图 1-90 用划规定圆心　　　　图 1-91 用划针盘求圆心

③用划针盘求圆心:如图 1-91 所示。把工件放在 V 形铁上,凭目测将划针尖端调到大约在工件中心的高度,在端面划一直线,然后把工件围绕轴线转 180°,用原划针盘划针的高度再在端面上划一直线。若两线重合,说明该线即中心线。若不重合,说明该工件的中心线必定在两条平行线之间,此时再把划针调节到这两条线中间,重复以上过程即可划出正确的中心线。中心线定出后,只要将工件任意转一角度再划一条中心线,其交点即为该工件的中心。用此法求圆心较为准确。

2.划线步骤

(1)详细研究图纸,确定划线基准。

(2)清理毛坯表面,涂以适当的涂料。

(3)正确安放工件,选用划线工具。

(4)按图纸技术要求进行划线。

(5)划完线应仔细检查有无差错。

(6)准确无误后,方可在线上打样冲眼。

三、划线实例

1.平面划线

(1)以十字线为基准的划线,如图1-92(a)所示。

(2)以相互垂直的两条边为基准的划线,如图1-92(b)所示。

(3)以直边和一中心线为基准的划线,如图1-92(c)所示。

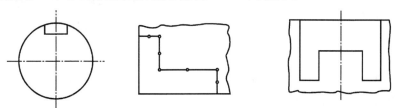

(a)以十字线为基准　　(b)以两个边作基准　　(c)以一直边和一中心线作基准

图1-92　平面划线

2.立体划线

以轴承座的划线为例。

(1)将工件放在千斤顶上,根据孔中心和上表面调节千斤顶进行找正,使工件水平。如图1-93(a)所示。水平的找正可使用划针盘进行。

(2)根据尺寸划出各水平线,如图1-93(b)所示。先划出基准线,再划出其他水平线。

(3)翻转90°,用直角尺找正后,划出相互垂直的线,如图1-93(c)所示。

(4)将工件再翻转90°,用直角尺在两个方向上找正、划线,如图1-93(d)所示。

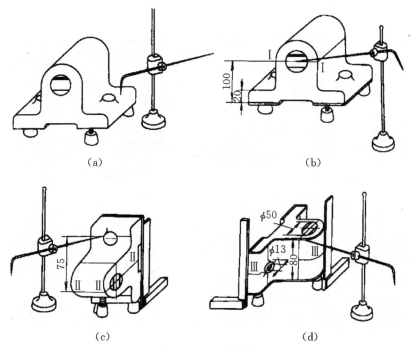

(a)　　　　　　　　　　(b)

(c)　　　　　　　　　　(d)

图1-93　立体划线

(5)划完检查无误后,在所划的线上打出样冲眼,此时划线即告完毕。如图1-94所示。

3.划线操作时应注意的事项

(1)工件夹持要稳妥,以防滑倒或移动。

(2)在一次支承中,应把需要划出的平行线划全,以免再次支承补划,造成误差。

(3)应正确使用划针、划针盘、高度游标尺及直角尺等划线工具,以免产生误差。

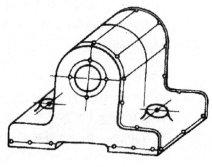

图1-94 打样冲眼

思考题

1.什么是平面划线?什么是立体划线?

2.常用的划线基准有哪几种形式?

3.分别指出下列图中的划线基准。

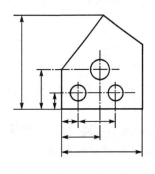

题图1-5

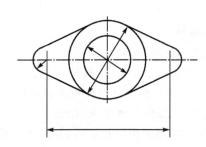

题图1-6

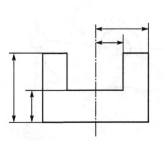

题图1-7

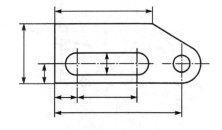

题图1-8

4.选择划线基准时要遵循哪些原则?

5.如何正确使用划针?

6.如何正确使用样冲?

7.简述划线的基本步骤。

8.什么是找正?

9.什么是借料?

任务 1.5 錾削

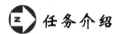 **任务介绍**

錾削也称凿削,是用手锤锤击錾子对金属工件进行切削加工。本任务是熟练掌握錾削的基本操作技能,能根据具体任务选择合适的錾削工具和錾削方法。

 任务目标

1.知识目标

(1)熟悉錾削工具;

(2)掌握錾削的基本操作要点;

(3)了解錾削安全操作技术知识。

2.能力目标

能在工件上正确进行錾削操作。

 知识分布网络

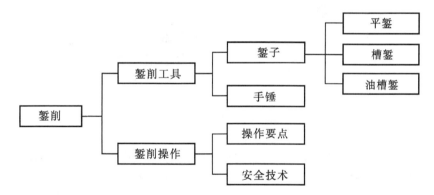

 相关知识

錾削可加工平面、沟槽、切断金属及清理铸、锻件上的毛刺等。每次錾削金属层的厚度为 0.5~2mm。錾削加工虽然效率低,较劳累,但加工灵活,有些机器中不能加工或不便加工的零件和毛坯,都可以用錾削方法进行加工。錾削加工是粗加工,一般都要进行再加工,如锉、刮等。对钳工来说,錾削是一项基本技能。錾削加工如图 1-98 所示。

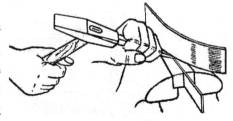

图 1-98　錾削示意图

1.5.1 錾削工具

1.錾子

錾子是最简单的切削刀具,多用八棱碳素工具钢锻成,刃部经淬火和回火处理,最后刃磨而成。它之所以在外力作用下能对金属进行切削,一是切削部分的材料比工件材料硬;二是切削部分具有楔的形状。

錾子分为平錾、槽錾和油槽錾三种,其用途如下:

(1)平錾。平錾,又称扁錾、阔錾,主要用于錾削平面,切断小尺寸的圆钢、扁钢及錾切薄钢板等。如图1-99所示。錾平面时,可先用槽錾开槽,然后用平錾錾平。平錾的刃宽,一般为10~20mm。

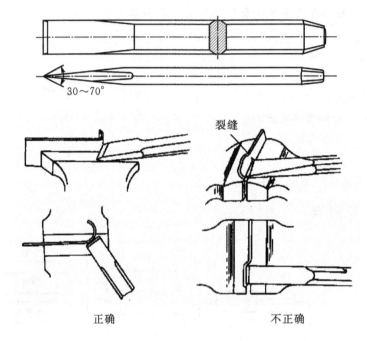

图 1-99 錾切薄板料

面积较大且较厚(4mm 以上)板料的錾切可在铁砧上从一面錾开,如图 1-100 所示。

錾切轮廓较复杂且较厚的工件,为避变形,应在轮廓周围钻出密集的孔,然后切断,如图 1-101所示。

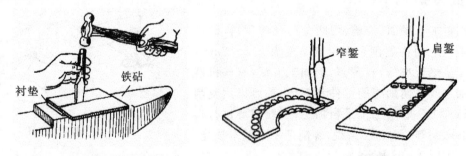

图 1-100 面积较大板料錾切　　　　图 1-101 分割板料

(2)槽錾。槽錾,又称尖錾、狭錾,主要用于开凿金属表面的沟槽、键槽和分割曲线型板料。槽錾的刃宽根据槽宽决定,一般约为 5mm。錾削较窄平面时,錾子切削刃与錾削方向保持一定斜度,如图 1-102 所示。

錾削较大平面时,通常先开窄槽,然后再用扁錾将槽间凸起部分錾去,如图 1-103 所示。

这样做既便于控制尺寸精度,又可使錾削省力。

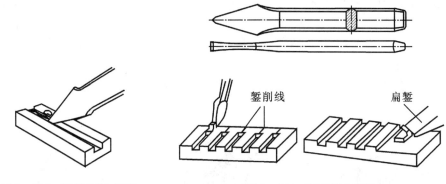

图1－102 錾削沟槽、键槽　　　图1－103 錾削较大平面

（3）油槽錾。油槽錾主要用于錾油沟,如錾削轴瓦油槽和其他滑动面的油槽。它的錾刃应磨成与油沟形状相符的圆弧形,宽度等于油槽宽,并在工件上按划线痕錾油槽。油槽应錾得光滑且深度一致。錾削方法如图1－104所示。

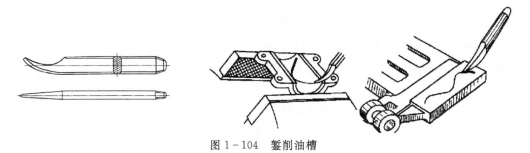

图1－104 錾削油槽

2.手锤

手锤由锤头和锤柄组成,是钳工常用的敲击工具。锤头有方头锤和圆头锤,用碳素工具钢锻制,并经淬火和回火处理。手锤规格用锤头的重量来表示的,一般有0.5公斤、1公斤等;锤柄长度一般为350mm。

为了防止锤头脱落,木柄装入锤孔中后,必须用带有倒棱的铁楔或木楔斜向打入,其深度为手锤孔深的三分之一,如图1－105所示。

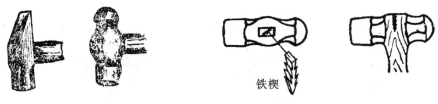

铁楔

图1－105 手锤

1.5.2 錾削操作

1.錾削的操作要点

（1）握錾方法（如图1－106所示）。

①正握法。手心向下,用虎口夹住錾身,拇指、食指自然伸开,其余三指握住錾身。錾子顶部伸出虎门一般为 10～15mm,錾子顶部伸出过长易抖动,影响锤击准确度。这种握錾方法适于在平面上进行錾削,如图 1-106(a)所示。

②反握法。手心向上,手指自然握住錾身,手心悬空。这种握法适于小平面或侧面錾削,如图 1-106(b)所示。

③立握法。虎口向上,以拇指和其他四指握住錾子。这种握法适于垂直錾切工件,如图 1-106(c)所示。

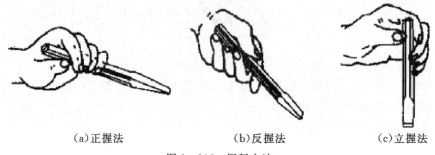

(a)正握法　　　　　　(b)反握法　　　　　　(c)立握法

图 1-106　握錾方法

(2)握锤方法。握锤方法有松握和紧握两种。紧握法是右手的食指、中指、无名指和小指紧握锤柄,大拇指贴在食指上,柄尾露出 15～30mm。在挥锤和锤击时握法不变。如图 1-107(a)所示。

松握法是只用大拇指和食指始终握紧锤柄。当手锤向后举起时(挥锤过程),逐渐放松小指、无名指和中指。锤击过程中,将放松的手指逐渐收紧,并加速手锤运动。此法掌握熟练后,不但可以增加锤击力,而且能减轻疲劳度,所以松握法比紧握法好。如图 1-107(b)所示。

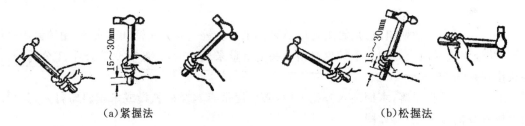

(a)紧握法　　　　　　　　　　(b)松握法

图 1-107　握锤法

(3)挥锤方法。挥锤方法有手挥、肘挥和臂挥三种。如图 1-108 所示。

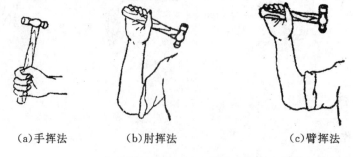

(a)手挥法　　　　(b)肘挥法　　　　(c)臂挥法

图 1-108　挥锤方法

手挥法只有手腕的运动,锤击力小,一般用于錾削的初始阶段和结尾时的修整,以及錾削软金属或开油槽等。

肘挥法是手腕和肘一起运动,锤击力较大,运用最广,用于开销子槽和修錾平面等。

臂挥法是手腕、肘、全臂一起运动,锤击力很大,但应用较少。主要用于錾断金属材料和开脱螺母,以及需要大力錾削的工件。

(4)站立姿势。站立姿势应使全身不易疲劳,以便于用力。要稳定地站在虎钳的近旁,通常是左前右后。左脚向前半步,约一锤柄长。腿不要过分用力,膝盖稍微弯曲,保持自然。右脚稍微朝后,站稳伸直,作为主要支点。两脚站成"V"形。头部不要探前或后仰,面向工作,目视錾子刃口,如图1-109所示。

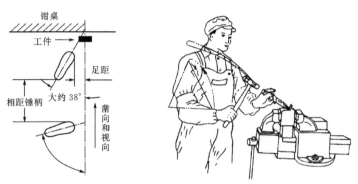

图1-109　錾削操作

2.錾削角度的选择

影响錾削质量和效率的主要因素是錾子的楔角和錾削时的后角大小。

(1)楔角β的选择。楔角小,錾子刃口锋利,但强度较差,容易崩裂。楔角大,刀具强度好,但錾削阻力大,不易切削,如图1-110所示。楔角大小应根据工件的软硬程度来选择。硬材料为$60°\sim75°$;中性材料为$50°\sim60°$;铜、铸铁为$30°\sim50°$。

(2)后角a_0的选择。后角太大,会使錾子切入工件太深。后角太小,由于錾削方向太平,錾子容易从工件表面滑出,同样不能切削。如图1-111所示。一般后角以$5°\sim8°$为宜。在錾削过程中,后角应保持不变,否则加工表面将不平整。

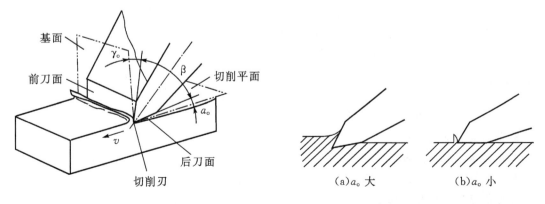

图1-110　錾削的角度　　　　　图1-111　錾削角度的大小和工作的关系

前角γ_0的作用是减少切屑变形,降低切削阻力。γ_0的计算公式为:$\gamma_0 = 90° - (\alpha_0 + \beta)$。

3.起錾和终錾

(1)起錾方法。平面錾削时,錾子尽可能向右斜45°,从工件尖角处轻轻地起錾;錾槽时,錾子刃口贴住工件,錾子头部向下约30°,轻打錾子待得到一个小斜面后,再开始錾削。如图1-112所示。

若起錾不正确,以錾子全宽进行錾切,不但阻力大,而且錾子容易产生弹跳或打滑,不易控制錾切量,甚至滑出伤手。

(2)终錾方法。一般只用手挥法进行锤击,以免錾去残块时,阻力突然消失,使手冲出碰到工件上被划破。

每次錾削离工件尽头8~10mm时,必须停止錾切,调头后再錾去余下的部分,如图1-113所示。特别是脆性材料,如铸铁、青铜等,更要注意这一点,否则工件的角或边会崩裂。

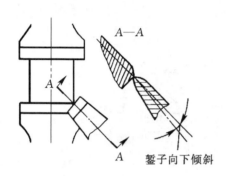
錾子向下倾斜

图1-112 终錾方法

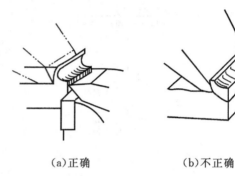
(a)正确　　　　(b)不正确

图1-113 终錾方法

4.錾削安全技术

(1)錾子的头部和手锤头部不能有毛边或毛刺,防止毛边划伤手或崩裂的毛刺飞出伤人。

(2)可以在錾子的中间柄部加装护手垫,以免锤击时伤手,如图1-114所示。

(3)手锤的锤柄安装要牢固,防止锤头脱出伤人。

(4)錾削时不准戴手套,并戴好防护眼镜。

(5)不要正对着人进行錾削,以防錾屑飞出伤人。为要防止錾屑飞出伤人,应在钳台加装防护网。

(6)锤击点要在錾子的轴心上,以免滑锤。

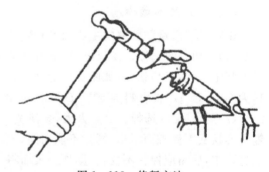

图1-113 终錾方法

思考题

1.简述錾子的种类及其使用场合。

2.錾削大平面时应如何操作?

3.简述錾子的握法及其使用场合。

4.简述挥锤的方法及其使用场合。

5.錾削平面时应如何起錾和终錾?

6.简述錾削时的安全操作技术要求。

任务 1.6 锯削

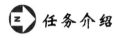 **任务介绍**

本任务是熟练掌握锯削的基本操作,掌握锯条的选用、锯削工件的装夹方法,最后将任务1.4中已经划线的圆钢(见图1-70)进行锯削,使之成为一个长方体,精度满足图1-115所示要求。

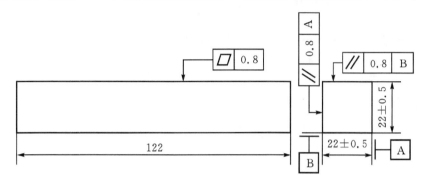

图 1-115 长方体锯削

 任务目标

1.知识目标

(1)熟悉锯削工具;

(2)掌握锯条的选择和安装;

(3)掌握锯削的基本操作要点;

(4)了解锯削安全操作技术知识。

2.能力目标

(1)能正确选择和安装锯条;

(2)能在工件上正确进行锯削操作。

 知识分布网络

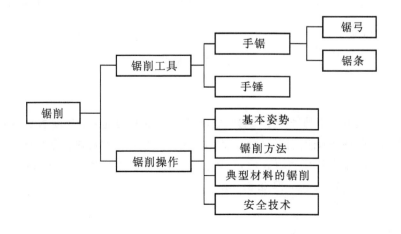

相关知识

1.6.1 锯削工具

一、锯削

用锯对材料或工件进行切断或切槽等的加工方法,称为锯削。它可以锯断各种原材料或半成品,锯掉工件上多余部分或在工件上锯槽等(见图1-116)。

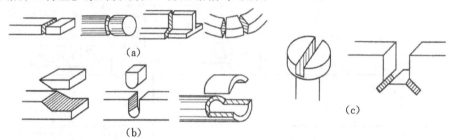

图1-116 锯削的应用

二、手锯

手锯由锯弓和锯条两部分组成。

1.锯弓

锯弓是用来安装和张紧锯条,进行锯削的基本工具,有固定式和可调节式两种(见图1-117)。

(1)固定式锯弓。固定式锯弓只能安装一种长度规格的锯条,如图1-117(a)的所示。

(2)可调节式锯弓。可调节式锯弓可以调节安装距离,从而可以安装几种长度规格的锯条,现在应用较多。锯弓两端装有夹头,一端固定,另一端是活动的,当锯条装在夹头的销子上后,通过拧动元宝螺母可以拉紧锯条。如图1-117(b)所示。

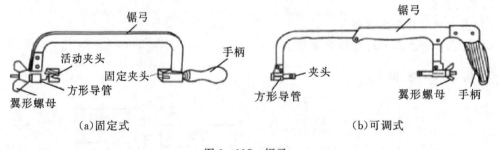

图1-117 锯弓

2.锯条

锯条由碳素工具钢(常用牌号为T12A)制成,经热处理后其切削部分硬度达62HRC以上,锯条两端的装夹部分硬度可低些,使其韧性较好,装夹时不致卡裂;锯条也可用渗碳软钢冷轧而成。

锯条规格以其两端安装孔间距表示,一般长300mm,宽10~25mm,厚0.6~1.45mm。常用的规格为长300mm,宽12mm,厚0.8mm。

（1）锯齿的切削角度。锯条的切削部分均匀排列着锯齿，每一锯齿相当于一把割断刀（车刀）。目前使用的锯条，每齿的后角为 40°，楔角为 50°，前角为零。如图 1-118 所示。

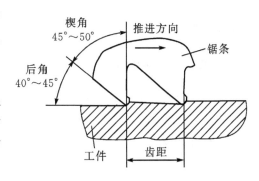

图 1-118　锯齿切削角度

（2）齿距。相邻两锯齿的间距称为齿距。根据齿距的大小，可将锯条分为粗齿（齿距为 1.6mm）、中齿（齿距为 1.4mm）和细齿（齿距为 0.8mm）三种。见表 1-6。

表 1-6　锯齿规格及应用

锯齿粗细	每 25mm 齿数	选　用　原　则
粗	14～18	锯削软钢、黄铜、铝、铸铁、紫铜、人造胶质材料
中	22～24	锯削中等硬度钢、厚壁的钢管、铜管
细	32	薄片金属、薄壁管子
细变中	32～20	一般工厂中使用，易于起锯

（3）锯路。为了减少锯锋两侧面对锯条的摩擦阻力，避免锯条被夹住或折断，在锯条制造时，使锯齿按一定规律左右错开，排列成一定的形状，称为锯路。常见有交叉形和波浪形两种（见图 1-119）。有了锯路后，锯缝比锯条背部要宽，从而可以避免"夹锯"和锯条过热，减少了锯条磨损。

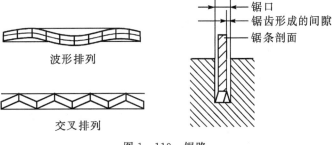

图 1-119　锯路

（4）锯条的选择。根据工件材料的硬度和厚度选用不同粗细的锯条，如图 1-120 所示。锯软材料或厚件时，容屑空间要大，应选用粗齿锯条；锯硬材料和薄件时，同时切削的齿数要多，而切削量少且均匀，为尽可能减少崩齿和钝化，应选用中齿甚至细齿的锯条。一般应用为：粗齿锯条适于锯铜、铝等软金属及厚的工件；细齿锯条适于锯硬钢、板料及薄壁管子等；加工普通钢、铸铁及中等厚度的工件多用中齿锯条。

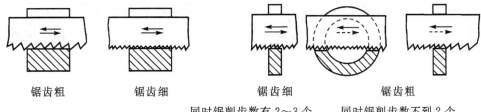

（a）厚工件用粗齿　　　　　　　　（b）薄工件用细齿

图 1-120　锯齿粗细的选择

1.6.2 锯削操作

一、锯削的基本姿势

1.站立姿势

锯削时站立要自然,两脚站立角度如图 1-121 所示。

2.锯弓握法

一般用右手握住锯弓的握把,左手扶住锯弓的前端,如图 1-122 所示。

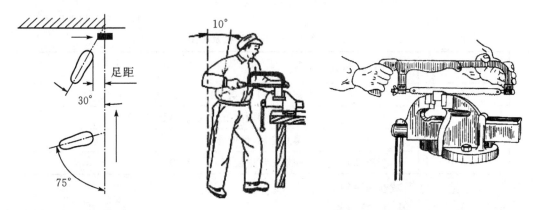

图 1-121 锯削时的站立姿势　　　　　　　　图 1-122 锯弓握法

二、锯削方法

1.工件的装夹

工件一般装夹在台虎钳左侧,工件伸出台虎钳钳口不应太长,使锯缝呈铅垂状态,并与钳口距离为 10~20mm。工件装夹要牢固,同时还要避免夹紧力过大而造成工件变形。

2.锯条安装

锯条在安装时要保证锯弓向前推时进行切削,因而应按照图 1-123 所示进行安装。锯条安装的松紧是靠调节元宝螺母实现的。要注意,不要拧得过松或过紧。过松,锯条容易左右摆动,从而使锯缝歪斜,也容易造成锯条折断;过紧,锯条受到拉应力过大,韧性变差,同样容易折断。一般可以根据经验确定(用拇指和食指捏住锯条中部横向转动,感觉能够转动适当角度,而又不是太松即可)。

锯条在安装后,要保证锯条紧靠销钉根部,并且侧面应与锯弓中心平面平行,不能有倾斜或扭曲现象出现。

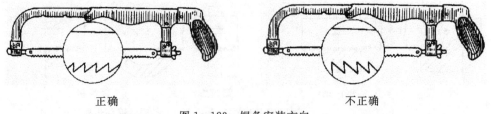

正确　　　　　　　　　　　　　不正确

图 1-123 锯条安装方向

3.起锯方法

起锯是锯削的开始工作,起锯的好坏直接影响到后面的锯削质量。起锯方法有远起锯和近起锯两种(如图 1-124 所示)。起锯角不要太大,一般不超过 15°。起锯角过大容易勾住锯齿,从而造成锯条崩齿,甚至折断锯条。起锯时,施加的压力要小,锯削速度要慢,并且锯削移动距离可以较短。为了防止起锯时锯条在工件表面打滑,可以用左手拇指抵住锯条进行起锯(见图 1-125)。

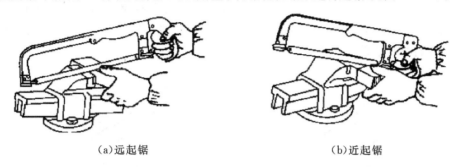

(a)远起锯　　　　　　　　　　　(b)近起锯

图 1-124　起锯方法

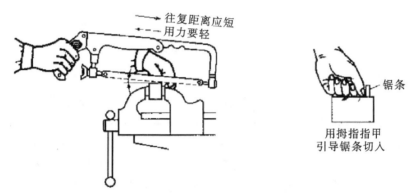

图 1-125　拇指引导起锯

4.锯削时的运动与速度

手锯推进时,身体略向前倾,左手上翘,右手下压,可以适当向下增加一定的压力,回程时右手上抬,左手自然跟回,锯削过程见图 1-126,锯削运动的速度一般为 40 次/min 左右,锯削硬材料时慢些,软材料时可以快一些。返回时不要施加压力,以较快的速度返回。

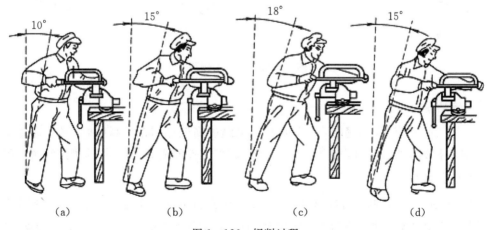

(a)　　　　　　　(b)　　　　　　　(c)　　　　　　　(d)

图 1-126　锯削过程

三、典型材料的锯削

1.扁钢的锯削

锯扁钢时,应从宽面往下锯,如图1-127所示。此法不但效率高,而且能较好地防止锯齿的崩缺。反之,若从窄面往下锯,非但不经济,而且只有很少的锯齿与工件接触,工件愈薄,锯齿愈容易被工件的棱边钩住而折断。

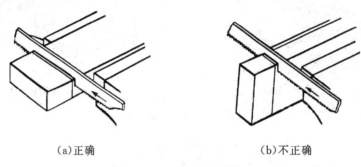

(a)正确　　　　　　　　　　　(b)不正确

图1-127　扁钢的锯削

2.槽钢的锯削

槽钢的锯削与扁钢一样,但要分三次从宽面往下锯,不能在一个面上往下锯,应尽量做到在长的锯缝口上起锯,因此工件必须多次改变夹持的位置。如图1-128所示。操作程序为:如图1-128(a)所示,先将宽面上锯槽钢的一边;如图1-128(b)所示,把槽钢反转夹持,锯中间部分的宽面;如图1-128(c)所示,再把槽钢侧转夹持,锯槽钢的另一边的宽面。图1-128(d)所示锯削方法是错误的,把槽钢只夹持一次锯开,这样的锯削效率低。在锯高而狭的中间部分时,锯齿容易折断,锯缝也不平整。

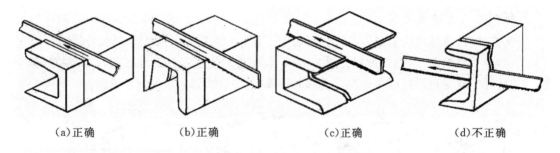

(a)正确　　　　(b)正确　　　　(c)正确　　　　(d)不正确

图1-128　槽钢的锯削

3.深缝的锯削

如图1-129所示,锯深缝时,先垂直锯,当锯缝的高度达到锯弓高度时,锯弓就会与工件相碰,此时应把锯条拆出转90°重新安装,使锯弓转到工件的侧面,然后按原锯路继续锯削。

4.管材的锯削

如图1-130所示,锯削管材时,不能从一个方向锯到底,因为锯子锯穿管材内壁后,锯齿即在薄壁上切削,由于受力集中,很容易被管壁钩住而折断。正确的方法是:当锯到管材内壁时就停锯,把管材向推锯方向转过一些,锯条依原有的锯缝继续锯削,这样不断地转锯,直至锯断为止。

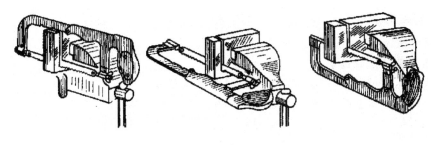

图 1-129　深缝的锯削

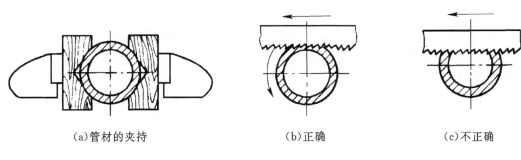

（a）管材的夹持　　　　　　　　（b）正确　　　　　　　　（c）不正确

图 1-130　管材的锯削

5.薄铁板的锯削

如图 1-131 所示,将薄板料夹在两木块之间,连同木块夹在虎钳上一起锯削,这样增加了薄板料锯削时的刚性,防止锯齿的折断。

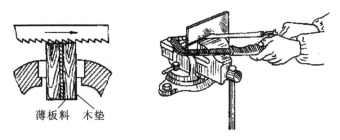

薄板料　木垫

图 1-131　薄板的锯削

四、锯条损坏原因分析

1.锯齿崩裂的原因

(1)锯条规格选择不当。

(2)起锯角度过大或采用近起锯时用力过大。

(3)锯削运动时突然加大压力,锯齿容易被工件棱边钩住而发生崩刃现象。

2.锯齿崩裂后的处理

锯齿崩裂(即使是一个齿崩裂),不能继续使用,否则后面的锯齿也会迅速崩裂。为了恢复锯齿崩裂后的锯削能力,可以在砂轮上将崩齿的地方小心磨光,并把邻近的锯齿斜磨两三个。断齿从工件的锯缝中取出后,即可用修复的锯条继续锯削。

3. 锯条折断的原因

(1) 工件装夹不紧, 锯削时工件松动。

(2) 锯条安装过松或过紧。

(3) 锯削时压力过大, 或锯削时用力突然偏离锯缝方向。

(4) 强行纠正歪斜锯缝, 或更换新锯条后仍在原锯缝过猛地锯削。

(5) 锯削时锯条中间局部磨损, 当锯弓拉长时锯条被卡住引起折断。

(6) 中途停止使用, 锯弓未从工件锯缝中取出。

4. 锯齿过早磨损的原因

(1) 锯削速度过快, 使锯条发热过度。

(2) 锯削较硬的材料时没有冷却和润滑措施。

(3) 锯齿粗细的选择不合适。

五、锯削安全技术

(1) 锯条松紧要适当, 不能装得过松或过紧。

(2) 锯削时对手锯的压力不能太大, 否则会使锯条折断。

(3) 工件将要锯完时, 应用手扶着被锯下的部分, 防止锯下部分砸在脚上。

(4) 锯削时要防止断锯飞出伤人。

思考题

1. 锯条根据齿锯的大小可分为几类? 分别适用于什么场合?

2. 如何正确选择锯条?

3. 简述锯削操作时的基本姿势。

4. 如何安装锯条?

5. 简述起锯的方法。

6. 扁钢锯断时应如何操作? 图 1-127 中(b)的操作为什么不正确?

7. 槽钢锯断时应如何操作? 图 1-128 中(d)的操作为什么不正确?

8. 锯深缝时应如何操作?

9. 管材锯断时应如何操作? 图 1-130 中(c)的操作为什么不正确?

10. 锯断薄钢板时应如何操作?

11. 哪些操作可能导致锯条折断?

12. 简述锯削时安全操作技术要求。

任务 1.7 锉削

任务介绍

本任务是熟练掌握锉削的基本操作技能, 能根据具体任务选择合适的锉削工具和锉削方法, 能初步制定锉削的工艺路线。并对图 1-132 所示工件进行锉削练习。最终将任务 1.4 中完成的长方体工件按照图 1-133 的要求锉削成形, 并达到尺寸和形位精度的要求。

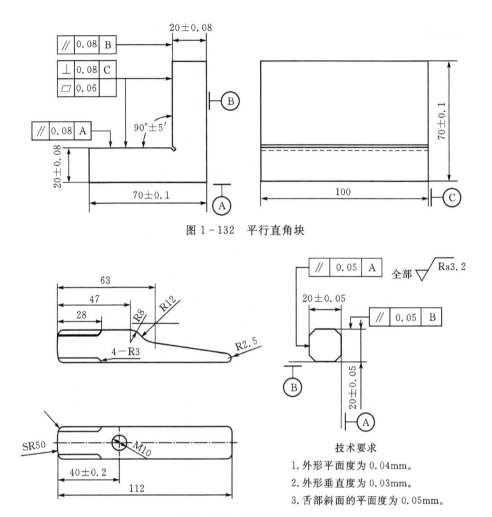

图 1-132 平行直角块

图 1-133 鸭嘴锤零件图

技术要求

1. 外形平面度为 0.04mm。
2. 外形垂直度为 0.03mm。
3. 舌部斜面的平面度为 0.05mm。

任务目标

1.知识目标

(1)熟悉锉削工具；

(2)掌握锉削的基本操作要点；

(3)了解锉削安全操作技术知识；

(4)熟悉锉削质量检验方法。

2.能力目标

(1)能正确锉削平面；

(2)能正确锉削圆弧面。

知识分布网络

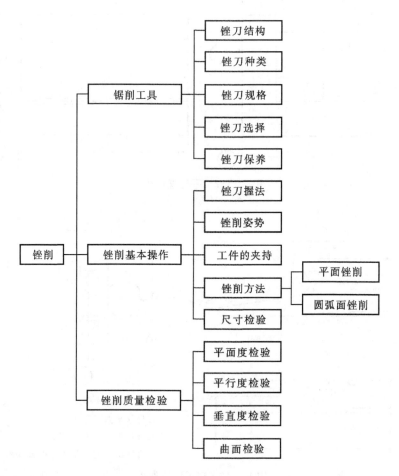

 相关知识

　　锉削是用锉刀对工件表面进行切削加工的方法。锉削一般在锯削后对工件进行精度较高的加工。锉削后工件的尺寸精度可达 0.01mm，表面粗糙度可达 0.8μm。常见工件的各种表面都可以通过锉削加工来完成。锉削工作范围广，可以加工各种内外表面、曲面及特形面；常用于样板、模具制造和机器的装配、调整和维修。在机器设备装配中，一些零件的修整也需要通过锉削来完成，模具制造中的最后一道工序也大多是通过锉削完成的。

1.7.1　锉削工具

一、锉刀

　　锉刀一般用 T12、T13 等高碳钢制造，并经淬火后达到 62～72HRC。耐磨性好，但韧性差，热硬性低，性脆易折，锉削速度过快时易钝化。

1. 锉刀的结构

　　锉刀由锉身和锉柄构成，其各部分名称如图 1－134 所示。其规格以工作部分的长度来表示，常用的有 100、150、200、300mm 等。

(1)锉刀面。它是锉刀的主要工作面。在纵长方向上呈凸弧形,其目的是防止热处理变形后,不致于使某一锉刀面变凹,以及抵消锉削时因锉刀上下摆动而产生工件中凸现象,保证工件能锉得平整。

(2)锉刀边。它是指锉刀的两侧面,一边有齿,一边没齿,无齿的边叫安全或光边。

(3)锉刀尾。它是指锉刀尾的锥部,用以插入锉柄中,锉削时便于握持及传递推力。

(4)锉齿。锉刀的锉齿有铣齿和剁齿两种,铣齿的锉刀比较锋利,容屑槽较深,每锉切削量较大,一般用于粗加工,剁齿的锉刀容屑槽较浅,每锉切削量较小,但加工的表面粗糙度较低,一般用于精加工。

锉纹是锉齿的排列图案,一般有单齿纹和双齿纹两种。单齿纹是锉刀上只有一个方向的齿纹,见图1-135(a),一般用于软材料的锉削。双齿纹是锉刀上有两个方向的齿纹,分为底齿纹(较浅)和面齿纹(较深)。底齿纹和面齿纹的方向不同,与轴线的夹角也不同,从而可以使锉齿沿锉刀中心线方向呈倾斜和有规律的排列,从而使锉削时的切屑是碎断的,比较省力,同时锉齿强度较高,一般用于较硬材料的锉削。

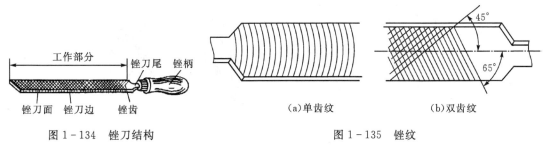

图1-134　锉刀结构　　　　　　　　　　图1-135　锉纹

2.锉刀的种类

锉刀根据形状不同,可分为平锉、半圆锉、方锉、三角锉、圆锉等,如图1-136所示,其中平锉应用最多。各种锉刀的截面积形式及应用如表1-7所示。

为了适应不同形状工件的锉削,锉刀有各种截面型式,如图1-137所示。图1-138为各种型式的锉刀应用实例。

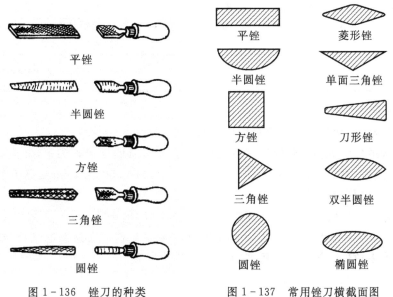

图1-136　锉刀的种类　　　　图1-137　常用锉刀横截面图

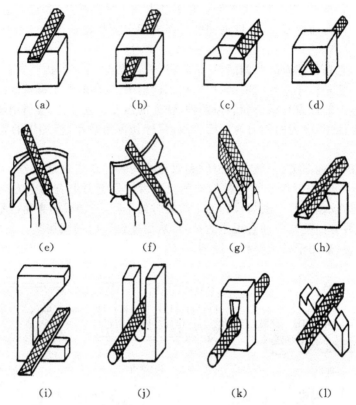

(a)、(b)锉平面；(c)、(d)锉燕尾和三角孔；(e)、(f)锉半圆；(g)锉楔角；(h)锉内角；

(i)锉菱形；(j)、(k)锉圆孔；(l)锉三角

图 1-138　各种锉刀的应用实例

表 1-7　锉刀的种类(GB 5803—86)

种类(代号)	截　面　型　式	应　用
钳工锉(Q)	扁形(板)、半圆、三角、方形、圆形	适用于一般工件表面的锉削
整形锉(Z)	扁形、半圆、三角、方形、圆形、单面、刀形、双半圆、椭圆、菱形	适用于对机械、电器仪表等小部位修整
异形锉(Y)	扁形、半圆、三角、方形、圆形、单面、刀形、双半圆、椭圆	加工各种工件的特殊表面

3.锉刀规格

锉刀规格分为尺寸规格和齿纹粗细规格两种。

(1)钳工锉的尺寸规格。圆锉以其断面直径，方锉以其断面边长表示，其他锉刀以其锉身长度表示。钳工常用的锉刀有 100、125、150、200、350、300、350 和 400mm 等几种。异形锉和整形锉的尺寸规格是指锉刀全长。

(2)粗细规格。以轴向 10mm 长度内主锉纹(面锉纹)的条数表示。一般以 1～5 号表示,1 号为粗齿锉刀,2 号为中齿锉刀,3 号为细齿锉刀,4 号油光锉。需注意的是,锉出工件的表面愈光洁,其生产率愈低。锉刀刀齿粗细的选择如表 1-8 所示。

表 1 - 8 锉刀刀齿粗细的选择

锉纹号	锉齿	适用场合			
		加工余量（mm）	尺寸精度（mm）	粗糙度 Ra	应用
1	粗	0.5～1	0.2～0.5	50～12.5	适于粗加工或有色金属
2	中	0.2～0.5	0.05～0.2	6.3～1.7	适于粗锉后加工
3	细	0.05～0.2	0.01～0.05	1.7～0.8	锉光表面或硬金属
4	油光	0.025～0.05	0.005～0.01	0.8～0.2	精加工时修光表面

4.锉刀选择

每种锉刀都有其相应的应用范围，如果选择不当，一方面可能造成工件质量达不到相应的精度，另一方面也可能使锉刀损坏。

锉刀选用的一般原则为：

(1)锉刀尺寸规格按照被锉工件表面形状和大小选择；

(2)锉刀粗细规格选择是根据工件材料性质、加工余量以及所要达到的表面粗糙度来确定。

当加工余量大、表面粗糙度要求较低，就可以选用粗齿锉刀，反之就要用细齿锉刀。加工软材料一般用粗齿锉刀，加工硬材料要用细齿锉刀。油光锉主要用于最后的修光工件表面、降低表面粗糙度时使用。

5.锉刀使用保养

(1)严禁用锉刀锉削毛坯件表面的硬皮、氧化皮，以及未经退火的硬钢件。

(2)使用新锉刀应先用一面，当该面用钝后再用另一面。

(3)锉削时不能洒水、沾油或用手去摸锉刀面，以免引起锈蚀和锉削时打滑。

(4)锉削过程应及时用钢丝刷或薄口黄铜板顺纹清除锉齿槽内的积屑，如图 1 - 139 所示。

(5)锉刀要分别放置，不可堆迭，以免损坏锉齿。

(6)切不可将锉刀当撬棒用，以防折断。

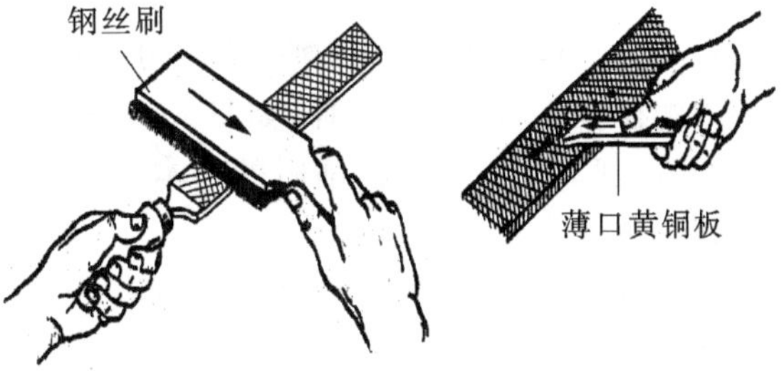

图 1 - 139 清除锉屑的方法

1.7.2 锉削的基本操作

一、锉削姿势

1.锉刀握法

(1)大锉刀的握法。大锉刀是指长度大于等于 250mm 的锉刀，其握法如图 1 - 140 所示。右手握住锉柄，使锉柄顶在拇指根部下方的手掌上，拇指自然放在锉柄上，剩余四指由下而上自然握住锉柄。左手可以任意采用以下三种方式之一：①手掌斜放在锉梢上面，拇指根部轻压在锉梢，中指和无名指顺势放在锉梢下面；②手掌斜放在锉刀前部，拇指自然平伸，其余四指自然蜷曲放在锉刀下面；③手掌斜放在锉刀前部，手指自然平伸，压在锉刀上。

(2)中型锉刀的握法。中型锉刀一般指锉身长度介于 150～250mm 的锉刀，其握法如图

1－141所示。右手握锉柄的方法同大锉刀握法。左手用拇指和食指轻扶在锉梢,主要是为了防止锉刀弯曲。

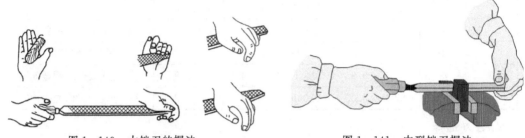

图1－140　大锉刀的握法　　　　　　　图1－141　中型锉刀握法

　　(3)小型锉刀的握法。小型锉刀一般指锉身长度不超过150mm的锉刀(不包括整形锉),其握法如图1－142所示。右手握锉柄,基本方法与前述相似,只是要把食指平直地扶在锉身的棱边,左手用手指压在锉身中部,以防止锉刀弯曲变形。

　　(4)整形锉的握法。整形锉由于整体尺寸较小,两手握反而不方便。因此,整形锉一般都使用单手握持。握法如图1－143所示,用右手握住锉柄,食指平伸压在锉面上。

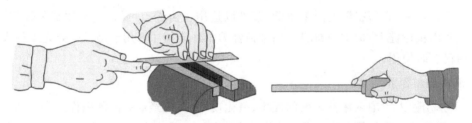

图1－142　小型锉刀握法　　　　　　图1－143　整形锉握法

2.锉削姿势

　　(1)锉削时站立姿势。锉削时两脚分开自然站立,重心放在左脚上,右腿伸直,左腿微弯并随锉刀的往复运动而自然屈伸,如图1－144所示。

　　(2)锉削时的动作。锉削时的基本动作如图1－145所示。

　　①锉削开始时,身体前倾大约10°,右臂尽量后曲并使上臂紧靠身体。

　　②保持手臂不动,依靠身体前倾带动锉刀推进,身体前倾大约15°时,锉刀推进到约1/3长度;身体前倾18°时,锉刀推进到约2/3长度。

　　③然后右肘前伸继续推动锉刀前行最后1/3长度,同时身体后退至约15°位置。

　　④锉削全程结束后,身体和手同时恢复到最初的状态,同时将锉刀稍抬起退回原始位置。

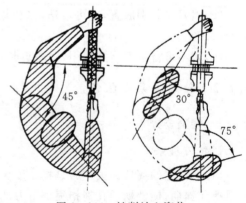

图1－144　锉削站立姿势

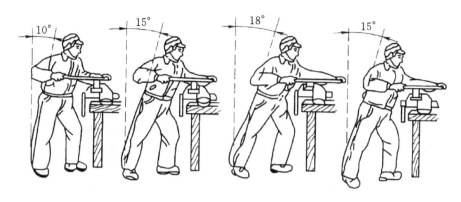

图 1-145　锉削基本动作

需要特别注意的是,在锉削过程中,一定不要身体不动,而靠手臂前伸来推动锉刀进行锉削。这样操作一是很难控制锉刀的锉削方向,二是手臂力量较小,使手臂在很短时间内就会发酸无力。

(3)锉削时的切削力。要使锉削的平面达到一定的平面度,就要求在锉削时保证锉刀运动保持平直,因而在锉削时要以工件为支点,掌握好两手对锉刀的施力平衡。也就是说,右手要随着锉刀的推进,向下的压力逐渐加大,左手向下的压力逐渐减小,以保证走刀路线不会出现弯曲而造成工件表面变成凸圆弧面(如图 1-146 所示)。

(4)锉削时的速度。一般锉削速度为 40 次/min。

二、锉削工件的夹持

工件夹持不当易产生废品。夹持工件应注意以下几点:

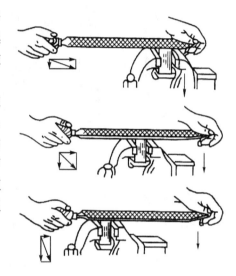

图 1-146　锉平面时两手施力变化

(1)工件应夹持在虎钳中间,不要露出钳口太高,以免锉削时产生振动。

(2)工件要夹紧,但不能夹变形。半成品工件应使用软钳口加以保护(见图 1-147)。

(3)不规则工件应根据其特点衬垫。圆形工件衬以 V 形铁。薄板工件,可将其平钉在木块上。如图 1-148 所示。锉长薄板边缘时,可用两块三角铁或夹板夹紧后,再将夹板夹在虎钳上锉削。

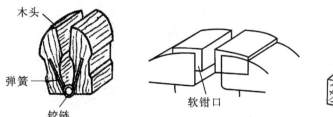

图 1-147　台虎钳的软钳口与辅助夹具

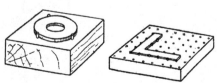

图 1-148　锉削薄板工件的夹持方法

三、锉削方法

1.平面锉削

(1)顺向锉。顺向锉是最常用的锉削方法。锉刀运动方向始终与工件的夹紧方向一致,如图1-149(a)所示。顺向锉可以得到整齐一致的锉痕,面积不大的平面和最后的修光都采用这种锉削方法。

(2)交叉锉。交叉锉是从两个相互交叉的方向对工件表面进行锉削的方法,如图1-149(b)所示。交叉锉时,一般要消除前一次的锉痕。锉刀与工件表面接触面积比较大,锉刀比较容易掌握,一般用于粗锉。

(3)推锉。推锉是两手横握锉刀,用拇指顺着工件长度方向推动锉刀进行锉削的方法,如图1-149(c)所示。推锉一般用于锉削狭长表面、加工余量较小或修整的工件。

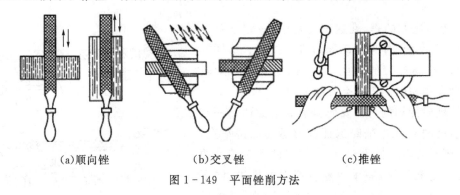

(a)顺向锉　　　　　(b)交叉锉　　　　　(c)推锉

图1-149　平面锉削方法

2.圆弧面锉削

圆弧面锉削有外圆弧面锉削和内圆弧面锉削两种。外圆弧面用平锉,内圆弧面用半圆锉或圆锉。

(1)外圆弧面锉削。锉刀要完成两种运动:前进运动和锉刀围绕工件的转动。锉削外圆弧面有两种锉削方法,即横着圆弧锉和顺着圆弧锉。

①横着圆弧锉。锉刀走刀路线与工件圆弧面轴线平行,如图1-150(a)所示,该方法能较快的去除余量,使工件表面较快成形,但圆弧面精度相对较差,一般用于粗锉。

②顺着圆弧锉。锉刀沿着圆弧面走刀,如图1-150(b)所示。锉削时,右手顺着圆弧往下压,左手顺势向上提。该方法锉削效率较低,但加工出的圆弧面精度较高,一般用于精加工。

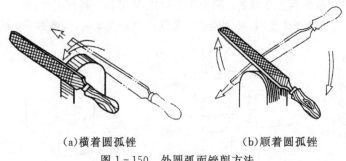

(a)横着圆弧锉　　　　　(b)顺着圆弧锉

图1-150　外圆弧面锉削方法

(2)内圆弧面锉削。内圆弧面锉削时,需要采用相应规格的圆锉或半圆锉(锉刀的直径要小于相应内圆弧直径,否则将无法加工出合格的内圆弧面)。内圆弧面锉削时的锉刀要进行三种运动:沿圆弧轴线方向的移动、顺圆弧方向的左右移动和绕锉刀轴线的转动,如图1-151所示。锉削时,要两手配合同时完成以上的运动,才可以加工出合格的内圆弧面。

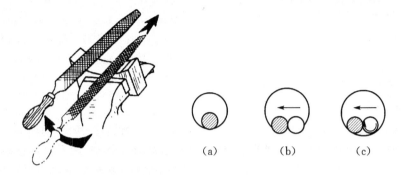

（a）　　　　　（b）　　　　　（c）

图1-151　内圆弧面锉削

四、锉削安全技术知识

锉削一般不易产生安全事故,但为了避免不必要的伤害,工作时仍应注意以下事项:

(1)不使用无柄或柄已开裂的锉刀。锉刀柄一定要装紧固,否则在锉削时不但用不上力,而且有可能因柄脱落而刺伤手腕。

(2)不能用嘴吹切屑,以防止切屑飞进眼睛,也不准用手清除切屑,以防扎手。

(3)锉刀放置时不要露出钳台边外,以防跌落而扎伤脚或损坏锉刀。

(4)锉削时不要用手去摸锉削表面,因手上有油污,会使锉削时锉刀打滑而造成事故。

1.7.3　锉削质量检验

一、尺寸检验

锉削尺寸的检验,一般要根据被测工件的尺寸精度不同,选择不同的量具,如游标卡尺、千分尺等。

二、平面度检验

对于高精度平面的检验,一般使用百分表或千分表进行,有兴趣的学习者可以查找相应资料。本书只介绍一般精度平面的检验。

平面度检验常用刀口直尺通过透光法进行,如图1-152所示。用刀口直尺分别在加工面的横向、纵向和对角线方向进行检验,根据透过光线的均匀程度和强弱来判断工件表面是否平直。其误差值可以使用塞尺进行测量。

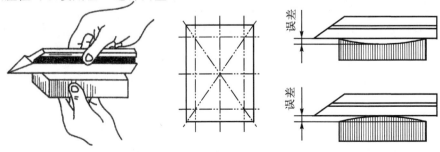

图1-152　平面度检验

三、平行度检验

平行度检验要在尺寸和平面度检验后进行,以平面精度较高的平面为基准,使用游标卡尺或千分尺分别在不同位置测量两平面之间的尺寸,通过几处所测尺寸之差,可以确定其平行度误差。

高精度检验时,使用百分表进行。百分表固定在平台上,将被测工件基准面放在平台上,使百分表测头放在被测面上,工件基准面始终保持与平台接触,移动工件,通过百分表最大、最小示数之差就是平面度误差。

四、垂直度检验

垂直度检验一般使用90°角尺进行,如图1-153所示。测量前,要使用锉刀对棱边进行倒钝处理。角尺的基准面紧靠工件被测的基准面,角尺垂直向下移动,使刀口尺接触被测面,通过透光法确定垂直度。需要注意的是,角尺的刀口尺要垂直于被测面,不能像图1-153(b)那样,使角尺倾斜。在同一个平面上不同位置进行检验,最后确定出垂直度误差。角尺不要在工件表面上拖动,以免磨损角尺,从而影响角尺精度。

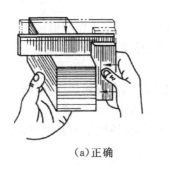 

(a)正确　　　　　　　　　　　(b)不正确

图1-153　垂直度检验

五、曲面检验

曲面检验一般使用检验样板通过透光法进行检验其半径是否合格。具体操作与上述方法相似。测量曲面一般使用半径规、曲面样板或检验棒进行检测,如图1-154所示。

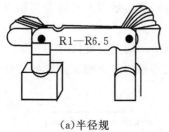 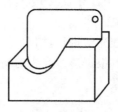 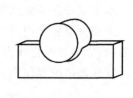

(a)半径规　　　　　　　　　(b)样板测量　　　　　　　　(c)检验棒测量

图1-154　曲面检测方法

思考题

1.简述锉刀的结构。

2.锉刀根据形状不同可以分为哪几类?分别适用于什么场合?

3. 锉削时应如何正确选择锉刀？

4. 简述不同类型锉刀的握法。

5. 锉平面时,两手的施加力应如何变化？

6. 简述锉削平面的方法及其适用场合。

7. 简述锉削外圆弧面的方法及其适用场合。

8. 简述锉削时的安全操作技术要求。

9. 工件锉削完成后,应如何正确检验工件的平面度、平行度、垂直度？

任务 1.8　钻　削

 任务介绍

本任务是熟练掌握在实体上钻孔的操作,能选择合适的钻削工具,了解钻削的切削用量选用等基础知识。最后对图1-155所示工件(即任务1.7中练习工件"平行直角块")进行钻孔、铰孔练习,并完成图1-133鸭嘴锤的M10螺纹孔的底孔钻削。

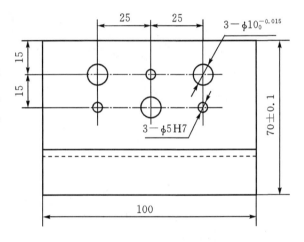

图 1-155　钻削练习图

任务目标

1. 知识目标

(1)熟悉钻孔设备和工具的使用;

(2)掌握钻孔的基本操作要点;

(3)了解钻孔安全操作技术知识。

2. 能力目标

(1)能正确使用台钻;

(2)能在工件上正确进行钻孔操作。

 知识分布网络

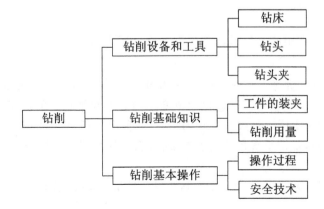

相关知识

用钻头在实体材料上加工孔的工艺过程称为钻削。钻削是孔加工的基本方法之一,它在机械加工中占有很大的比重,在钻床上可以完成的工作很多,如钻孔、扩孔、铰孔、锪端面、攻螺纹等,如图 1-156 所示。钻削时,工件是固定不动的,钻床主轴带动刀具作旋转主运动,同时主轴使刀具作轴向移动的进给运动,因此主运动和进给运动都是由刀具来完成的。用钻头钻孔时,由于钻头结构和钻削条件的影响,致使加工精度不高,所以钻孔只是孔的一种粗加工方法。孔的半精加工和精加工通过扩孔和铰孔来完成。

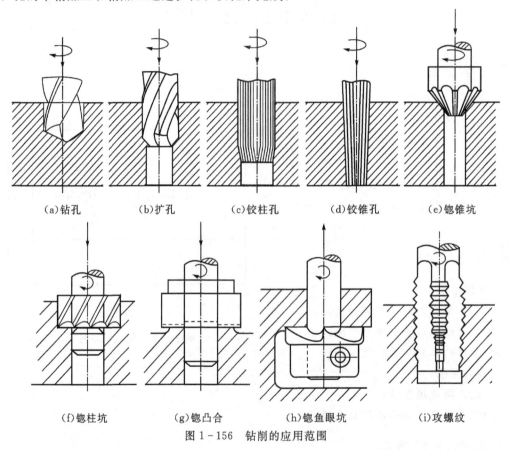

(a)钻孔 (b)扩孔 (c)铰柱孔 (d)铰锥孔 (e)锪锥坑

(f)锪柱坑 (g)锪凸合 (h)锪鱼眼坑 (i)攻螺纹

图 1-156　钻削的应用范围

1.8.1 孔加工设备和工具

钻床的种类很多,常用的有台式钻床、立式钻床和摇臂钻床三种。

1.台式钻床

台式钻床简称台钻,如图 1-157 所示。台钻的钻孔直径一般在 13mm 以下,最小可加工直径为 0.1mm 的孔。台钻主轴的转速可用改变三角胶带在带轮上的位置来调节。主轴进给运动是手动的。为适应不同工件尺寸要求,在松开锁紧手柄后,主轴架可沿立柱上下移动。台钻小巧灵活,使用方便,是钻小直径孔的主要设备,它在仪表制造、钳工和装配中用得最多。

2.立式钻床

立式钻床简称立钻,如图 1-158 所示。这类钻床的最大钻孔直径有 25、35、40 和 50mm 等几种,其钻床规格是用最大钻孔直径来表示的。立钻主要由主轴、主轴变速箱、进给箱、立柱、工作台和机座等组成。主轴变速箱和进给箱是由电动机经带轮传动。通过主轴变速箱使主轴旋转实现主运动,并获得需要的各种转速。钻小孔时,转速需要高些;钻大孔时,转速应低些。主轴在主轴套筒内作旋转运动,同时通过进给箱中的传动机构,使主轴随着主轴套筒按需要的进给量自动作直线进给运动,也可利用手柄实现手动轴向进给。进给箱和工作台可沿立柱导轨调整上下位置,以适应加工不同高度的工件。立钻的主轴不能在垂直其轴线的平面内移动,要使钻头与工件孔的中心重合,必须移动工作,这是比较麻烦的。立钻适合于单件小批生产中加工中小型工件。立钻与台钻不同的是主轴转速和进给量的变化范围大,立钻可自动进给,且适于扩孔、锪孔、铰孔和攻丝等加工。

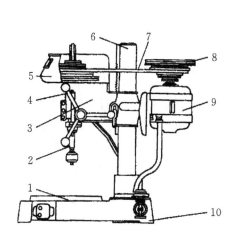

1—工作台;2—主轴;3—主轴架;4—进给手柄;5—带罩;
6—立柱;7—传动带;8—带轮;9—电动机;10—底座

图 1-157　台式钻床

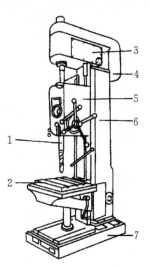

1—工作台;2—主轴;3—主轴变速箱;4—电动机;5—进给箱;6—立柱;7—机座

图 1-158　立式钻床

3.摇臂钻床

摇臂钻床有一个能绕立柱回转的摇臂,摇臂带着主轴箱可沿立柱垂直移动,同时主轴箱还能在摇臂上作横向移动,由于摇臂钻床结构上的这些特点,操作时能很方便地调整刀具的位置,以对准被加工孔的中心,而不需移动工件来进行加工。因此,摇臂钻床适用于一些笨重的大工件以及多孔工件的加工,它广泛地应用于单件和成批生产中,如图 1-159 所示。

二、钻头

钻孔最常用的钻头是麻花钻,麻花钻一般由高速钢制成,经淬火后达到62～68HRC。

麻花钻由柄部、颈部和工作部分组成,如图1-160 所示。

柄部是用来夹持的部分,用于定心和传递扭

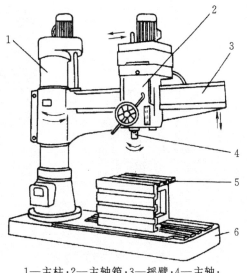

1—主柱;2—主轴箱;3—摇臂;4—主轴;
5—工作台;6—机座

图 1-159　摇臂钻床

矩,有锥柄和直柄两种。一般直径大于 13mm 的麻花钻使用锥柄,小于 13mm 的用直柄。

颈部主要是制造麻花钻时砂轮磨削的越程槽。同时,麻花钻的规格、材料等信息也都刻在颈部。

工作部分分为两部分,最前端的为切削部分,后边的为导向部分。导向部分同时也是后续的切削部分。导向部分一般加工有两条对称的螺旋槽,用于形成切削刃和钻削时容纳、排除切屑,也作为切削液进入切削部分的通道。导向部分一般制成倒锥形(每 100mm 长度,直径减小 0.05~0.1mm),主要是为了防止导向部分影响已加工的孔壁质量。

麻花钻的切削部分如图 1-161 所示,由五刃(两条主切削刃、两条副切削刃和一条横刃)、六面(两个前刀面、两个主后刀面和两个副后刀面)组成。标准麻花钻的顶角为 118°,横刃斜角为 55°。

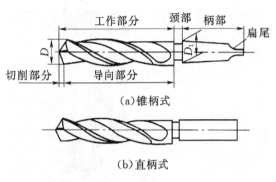

图 1-160　麻花钻的结构

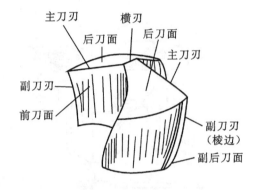

图 1-161　麻花钻切削部分构成

三、钻头夹

直柄式钻头安装在钻头夹具上,用钻头夹钥匙旋紧或放松夹头,如图 1-162 所示。

锥柄钻头用钻头套筒夹持与取下钻头的方法,如图 1-163 所示。

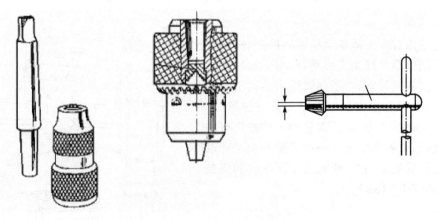

图 1-162　直柄钻头夹具与钥匙

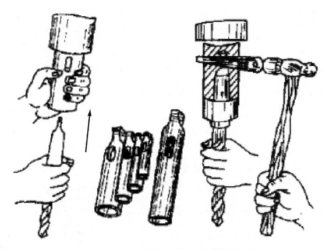

图 1-163 锥柄钻头夹具安装与拆卸

1.8.2 钻削基础知识

一、工件的装夹

钻孔时工件装夹方法如图 1-164 所示。

(1)平整工件的装夹可以使用机用虎钳,要保证工件孔的轴线和钻头轴线重合。当孔径大于 8mm 时,机用虎钳必须使用螺栓紧固在底座上。

(2)圆柱形工件可用 V 形架装夹,要保证钻头轴线处于 V 形架对称平面内;也可以使用三爪自定心卡盘装夹。

(3)工件尺寸较大,同时所钻孔径大于 10mm 时,要用压板螺栓将工件固定在底座上在进行钻孔。

(4)小工件上钻孔时,可用手用虎钳装夹。

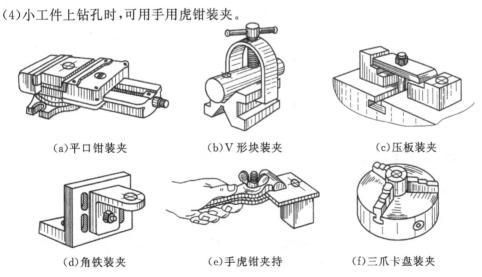

(a)平口钳装夹   (b)V 形块装夹   (c)压板装夹

(d)角铁装夹   (e)手虎钳夹持   (f)三爪卡盘装夹

图 1-164 钻孔时工件的装夹

二、钻削用量及选择

1.钻削用量

钻削用量包括切削速度 v_c、进给量 f 和背吃刀量 a_p，如图 1 - 165 所示。

(1)切削速度:钻孔时钻头直径上任一点的线速度。计算公式为:

$$v = \frac{\pi D n}{1000} \text{m/min}$$

式中:D 为钻头直径(mm);n 为钻床主轴转速(r/min)。

(2)进给量:主轴每转一周钻头沿轴线方向的移动量,单位是 mm/r。

(3)背吃刀量:已加工表面与待加工表面之间的垂直距离,钻削时,背吃刀量为钻头直径的一半。

2.钻削用量的选择

(1)选用原则。在允许的范围内,尽量先选较大的进给量,当进给量受到表面粗糙度和钻头刚度的限制时,再考虑较大的切削速度。

(2)选择方法。

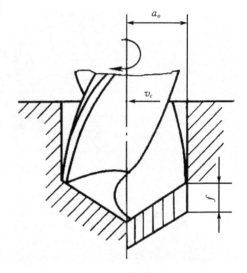

图 1 - 165　钻削用量

①背吃刀量选择。直径小于 30mm 的孔可以一次钻出。30~80mm 的孔分两次钻削,先用(0.5~0.7)D 的钻头钻出底孔,然后再将孔扩成合格孔径。

②进给量选择参考见表 1 - 9。

表 1 - 9　高速钢麻花钻的进给量选择

钻头直径 D(mm)	<3	3~6	>6~12	>12~25	>25
进给量 f(mm/r)	0.025~0.05	>0.05~0.10	>0.10~0.18	>0.18~0.38	>0.38~0.62

当孔精度较高时,应选用较小的进给量;钻孔较深、钻头较长、刚度和强度较差时,应选用较小的进给量。

③钻削速度选择。当钻头直径和进给量选定后,按照钻头的寿命选用合理的数值,一般为 10~30m/min。

1.8.3　钻削的基本操作

一、钻孔的操作过程

1.划线冲眼

按孔的位置,划好孔位的十字中心线并使用样冲打出小的中心样冲眼,按孔径大小划孔的圆周线和检查圆,再将中心样冲眼打深。

2.夹持工件

为便于钻孔,应根据不同工件采用不同的夹持方法。

3. 钻孔

将钻头对准中心样冲眼进行试钻，试钻出的浅坑应在中心位置，如有偏移，要及时校正。可在钻孔同时用力将工件向偏移的反方向推移，逐步校正钻孔。

当试钻达到孔位要求后，钻头手柄逐渐加压，要注意经常退出钻头来排屑。当孔快钻透时减小进给力，以防折断钻头或工件卡住钻头发生危险。防止钻头钻入工作台面。

钻深孔时，一般在钻孔深量达到直径的 3 倍时，要将钻头从孔内提出，排除切屑，以防止钻头过度磨损、折断，或影响孔壁表面粗糙度。

4. 钻头的冷却

为减少钻削时钻头与工件的摩擦、增加钻头的耐用度和改善加工孔表面的质量，钻孔时需加冷却润滑液，使钻头散热冷却。钻钢件时，可用 3%～5% 的乳化液；钻铜、铝及铸铁等材料时，可用 5%～8% 乳化液连续加注；一般情形下可不加。

二、钻孔操作安全技术知识

(1)钻孔前检查钻床的润滑、调速是否良好。

(2)工作台面清洁干净，不准放置刀具、量具等物品。

(3)装卸钻头必须用钻夹钥匙或斜铁，不准用锤子或其他东西敲打。

(4)取下钻夹钥匙或斜铁后才能起动钻床。

(5)工件必须夹紧牢固。一般不允许手握工件钻孔。

(6)操作者必须带工作帽，将工作服衣袖扣好，不可戴手套。

(7)操作者的头部不要太靠近旋转的钻床主轴。

(8)尽可能在停车时清除切屑。用刷子或棒钩去清除钻屑，不准用手或棉纱清除钻屑，更不准用嘴吹(以免切屑的粉末飞入眼睛)。

(9)高速切削的切屑绕在钻头上时，用铁钩钩去或停机清除。

(10)钻床停车后变速或检测工件(不准用手捏钻夹头停车)。

(11)钻通孔时，应在工件下面先垫上木块或垫铁，防止钻坏工作台面。

(12)钻孔结束，必须切断电源，把钻床打扫清洁，加注润滑油。

(13)严禁在开车状态下拆工件或清洁钻床，停车时应让主轴自然停止，严禁用手捏。

三、钻孔时的废品分析

钻孔时产生的废品是由于钻头刃磨不准确、钻头和工件装夹不妥当、切削用量选择不适当和操作不正确等造成的。

1. 孔径大于规定尺寸

(1)钻头两切削刃长度不等，角度不对称。

(2)钻头摆动(钻头弯曲、钻床主轴有摆动、钻头在钻夹头中未装好和钻头套表面不清洁等引起)。

2. 孔壁粗糙

(1)钻头不锋利。

(2)进给量太大。

(3)后角太大。

(4)冷却润滑不充分。

3.钻孔偏移

(1)划线或样冲眼中心不准。

(2)工件装夹不稳固。

(3)钻头横刃太长。

(4)钻孔开始阶段未借正。

4.钻孔歪斜

(1)钻头与工件表面不垂直(工件表面不平整和工件底面有切屑等污物造成)。

(2)进给量太大,使钻头弯曲。

(3)横刃太长,定心不良。

四、钻头损坏的原因分析

钻孔时钻头损坏的原因是由于钻头用钝、切削用量太大、排屑不畅、工件装夹不妥和操作不正确等所造成。

1.钻头工作部分折断

(1)用钝钻头钻孔。

(2)进给量太大。

(3)切屑在钻头螺旋槽中塞住。

(4)孔刚钻穿时,进给量突然增大。

(5)工件松动。

(6)钻薄板或铜料时钻头未修磨。

(7)钻孔已歪斜而继续工作。

2.切削刃迅速磨损

(1)切削速度太高,而切削液又不充分。

(2)钻头刃磨未适应工件的材料。

◢ 思考题

1.如何正确安装和拆卸直柄钻头?

2.钻孔操作时如何装夹工件?

3.简述钻孔的基本操作要点。

4.简述钻孔的安全操作技术要求。

5.哪些操作可能导致钻头损坏?

任务 1.9   攻、套螺纹

◪ 任务介绍

本任务是熟练掌握攻、套螺纹前的底孔和圆杆的直径的确定,选择合适的丝锥、板牙等攻、套螺纹的工具。最后完成任务 1.7 中鸭嘴锤的 M8 内螺纹的加工和图 1-166 所示手柄的外螺纹加工(该圆杆经车工加工),并把鸭嘴锤和手柄配合到一块,完成鸭嘴锤的加工。

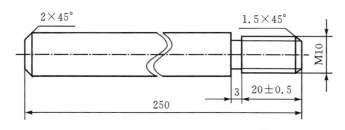

图 1-166 手柄

 任务目标

1.知识目标

(1)了解螺纹的画法和要素;

(2)熟悉攻螺纹和套螺纹工具的使用;

(2)掌握攻螺纹和套螺纹的基本操作要点;

(3)了解攻螺纹和套螺纹时常见弊病产生的原因和防止措施。

2.能力目标

(1)能正确使用攻螺纹和套螺纹工具;

(2)能在工件上正确进行攻螺纹和套螺纹的操作。

 知识分布网络

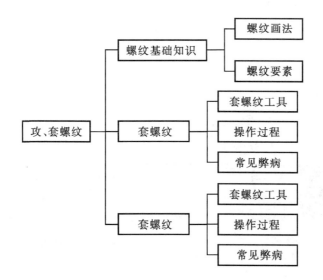

 相关知识

钳工操作中,手攻螺纹占的比重很大。手攻螺纹包括攻螺纹和套螺纹。用丝锥在工件孔中加工出内螺纹的方法叫攻螺纹,如图 1-167(a)所示。用板牙在圆杆上加工出外螺纹的方法叫套螺纹,如图1-167(b)所示。

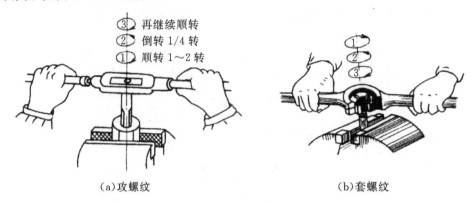

③ 再继续顺转
② 倒转1/4转
① 顺转1~2转

(a)攻螺纹　　　　　　　　　(b)套螺纹

图1-167　攻螺纹和套螺纹

1.9.1　螺纹概述

制作圆柱体外表面上的螺纹叫外螺纹;制作圆柱体内表面上的螺纹叫内螺纹。如图1-168所示。

(a)外螺纹　　　　　　　　　(b)内螺纹

图1-168　外螺纹和内螺纹

一、螺纹的画法

1.外螺纹的画法

外螺纹的画法如图1-169所示。

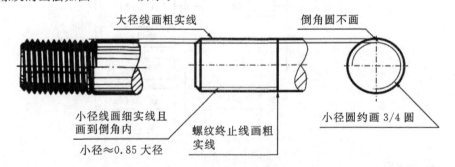

大径线画粗实线　　　　　　　倒角圆不画

小径线画细实线且
画到倒角内

小径≈0.85大径

螺纹终止线画粗
实线

小径圆约画3/4圆

图1-169　外螺纹的画法

2.内螺纹的画法

内螺纹的画法如图1-170所示。

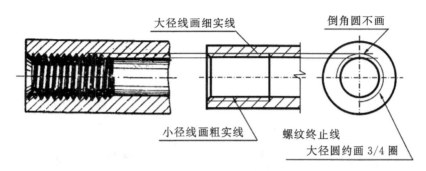

图1-170　内螺纹的画法

二、螺纹的要素

螺纹的要素包括:牙型、直径、线数、螺距和旋向等。只有牙型、直径、螺距、线数和旋向均相同的内外螺纹,才能相互旋合。螺纹的要素如图1-171所示。

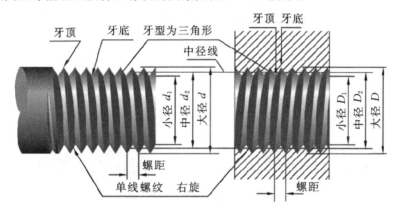

图1-171　螺纹的要素

1.螺纹的牙型

螺纹的牙型是指通过轴线的剖面上螺纹的轮廓形状。常用的有三角形、梯形、锯齿形等。如图1-172所示。

(a)三角形　　　　　(b)梯形　　　　　(c)锯齿形

图1-172　内螺纹的画法

2.螺纹的直径

(1)大径:与外螺纹牙顶或内螺纹牙底相切的假想圆柱面的直径。常用D、d表示。

(2)小径:与外螺纹牙底或内螺纹牙顶相切的假想圆柱面的直径。常用 D_1、d_1 表示。

(3)中径:一个假想圆柱的直径。该圆柱的母线通过牙型上沟槽和凸起宽度相等的地方。常用 D_2、d_2 表示。如图 1-171 所示。

3.螺纹的线数(n)

(1)单线螺纹:一条螺旋线形成的螺纹。

(2)多线螺纹:两条或两条以上在轴向等距分布的螺旋线形成的螺纹。如图 1-173 所示。

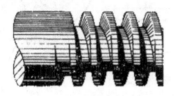 

(a)单线螺纹   (b)多线螺纹

图 1-173 螺纹的线数

4.螺距和导程

螺纹上相邻两牙在中径线上对应两点之间的轴向距离 P 称为螺距。同一条螺纹上相邻两牙在中径线上对应两点之间的轴向距离 L 称为导程。对单线螺纹,$P=L$;对多线螺纹,$P=L/n$。如图 1-174 所示。

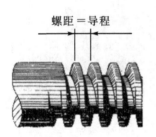 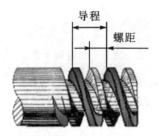

图 1-174 螺纹的螺距和导程

5.螺纹的旋向

(1)左旋螺纹。逆时针旋转时旋入的螺纹称为左旋螺纹,如图 1-175(a)所示。

(2)右旋螺纹。顺时针旋转时旋入的螺纹称为右旋螺纹,如图 1-175(b)所示。

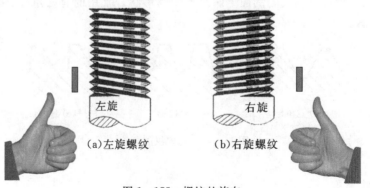

(a)左旋螺纹   (b)右旋螺纹

图 1-175 螺纹的旋向

1.9.2 攻螺纹

用丝锥加工出内螺纹的方法叫攻螺纹。国家标准规定的普通螺纹有五个公差等级（精度等级）：4、5、6、7、8级，其中4级公差值最小，精度最高。用丝锥加工内螺纹能达到各级精度，表面粗糙度 Ra 可达 1.6μm 左右。攻螺纹是钳工的基本操作，凡是小直径螺纹、单件小批生产或结构上不宜采用机攻螺纹的，大多采用手攻。

一、攻螺纹工具

丝锥攻螺纹工具，分为手用丝锥和机用丝锥两类。本书只讲手用丝锥，手用丝锥是用碳素工具钢或合金工具钢制造的，螺纹公差带为 H4。

1. 丝锥

丝锥由工作部分和柄部构成，工作部分包括切削部分和校准部分。沿轴向开有几条容屑槽，以形成锋利的切削刃，前端磨出切削锥角，切削负荷分布在几个刀齿上，使切削省力。校准部分有完整的牙型，用来修光和校准已切出的螺纹，并引导丝锥沿轴向前进（如图 1-176 所示）。

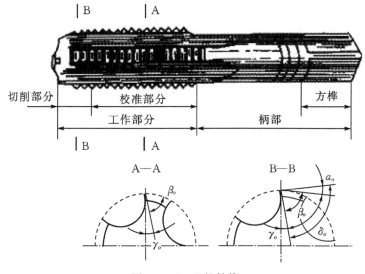

图 1-176 丝锥结构

丝锥校准部分的大径、中径和小径均有 0.05～0.12/100 的倒锥，以减小与螺纹孔的摩擦。

为了制造和刃磨方便，丝锥上的容屑槽一般组成直槽。有些专用丝锥为了控制排屑方向，要做成螺旋槽。加工不通孔螺纹，为使切屑向上排，做成右旋槽；加工通孔螺纹时，为使切屑向下排，容屑槽做成左旋槽。

丝锥柄部有方榫，用于绞杠的夹持。

攻螺纹时，为了减少切削力，提高丝锥的耐用度，将攻螺纹的整个切削量分配给几支丝锥来担负。这种配合完成攻丝工作的几支丝锥称为一套。先用来攻螺纹的丝锥称头锥，其次为二锥，再次为三锥（俗称一进攻、二进攻、三进攻）。

图 1-177 表示成组丝锥的切削用量的分布。一般攻 M6～M24 以内的丝锥每套有两支。攻 M6 以下或 M24 以上的螺纹，每套丝锥为三支。

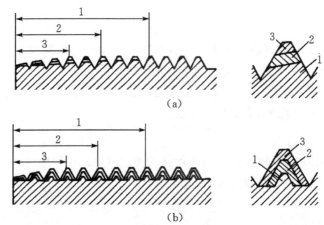

1—初锥或第一粗锥(头攻);2—中锥或第二粗锥(二攻);3—底锥或精锥(三攻)

图 1-177　成组丝锥的切削用量分布

2.绞杠

绞杠是手工攻螺纹时用来装夹丝锥的工具,分为普通绞杠和丁字绞杠两种。各种绞杠又分为固定式和活络式两种,结构如图 1-178 所示。图中(a)是固定式普通绞杠,(b)是活络式普通绞杠,(c)是活络式丁字绞杠,(d)是固定式丁字绞杠。

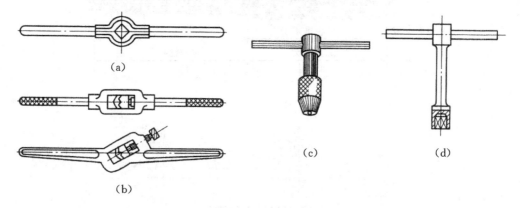

图 1-178　绞杠

二、攻螺纹前底孔直径确定

攻螺纹时,由于丝锥在切削金属的同时,还伴随着强烈的挤压作用,将会使金属形成塑性变形,最后减小螺纹的小径。因而攻螺纹前的底孔直径要比螺纹的小径要大。底孔直径的大小,要根据工件材料塑性及钻孔扩张量,根据经验公式计算得出。

(1)加工钢和塑性较大的材料时,按下式计算底孔直径:

$$D_{钻} = D - P$$

式中:$D_{钻}$——螺纹底孔直径(mm);

　　　D——螺纹大径,即工件螺纹公称直径(mm);

　　　P——螺距(mm)。

(2)加工铸铁和塑性较小的材料时,按下式计算底孔直径:

$$D_{钻} = D - (1.05 - 1.1)P$$

盲孔(不通孔)攻螺纹时,由于丝锥切削部分不能切出完整螺纹,所以光孔深度(h)至少要等于螺纹长度(l)与(附加的)丝锥切削部分长度之和,这段附加长度大致等于内螺纹的0.7倍左右,即:

$$h = l + 0.7D$$

普通螺纹攻螺纹前钻底孔直径如表1-10所示。

表1-10 普通螺纹攻螺纹前钻底孔直径(mm)

公称直径		3	4	5	6	8	10	12	14	16	20	24
螺距		0.5	0.7	0.8	1	1.45	1.5	1.75	2	2	2.5	3
底孔直径	铸铁	2.5	3.3	4.1	4.9	6.6	8.4	10.1	11.9	13.8	17.3	20.7
	钢	2.5	3.3	4.2	5	6.7	8.5	10.2	12	14	17.5	21

三、攻螺纹的操作过程

1. 钻底孔

攻丝前在工件上划线并钻出适宜的底孔,底孔直径应比螺纹小径略大。然后在孔口锪出90°或120°的倒角,倒角的直径略大于螺纹的大径。若是通孔螺纹,两端的孔口都要倒角,便于丝锥切入工件,并防止孔口被丝锥挤压后冒边或崩裂。

2. 夹持工件

将工件正确夹持在虎钳上,选用合适的绞手。

3. 起攻

用初锥起攻。将丝锥切削部分对准工件孔内,使丝锥与工件表面垂直。用一只手掌按住绞手中部,沿丝锥中心线加压,另一只手配合作顺时针旋转。或用两手握住绞杆两端均匀加压旋转,如图1-179所示。

施加压力时要防止绞杠上下摇晃,以保证丝锥的中心线与螺孔的中心线重合。为了使丝锥轴心线保持正确的位置,可以在丝锥上旋进一只同样规格的公制螺母,如图1-180(a)所示,或将丝锥插入导向套的孔中,如图1-180(b)所示。攻螺纹时只要把螺母或导向套压紧在工件表面上,就容易使丝锥按正确的位置切入工件孔中。

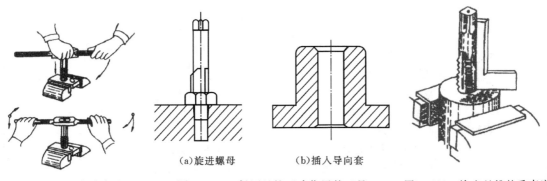

<table>
<tr><td>图1-179 起攻方法</td><td>(a)旋进螺母　(b)插入导向套
图1-180 保证丝锥正确位置的工具</td><td>图1-181 检查丝锥的垂直度</td></tr>
</table>

在丝锥刚进入孔时,两手应轻而均匀地将丝锥压入孔中。当丝锥攻入底孔1~2圈后,应

从前后、左右两个方向目测丝锥是否与工件上平面垂直，或用角尺等工具进行检查，如图1-181所示。

如果发现丝锥歪斜，应及时借正。借正的方法是歪斜一边的手，要比对面的手用力小些，在压力方向上予以借正。

4.攻丝

当丝锥已经进入孔后，手就不要再施加压力，只是转动绞杠即可。一般正转2～3圈，要倒转1圈，使切屑折断后容易排出。否则切屑过长会阻塞丝锥的容屑槽，甚至卡住丝锥、损坏丝锥，或增大螺纹表面粗糙度值。

攻制不通孔螺纹时，要在丝锥上作好深度标记，并经常退出丝锥清除螺孔内的切屑，否则会因切屑堵在孔底而使螺纹深度达不到要求。如果工件的位置不便于进行切屑清除，可以用弯曲的小管子吹出切屑，或用磁性铁棒吸出切屑。

当初锥攻螺纹完毕后，顺次换中锥、底锥攻削。换用另一把丝锥时，应先用手把丝锥旋入已攻出的螺孔中，直到用手旋不动时，再用绞杠攻螺纹。

丝锥退出时，应先用绞杠平稳地反向转动，若感觉有阻力时，可顺向旋转1～2周后再反向旋出。当能用手直接旋动丝锥时，应停止使用绞杠，而改为用手旋出丝锥，以防绞杠带动丝锥摇摆和振动，破坏螺纹的表面粗糙度。

四、攻螺纹注意事项

(1)工件的装夹位置要正确，尽量使螺孔中心线置于水平或垂直位置，便于攻螺纹时判断丝锥是否垂直于工件平面。

(2)攻螺纹时，必须按照头攻、二攻、三攻的顺序依次进行。

(3)攻塑性材料时，要随时加切削液，以减小切削阻力，延长丝锥寿命。

(4)在攻制材料较硬的螺孔时，采用初锥、中锥交替攻削的方法，可减轻初锥切削部分的负荷，防止丝锥折断。

(5)攻制通孔螺纹时，丝锥的校准部分不应全部攻出头，以防扩大或损坏孔口最后几牙螺纹。

五、攻螺纹时常见弊病产生原因和防止方法

攻螺纹时操作不当会产生弊病，其原因和防止方法见表1-11。

表1-11　攻螺纹时常见弊病产生原因和防止方法

弊病形式	产生原因	防止方法
螺纹歪斜	手攻时，丝锥位置不正	目测或用角尺等工具检查
螺纹牙深不够	1.攻螺纹前底孔直径过大 2.丝锥磨损	1.正确计算底孔直径并正确钻孔 2.修磨丝锥
螺纹表面 粗糙度过粗	1.丝锥前、后面粗糙度粗 2.丝锥前、后角太小 3.丝锥磨钝 4.丝锥刀齿上积有积屑瘤 5.没有选用合适的切削液 6.切屑拉伤螺纹表面	1.重新修磨丝锥 2.重新刃磨丝锥 3.修磨丝锥 4.用油石进行修磨 5.重新选用合适的切削液 6.经常倒转丝锥，折断切屑

续表 1－11

弊病形式	产生原因	防止方法
烂牙 （乱扣）	1.螺纹底孔直径太小,丝锥攻不进,孔口烂牙 2.手攻时,绞杠掌握不正,丝锥左右摇摆,造成孔口烂牙 3.机攻时,丝锥校准部分全部攻出头,退出时造成烂牙 4.初锥攻螺纹位置不正,中锥、底锥强行纠正 5.中锥、底锥与初锥不重合而强行攻削 6.丝锥没有经常倒转,切屑堵塞把螺纹啃伤 7.攻不通孔螺纹时,丝锥到底后仍继续扳旋丝锥 8.用绞杠带着退出丝锥 9.丝锥刀齿上粘有积屑瘤 10.没有选用合适的切削液 11.丝锥切削部分全部切入后仍施加轴向压力	1.检查底孔直径,把底孔扩大后再攻螺纹 2.两手握住绞杠用力要均匀,不得左右摇摆 3.机攻时,丝锥校准部分不能全部攻出头 4.当初锥攻入 1～2 圈后,如有歪斜,应及时纠正 5.换用中锥、底锥时,应先用手将其旋入,再用绞杠攻制 6.丝锥每旋进 2～3 圈要倒转 1 圈,使切屑折断后排出 7.攻制不通孔螺纹时,要在丝锥上作出深度标记 8.能用手直接旋动丝锥时应停止使用绞杠 9.用油石进行修磨 10.重新选用合适的切削液 11.丝锥切削部分全部切入后应停止施加压力

1.9.3 套螺纹

套螺纹是用板牙在工件圆杆上加工出外螺纹的方法。它也用于修整外螺纹,如车削的螺栓,最后用板牙修整。由于板牙的廓形属内表面,制造精度不高,故只能加工低于 7 级精度的外螺纹、表面粗糙度 Ra 能达 6.3～3.2μm。通常在批量少、螺杆不长、直径不大,精度不高或修配工作中,以及缺少螺纹加工设备时应用。

一、套螺纹工具

板牙是用来加工外螺纹的工具,用合金工具钢或高速钢制造并经淬火处理。

1.板牙结构

板牙一般由切削部分和校准部分,以及排屑孔组成。切削部分是板牙两端有切削锥角的部分。板牙中间一段是校准部分,校准部分由于磨损会使螺纹尺寸变大,为了延长板牙的使用寿命,M3.5 以上的板牙,在外圆上有一 V 形槽,起调节板牙尺寸的目的。其调节范围为0.1～0.5mm。板牙两端都有切削部分,一段磨损后,可换另一端使用,如图1-182所示。

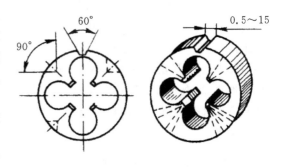

图 1-182　圆板牙

2. 板牙架

板牙架是用来装夹板牙的工具,板牙装入后,用螺钉紧固,结构如图1-183所示。

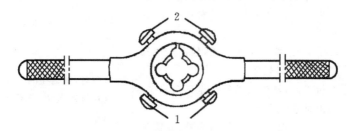

1—紧固螺钉;2—调节螺钉

图1-183　圆板牙架

二、套螺纹前圆杆直径的确定

同丝锥攻螺纹类似,用板牙套螺纹时,材料受到挤压变形,将使螺纹大径增大,因而,在套螺纹前应使圆杆直径小于螺纹大径,可以根据下式计算:

$$d_{杆} = d - 0.13P$$

式中:$d_{杆}$——套螺纹前圆杆直径(mm);

　　　d——螺纹大径(mm),即螺纹公称直径;

　　　P——螺距(mm)。

套螺纹时圆杆直径如表1-12所示。

表 1-12　套螺纹时圆杆直径 (mm)

公称直径		6	8	10	12	14	16	18	20	22	24
螺距		1	1.45	1.5	1.75	2	2	2.5	2.5	2.5	3
圆杆直径	最小	5.8	7.8	9.75	11.75	13.7	15.7	17.7	19.7	21.7	23.65
	最大	5.9	7.9	9.85	11.9	13.85	15.85	17.85	19.85	21.95	23.8

三、套螺纹的操作过程

1. 夹持工件

将工件放正,夹紧,如果要夹紧已加工表面,可以垫上紫铜皮。套螺纹时,切削力矩很大。工件为圆杆形状,圆杆不易夹持牢固,所以要用硬木的V形块或铜板作衬垫,才能牢固地将工件夹紧,如图1-184所示,在加衬垫时圆杆套螺纹部分离钳口要尽量近些。

2. 倒角

套螺纹前的圆杆端部应倒角成圆锥斜角为15°~20°的锥体,使板牙容易对准工件中心,同时也容易切入。锥体的最小直径可略小于

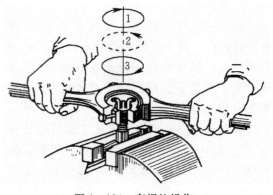

图1-184　套螺纹操作

螺纹小径,使切出的螺纹端部避免出现锋口和卷边而影响螺母的拧入。

3.起套

起套方法和起攻方法相似,用一只手掌按住绞杠中部,沿圆杆轴线施加压力,并转动板牙绞杠,一只手配合顺向切进。此时转动宜慢,压力要大,应保持板牙的端面与圆杆轴线垂直,否则切出的螺纹牙齿一面深一面浅,甚至因单面切削太深而不能继续套削。

4.套丝

在板牙切入圆杆2~3圈后,再次检查其垂直度误差,如发现歪斜要及时校正。当板牙切入圆杆3~4圈后,应停止施加轴向压力,让板牙依靠螺纹自然引进,以免损坏螺纹和板牙。

5.检验

套螺纹完成后,使用游标卡尺、千分尺、螺距规进行螺纹的检验,如图1-185所示。

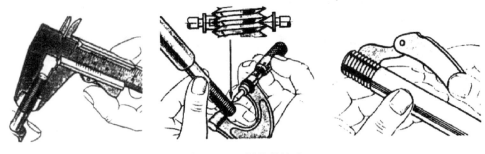

图1-185 螺纹的检验

四、套螺纹注意事项

(1)套螺纹时要经常倒转板牙,使切屑切断。

(2)在钢件上套螺纹时要加浓的乳化液或机油进行润滑、冷却,以延长板牙的使用寿命和减小螺纹的表面粗糙度值。常用的切削液有浓乳化液或机油,要求高时可采用菜油或二硫化钼作切削液。

五、套螺纹时常见弊病产生的原因和防止方法

套螺纹要按照规定的操作方法进行,否则容易产生种种弊病。其原因和防止方法见表1-13。

表1-13 套螺纹时常见弊病产生的原因和防止方法

弊病形式	产生原因	防止方法
螺纹歪斜	1.圆杆端面倒角不好,板牙位置难以放正 2.两手用力不均匀,绞杠歪斜	1.圆杆端面倒角时,要保持四周一致 2.两手用力要均匀,并经常检查及时纠正
螺纹牙深不够	1.圆杆直径太小 2.板牙V形槽调节不当,直径太大	1.圆杆直径必须限制在规定的范围内 2.重新调节板牙的V形槽,并试切螺纹

弊病形式	产生原因	防止方法
螺纹表面粗糙度过粗	1.板牙磨钝 2.板牙刀齿上积有积屑瘤 3.没有选用合适的切削液 4.切屑拉伤螺纹表面	1.更换新板牙 2.清理积屑瘤 3.重新选用合适的切削液 4.经常倒转板牙,折断切屑
烂牙 (乱扣)	1.圆杆直径太大 2.板牙磨钝 3.板牙没有经常倒转,切屑堵塞把螺纹啃坏 4.纹杠掌握不稳,板牙左右摇摆 5.板牙歪斜太多而强行修正 6.板牙切削刃上粘有切屑瘤 7.没有选用合适的切削液	1.把圆杆加工到合适的尺寸 2.更换新板牙 3.经常倒转板牙,使切屑折断后容易排出 4 两手握住绞杠用力要均匀 5.板牙端面应与圆杆轴线垂直,并经常检查 6.用油石进行修磨 7.重新选用合适的切削

思考题

1.什么是螺纹的大径、小径和中径?

2.螺距和导程有什么区别?

3.举例说明在哪些场合使用了左旋螺纹。

4.攻螺纹和套螺纹的工具有什么不同?

5.攻螺纹前底孔的直径如何确定?

6.套螺纹前圆杆的直径如何确定?

7.简述攻螺纹的基本操作要点。

8.简述套螺纹的基本操作要点。

9.简述攻螺纹时常见的弊病和防止方法。

10.简述套螺纹时常见的弊病和防止方法。

项目二

焊 工

教学导航

学习任务	任务 2.1 焊条电弧焊 任务 2.2 气焊 任务 2.3 气割 任务 2.4 其他常用焊接方法	参考学时	12
能力目标	能熟练进行焊条电弧焊的基本操作,能完成平覆焊的平板对接任务;能熟练进行气焊、气割的基本操作		
教学资源与载体	多媒体网络平台,教材,动画,ppt和视频,教学做一体化教室,工程图纸,评价考核表		
教学方法与策略	项目教学法,引导法,演示法,参与型教学法		
教学过程设计	借助多媒体手段播放操作视频,老师现场演示操作,强化学生动手能力		
考核评价内容	根据各个任务的知识网络,按工艺要点给分,重点考核技能训练的过程和成果		
评价方式	自我评价( )小组评价( )教师评价( )		

焊接是通过加热或加压,或两者并用,并且用或不用填充材料使焊件达到原子结合的一种加工方法。因此,焊接是一种重要的金属加工工艺,它能使分离的金属连接成不可拆卸的牢固整体。

焊接方法可分为三大类,即熔化焊、压力焊和钎焊。

熔化焊是将焊件接头加热到熔化状态,一般都需加入填充金属,经冷却结晶后形成牢固的接头,使焊件成为一个整体的焊接方法,如电弧焊(手工电弧焊、埋弧自动焊等)、气焊、气体保护焊(氩弧焊、CO_2气体保护焊等)、电渣焊和激光焊等。

压力焊是在两块金属的接头处加压,不论进行加热或不加热,在压力的作用下使焊件焊接起来的焊接方法,如电阻焊(点焊、缝焊、对焊)、摩擦焊和爆炸焊等。

钎焊是采用熔点比焊件金属低的钎料,将焊件和钎料加热到高于钎料的熔点而焊件金属不熔化,利用毛细管作用使液态钎料填充接头间隙并与母材原子相互扩散,待钎料凝固后,将两块焊件彼此连接起来的焊接方法,如锡焊、铜焊等。

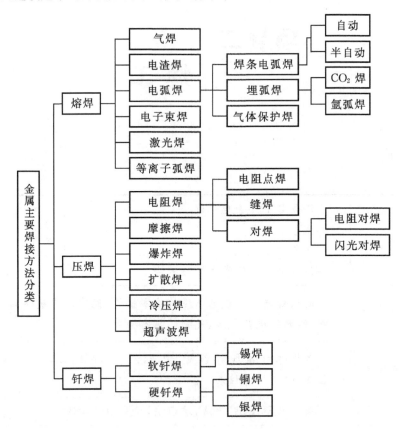

焊接广泛应用于造船、车辆、桥梁、航空航天、建筑钢结构、重型机械、化工装备等工业部门;可制造机器零件和毛坯,如轧辊、飞轮、大型齿轮、电站设备的重要部件等;可连接电气导线和精细的电子线路;还可应用于新型陶瓷连接、非晶态金属合金焊接等。

任务 2.1　焊条电弧焊

任务介绍

电弧焊是利用电弧热源加热零件实现熔化焊接的方法。电弧焊应用广泛,在焊接领域中占有十分重要的地位。平敷焊是焊件处于水平位置时,在焊件上堆敷焊道的一种操作方法,是初学者进行焊接技能训练时所必须掌握的一项基本技能,焊接技术易掌握,焊缝无烧穿、焊瘤等缺陷,易获得良好焊缝成形和焊缝质量。本任务以平敷焊为例来讲述焊条电弧焊的基础知识和基本操作过程,最后完成如图 2-1 所示的引弧操作和图 2-2 所示的平敷焊操作。

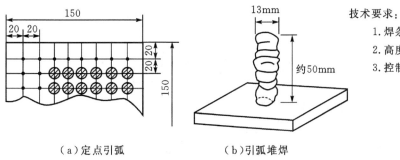

技术要求:

1. 焊条电弧焊定点引弧、引弧堆焊实训

2. 高度均为50mm,直径约13mm

3. 控制熔池的温度,防止金属流淌

图 2-1　引弧操作图样

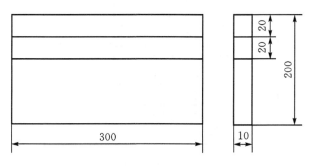

技术要求:

1. 手弧焊、平敷焊实训。

2. 焊缝宽度 $C=(10\pm2)$mm

3. 要求焊缝基本平直

图 2-2　平敷焊实训图样

任务目标

1. 知识目标

(1) 熟悉焊条电弧焊的设备、工具、焊条、工艺参数等基本知识;

(2) 掌握焊条电弧焊的基本操作要点;

(3) 了解焊条电弧焊的焊接缺陷;

(4) 了解焊条电弧焊的安全操作知识。

2. 能力目标

(1) 能熟练进行引弧、运条、灭焊、焊缝的连接等基本操作;

(2) 能完成焊件的焊条电弧焊操作。

知识分布网络

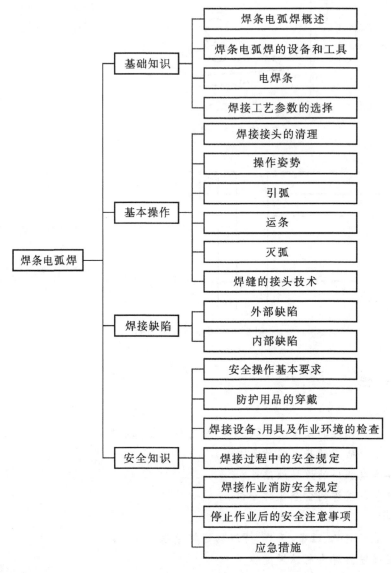

焊条电弧焊
- 基础知识
  - 焊条电弧焊概述
  - 焊条电弧焊的设备和工具
  - 电焊条
  - 焊接工艺参数的选择
- 基本操作
  - 焊接接头的清理
  - 操作姿势
  - 引弧
  - 运条
  - 灭弧
  - 焊缝的接头技术
- 焊接缺陷
  - 外部缺陷
  - 内部缺陷
- 安全知识
  - 安全操作基本要求
  - 防护用品的穿戴
  - 焊接设备、用具及作业环境的检查
  - 焊接过程中的安全规定
  - 焊接作业消防安全规定
  - 停止作业后的安全注意事项
  - 应急措施

相关知识

2.1.1 焊条电弧焊基础知识

一、焊条电弧焊概述

电弧焊是熔化焊中最基本的焊接方法,它也是在各种焊接方法中应用最普遍的焊接方法,其中最简单、最常见的是使用电焊条的手工焊接,称为焊条电弧焊(简称手弧焊)。这种焊接方法设备简单,灵活方便,尤其适于结构形状复杂、焊缝短或弯曲的焊件和各种不同空间位置的焊缝焊接。

1.手弧焊的焊接过程

首先将电焊机的输出端两极分别与焊件和焊钳连接,如图2-3所示,再用焊钳夹持电焊条。焊接时在焊条与焊件之间引出电弧,高温电弧将焊条端头与焊件局部熔化而形成熔池。然后,熔池迅速冷却、凝固形成焊缝,促使分离的两块焊件牢固地连接成一整体。焊条的药皮熔化后形成熔渣覆盖在熔池上,熔渣冷却后形成渣壳依旧覆盖并保护在焊缝上。最后将渣壳清除掉,焊接接头的工作就此完成。

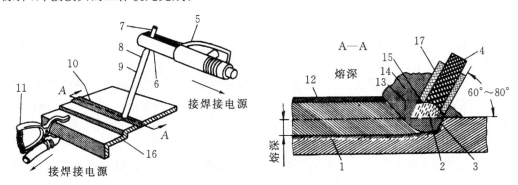

1—热影响区;2—弧坑;3—焊缝弧坑;4—焊芯;5—绝缘手把;6—焊钳;7—用于导电的裸露部分;8—药皮部分;9—焊条;10—焊缝金属;11—地线夹头;12—渣防护层;13—焊接熔池;14—气体保护;15—焊条端部分形成的套筒;16—焊件;17—焊条药皮

图2-3 焊条电弧焊的工作原理和典型的装置

(1)电弧。手弧焊其熔化的热源是电弧,即当焊条与焊件瞬时接触时,发生短路,强大的短路电流流经少数几个接触点,致使接触处温度急剧升高并熔化,甚至部分发生蒸发。当焊条迅速提起2～4mm时,焊条端头的温度已升得很高,在两电极间的电场作用下,产生了热电子发射。飞速的电子撞击焊条端头与焊件间的空气,使这层空气电离成正离子和负离子。电子和负离子流向正极,正离子流向负极。这些带电质点的定向运动在两极之间的气体间隙内产生电流,形成强烈持久的放电现象,即电弧。空气在一般情况下是不导电的,但是在一定条件下也会导电,例如在雷雨天,当一部分云层与另一部分云层之间或云层与大地之间有极高的电压时,二者之间的空气就会导电并发生弧光,这就是我们常看到的闪电现象。同样,在电气设备中的两个电极之间(正负两极)也有一定的空气间隙,它在一定的电压情况下也能导电(即通过电流)而产生弧光。由此可知,在焊条与焊件之间的空气产生了电弧就能更容易理解。

(2)极性。焊接电弧是由阴极、弧柱和阳极三个部分组成。如图2-4所示。弧柱呈锥形,弧柱四周被弧焰所包围。电弧产生的热量比较集中,金属电极产生的热量温度为3000～3800℃,但弧柱中心的温度可达6000℃,因此电弧焊多用于厚度在3mm以上的焊件。在使用直流电焊机时,电弧的极性是固定的,即有正极(阳极)和负极(阴极)之分;而使用交流电焊机时,由于电源周期性地改变极性,故无固定的正负极,焊条和焊件两极上的温度及热量分布趋于一致。

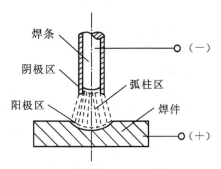

图2-4 电弧的组成

二、焊条电弧焊的设备和工具

(一)电焊机

目前,使用的弧焊机按照输出的电流性质不同可分为直流焊机和交流焊机两大类;按照结构不同,又可分为弧焊整流器、弧焊变压器和弧焊发电机三种类型。

1.常用焊条电弧焊机

(1)交流电焊机(弧焊变压器)。交流电焊机又称弧焊变压器,是一种特殊的降压变压器,它是由降压变压器、阻抗调节器、手柄等组成。

为了适应不同材料和板厚的焊接要求,焊接电流能从几十安培调到几百安培,并可根据工件的厚度和所用焊条直径的大小任意调节所需的电流值。电流的调节一般分为两级:一级是粗调,常用改变输出线头的接法(Ⅰ位置连接或Ⅱ位置连接),从而改变内部线圈的圈数来实现电流大范围的调节,粗调时应在切断电源的情况下进行,以防止触电伤害;另一级是细调,常用改变电焊机内"可动铁芯"(动铁芯式)或"可动线圈"(动圈式)的位置来达到所需电流值,细调节的操作是通过旋转手柄来实现的,当手柄逆时针旋转时电流值增大,手柄顺时针旋转时电流减小,细调节应在空载状态下进行。各种型号的电焊机粗调与细调的范围,可查阅标牌上的说明。图2-5为BX3—300型交流弧焊机,图2-6为BX3—300型结构。

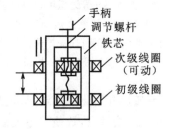

图2-5 为BX3—300型交流弧焊机 　　图2-6 为BX3—300型结构示意图

常用的交流电焊机型号有:BX3—300、BX1—330、BX1—400、BX3—500等。实习中使用的型号有BX1—250,其型号含义如下:

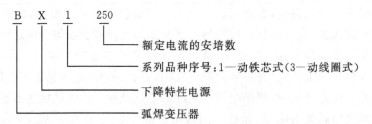

(2)整流器式电焊机。整流式直流电焊机(见图2-7),又称弧焊整流器或整流焊机。

整流弧焊机是由交流变压器、整流器、磁饱和电抗器、输出电抗器以及控制系统等组成。其中整流器是由大功率硅整流元件构成,它是将电流由交流变为直流供焊接使用。磁饱和电抗器相当一个很大的电感,使电源获得下降特性。焊接电流的调节是通过电流控制器来改变磁饱和电抗器控制绕组中直流电的大小。整流弧焊机的输入端电压一般为单相

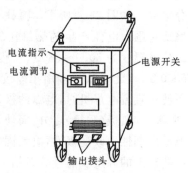

图2-7 整流器式直流电焊机

220V、380V或三相380V;空载电压一般为60~90V;工作电压一般为25~40V。

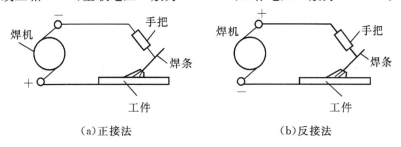

（a）正接法　　　　　　　　　　（b）反接法

图2-8　直流电弧焊的正接与反接

常用的整流弧机型号有 ZXG—300、ZXG—500 等,其含义举例如下:

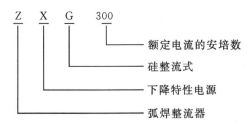

①正接法。当焊件是厚板时,由于局部加热熔化所需的热量比较多,焊件应接电焊机的正极(阳极),而电焊条接电焊机的负极(阴极),这种接法称为正接法。

②反接法。当焊件不需要强烈加热时,例如堆焊或对铸铁、高碳钢、有色金属以及薄板件等,焊件应接负极(阴极),而电焊条接正极(阳极),这种接法称为反接法。在使用碱性焊条时,均采用直流反接法。

2.焊机的正确使用与维护

(1)弧焊电源的正确使用。

为了正确地使用焊机,应注意以下几点:

①每台弧焊电源的铭牌上都标有该电源的主要技术数据。焊工应按规定的技术数据使用,千万不可使焊机因过载而损坏。

②焊机的接线和安装应由专门的电工负责,焊工不应自行动手。

③焊工在合上或切断刀开关时,头部不要正对刀开关,防止因短路造成电火花烧伤面部。

④调节电流或变化极性时,应在空载状态下进行。

⑤当焊钳和焊件短路时,不得起动焊机,以免起动电流过大而烧坏焊机。暂停工作时,不准将焊钳直接放置在焊件上。

⑥经常保持焊接电缆与焊机接线柱的接触良好,要拧紧螺母。

⑦焊机在移动时不应剧烈振动,特别是硅整流焊机,以免影响工作性能。

⑧要保持焊机的清洁,特别是硅整流焊机,应定期吹净内部的灰尘。

⑨当焊机发生故障时,应立即将焊机电源切断,然后及时进行检查和修理。

⑩在工作完毕或临时离开工作场地时,必须及时切断焊机的电源。

(2)焊机常见故障的排除。

当焊机发生故障时,必须及时处理,才能保证生产的正常进行。弧焊变压器的常见故障及排除方法见表2-1。

表 2-1 电弧焊焊机常见故障及排除方法

故障特征	产生原因	排除方法
焊机过热	1.焊机过载 2.变压器线圈短路 3.铁心螺杆绝缘损坏	1.减小电流 2.消除短路现象 3.恢复绝缘
焊机外壳带电	1.一次侧线圈或二次测线圈碰壳 2.焊接电缆碰壳 3.电源线碰壳 4.地线未安装或地线接触不良	1.检查并消除碰壳处 2.消除碰壳现象 3.消除碰壳现象 4.地线连接牢固
焊接电流过小	1.焊接电流过长,压降太大 2.焊接电缆卷成盘状,电感大 3.电缆接线与焊件接触不良	1.减小电缆长度或加大直径 2.将电缆放开,不使其成盘状 3.使接头处接触良好
动铁心的嗡嗡声过大	1.动铁心的制动螺钉太松 2.铁心活动部分的移动机构损坏	1.旋紧螺钉,调整弹簧的拉力 2.检查并修理移动机构

(二)焊条电弧焊常用工具及量具

1.电焊钳

电焊钳是用以夹持焊条进行焊接的工具。对电焊钳的要求是夹持焊条应该方便,焊条角度的调节要随意,夹持处导电要好,手柄要有良好的绝缘和隔热作用,并且要轻巧,易于操作,如图 2-9 所示。

2.面罩及护目玻璃

面罩是焊工焊接时防止面部灼伤,观察焊接状态的一种遮蔽工具,有手持式和头盔式两种,如图 2-10 所示。面罩正面开有长方形孔,内嵌白色玻璃和护目玻璃。白色玻璃由普通玻璃制成,用于保护护目玻璃。护目玻璃是特制的化学玻璃,在焊接时有减弱电弧光、过滤红外线和紫外线的作用,颜色以墨绿色和橙色为多。护目镜片色号的选用可参考表 2-2。

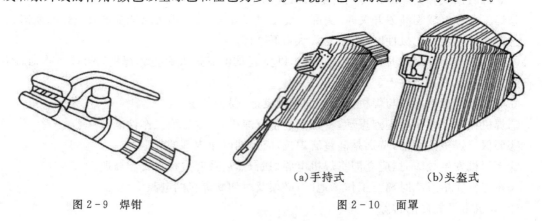

(a)手持式　　　　　(b)头盔式

图 2-9　焊钳　　　　　　　　图 2-10　面罩

表 2-2　护目镜片色号选用参考表

护目镜色号	颜色深度	使用焊接电流范围
7～8	较浅	≤100
8～10	中等	100～300
10～12	较深	≥300

3.焊条保温桶

焊条保温桶如图 2-11 所示。使用低氢焊条焊接重要结构时,焊条必须先进行烘干。焊条从烘干箱内取出后,应储存在焊条保温桶内,在施工现场逐根取出使用。

图 2-11　焊条保温桶

4.焊接电缆快速接头

焊接电缆快速接头是一种快速方便地连接焊接电缆的装置,如图 2-12 所示。它采用导电性好并具有一定强度的锻制黄铜加工而成,并在外面套上氯丁橡胶套,可以保证接线处接触良好和安全可靠。使用时,只要将需要连接(或拆卸)的两根焊接电缆上所装有的快速接头对到一起旋转一下,就可便利地完成连接。

5.焊工手套、绝缘胶鞋、工作服和平光眼镜

焊工手套、绝缘胶鞋和工作服是防止弧光、火花灼伤和防止触电所必须穿戴的劳动保护用品。平光眼镜是清渣时防止熔渣损伤眼睛而佩戴的。

图 2-12　焊接电缆快速接头

6.辅助用具

常用的辅助用具有清渣用的敲渣锤、塞子、钢丝刷,修整焊件接头及坡口钝边用的锉刀,还有烘干焊条的烘干箱及保持焊条干燥度的焊条保温桶。

三、电焊条

电焊条(简称焊条)是涂有药皮的供手弧焊用的熔化电极。

(一)焊条的组成和作用

焊条是由焊芯和药皮两部分组成(如图 2-13 所示)。

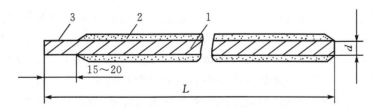

1—焊芯;2—药皮;3—焊条夹持端
d—焊条直径;L—焊条长度
图 2-13　焊条的纵截面

(1)焊芯。焊芯是焊条内的金属丝。它有两个作用：

① 起到电极的作用。即传导电流,产生电弧。

② 形成焊缝金属。焊芯熔化后,其液滴过渡到熔池中作为填充金属,并与熔化的母材熔合后,经冷凝成为焊缝金属。

焊芯牌号的标法与普通钢材的标法相同,如常用的焊芯牌号有 H08、H08A、H08SiMn等。这些牌号的含意是："H"是"焊"字汉语拼音首字母,表示焊接用实芯焊丝;其后的数字表示含碳量,如"08"表示含碳量为 0.08 % 左右;再其后则表示质量和所含化学元素,如"A"(读音为高),则表示含硫、磷较低的高级优质钢,又如"SiMn"则表示含硅与锰的元素均小于1%(若大于 1% 的元素则标出数字)。

焊条的直径是焊条规格的主要参数,它是由焊芯的直径来表示的。常用的焊条直径有 2~6mm,长度为 250~450mm。一般细直径的焊条较短,粗焊条则较长。表 2-3 是其部分规格。

表 2-3 焊条直径和长度规格

焊条直径	2.0	2.5	3.2	4.0	5.0	5.8
焊条长度	250	250	350	350	400	400
				400		
	300	300	400	450	450	450

(2)药皮。药皮是压涂在焊芯上的涂料层。它是由矿石粉、有机物粉、铁合金粉和黏结剂等原料按一定比例配制而成。药皮有三个主要作用：

①改善焊条的焊接工艺性能：容易引燃电弧,稳定电弧燃烧,并减少飞溅等。

②机械保护作用：药皮熔化后造成气体和熔渣,隔绝空气,保护熔池和焊条熔化后形成的熔滴不受空气侵入的影响。

③冶金处理作用：去除有害元素(氧、氢、硫、磷),添加有用的合金元素,改善焊缝质量。

(二)焊条的分类

1.按用途进行分类

我国现行的新国标将焊条按用途分为八大类型：碳钢焊条、低合金钢焊条、不锈钢焊条、堆焊焊条、铸铁焊条及焊丝、镍及镍合金焊条、铜及铜合金焊条和铝及铝合金焊条。

2.按药皮熔化成的熔渣的化学性质分类

按药皮熔化成的熔渣的化学性质,将焊条分为酸性焊条和碱性焊条两大类。

(1)酸性焊条。酸性焊条是因其焊条药皮中含有大量的酸性氧化物而得名的。如果施工现场只有交流弧焊机,并且焊接的是一般金属结构,通常选用酸性焊条。这种焊条工艺性能好,对水、锈产生气孔的敏感性不大,易于操作,生产中应用最多的是 E4303 型焊条。

(2)碱性焊条。所谓碱性焊条是其药皮中的成分以碱性氧化物为主的焊条。它的力学性能和抗裂纹性能都较酸性焊条好,但是工艺性能不如酸性焊条,表现在稳弧性差、脱渣较差、焊缝表面成形较差等。使用前要求将碱性焊条在 350~400℃温度下烘焙 1~2 h。常用的碱性焊条是 E5016 型和 E5015 型低氢型焊条。E5016 型焊条可以使用交流或直流电源,但 E5015型焊条必须用直流反接(焊钳接正极、焊件接负极)电源进行焊接。当所焊接的是重要结构时,就应该选用碱性焊条。酸性焊条与碱性焊条的性能比较如表 2-4 所示。

表 2－4　酸性焊条与碱性焊条的性能比较

焊条	酸性焊条	碱性焊条
工艺性能特点	引弧容易,电弧稳定,可用交直流电源焊接	电弧的稳定性较差,只能采用直流电源焊接
	宜长弧操作	需短弧操作,否则易引起气孔
	焊接电流大	较同规格酸性焊条焊接电流较小
	对铁锈、油污和水分的敏感性不大,扛气孔能力强;焊条使用前在 100～150℃ 温度下烘焙 1～2h	对水、绣产生气孔的敏感性较大,使用前须在 350～400℃ 温度下烘焙 1～2h
	飞溅小,脱渣性好	飞溅较大,脱渣性稍差
	焊接时烟尘较少	焊接时烟尘较多
焊缝金属性能	焊缝常低温、冲击性能一般	焊缝常、低温冲击性能较好
	合金元素烧损较多	合金元素过渡效果好,塑性和韧性好,特别是冲击韧度好
	脱硫效果差,抗热裂纹能力差	脱氧、硫能力强,焊缝含氢、氧、硫量低,抗裂性能好

(三)焊条的型号、牌号

1.焊条的型号

焊条型号是以焊条国家标准为依据,反映焊条主要特性的一种表示方法。现以碳钢焊条为例,其型号编制方法为:字母"E"表示焊条;E 后的前两位数字表示熔敷金属抗拉强度的最小值,单位为 Mpa(原用 Kgf/mm² ＝9.81Mpa);第三位数字表示焊条的焊接位置,若为"0"及"1"则表示焊条适用于全位置焊接(即可进行平、立、仰、横焊),"2"表示焊条适用于平焊及平角焊,"4"表示焊条适用于向下立焊;第三位和第四位数字组合时表示药皮类型及焊接电流种类,如为"03"表示钛钙型药皮、交直流正反接,又如"15"表示低氢钠型、直流反接。如"E4315"含义如下:

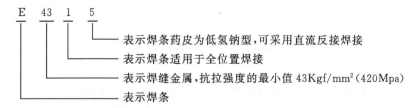

2.焊条的牌号

焊条牌号是指除焊条国家标准的焊条型号外,考虑到国内各行业对原部标的焊条牌号印象较深,因此仍保留了原焊条分十大类的牌号名称,其编制方法为:每类电焊条的第一个大写汉语特征字母表示该焊条的类别,例如 J(或"结")代表结构钢焊条(包括碳钢和低合金钢)、A

代表奥氏体铬镍不锈钢焊条等；特征字母后面有三位数字，其中前两位数字在不同类别焊条中的含义是不同的，对于结构钢焊条而言，此两位数字表示焊缝金属最低的抗拉强度，单位是Kgf/mm^2；第三位数字均表示焊条药皮类型和焊接电源要求。如"J422"（相当于国标焊条型号 E4303）：

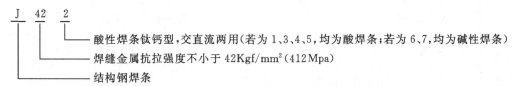

J 42 2
— 酸性焊条钛钙型，交直流两用（若为 1、3、4、5，均为酸焊条；若为 6、7，均为碱性焊条）
— 焊缝金属抗拉强度不小于 42Kgf/mm²（412Mpa）
— 结构钢焊条

两种常用碳钢焊条型号和其相应的原牌号如表 2-5 所示。

表 2-5 两种常用碳钢焊条

型号	原牌号	药皮类型	焊接位置	电流种类
E4303	结 422	钛钙型	全位置	交流、直流
E5015	结 507	低氢钠型	全位置	直流反接

四、焊接工艺参数的选择

焊接过程中要获得质量优良的焊接接头，就必须合理地选择焊接工艺参数。工艺参数有：焊接电流；电源种类和极性；焊接速度、道数、层数；焊条直径；焊缝的长度、宽度、厚度和弧长等。其中焊接电流是最重要的工艺参数，它直接影响焊接接头质量和生产率，其次是焊条直径、焊接速度和焊接层数等。

（一）焊条直径的选择

合理选择焊条直径是保证焊接质量的重要因素。焊条直径过大，易造成未焊透或焊缝成形不良的缺陷；焊条直径过小，会使生产率降低，因此，必须正确选择焊条直径。焊条直径的选择与下列因素有关：

1. 焊件厚度

焊件越厚，所选焊条直径越粗。选取时可参照表 2-6。

表 2-6 焊条直径的选择和焊件厚度的关系

焊件厚度（mm）	焊条直径（mm）	焊件厚度（mm）	焊条直径（mm）
≤1.5	1.5	4～6	3.2～4.0
2	1.5～2.0	8～12	3.2～4.0
3	2.0～3.2	≥13	4.0～5.0

2. 焊缝的位置

在板厚相同的条件下，平焊焊缝选用的焊条直径比其他位置焊缝大一些，但一般不超过5mm；立焊时一般使用直径为 3.2mm 或 4.0mm 的焊条；仰焊、横焊时，为避免熔化金属下淌，得到较小的熔池，选用的焊条直径应不超过4mm。

3. 焊接层数

焊缝的层数需根据焊件的厚薄、焊件尺寸大小以及焊缝位置来决定。从提高生产率角度出发,焊缝的层数最好少一些。图 2-14 所示为焊接工字梁时几种接头型式和空间位置的实例。在进行多层焊时,第一层焊道所采用的焊条直径不宜过大,过大会造成电弧过长,且不能焊透,因此第一层焊道应采用直径为 3～4mm 的焊条,以后各层可以根据焊件厚度,选用较大直径的焊条。

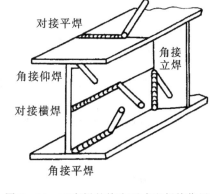

图 2-14 工字梁的接头型式和焊接位置

4. 接头形式

焊接接头是指用焊接方法把两部分金属连接起来的连接部分,它包括焊缝、熔合区和热影响区。最基本的焊接接头形式有四种:

(1)对接接头,即对接接头焊缝,简称对接。如图 2-15(a)所示。

(2)角接接头,即角接接头焊缝,简称角接。如图 2-15(b)所示。

(3)T 形接头,即 T 形接头焊缝,简称丁字接。如图 2-15(c)所示。

(4)搭接接头,即搭接接头焊缝,简称搭接。如图 2-15(d)所示。

对接接头受力比较均匀,使用最多,重要的受力焊缝应尽量选用。搭接接头、T 形接头因不存在全焊透问题,所以应选用较大的焊条直径,以提高生产效率。

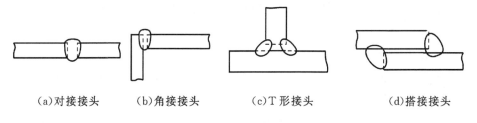

   (a)对接接头   (b)角接接头   (c)T 形接头   (d)搭接接头

图 2-15 焊接接头形式

(二)焊接电流的选择

焊接时,适当地加大焊接电流,可以加快焊条的熔化速度,从而提高工作效率。但是,过大的焊接电流会造成焊缝咬边、焊瘤、烧穿等缺陷,而且金属组织还会因过热而发生性能变化。电流过小则易造成夹渣、未焊透等缺陷,降低了焊接接头的力学性能。所以,应选择合适的焊接电流。

选择焊接电流的主要依据是焊条直径、焊缝位置以及焊条类型,特别是凭借焊接经验来调节焊接电流。

1. 根据焊条直径选择

焊条直径一旦确定下来,也就限定了焊接电流的选择范围。因为不同的焊条直径有不同的允许使用焊接电流范围,若超出该范围,就会直接影响焊件的力学性能。不同焊条直径选用焊接电流的范围参考表 2-7。

表 2－7　不同焊条直径选用焊接电流的范围

焊条直径(mm)	1.6	2.0	2.5	3.2	4.0	5.0	6.0
焊接电流(A)	25～40	40～65	50～80	80～130	140～200	200～270	260～300

焊接电流还可以根据下列的经验公式来确定焊接电流范围,再通过试焊逐步得到合适的焊接电流:

$$I = (35～55)d$$

式中:I——焊接电流(A);

d——焊条直径(mm)。

2.根据焊缝位置选择

在焊条直径相同的条件下,平焊时熔池中的熔化金属容易控制,可适当地选择较大的焊接电流;立焊和横焊时的焊接电流相比平焊,应减小 10％～15％,而仰焊要比平焊时减小10％～20％。

3.根据焊条类型选择

在焊条直径相同时,奥氏体不锈钢焊条使用的焊接电流要比碳钢焊条小一些,否则会因其焊芯电阻热过大而使焊条药皮脱落。碱性焊条使用的焊接电流要比酸性焊条小一些,否则,焊缝中易形成气孔。

4.根据焊接经验选择

(1)焊接电流过大时,焊接爆裂声大,熔滴向熔池外飞溅,而且熔池也大,焊缝成形宽而低,容易产生烧穿、焊瘤、咬边等缺陷。运条过程中熔渣不能覆盖熔池起保护作用,使熔池裸露在外,造成焊缝成形,波纹粗糙。过大的电流使焊条熔化到大半根时,余下部分焊条均已发红。

(2)焊接电流过小时,焊缝窄而高,熔池浅,熔合不良会产生未焊透、夹渣等缺陷,还会出现熔渣超前、与液态金属分不清等现象。有时焊条会与焊件黏结。

(3)焊接电流合适时,熔池中会发出嗞嗞声音,焊工运条过程中,以正常的焊接速度移动,熔渣会半盖半露着熔池,液态金属和熔渣容易分清;焊缝金属与母材呈圆滑过渡,熔合良好;在操作过程中,有得心应手之感。

(三)焊接电压的选择

电弧电压主要影响焊缝的宽窄,电弧电压越高,焊缝越宽。焊条电弧焊时,焊缝宽度主要靠焊条的横向摆动幅度来控制,因此电弧电压的影响不明显。

焊条电弧焊的电弧电压主要由电弧长度来决定。由电弧静特性可知,电弧长度越长,电弧电压越高;电弧长度越短,电弧电压越低。在焊接过程中,电弧不宜过长。电弧过长会出现下列不良现象:

(1)电弧燃烧不稳定,保护效果差,易摆动,电弧热能分散,飞溅增多,造成金属和电能的浪费。

(2)熔深浅,容易产生咬边、未焊透、焊缝表面高低不平和焊波不均匀等缺陷。

(3)对熔化金属的保护变差,空气中氧、氮等有害气体容易侵入焊接区,使焊缝中产生气孔的可能性增加,同时降低焊缝金属的力学性能。

焊条电弧焊应尽量使用短弧施焊。立焊、仰焊时的电弧应比平焊短些,以利于熔滴过渡,防止熔化金属下滴。碱性焊条焊接时应比酸性焊条焊接时的弧长短些,以利于电弧的稳定和防止气孔的发生。长度为焊条直径的 0.5～1.0 倍的电弧,一般被称为短弧,可用如下计算式表示:

$$L = (0.5～1.0)d$$

式中:L——电弧长度(mm);

　　　d——焊条直径(mm)。

(四)焊接速度的选择

单位时间内完成的焊缝长度称为焊接速度。焊接过程中,焊接速度应该均匀适当,既要保证焊透又要保证不焊穿,同时还要使焊缝宽度和余高符合设计要求。如果焊接速度过快,熔化温度不够,易造成未熔合、焊缝成形不良等缺陷;如果焊接速度过慢,会使高温停留时间过长,热影响区宽度增加,焊接接头的晶粒变粗,力学性能下降,变形量也增大。当焊接较薄构件时,易发生烧穿现象。焊接速度直接影响焊接生产率,所以应该在保证焊缝质量的基础上采用较大的焊条直径和焊接电流,同时根据具体情况加快焊接速度,以保证在焊缝成形良好的条件下,提高焊接生产率。

2.1.2　焊条电弧焊的基本操作

一、焊接接头处的清理

焊接前接头处应除尽铁锈、油污,以便于引弧、稳弧和保证焊缝质量。除锈要求不高时,可用钢丝刷;要求高时,应采用砂轮打磨。

二、操作姿势

焊接基本操作姿势有蹲姿、坐姿、站姿,如图 2－16 所示。

(a)蹲姿　　　　　　(b)坐姿　　　　　　(c)站姿

图 2－16　焊接基本操作姿势

以对接和丁字形接头的平焊从左向右进行操作为例,如图 2－17 所示。操作者应位于焊缝前进方向的右侧;左手持面罩,右手握焊钳;左肘放在左膝上,以控制身体上部不作向下跟进动作;大臂必须离开肋部,不要有依托,应伸展自由。

(a)平焊   (b)立焊

图 2-17　焊接时的操作姿势

焊钳的握法如图 2-18 所示。面罩的握法为左手握面罩,自然上提至内护目镜框与眼平行,向脸部靠近,面罩与鼻尖距离 10～20mm 即可。焊钳与焊条的夹角如图 2-19 所示。

图 2-18　焊钳的基本握法

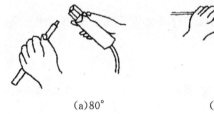

(a)80°   (b)90°   (c)120°

图 2-19　焊钳与焊条的夹角

三、引弧

焊条电弧焊施焊时,使焊条引燃焊接电弧的过程,称为引弧。动作要领为:将焊条与工件表面接触形成短路,然后迅速提起焊条并保持 2～3mm,即可产生电弧。常用的引弧方法有划擦法和敲击法两种。

1. 划擦法

(1)操作要领:类似划火柴。先将焊条端部对准焊缝,然后将手腕扭转,使焊条在焊件表面上轻轻划擦,划的长度以 20～30mm 为佳,以减少对工件表面的损伤,然后将手腕扭平后迅速将焊条提起,使弧长约为所用焊条外径的 1.5 倍,作“预热”动作(即停留片刻),其弧长不变,预热后将电弧压短至与所用焊条直径相符。在始焊点作适量横向摆动,且在起焊处稳弧(即稍停片刻),以形成熔池后进行正常焊接,如图 2-20(a)所示。

(2)优点:易掌握,不受焊条端部清洁情况限制。

(3)缺点:操作不熟练时,易损伤焊件。

2.敲击法

(1)操作要领:焊条垂直于焊件,使焊条末端对准焊缝,然后将手腕下弯,使焊条轻碰焊件,引燃后,手腕放平,迅速将焊条提起,使弧长约为焊条外径的1.5倍,稍作"预热"后,压低电弧,使弧长与焊条内径相等,且焊条横向摆动,待形成熔池后向前移动,如图2-20(b)所示。

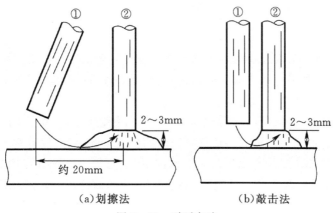

（a）划擦法　　　　　　　　（b）敲击法

图2-20　引弧方法

(2)优点:直击法是一种理想的引弧方法,适用于各种位置引弧,不易碰伤工件。

(3)缺点:受焊条端部清洁情况限制,用力过猛时药皮易大块脱落,造成暂时性偏吹,操作不熟练时易粘于工件表面。

3.引弧注意事项

(1)注意清理工件表面,以免影响引弧及焊缝质量。

(2)焊条与焊件经接触而未起弧,往往是焊条端部有药皮等妨碍了导电,这时就可用锉刀轻锉或轻击地面将这些绝缘物清除,直到露出焊芯金属表面。

(3)焊条与焊件接触后提起时间和距离应适当。焊条与焊件接触时间太长,就会粘条;焊条提起距离太高,则电弧立即熄灭。

(4)引弧时,若焊条与工件出现粘连,应迅速使焊钳脱离焊条,以免烧损弧焊电源,待焊条冷却后,用手将焊条拿下。

(5)引弧前应夹持好焊条,然后使用正确操作方法进行焊接。

(6)初学引弧,要注意防止电弧光灼伤眼睛。对刚焊完的焊件和焊条头不要用手触摸,也不要乱丢,以免烫伤和引起火灾。

 **小知识**

如何判断焊接电流的大小

(1)听响声。从电弧的响声判断电流的大小。电流较大时,发出"哗哗"的声响。电流较小时,发出"沙沙"夹杂着清脆的"劈啪"声响。

(2)观察飞溅状态。有较大颗粒飞溅,爆裂声很大时,电流过大。熔渣和溶液很难分开,焊条溶化慢时电流过小。

(3)观察焊条溶化状况。在焊条熔掉大半根后,剩余部分有发红现象,电流过大;电弧燃烧不稳定,焊条易粘在焊件上时,焊接电流过小。

(4)看熔池形状。椭圆形熔池长轴较长时,电流较大;熔池成扁形,电流较小;熔池形状像鸭蛋形,电流适中。

(5)检查焊缝成形状况。电流过大时,熔敷金属低,熔深大,易产生咬边;电流过小时,熔敷金属窄而高,两侧与母材结合不好;电流适中时,熔敷金属高度适中,熔敷金属两侧与母材结合很好。

四、运条

1. 运条方法

焊接过程中,焊条相对焊缝所做的各种动作的总称叫运条。在正常焊接时,焊条一般有三个基本运动相互配合,即沿焊条中心线向熔池送进、沿焊接方向移动、焊条横向摆动(平敷焊练习时焊条可不摆动),如图2-21所示。

(1)焊条的前移运动。焊条前移运动的速度称为焊接速度。握持焊条前移时,首先应掌握好焊条与焊件之间的角度。各种焊接接头在空间的位置不同,其角度有所不同。平焊时,焊条应向前倾斜70°~80°(见图2-22),即焊条在纵向平面内,与正在进行焊接的一点上垂直于焊缝轴线的垂线,向前所成的夹角。此夹角影响填充金属的熔敷状态、熔化的均匀性及焊缝外形、能避免咬边与夹渣、有利于气流把熔渣吹后覆盖焊缝表面以及对焊件有预热和提高焊接速度等作用。焊条角度及运条如图2-23所示。

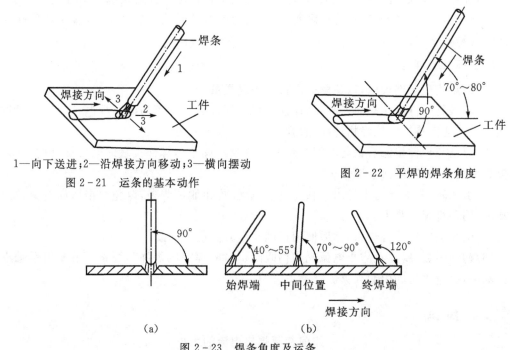

1—向下送进;2—沿焊接方向移动;3—横向摆动

图2-21　运条的基本动作

图2-22　平焊的焊条角度

(a)　　　　　　(b)

图2-23　焊条角度及运条

焊条沿焊接方向移动,目的是控制焊道成形,若焊条移动速度太慢,则焊道会过高、过宽,外形不整齐,如图2-24(a)所示。焊接薄板时甚至会发生烧穿等缺陷。若焊条移动太快,则焊条和焊件熔化不均造成焊道较窄,甚至发生未焊透等缺陷,如图2-24(b)所示。只有速度适中时才能焊成表面平整、焊波细致而均匀的焊缝,如图2-24(c)所示。焊条沿焊接方向移动的速度由焊接电流、焊条直径、焊件厚度、装配间隙、焊缝位置以及接头型式来决定。

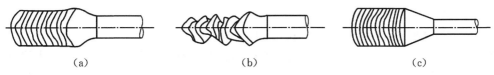

(a)　　　　　　　　　　　(b)　　　　　　　　　　　(c)

图 2-24　焊条沿焊接方向移动

（2）焊条的送进运动。沿焊条的中心线向熔池送进，主要用来维持所要求的电弧长度和向熔池添加填充金属。焊条送进的速度应与焊条熔化速度相适应，如果焊条送进速度比焊条熔化速度慢，电弧长度会增加；反之，如果焊条送进速度太快，则电弧长度迅速缩短，使焊条与焊件接触，造成短路，从而影响焊接过程的顺利进行。

长弧焊接时所得焊缝质量较差，因为电弧易左右飘移，使电弧不稳定，电弧的热量散失，焊缝熔深变浅，又由于空气侵入易产生气孔，所以在焊接时应选用短弧。

（3）焊条的横向摆动。焊条的横向摆动是指焊条在焊缝宽度方向上的横向运动，其目的是为了加宽焊缝，并使接头达到足够的熔深，同时可延缓熔池金属的冷却结晶时间，有利于熔渣和气体浮出。焊接薄板时，不必过大摆动甚至直线运动即可，这时的焊缝宽度为焊条直径的 0.8~1.5 倍；焊接较厚的焊件，需摆动运条，焊缝宽度可达直径的 3~5 倍。根据焊缝在空间的位置不同，摆动运条方法的种类有：直线形、左右形、往复直线形、锯齿形、月牙形、三角形、圆圈形和八字形等。如表 2-8 所示。

表 2-8　焊条横向摆动运条方法的种类

运条方法		运条示意图	适用范围
直线形			(1)3~5mm 厚度，I 形坡口对接平焊 (2)多层焊的第一层焊道 (3)多层多道焊
直线往返形			(1)薄板焊 (2)对接焊（间隙较大）
锯齿形			(1)对接接头（平焊、立焊、仰焊） (2)角接接头（立焊）
月牙形			(1)对接接头（平焊、立焊、仰焊） (2)角接接头（立焊）
三角形	斜三角形		(1)角接接头（平焊、仰焊） (2)对接接头（开 V 行坡口横焊）
	正三角形		(1)角接接头（立焊） (2)对接接头
圆圈形	斜圆圈形		(1)角接接头（平焊、仰焊） (2)对接接头（横焊）
	正圆圈形		对接接头（厚焊件平焊）
八字形			对接接头厚焊件平焊

2.运条时注意事项

(1)焊条运至焊缝两侧时应稍作停顿,并压低电弧。

(2)三个动作运行时要有规律,应根据焊接位置、接头形式、焊条直径与性能、焊接电流大小以及技术熟练程度等因素来掌握。

(3)对于碱性焊条应选用较短电弧进行操作。

(4)焊条在向前移动时,应达到匀速运动,不能时快时慢。

(5)运条方法的选择应在教师的指导下,根据实际情况确定。

综上所述,运条时要掌握好焊条角度、电弧长度和焊接速度。同时要注意:电流要合适,焊条要对正,电弧要低,焊速不要快,力求均匀。

五、灭弧(熄弧)

在焊接过程中,电弧的熄灭是不可避免的。灭弧不好,会形成很浅的熔池,焊缝金属的密度和强度差,因此最易形成裂纹、气孔和夹渣等缺陷。灭弧时将焊条端部逐渐往坡口斜角方向拉,同时逐渐抬高电弧,以缩小熔池,减小金属量及热量,使灭弧处不致产生裂纹气孔等。灭弧时堆高弧坑的焊缝金属使熔池饱满地过渡,焊好后,锉去或铲去多余部分。

灭弧操作方法有多种,如图 2-25 所示。其一是将焊条运条至接头的尾部,焊成稍薄的熔敷金属,将焊条运条方向反过来,然后将焊条拉起来灭弧;其二是将焊条握住不动一定时间,填好弧坑然后拉起来灭弧。

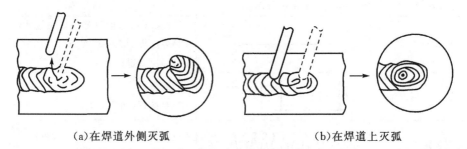

(a)在焊道外侧灭弧　　　　　　　　(b)在焊道上灭弧

图 2-25　灭弧

六、焊缝的接头技术

1.焊缝的起头

焊缝的起头是指刚开始焊接的部分。在一般情况下,因为焊件在未焊时温度低,引弧后常不能迅速使温度升高,所以这部分熔深较浅,使焊缝强度减弱。为此,应起弧后先将电弧稍拉长,以利于对端头进行必要的预热,然后适当缩短弧长进行正常焊接,如图 2-26 所示。

2.焊道的连接

焊条电弧焊时,由于受到焊条长度的限制或操作姿势的变化,不可能一根焊条完成一条焊缝,因而出现了焊道前后两段的连接。因此,应使后焊的焊缝和先焊的焊缝均

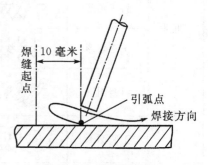

焊缝起点　10毫米

引弧点

焊接方向

图 2-26　焊缝的起头

匀连接,避免产生连接处过高、脱节和宽窄不一的缺陷。焊道常用的连接方式有以下几种:

(1)后焊焊缝的起头与先焊焊缝结尾相接,如图 2－27(a)所示。

(2)后焊焊缝的起头与先焊焊缝起头相接,如图 2－27(b)所示。

(3)后焊焊缝的结尾与先焊焊缝结尾相接,如图 2－27(c)所示。

(4)后焊焊缝结尾与先焊焊缝起头相接,如图 2－27(d)所示。

焊道连接注意事项:①接头时引弧应在弧坑前 10mm 任何一个待焊面上进行,然后迅速移至弧坑处划圈进行正常焊;②接头时应对前一道焊缝端部进行认真地清理工作,必要时可对接头处进行修整,这样有利于保证接头的质量。

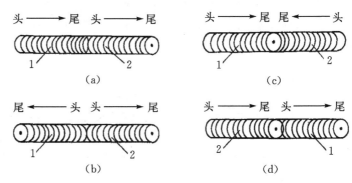

图 2－27　焊接接头方法

3.焊缝的收尾

焊接时电弧中断和焊接结束,都会产生弧坑,常出现疏松、裂纹、气孔、夹渣等现象。为了克服弧坑缺陷,就必须采用正确的收尾方法,一般常用的收尾方法有三种,即划圈收尾法、反复断弧上收尾法和回焊收尾法。

(1)划圈收尾法。焊条移至焊缝终点时,作圆圈运动,直到填满弧坑再拉断电弧。此法适用于厚板收尾,如图 2－28(a)所示。

(2)反复断弧收尾法。焊条移至焊缝终点时,在弧坑处反复熄弧,引弧数次,直到填满弧坑为止。此法一般适用于薄板和大电流焊接,不适应碱性焊条,如图 2－28(b)所示。

(3)回焊收尾法。焊条移至焊缝收尾处即停住,并改变焊条角度回焊一小段。此法适用于碱性焊条,如图 2－29(c)所示。收尾方法的选用还应根据实际情况来确定,可单项使用,也可多项结合使用。无论选用何种方法都必须将弧坑填满,达到无缺陷为止。

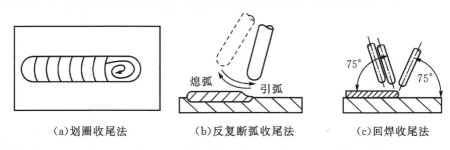

(a)划圈收尾法　　　　　(b)反复断弧收尾法　　　　　(c)回焊收尾法

图 2－28　焊接收尾方法

2.1.3　焊接缺陷

所谓焊接缺陷,就是使焊接接头金属性能变坏。焊接缺陷可分为外部缺陷与内部缺陷两大类。外部缺陷可用肉眼或简单测量方法就可检查出来;内部缺陷是用眼和外部检查不出来的缺陷。

一、外部缺陷

1. 焊缝外形尺寸不符合要求

这种缺陷表现为焊缝表面高低不平,焊波粗劣;焊道宽度不均匀,焊缝时宽时窄;焊缝的加强过高或过低;焊缝成形不良等。如图 2-29 所示。这些问题不仅使焊缝成形难看,还会影响焊缝与母材的结合,造成应力集中或不能保证接头强度,影响结构的安全使用。造成这种现象的主要原因是:焊接坡口角度不当或装配间隙不均匀;焊接电流过大或过小;焊条角度不合适及运条速度不均匀等。

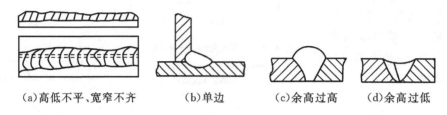

(a)高低不平、宽窄不齐   (b)单边   (c)余高过高   (d)余高过低

图 2-29 焊缝尺寸不符合要求

2. 焊瘤

在焊接过程中,熔化金属流敷在未熔化的母材上,或凝固在焊缝上所形成的金属瘤称为焊瘤,也称满溢。焊瘤下面常有未焊透缺陷,易造成应力集中,又影响焊缝外观。管道内的焊瘤还会减小有效截面,甚至造成堵塞。其主要原因是焊接电源波动太大,电弧过长,焊速太慢,焊件装配间隙太大,运条不当,操作不熟练等。焊瘤形状如图 2-30 所示。

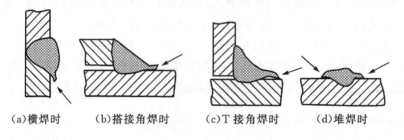

(a)横焊时   (b)搭接角焊时   (c)T 接角焊时   (d)堆焊时

图 2-30 焊瘤

3. 咬边

焊缝的边缘被电弧造成的沟槽或凹陷称为咬边,也称咬肉。如图 2-31 所示。这使母材有效截面减少,因此不仅减弱了焊接接头强度,而且容易造成应力集中,承载后可能在此处产生裂纹。需注意的是,特别重要的焊件不允许存在咬边;承受动载荷的焊件,母材的咬边深度不得大于 0.5mm;承受静载荷的焊件的咬边深度也不得大于 1mm。造成咬边的主要原因是:平焊时,焊接电流过大,电弧过长或运条速度不合适;角焊时,焊条角度或电弧长度不当。

4. 弧坑

在焊缝末端或焊缝接头处,低于母材表面的局部凹坑称为弧坑。如图 2-32 所示。它不仅使该处焊缝的强度严重减弱,而且弧坑内容产生气孔、夹渣或微小裂纹。所以在熄弧时一定要填满弧坑,使焊缝高于母材。

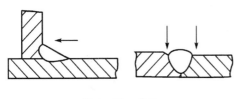

图2-31　咬边

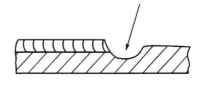

图2-32　弧坑

5.表面气孔

表面气孔是由于焊缝液体金属中熔解的气体在冷却和结晶时来不及析出而残留下来所形成的空穴。如图2-33所示。气孔可分为密集气孔、条虫状气孔和针状气孔等;气孔分布可以是均匀的、密集的和单个的。有的气孔可露在焊缝表面,即称为表面气孔或外气孔;有的则隐藏于焊缝金属内部,即称为内气孔。气孔对强度、塑性有影响,且破坏焊缝金属的连续性,降低了结构的密封性。有些气密性要求高的结构是不允许存在气孔的。

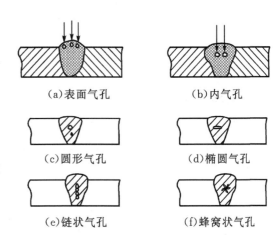

(a)表面气孔　　(b)内气孔

(c)圆形气孔　　(d)椭圆气孔

(e)链状气孔　　(f)蜂窝状气孔

图2-33　气孔

6.烧穿

烧穿是指在焊接过程中,熔化金属自坡口背面流出形成穿孔的缺陷。如图2-34所示。烧穿使该处焊缝强度显著减小,也影响外观,必须避免。造成烧穿的主要原因是焊接电流过大、焊接速度过慢和焊件间隙过大。

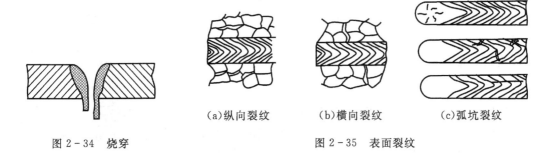

图2-34　烧穿

(a)纵向裂纹　　(b)横向裂纹　　(c)弧坑裂纹

图2-35　表面裂纹

7.表面裂纹

表面裂纹是焊接裂纹的一种,即焊接接头表面局部地区的结合遭受破坏形成的。它具有尖锐的缺口和大的长宽比,在焊件工作中会扩大,甚至可使结构突然断裂,是接头中最危险的缺陷,一般不允许存在。如图2-35所示。

8.变形

这种缺陷表现为焊接结构的接头变形和翘曲超过了产品允许的范围。常见的焊接变形有收缩变形、角变形、弯曲变形、波浪形变形和扭曲变形等。如图2-36所示。形成变形的主要原因是对焊件进行了局部地不均匀加热的结果。

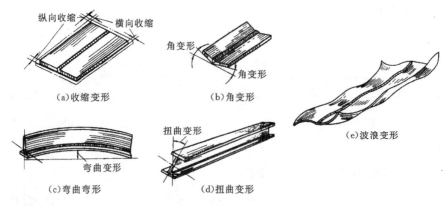

图 2-36　焊接变形的基本形式

二、内部缺陷

焊缝接头内部缺陷以裂纹、未焊透、夹渣、未熔合、气孔、接头金属组织缺陷(如铸造组织、过热组织、偏析、层化、疏松、微观裂纹、非金属夹杂物等)的形成表现出来,它们会严重降低焊缝的承载能力。

1.未熔合

手弧焊时,焊道与母材之间或焊道之间未完全熔化结合的部分。未熔合的主要原因是层道清渣不干净、焊接电流太小、焊条偏心、焊条摆动幅度太窄等。

2.未焊透

焊接时接头的根部未完全熔透的现象称为未焊透。产生未焊透的部位往往也存在夹渣,连续性的未焊透是一种极危险的缺陷,未焊透在大部分结构中是不允许存在的。如图2-37所示。未焊透的主要原因是:焊接电流太小,焊接速度太快,坡口角度太小,钝边太大,间隙太小,焊条角度不当,焊件有厚的锈皮和熔渣等。

3.夹渣

焊后残留在焊缝中的熔渣称为夹渣。如图2-38所示。夹渣会降低焊缝的强度,在某些结构中,在保证强度和致密性的条件下,也允许存在一定尺寸和数量的夹渣。形成夹渣的主要原因有:接头边缘未清理干净,坡口太小,焊条直径太粗,焊接电流过小,焊条角度和运条方法不当,焊缝冷却速度过快熔渣来不及上浮等。

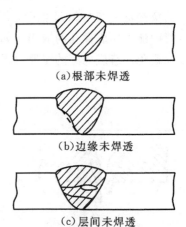

(a)根部未焊透

(b)边缘未焊透

(c)层间未焊透

图 2-37　未焊透类型

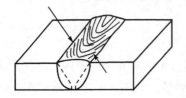
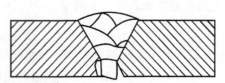

图 2-38　夹渣类型

4.微观裂纹

在显微镜下才能观察到的裂纹称为微观裂纹。它往往会造成预料不到的重大事故,因此比表面裂纹具有更大的危险性,必须充分重视。

2.1.4 焊条电弧焊操作的安全知识

一、安全操作基本要求

(1)从事本工种工作者,应经过专业安全培训,取得特种作业人员操作证,并定期接受安全教育,方可作业。

(2)电焊作业场所应尽可能设置挡光屏蔽,以免弧光伤害周围人员的眼睛。

(3)电焊作业点与易燃易爆物相距10米以上,并且焊接现场要配备灭火器。

(4)电焊机不准放在高温或潮湿的地方,电焊机应放在防雨和通风良好的地方。电焊机、氧气瓶、乙炔气瓶要分开放,距离应不少于5米。

(5)严禁在易燃易爆、带压力的设备、容器和管道上或盛有易燃、易爆、有毒物的工作物上施焊,焊接带电的设备必须切断电源。

(6)禁止焊接悬挂在起重机上的工件和设备。

(7)露天作业遇到六级以上大风或大雨时应停止焊接作业或高空作业;雷雨时,应停止露天焊接作业。

(8)电焊机必须设置单独的电源开关,禁止两台电焊机同时接在一个电源开关上;不准私自拆接电源线,电焊机电源的装拆应由电工进行。

(9)交流弧焊机一次电源线长度应不大于3米,电焊机二次线电缆长度应不大于30米,二次线接头不得超过2个。一二次接线柱处应加防护罩。所有手把导线与地线不准与氧气、乙炔软管混放。

(10)严禁利用建筑物的金属结构、管道、轨道或其他金属物体搭接起来形成焊接回路。

(11)电焊机要设单独的开关,开关应放在防雨的闸箱内,拉合时应戴手套侧向操作。

(12)接拆电焊机电源线或焊机的修理应由电气保养人员进行,其他人员不得拆修。

(13)焊钳、电焊线应经常检查、保养,发现有损坏应及时修好或更换,电焊机外壳必须设有可靠的保护接零,必须定期检查焊机的保护接零线。接线部分不得腐蚀、受潮及松动。

(14)焊接过程发现短路现象应先关好焊机,再寻找短路原因,防止焊机烧坏。

(15)禁止在易燃、易焊物体上和装载易燃易爆的容器内外进行焊接,若需要焊接,应将容器内外所有残存物清洗干净。

(16)禁止在可燃粉尘浓度高的环境下进行焊接作业。

二、防护用品的穿戴

(1)使用电焊机必须按规定穿戴防护用品。

(2)作业时应该穿戴好必备防护用品,包括:防尘毒器具、绝缘鞋、脚盖、口罩、焊工用工作服、防护面罩、带有特制滤光镜片的面罩、电焊手套、护目镜等防护用品。

(3)严禁穿化纤服、短袖、短裤、凉鞋,女工辫发必须扎在工作帽内。

(4)高空作业要戴好安全帽和安全带。

三、焊接设备、用具及作业环境的检查

(1)电焊工开始焊接前应认真检查工具、设备是否完好,如对开关、电源线、电缆线、电焊

机、电焊机外壳的接地(接零)保护线、电焊钳、焊条等进行检查、测试,不得有松动或虚连。

(2)使用焊机前检查电器线路是否完好,二次线圈和外壳接零或接地是否良好,电焊机外壳必须有良好的保护。焊机、导线、焊钳等接点应采用螺栓或螺母拧接牢固。

(3)使用焊机进行电焊前应检查焊机电源线的绝缘是否良好,检查电焊钳柄绝缘是否完好。电焊钳不用时,应放到绝缘体上。

(4)电焊机的配电系统开关、漏电保护装置等必须灵敏有效,开关箱内必须装设二次宽载降压保护器,导线绝缘必须良好。检查配电箱,应关闭牢靠,稳压电源指示正确。

(5)手把线、地线禁止与钢丝绳接触,更不得用脚手架、钢丝绳、铁板等裸露导体或机电设备代替零线。电焊回线不准搭在易燃、易爆管道或机床设备上,焊钳线和回线必须良好。

(6)工作前应认真检查四周工作环境是否允许烧焊,确认为正常方可开始工作,操作前必须检查周围是否有易燃易爆物品,如有,必须移开后才能工作。

(7)电焊工作台必须装好屏风板,肉眼切勿直视电弧。

(8)电焊机的输入输出线头要接牢固,应有可靠的接地线,焊钳绝缘装置要齐全良好,电焊机工作温度不得超过 60℃～70℃。

(9)电焊机的一次与二次绕组之间,绕组与铁芯之间,绕组、引线与外壳之间,绝缘电阻均不得低于 0.5 兆欧。

(10)作业中注意检查电焊机及调节器,温度超过 60℃应冷却。电焊时的二次电压不得偏离 60～80V(伏);发现故障、电线破损、熔丝一再烧断应停机维修或更换。

四、焊接过程中的安全规定

(1)手套与鞋不得潮湿。开启电开关时要一次推到位,然后开启电焊机;停机时先关焊机再关电源开关。

(2)注意保护手把线与回线不受机械损伤,手把线、回线需要穿过铁路时,应从轨道下通过。

(3)焊接密封容器应打开孔洞设立绝缘保护。

(4)在容器内焊接,容器必须可靠接地,通风良好,并应有人监护;应把有害烟尘排出,以防中毒;容器内油漆未干不准施焊;严禁往容器内输入氧气。最少要 2 人一起工作,一人操作,一人监视保护。

(5)在密闭金属容器内施焊时,容器必须可靠接地、通风良好,并应有人监护。

(6)焊接施工地点潮湿时,焊工应站在干燥的绝缘板或胶垫上作业,配合人员应穿绝缘鞋或站在绝缘板或胶垫上作业。

(7)在存有有毒物质的场所焊接时,要清除残存物,经化验合格后加强通风方可工作,工作者要戴好防毒口罩,工作场所要有专人防护,采取可靠的安全措施。

(8)焊接预热工件时,应有石棉布或挡板等隔热措施。

(9)多台焊机在一起同时施焊时,焊接平台或焊件必须接地,并设置防光棚。

(10)转动机器设备进行焊接时,必须断电和设有"修理施工、禁止运转"的安全标志或设专人负责看守。

(11)在焊接各种胎型及笨重物件时,工件必须放置平稳,两人或两人以上抬放工作物,动作要协调,以免碰伤手脚。

(12)焊接中突然停电,应立即关好电焊机。焊机发生故障或漏电时,立即切断电源,联系电气维修人员进行修理。

(13)高处焊接应采取相应的防护措施,工作过程中设专人监护;高空作业要系好安全带,工作点要牢固,焊条工具等要放好,防止掉下伤人,下边做好安全措施以及防火措施,设专人监视,并注意行人等安全工作。严禁手持把线爬梯登高。

(14)电焊机如有故障或电线破损漏电或保险丝一再烧断时,应停止使用,并报告有关人员修理。移动电焊机或往远处拉线时,必须先切断电源,再行移动;拉动手把线时,要注意防止绊动风动夹具阀门,以防夹具误动伤人。

(15)更换场地,移动把线时,应切断电源。更换焊条应戴手套。雨天或厂房漏雨时,应将焊机遮盖好,所有导线、手把线应架在干燥或不导电的建筑物上。

(16)接近高压线作业时,必须经安技部门同意,并采取必要的安全措施后,方可焊接。仰面焊接时,要扎紧衣领、袖口,防止火花烫伤。

(17)焊接有锈工作物、进行除锈或清除焊渣药皮时,必须戴好防护眼镜。焊接完的灼热工件,不准放在电线、乙炔橡胶软管及氧气瓶及氧气橡胶软管及安全道上,应放置在规定的或安全的地方。

(18)移动焊机时,不准用手把线或其他导线作捆绑绳索使用。在未采取切实可靠的安全措施之前,严禁在火星能飞溅到的用可燃材料作保温层、冷却层、隔音、隔热的部位或地方焊接。

(19)焊接盛装过易燃、易爆、有毒的液体或气体的容器(如钢瓶、油箱、槽车等)时,必须用清洗液等清洗干净,确认安全后,并打开孔盖或留下 30mm 的出气孔后,方可焊接。在地坑或锅炉容器内部焊接时,应设专人监护;下地坑焊接时,应检查有无有毒气体;禁止在坑内使用瓦斯灯或电压超过 12V 的照明灯。

五、停止作业后的安全注意事项

(1)停止作业时,要先关电焊机,再拉闸刀开关。

(2)电焊结束后,应切断焊机电源,并将电源线及焊接线整理好放在指定地点,将焊机擦拭干净,清扫场地,并检查操作地点,确定没有明火后,方可离去。

(3)焊割完的灼热工件,应放在安全地点,工作地点溅落火星应彻底熄灭。

思考题

1. 简述焊条电弧焊的电弧的产生过程。

2. 说明电焊机的型号 BX3-300 和 ZXG-500 表示的意义。

3. 简述焊条焊芯和药皮的作用。

4. 说明焊条型号 E4303 和 E5015 表示的意义。

5. 焊条电弧焊操作前应如何选择焊条直径和焊接电流?

6. 简述焊条电弧焊的基本操作要点。

7. 简述焊条电弧焊常用的引弧方法及操作要点。

8. 在焊条电弧焊引弧时,当焊条粘在焊件上应如何处理?

9. 简述焊条电弧焊常用的运条方法及操作要点。

10. 焊条电弧焊刚开始焊接时,应在哪个部位引弧?为什么?

11. 焊缝收尾时应如何操作?

12. 简述常见的焊接缺陷及其产生原因。

13. 简述焊条电弧焊的安全操作技术要求。

任务2.2　气焊

 任务介绍

气焊是利用火焰燃烧的热量作为热源,是工业金属焊接的主要操作方法。本任务是通过技能训练任务,了解气焊基本理论,掌握气焊的基本操作。

 任务目标

1.知识目标

(1)熟悉气焊设备;

(2)了解气焊火焰、工艺参数及焊接规范;

(3)掌握气瓶的基本操作要点;

(4)了解气焊的安全操作知识。

2.能力目标

(1)能熟练进行气焊操作;

(2)能完成焊件的气焊操作。

知识分布网络

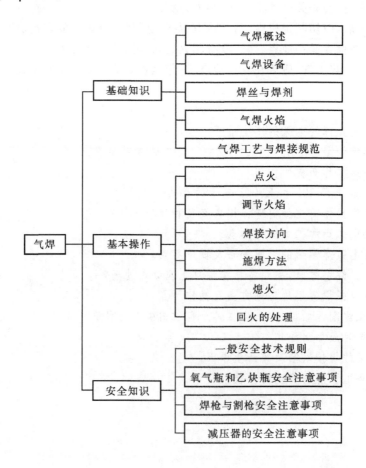

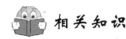相关知识

2.2.1 气焊基础知识

一、气焊概述

气焊是利用可燃气体与助燃气体混合燃烧后产生的高温对金属材料进行焊接的。如图 2-39 所示。

气焊所用的可燃气体很多,有乙炔、氢气、液化石油气、煤气等,而最常用的是乙炔气。乙炔气的发热量大,燃烧温度高,制造方便,使用安全,焊接时火焰对金属的影响最小,火焰温度高达3100～3300℃。氧气作为助燃气,其纯度越高,耗气越少。

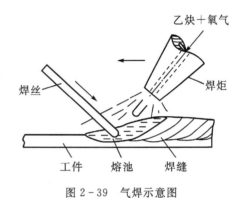

图 2-39 气焊示意图

气焊的特点是:

(1)火焰对熔池的压力及对焊件的热输入量调节方便,故熔池温度、焊缝形状和尺寸、焊缝背面成形等容易控制。

(2)设备简单,移动方便,操作易掌握,但设备占用生产面积较大。

(3)焊距尺寸小,可达性好,由于气焊热源温度较低,加热缓慢,生产率低,热量分散,热影响区大,焊件变形大,接头质量不高。

(4)气焊适于各种位置的焊接,特别焊接在 3mm 以下的低碳钢、高碳钢、铸铁以及铜、铝等有色金属及合金的薄板。

二、气焊设备

气焊所用设备及气路连接,如图 2-40 所示。

1. 焊炬

焊炬俗称焊枪。它是气焊时用于控制气体混合比、流量及火焰并进行焊接的手持工具。焊炬有射吸式和等压式两种,常用的是射吸式焊炬,如图 2-41 所示。它是由主体、手柄、乙炔调节阀、氧化调节阀、喷射管、喷射孔、混合室、混合气体通道、焊嘴、乙炔管接头和氧气管接头等组成。它的工作原理是:打开氧气调节阀,氧气经喷射管从喷射孔快速射出,并在喷射孔外围形成真空而造成负压(吸力);再打开乙炔调节阀,乙炔即聚集在喷射孔的外围;由于氧射流负压的作用,乙炔很快被氧气吸入混合室和混合气体通道,并从焊嘴喷出,形成了焊接火焰。

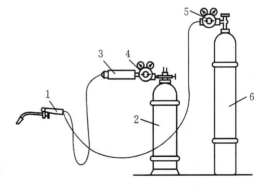

1—焊炬;2—乙炔瓶;3—回火安全器;4—乙炔减压器;5—氧气减压器;6—氧气瓶

图 2-40 气焊设备及其连接

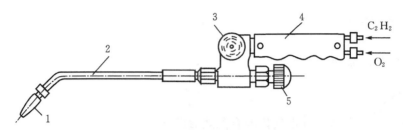

1—焊嘴;2—混合管;3—乙炔阀门;4—手柄;5—氧气阀门

图2-41　射吸式焊炬

射吸式焊炬的型号有 H01-2 和 H01-6 等,其意义如下:

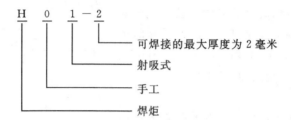

各种型号的焊炬均备有 3 ~5 个大小不同的焊嘴,可供焊接不同厚度的工件使用。

2.乙炔瓶

乙炔瓶是将工厂集中生产的乙炔气储存在瓶内供使用的。一般工厂和在船舶上都是采用乙炔瓶,如图 2-42 所示。乙炔瓶的形状和构造与氧气瓶相似,其外壳为无缝钢材制造,瓶内装有多孔性填充物,如活性炭、木屑、硅藻土等,用以提高安全储存压力,同时注入丙酮占瓶容积的 34%,使之渗透在活性炭的毛细孔中,当乙炔气体被压入瓶内时,它就溶解在丙酮中。一瓶充足了的乙炔气体压力可达 $1.47×10^6Pa$,而输往焊炬的压力仅为 $4.4×10^4~11.7×10^4Pa$。乙炔瓶必须配备减压器,以便调整乙炔的压力。乙炔瓶使用时,打开瓶阀,乙炔气经减压器减压后供气焊使用。随着乙炔气不断消耗,丙酮内的乙炔不断逸出,瓶内压力下降,最后只剩丙酮,待灌乙炔时再用。乙炔长期与丙酮作用时会生成容易爆炸的乙炔酮,所以乙炔瓶的阀门是由钢制成。乙炔瓶的外壳漆成白色,用红色写明"乙炔"字样;输送导管为红色。

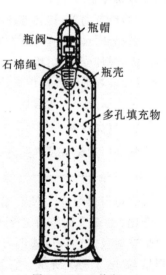

图2-42　乙炔瓶

使用乙炔瓶必须安装回火安全器(也称回火防止器或回火保险器),它装在乙炔减压器和焊炬之间,用来防止火焰沿乙炔管回烧的安全装置。正常气焊时,气体火焰在焊嘴外面燃烧。但当气体压力不足、焊嘴堵塞、焊嘴离焊件太近或焊嘴过热时,气体火焰会进入焊嘴内逆向燃烧,这种现象称为回火。发生回火时,焊嘴外面的火陷熄灭,同时伴有爆鸣声,随后有"吱、吱"的声音。如果回火火陷蔓延到乙炔瓶,就会发生严重的爆炸事故。因此,发生回火时,回火安全器的作用是使回流的火焰在倒流至乙炔瓶以前被熄灭。同时应首先关闭乙炔开关,然后再关氧气开关。

图 2-43 为干式回火安全器,它与乙炔减压器连接在一起。正常工作时,由减压器来的

乙炔气推开回火防止阀进入筒体,经过止火管后从出气口输出。止火管是有无数微孔的金属管,有熄灭火焰的作用。当发生回火时,一方面回火气体的冲击波顶上回火防止阀,切断了乙炔来路;另一方面回火气体可从安全阀处向外排出。

3.氧气供气设备

氧报供气设备主要有氧气瓶与减压器等。

(1)氧气瓶。氧气瓶是储存氧气的一种高压容器。如图 2-44所示。氧气从制氧设备中取得后,以最大为 $1.47 \times 10^7 Pa$ (150 大气压)的压力压入氧气瓶内,以便保存和运输。氧气瓶都用无缝钢管制成,壁厚为 5~8mm,容积为 40L;它是一个圆柱形瓶体,瓶体上有防震圈;瓶体的上端有瓶口,瓶口的内壁和外壁均有螺纹,用来装设瓶阀和瓶帽;瓶体下端还套有一个增强用的钢环圈瓶座,一般为正方形,便于立稳,卧放时也不至于滚动;为了避免腐蚀和发生火花,所有与高压氧气接触的零件都用黄铜制作;氧气瓶外表漆成天蓝色,用黑漆标明"氧气"字样,输送氧气的管道涂天蓝色。

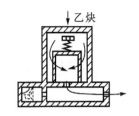

(a)正常工作时

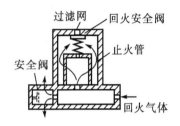

(b)回火时

图 2-43 干式回火安全器

(2)减压器。减压器是将高压气体降为低压气体的调节装置,其作用是减压、调压、量压和稳压。氧气瓶的压力为 $1.47 \times 10^7 Pa$,供给焊炬的氧气压力很小,仅为 $2.9 \times 10^5 \sim 3.9 \times 10^5 Pa$,与乙炔瓶一样,氧气瓶也必须使用减压器,都要将高压气体输出时先要经减压器减压。

减压器的工作原理如图 2-45 所示:松开调压手柄(逆时针方向),封闭弹簧(或称活门弹簧)闭合活门,高压气体就不能进入低压室,即减压器不工作,从气瓶来的高压气体停留在高压室的区域内,高压表量出高压气体的压力,也是气瓶内气体的压力。拧紧调压手柄(顺时针方向),使调压弹簧压紧低压室内的薄膜,再通过传动件将高压室与低压室通道处的活门顶开,使高压室内的高压气体进入低压室,此时的高压气体进行体积膨胀,气体压力得以降低,低压表可量出低压气体的压力,并使低压气体从出气口通往焊炬。如果低压室气体压力高了,向下的总压力大于调压弹簧向上的力,即压迫薄膜和调压弹簧,使活门开启的程度逐渐减小,直至达到焊炬工作压力时,活门重新关闭;如果低压室的气体压力低了,向上的总压力小于调压弹簧向上的力,此时薄膜上鼓,使活门重新开启,高压气体又进入到低压室,从而增加低压室的气体压力;当活门的开启度恰好使流入低压室的高压气体流量,与输出的低压气体流量相等时,即稳定地进行气焊工作。减压器能自动维持低压气体的压力,只要通过调压手柄的旋入程度来调节调压弹簧压力,就能调整气焊所需的低压气体压力。

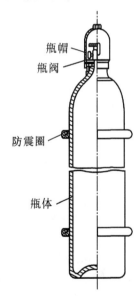

图 2-44 氧气瓶

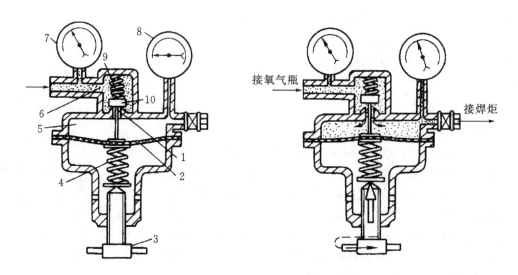

1—通道;2—薄膜;3—调压手柄;4—调压弹簧;5—低压室;6—高压室;

7—高压表;8—低压表;9—活门弹簧;10—活门

图 2-45　减压器的工作示意图

三、气焊的焊丝与焊剂(焊粉)

气焊所用的焊丝只作为填充金属,它是表面不涂药皮的金属丝,其成分与工件基本相同,原则上要求焊缝与工件等强度,所以选用与母材同样成分或强度高一些的焊丝焊接,气焊低碳钢一般用 H08A 焊丝,不用焊剂,重要接头如 20 锅炉钢管可采用 H08MnA,最好是用 H08MnReA 专用气焊焊丝。其他钢及非铁金属用焊丝可查表选用。焊丝表面不应有锈蚀、油垢等污物。

焊剂又称焊粉或焊药,其作用是焊接过程中避免形成高熔点稳定氧化物(特别是非铁金属或优质合金钢等),防止夹渣,另外也为消除已形成的氧化物。焊剂可与这类氧化物结成低熔点的熔渣,浮出熔池。金属氧化物多呈碱性,所以一般用酸性焊剂,如硼砂、硼酸等。焊铸铁时,出现较多的 SiO_2,因此常用碱性焊剂,如碳酸钠和碳酸钾等。使用时,可把焊剂撒在接头表面或用焊丝醮在端部送入熔池。

四、气焊火焰

气焊火焰通常指氧和乙炔混合燃烧时产生的氧乙炔焰。改变氧和乙炔的体积比,可获得三种不同性质的火焰,它们的性质和应用有明显的区别(见图 2-46)。

火焰由三部分组成:焰芯、内焰和外焰,见图 2-46(a)。焰芯在火焰的内部,乙炔和氧气的混合物在焰芯内逐渐加热至着火温度,在焰芯的边缘乙炔发生局部分解,形成碳粒呈白热状态,并产生强烈的白光,所以焰芯也是火焰中最明亮的部分,焰芯边缘温度可达 1000℃。火焰的中间部分是内焰,呈蓝色,乙炔与已混合进来的氧发生第一阶段燃烧,这一区域的温度最高,距焰芯末端 2~4mm 处的温度可达 3000~3200℃,这个区域又叫焊接区。火焰的最外层称为外焰,为橘红色,在这一区域内,主要依靠大气中的氧进行第二阶段的燃烧。

1. 中性焰（$V_{O_2}/V_{C_2H_2} = 1.0 \sim 1.2$）

中性焰又称正常焰。中性焰的内焰和外焰没有明显界线,焊嘴处呈亮白色的焰心端部有

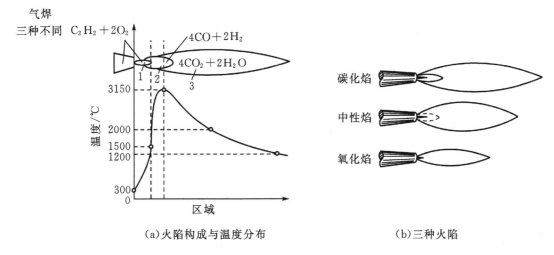

（a）火陷构成与温度分布　　　　（b）三种火陷

图 2-46　气焊火焰与温度分布

淡白色时隐时现地跳动。中性焰燃烧完全,对红热或熔化了的金属没有碳化和氧化作用,所以称之为中性焰。气焊一般都可以采用中性焰。它广泛用于低碳钢、低合金钢、高碳钢、不锈钢、紫铜、灰铸铁、锡青铜、铝及合金、铅锡、镁合金等的气焊。

在中性焰中,当 $VO_2/VC_2H_2 = 1.0\sim1.1$ 时,称为还原焰,它是乙炔稍多的一种中性焰,不产生渗碳现象,最高温度为 2930℃~3040℃。

2.氧化焰（$VO_2/VC_2H_2 > 1.2$）

氧化焰是氧气量多,乙炔量少的火焰,焊嘴处呈现出比中性焰还要小一些的蓝白色焰芯,因为火焰和焰芯比中性焰短。这种火焰对红热或熔化了的金属都有氧化作用,尤其是对红热和熔化的优质合金钢更为显著,因此称它为氧化焰。氧化焰由于氧气较多,燃烧比中性焰剧烈,温度也高,可达 3100~3300℃。使用这种火焰焊接各种钢铁时,金属很容易被氧化而造成脆弱的焊接接头;在焊接高速钢或铬、镍、钨等优质合金钢时,会出现互不融合的现象;在焊接有色金属及其合金时,产生的氧化膜会更厚,甚至焊缝金属内有夹渣,形成不良的焊接接头。因此,氧化焰一般很少采用,仅适用于烧割工件和气焊黄铜、锰黄铜及镀锌铁皮,特别是适合于黄铜类,因为黄铜中的锌在高温极易蒸发,采用氧化焰时,熔池表面上会形成氧化锌和氧化铜的薄膜,起了抑制锌蒸发的作用。

3.碳化焰（$VO_2/VC_2H_2 < 1.0$）

碳化焰是乙炔量多、氧气量少的火焰,因为乙炔没有达到完全燃烧,因此在焊嘴处呈现出两层白焰芯,所以火焰和焰芯比中性焰长,且它们之间失掉明显轮廓,温度比中性焰和氧化焰都要低一些,最高温度约为 2700~3000℃。使用这种火焰焊接钢铁时,焊缝金属很容易被碳化,从而使金属接头硬而脆。由于对钢铁有增碳的作用,所以被称为碳化焰,一般用于钎焊;焊接怕受氧化的优良合金钢焊件,如高速钢、高碳钢、硬质合金、铬钢、钨钢、合金铸铁等以及用于铸铁焊后的保温。

不论采用何种火焰气焊时,喷射出来的火焰（焰芯）形状应该整齐垂直,不允许有歪斜、分叉或发生吱吱的声音。只有这样才能使焊缝两边的金属均匀加热,并正确形成熔池,从而保证焊缝质量。否则不管焊接操作技术多好,焊接质量也要受到影响。所以,当发现火焰不正常时,要及时使用专用的通针把焊嘴口处附着的杂质消除掉,待火焰形状正常后再进行焊接。

五、气焊工艺与焊接规范

气焊的接头型式和焊接空间位置等工艺问题的考虑与焊条电弧焊基本相同。气焊尽可能用对接接头,厚度大于 5mm 的焊件须开坡口以便焊透。焊前接头处应清除铁锈、油污水分等。

气焊的焊接规范主要需确定焊丝直径、焊嘴大小、焊接速度等。

焊丝直径由工件厚度、接头和坡口型式决定,焊开坡口时第一层应选较细的焊丝。焊丝直径的选用可参考表 2-9。

表 2-9　不同厚度工件配用焊丝的直径

工作厚度(mm)	1.0～2.0	2.0～3.0	3.0～5.0	5.0～10	10～15
焊丝直径(mm)	1.0～2.0	2.0～3.0	3.0～4.0	3.0～5.0	4.0～6.0

焊嘴大小影响生产率。导热性好、熔点高的焊件,在保证质量前提下应选较大号焊嘴(较大孔径的焊嘴)。

在平焊时,焊件愈厚,焊接速度应愈慢。对熔点高、塑性差的工件,焊速应慢。在保证质量前提下,尽可能提高焊速,以提高生产率。

2.2.2　气焊的基本操作

一、点火

点火之前,先把氧气瓶和乙炔瓶上的总阀打开,然后转动减压器上的调压手柄(顺时针旋转),将氧气和乙炔调到工作压力。再打开焊枪上的乙炔调节阀,此时可以把氧气调节阀少开一点氧气助燃点火(用明火点燃),如果氧气开得大,点火时就会因为气流太大而出现啪啪的响声,而且还点不着。如果不少开一点氧气助燃点火,虽然也可以点着,但是黑烟较大。点火时,手应放在焊嘴的侧面,不能对着焊嘴,以免点着后喷出的火焰烧伤手臂。

二、调节火焰

刚点火的火焰是碳化焰,然后逐渐开大氧气阀门,改变氧气和乙炔的比例,根据被焊材料性质及厚薄要求,调到所需的中性焰、氧化焰或碳化焰。需要大火焰时,应先把乙炔调节阀开大,再调大氧气调节阀;需要小火焰时,应先把氧气关小,再调小乙炔。

三、焊接方向

气焊操作是右手握焊炬,左手拿焊丝,可以向右焊(右焊法),也可向左焊(左焊法)。如图 2-47 所示。

右焊法是焊炬在前,焊丝在后。这种方法是焊接火焰指向已焊好的焊缝,加热集中,熔深较大,火焰对焊缝有保护作用,容易避免气孔和夹渣,但较难掌握。此种方法适用于较厚工件的焊接,而一般厚度较大的工件均采用电弧焊,因此右焊法很少使用。

左焊法是焊丝在前,焊炬在后。这种方法是焊接火焰指向未焊金属,有预热作用,焊接速度较快,可减少熔深和防止烧穿,操作方便,适宜焊接薄板。用左焊法,还可以看清熔池,分清熔池中铁水与氧化铁的界线,因此左焊法在气焊中被普遍采用。

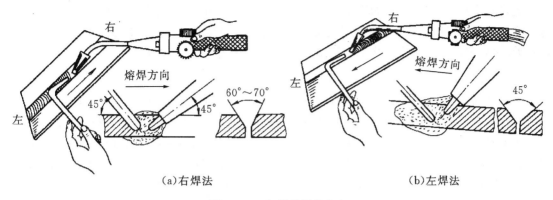

（a）右焊法　　　　　　　　　　　　（b）左焊法

图 2-47　气焊的焊接方向

四、施焊方法

施焊时,要使焊嘴轴线的投影与焊缝重合,同时要掌握好焊炬与工件的倾角 α。工件愈厚,倾角越大;金属的熔点越高,导热性越大,倾角就越大。在开始焊接时,工件温度尚低,为了较快地加热工件和迅速形成熔池,α 应该大一些（80°～90°）,喷嘴与工件近于垂直,使火焰的热量集中,尽快使接头表面熔化。正常焊接时,一般保持 α 为 30°～50°。焊接将结束时,倾角可减至 20°,并使焊炬作上下摆动,以便断续地对焊丝和熔池加热,这样能更好地填满焊缝和避免烧穿。焊嘴倾角与工件厚度的关系如图 2-48 所示。

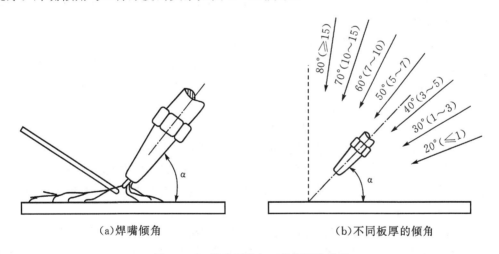

（a）焊嘴倾角　　　　　　　　　（b）不同板厚的倾角

图 2-48　焊嘴倾角与工件厚度的关系

焊接时,还应注意送进焊丝的方法,焊接开始时,焊丝端部放在焰心附近预热。待接头形成熔池后,才把焊丝端部浸入熔池。焊丝熔化一定数量之后,应退出熔池,焊炬随即向前移动,形成新的熔池。注意焊丝不能经常处在火焰前面,以免阻碍工件受热;也不能使焊丝在熔池上面熔化后滴入熔池;更不能在接头表面尚未熔化时就送入焊丝。焊接时,火焰内层焰芯的尖端要距离熔池表面 2～4mm,形成的熔池要尽量保持瓜子形、扁圆形或椭圆形。

五、熄火

焊接结束时应熄火。熄火之前一般应先把氧气调节阀关小,再将乙炔调节阀关闭,最后再关闭氧气调节阀,火即熄灭。如果将氧气全部关闭后再关闭乙炔,就会有余火窝在焊嘴里,不容易熄火,这是很不安全的(特别是当乙炔关闭不严时,更应注意)。此外,这样的熄火黑烟也比较大,如果不调小氧气而直接关闭乙炔,熄火时就会产生很响的爆裂声。

六、回火的处理

在焊接操作中有时焊嘴头会出现爆响声,随着火焰自动熄灭,焊枪中会有吱吱响声,这种现象叫做回火。因氧气比乙炔压力高,可燃混合气体会在焊枪内发生燃烧,并很快扩散在导管里而产生回火。如果不及时消除,不仅会使焊枪和皮管烧坏,而且会使乙炔瓶发生爆炸。所以当遇到回火时,不要紧张,应迅速在焊炬上关闭乙炔调节阀,同时关闭氧气调节阀,等回火熄灭后,再打开氧气调节阀,吹除焊炬内的余焰和烟灰,并将焊炬的手柄前部放入水中冷却。

回火的原因是多方面的,例如是否气体压力太低,是否焊嘴被飞溅物沾污,出口局部堵塞,是否工作过久,高温使焊嘴过热,是否操作不当,焊嘴太靠近熔池等。当引起火灾时,首先关闭气源阀,停止供气,停止生产气体。用砂袋、石棉来灭火,不可用水或灭火器去灭乙炔发生器的火,因为水和电石会发生作用,产生乙炔。

2.2.3　气焊操作安全技术知识

一、一般安全技术规则

(1)在工作前,必须穿戴好各种防护用品,开窗通风。

(2)认真检查氧气瓶、乙炔瓶等上的安全装置,必须完备可靠。气瓶放置必须稳妥,不得随意敲击、振动和暴晒。

(3)气瓶在严冬遇有冻结不得用明火解冻,只能用蒸汽或温水解冻。

(4)气焊或气割盛装过煤气、乙炔、氧气等易燃物品的容器时,必须认真清洗并经蒸汽或压缩空气吹净,其容器上的进、出口必须打开通大气,否则严禁气焊或气割,以防爆炸伤人。

(5)氧气瓶、乙炔瓶距工作地的距离不得少于 5m。

(6)气焊与气割工作场地严禁吸烟及火源,以免发生事故。

(7)严禁非实习人员逗留在工作场地,更不许玩弄焊枪与割枪。

(8)气焊与气割实习必须把安全放在首位。学生必须在指导老师的指导下进行实习操作,并严格遵守操作规程。指导老师必须在现场高度注视学生的操作情况,积极防止事故的发生并保护学生的人身安全。

(9)学生在实习操作中若遇有意外情况,应立即报告指导老师,不准擅自乱动。

(10)工作完毕要认真清理现场,清除火星和燃烧火种,打扫场地,整理工件、工具及用品。

二、氧气瓶和乙炔瓶的使用安全注意事项

(1)气瓶在装减压器之前,最好将瓶阀慢慢地打开,吹掉接口内外的灰尘或金属物质。打开时,人应站在与出气口成垂直方向的位置上,以免气流射伤人身。如果打开时无气流射出,则可能是由于弹簧压得太紧,这时切忌随便处理,以免瓶头弹出伤人。之所以要慢慢打开瓶阀是因为开启过快容易产生静电火花,如果瓶口有油质,就容易引起燃烧和爆炸。

(2)气瓶的周围严禁有高温、油污、可燃物、熔融金属、飞溅物和明火,最好相隔 10m 以上;也不得存放于阳光下暴晒或其他热源处,其存放温度不得高于 39℃。氧气瓶与乙炔瓶的存放应有一定距离(至少 5m 以上)。夏季露天作业时,需用隔热物遮盖气瓶,以免阳光辐射引起瓶温升高气体膨胀。金属瓶体膨胀系数小,而气体膨胀系数大,速度快,容易发生爆炸事故。

(3)纯氧在高温下是很活泼的。当温度不变而压力增加时,氧气可能与油类发生激烈的化学反应而发热自燃以致爆炸。因此,操作人员绝对不能使用沾有各种油脂或油污的工作服、手套和工具等去接触气瓶及其附件,最好备有专用工具,以免引起燃烧。

(4)检查气瓶有无漏气时,只允许用肥皂水试,绝不得用明火试验。

(5)不允许随意调动氧气瓶和乙炔瓶上的减压器和压力表。

(6)气瓶要垂直牢固放置,并用卡箍或绳子固定在墙上或柱子上,防止振动、倾倒、滚动引起爆炸。乙炔瓶不能横躺卧放是因丙酮会从瓶口流出。气瓶在搬运中尽量避免振动或互相碰撞。严禁人背氧气瓶,禁止用吊车吊运。

(7)氧气瓶不能完全用净,而应留有余气,以便于充气时检查。留有余气还可以防止可燃气体倒流瓶内而发生事故。

(8)气瓶暂不用而存放时,应旋上瓶帽,以免碰坏阀门和防止油质、尘埃浸入瓶口内。

三、焊枪与割枪安全注意事项

(1)工作前要认真检查焊枪与割枪有无漏气,检查时只允许用肥皂水试,不得用明火试验。

(2)焊台与割台周围严禁存放易燃物品。

(3)焊枪、割枪点火起燃时,不得将喷口对准自己或他人,以防火焰烧伤人。喷嘴温度过高时,可用水冷却。

(4)当需要离开工作场地时,严禁将点燃的焊、割枪放在工作台上,以防发生意外。

(5)无火焰的焊枪、割枪要轻取、轻放。燃有火焰的焊枪、割枪不准他人随意动用。喷嘴不得与金属板相碰。

(6)喷嘴发生堵塞用通针捅时,应将喷嘴拆下,从内向外捅。

(7)皮管要专用。氧气皮管耐压强度高,因此乙炔管和氧气管不能对调使用。发现皮管冻结时,应用温水或蒸汽解冻,禁止用火烤,更不允许用氧气去吹乙炔管道。皮管不得随便乱放,管口不要贴住地面,以免进入土和杂质发生堵塞。

(8)割炬在装换割嘴时,必须使内嘴及外嘴保持同轴,以保证切割氧射流位于环形预热火焰的中心,而不至于发生偏斜。

(9)当焊炬或割炬发生回火后应首先关闭乙炔阀,然后再关闭氧气阀,即关断气源,待火焰熄灭后,手柄不烫手时方可继续工作。回火原因是多方面的,例如:是否气体压力太低,流速太慢;是否焊嘴或割嘴被飞溅物沾污,出口局部堵塞;是否工作过久,高温使喷嘴过热;是否操作不当,喷嘴太靠近工件等。

(10)万一发生火灾时,首先关闭所有气源阀,并用砂袋、石棉被盖在火焰上进行扑灭。

四、减压器的安全注意事项

(1)减压器内外严禁油脂沾污,以免氧气与油污起化学反应,引起燃烧。

(2)气瓶放气和打开减压器时,动作都必须缓慢,当气体流入低压室时,要检查有无漏气现象。

(3)减压器冻结时,要用清洁温水解冻,切忌用火烤。工作时,必须随时注意压力表的读数。

(4)氧气减压器不准移作其他减压表使用,各种气体的减压器也不能换用。

(5)减压器上的连接垫,禁止使用凑合代用品或带有油迹的麻棉线绳代替。

(6)拆装减压器时,必须注意防止管接头的丝扣滑牙,以免装旋不牢而被高压气流冲出。

拆装时应注意轻放和防止灰尘进入表内,以免阻塞失灵。

(7)减压器使用时,应先开气瓶总阀门,然后将调压手柄慢慢旋紧,使传动杆顶住活门。此时封闭弹簧向上压缩,将活门开启,气体由高压室经低压室通往焊枪或割枪。如果先打开活门而后再开气瓶总阀,气体就会冲坏低压表,或将高、低压室突然串通,致使低压室出口处的连接皮管剧烈旋转跳动而打伤人。用完后先将调压手柄松掉,然后关闭气瓶总阀。如不松掉调压手柄,就会使封闭弹簧长期被压缩而疲劳失灵。

(8)氧气瓶与乙炔瓶并用时,两个压力表(减压器)不能成对状态,以免气流射出时冲击另一只表造成事故,而只能放成方向相同或者相反。

思考题

1.气焊的主要设备有哪些?

2.气焊的三种火焰有什么区别?

3.气焊的点火和熄火动作如何操作?

4.左焊法和右焊法有什么不同?

5.气焊时焊丝粘在焊件时应如何处理?

6.简述气焊的基本操作要点。

7.简述气焊的安全操作技术要求。

任务 2.3　气割

任务介绍

气割是利用火焰燃烧的热量作为热源,是工业金属切割的主要操作方法。本任务是通过技能训练任务,了解气割基本理论,掌握气割的基本操作,并完成图 2-49 所示的用手工气割开 V 形坡口。

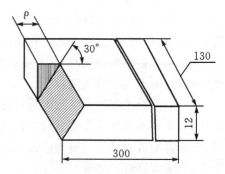

图 2-49　气割开 V 形坡口示意图

任务目标

1.知识目标

(1)知道气割的过程和气割条件;

(2)了解气割方法、工艺参数;

(3)掌握气割的操作要点;

(4)了解气割安全操作知识。

2.能力目标

(1)能正确进行气割的基本操作;

(2)能完成焊件的气割操作。

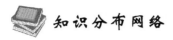

知识分布网络

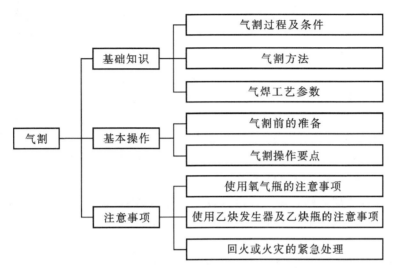

 相关知识

2.3.1 气割基础知识

一、气割过程及条件

1. 气割过程

气割即氧气切割,它是利用割炬喷出乙炔与氧气混合燃烧的预热火焰,将金属的待切割处预热到它的燃烧点(红热程度),并从割炬的另一喷孔高速喷出纯氧气流,使切割处的金属发生剧烈的氧化,成为熔融的金属氧化物,同时被高压氧气流吹走,从而形成一条狭小整齐的割缝使金属割开。如图2-50所示。气割具有设备简单、方法灵活、基本不受切割厚度与零件形状限制、容易实现机械化和自动化等优点,广泛应用于切割低碳钢和低合金钢零件。

氧气切割包括下列三个过程:①预热。气割开始时,先用预热火焰将起割处的金属预热到燃烧温度(燃点)。②燃烧。向被加热到燃点的金属喷射切割氧,使金属在纯氧中剧烈氧化和燃烧。③吹渣。金属氧化燃烧后,生成熔渣并放出大量的热,熔渣被切割氧吹掉,所产生的热量和预热火焰的热量将下层金属加热至燃点,然后持续下去就将金属逐渐地割穿。随着割炬的移动,就割出所需的形状和尺寸。

2. 气割条件

氧气切割过程是预热—燃烧—吹渣过程。但并不是所有的金属都能满足这个过程的要求,而只有符合下列条件的金属才能进行氧气切割。

(1)金属在氧气中的燃烧点应低于熔点。这是氧气切割过程能正常进行的最基本的条件,如低碳钢的燃点约为1350℃,而熔点约为1500℃。它完全满足了这个条件,所以低碳钢具有良好的气割条件。

随着钢中含碳量的增加,则熔点降低,而燃点即增高,这样使气割不易进行。碳的质量分数为 0.70％的碳钢,其燃点和熔点差不多等于 1300℃;而碳的质量分数大于 0.70％的高碳钢,则由于燃点比熔点高,所以不易切割。铜、铝以及铸铁的燃点比熔点高,所以不能用普通的氧气切割。

(2)金属气割时形成氧化物的熔点应低于金属本身的熔点。氧气切割过程中产生的金属氧化物的熔点必须低于该金属本身的熔点,同时流动性要好,这样的氧化物能以液体状态从割缝处被吹除。

如果金属氧化物的熔点比金属熔点高,则加热金属表面上的高熔点氧化物会阻碍下层金属与切割氧射流的接触,而使气割发生困难。如高铬或铬镍钢加热时,会形成高熔点(1990℃)的 Cr_2O_3;铝及铝合会加热则会形成高熔点(2050℃)的 Al_2O_3。所以,这些材料不能采用氧气切割方法,而只能使用等离子切割。

(3)金属在切割氧射流中燃烧应该是放热反应。在气割过程中这一条件也很重要,因为放热反应的结果是上层金属燃烧产生很大的热量,对下层金属起着预热作用。如气割低碳钢时,由金属燃烧所产生的热量约占 70％,而由预热火焰所供给的热量仅为 30％。可见金属燃烧时所产生的热量是相当大的,所起的作用也很大;相反,如果金属燃烧是吸热反应,则下层金属得不到预热,气割过程就不能进行。

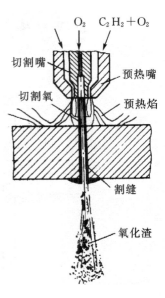

图 2-50 气割示意图

(4)金属的导热性不应太高。如果被割金属的导热性太高,则预热火焰及气割过程中氧化所析出的热量会被传导散失,这样气割处温度急剧下降而低于金属的燃点,使气割不能开始或中途停止,由于铜和铝等金属具有较高的导热性,因而会使气割发生困难。

(5)金属中阻碍气割过程和提高钢的可淬性的杂质要少。被气割金属中,阻碍气割过程的杂质如碳、铬以及硅等要少;同时提高钢的可淬性的杂质如钨与铝等也要少。这样才能保证气割过程正常进行,同时气割缝表面也不会产生裂纹等缺陷。

金属的氧气切割过程主要取决于上述五个条件。纯铁和低碳钢能满足上述要求,所以能很顺利地进行气割。钢中含碳量增加时,气割过程开始恶化,当碳的质量分数超过 0.7％时,必须将割件预热至 400~700℃才能进行气割;当碳的质量分数大于 1％~1.2％时,割件就不能进行正常气割。

铸铁不能用普通方法气割,原因是它在氧气中的燃点比熔点高很多,同时产生高熔点的 SiO_2,而且氧化物的黏度也很大,流动性又差,切割氧射流不能把它吹除。此外,由于铸铁中含碳量高,碳燃烧后产生 CO_2 和 CO;冲淡了切割氧射流,降低了氧化效果,使气割发生困难。

高铬钢和铬镍钢会产生高熔点的氧化铬和氧化镍(约 1990℃),遮盖金属的割缝表面,阻碍下一层金属的燃烧,也使气割发生困难。铜、铝及其合金有较高的导热性,加之铝在切割过程中产生的氧化物熔点高,而铜产生的氧化物放出的热量较低,都使气割发生困难。

目前,铸铁、高铬钢、铬镍钢、铜、铝及其合金均采用等离子切割。

二、气割方法

气割可分为手工气割和机械气割两大类。

1.手工气割

手工割炬具有轻便、灵活的特点,不受切割位置的限制,操作者依切割线可切割出所需的任何形状,用于各种场合,特别适用于检修、安装工地及野外施工。但手工切割的劳动强度大,切口质量不高,生产率也比较低。

2.机械气割

与手工气割相比,机械化气割具有劳动强度低、气割质量好、生产率高及成本低等优点,因此其应用越来越广泛。

(1)半自动气割。常用的 CG1—30 型半自动气割机是一种小车式半自动气割机,如图 2-51所示。它具有构造简单、质量轻、可移动、操作维护方便等优点,因此应用较广。它能切割直线和圆弧,目前用得最多的是切割直线。

(2)仿形气割。仿形气割是指气割割炬跟着磁头沿一定形状的钢质靠模移动进行的机械工业化切割。仿形气割机是一种高效率的半自动氧气气割机,可以方便而又精确地切割出各种形状的零件。仿形气割机的结构形式有门架式和摇臂式两种类型。

CG2—150 型仿形气割机是一种高效率半自动气割机,如图 2-52 所示。

(3)数控气割。数控气割是指按照数字指令规定的程序进行的热切割。数控气割不仅可省去放样、划线等工序,使工人的劳动强度大大降低,而且切口质量好,生产率高。因此,在造船、锅炉及化工机械等部门得到越来越广泛的应用。

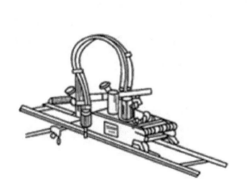
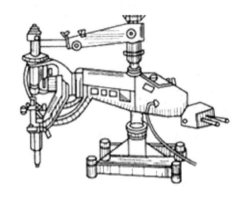

图 2-51 CG1—30 型半自动气割机　　　　图 2-52 CG2—150 型仿形气割机

(4)光电跟踪自动气割。光电跟踪自动气割是一项新技术,它是将被切割零件的图样以一定的比例画成缩小的仿形图,用作光电跟踪。光电跟踪气割机是通过光电跟踪头的光电系统自动跟踪模板上的图样线条,控制割炬的动作路线与光电跟踪头的路线一致来完成自动气割的。由于光电跟踪的稳定性好且传动可靠,所以大大提高了气割的质量和生产率,减轻了工人的劳动强度,故光电跟踪自动气割在造船、锅炉及化工机械等部门均得到了应用。

三、气割设备

气割所需的设备中,氧气瓶、乙炔瓶和减压器同气焊一样。所不同的是气焊用焊炬,而气割要用割炬(又称割枪)。

割炬有两根导管,一根是预热焰混合气体管道,另一根是切割氧气管道。割炬比焊炬只多一根切割氧气管和一个切割氧阀门。如图 2-53 所示。此外，割嘴与焊嘴的构造也不同，割嘴的出口有两条通道，周围的一圈是乙炔与氧的混合气体出口，中间的通道为切割氧（即纯氧）的出口，二者互不相通。割嘴有梅花形和环形两种。常用的割炬型号有 G01—30、G01—100 和 G01—300 等。其中"G"表示割炬，"0"

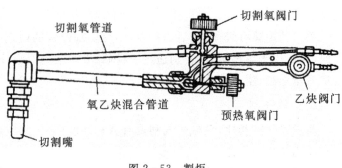

图 2-53　割炬

表示手工，"1"表示射吸式，"30"表示最大气割厚度为 30mm。同焊炬一样，各种型号割炬均配备几个不同大小的割嘴。

四、气割工艺参数

气割参数包括切割氧压力、切割速度、预热火焰性质、割炬与工件间的倾角以及割炬离割工件表面的距离等。

1. 切割氧压力

切割氧的压力与割件厚度、割嘴号码以及氧气纯度等因素有关。随着工件厚度的增加，选择的割嘴号码要增大，氧气压力也要相应增大。反之，则所需氧气的压力就可适当降低。但氧气压力是有一定范围的，若氧气压力过低，会使气割过程中的氧化反应减慢，同时在切口背面会形成难以清除的熔渣黏结物，甚至不能将割件割穿；反之，若氧气压力过大，不仅会造成浪费，而且还将对割件产生强烈的冷却作用，使切割表面粗糙，切口宽度加大，切割速度反而减慢。

2. 切割速度

切割速度与工件厚度和使用的割嘴形状有关。工件越厚，切割的速度越慢；反之，工件越薄，则切割速度越快。然而，切割速度太慢，会使割缝边缘熔化；切割速度过快，则会产生很大的后拖量造成割不穿。

3. 预热火焰性质

气割时，预热火焰应采用中性焰或轻微的氧化焰，而不能采用碳化焰，因为碳化焰会使割缝边缘增碳。因此，在切割过程中要随时调整预热火焰。

4. 割炬与割件间的倾角

割炬与割件间的倾角的大小主要根据割件的厚度确定。如果倾角选择不当，不但不能提高切割速度，反而使气割困难，而且还会增加氧气的消耗量。

5. 割炬离割件表面的距离

割炬离割件表面的距离应根据预热火焰的长度和割件厚度来决定。通常火焰焰心离开割件表面的距离应保持在 3～5mm，因为这时加热条件最好，割缝渗碳的可能性也最小。如果焰心触及工件表面，不但会引起割缝边缘熔化，而且会使割缝渗碳的可能性增加。

除以上原因外，影响气割质量的因素还有钢材质量及表面状况、切口形状、可燃气体种类及供给方式、割炬形式等，气割时应根据实际情况选择参数。

2.3.2 气割的基本操作

一、气割前的准备

气割前,应根据工件厚度选择好氧气的工作压力和割嘴的大小,把工件割缝处的铁锈和油污清理干净,用石笔划好割线,平放好。在割缝的背面应有一定的空间,以便切割气流冲出来时不致遇到阻碍,同时还可散放氧化物。

握割枪的姿势与气焊时一样,右手握住枪柄,大拇指和食指控制调节氧气阀门,左手扶在割枪的高压管子上,同时大拇指和食指控制高压氧气阀门。右手膀紧靠右腿,在切割时随着腿部从右向左移动进行操作,这样手膀有个靠导切割起来比较稳当,特别是当切割没有熟练掌握时更应该注意到这一点。

点火动作与气焊时一样,首先把乙炔阀打开,氧气可以稍开一点。点着后将火焰调至中性焰(割嘴头部是一蓝白色圆圈),然后把高压氧气阀打开,看原来的加热火焰是否在氧气压力下变成碳化焰为妥。同时还要观察,在打开高压氧气阀时割嘴中心喷出的风线是否笔直清晰,然后方可切割。

二、气割操作要点

(1)气割一般从工件的边缘开始。如果要在工件中部或内形切割时,应在中间处先钻一个直径大于 5mm 的孔,或开出一孔,然后从孔处开始切割。

(2)开始气割时,先用预热火焰加热开始点(此时高压氧气阀是关闭的),预热时间应视金属温度情况而定,一般加热到工件表面接近熔化(表面呈橘红色)。这时轻轻打开高压氧气阀门,开始气割。如果预热的地方切割不掉,说明预热温度太低,应关闭高压氧继续预热,预热火焰的焰芯前端应离工件表面 2 ~ 4mm,同时要注意割炬与工件间应有一定的角度,如图 2-54所示。当气割 5~30mm 厚的工件时,割炬应垂直于工件;当厚度小于 5mm 时,割炬可向后倾斜 5°~10°;若厚度超过 30mm,在气割开始时割炬可向前倾斜 5°~10°,待割透时,割炬可垂直于工件,直到气割完毕。如果预热的地方被切割掉,则继续加大高压氧气量,使切口深度加大,直至全部切透。

(3)气割速度与工件厚度有关。一般而言,工件越薄,气割的速度要快,反之则越慢。气割速度还要根据切割中出现的一些问题加以调整:当看到氧化物熔渣直往下冲或听到割缝背面发出喳喳的气流声时,便可将割枪匀速地向前移动;如果在气割过程中

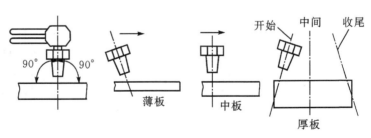

图 2-54 割炬与工件之间的角度

发现熔渣往上冲,就说明未打穿,这往往是由于金属表面不纯,红热金属散热和切割速度不均匀,这种现象很容易使燃烧中断,所以必须继续供给预热的火焰,并将速度稍为减慢些,待打穿正常起来后再保持原有的速度前进。如发现割枪在前面走,后面的割缝又逐渐熔结起来,则说明切割移动速度太慢或供给的预热火焰太大,必须将速度和火焰加以调整再往下割。

想一想

操作中产生回火的原因有哪几种？

思考题

1. 气割过程包括哪几个阶段？

2. 哪些金属能够气焊？

3. 割锯和焊炬有什么不同？

4. 简述气割的基本操作要点。

5. 气割时什么情况下容易发生回火现象？回火时如何处理？

任务 2.4　其他常用焊接方法

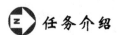任务介绍

除了焊条电弧焊、气焊外，金属常用的焊接方法还有很多，如埋弧焊、气体保护焊等。本任务是主要了解埋弧焊、气体保护焊、电渣焊、电阻焊、摩擦焊、钎焊等金属焊接的其他常用焊接方法。

任务目标

知识目标

熟悉埋弧焊、气体保护焊、电渣焊、电阻焊、摩擦焊、钎焊等常用焊接方法的原理和焊接设备等基础知识和操作要点。

能力目标

能进行埋弧焊、气体保护焊、电渣焊、电阻焊、摩擦焊、钎焊等常用焊接方法的基本操作。

知识分布网络

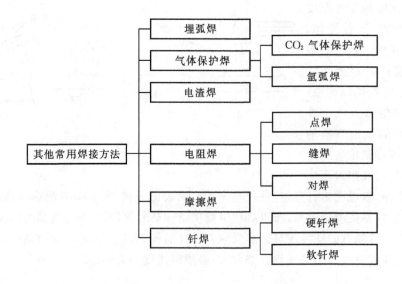

一、埋弧焊

埋弧焊是目前广泛使用的一种生产效率较高的机械化焊接方法。它是电弧在焊剂层下燃烧以进行焊接的熔化极电弧焊方法。它与焊条电弧焊相比,虽然灵活性差一些,但焊接质量好,效率高,成本低,劳动条件好。

埋弧焊的焊接过程如图2-55所示,焊丝不断地被送丝机构送入电弧区,并保持选定的弧长。焊接时焊机移动或工件移动,焊剂从漏斗中不断流出洒在被焊部位,电弧在焊剂下燃烧,熔化后形成熔渣覆盖在焊缝表面。

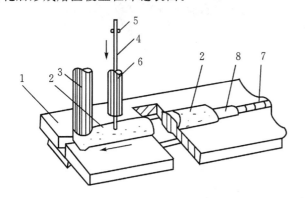

1—焊件;2—焊剂;3—焊剂漏斗;4—焊丝;5—送丝滚轮;6—导电嘴;7—焊缝;8—渣壳

图2-55 埋弧焊焊接过程

埋弧焊的焊缝形成过程如图2-56所示,电弧燃烧后,工件和焊丝形成较大体积的熔池,熔池金属被电弧气体排挤向后堆积形成焊缝。由于高温焊剂被熔化成熔渣,与熔池金属发生物理化学作用。部分焊剂被蒸发形成气体,将电弧周围熔渣排开,形成一个封闭的熔渣泡。它具有一定粘度,能承受一定压力,保护熔池,不与空气接触,又防止了金属飞溅。

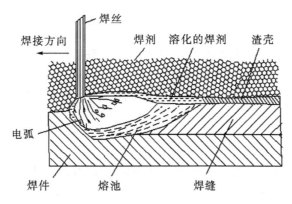

图2-56 埋弧焊的焊缝形成过程

埋弧焊焊接时,焊机的起动、引弧、送丝、机头(或工件)移动等过程全由焊机进行机械化控制,焊工只需按动相应的按钮即可完成工作。图2-57为环缝埋弧焊示意图和焊接操作。

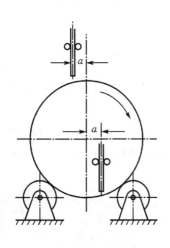

(a)环缝埋弧焊示意图　　　　　　　　　　(b)环缝埋弧焊操作

图 2-57　环缝埋弧焊

埋弧焊焊接设备如图 2-58 所示。

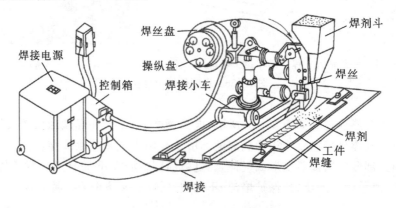

图 2-58　埋弧焊设备示意图

目前国内使用较多的埋弧焊机是 MZ—1000 型,它采用发电机—电动机反馈调节器组成自动调节系统,是一种变速送丝式埋弧焊机。MZ—1000 型埋弧焊机主要由自动焊车、控制箱和焊接电源三部分组成,相互之间由焊接电缆和控制电缆连接在一起,如图 2-59 所示。

二、气体保护焊

1. 二氧化碳气体保护焊

二氧化碳气体保护焊是采用 CO_2 气体作为保护介质,焊丝作为电极和构成焊缝金属填充材料的一种电弧熔化焊方法,简称为 CO_2 焊。CO_2 焊是目前焊接黑色金属材料的重要焊接方法之一。图 2-60 所示为 CO_2 焊示意图。

焊接时,CO_2 气体通过焊枪的喷嘴,沿焊丝周围喷射出来,在电弧周围形成气体保护层,机械地将焊接电弧及熔池与空气隔离开来,从而避免了空气中的氧、氮等有害气体的侵入,保证焊接过程稳定,以获得优质的焊缝。CO_2 电弧焊的原理示意图如图 2-61 所示。

图 2-59　MZ—1000 型埋弧焊机

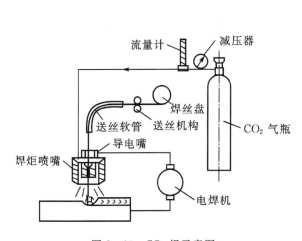

图 2-60　CO_2 焊示意图

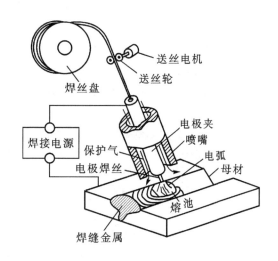

图 2-61　CO_2 焊的原理示意图

CO_2 焊的优点：①成本低，CO_2 的价格低；②生产率高，焊丝的送进是机械化或自动化，电流密度大，电弧热量集中，故焊接速度较快，焊后无渣壳，节约了清理时间；③操作性能好，明弧焊接，易于观察，适于各种位置的焊接；④质量较好，焊接热影响区较小，变形和产生裂纹的倾向小。但 CO_2 焊的飞溅较严重，焊缝不够光滑，容易有气孔。CO_2 焊主要用于 30mm 以下低碳钢、部分低合金钢焊件，尤其适宜于薄板的焊接。

2.氩弧焊

氩弧焊是利用惰性气体——氩气作保护气体，焊接时，电弧在电极与焊件之间燃烧，氩气使金属熔池、焊丝熔滴及钨极端头与空气隔绝。氩弧焊具有焊接热量集中，热影响区窄，焊件变形量减小，焊缝中杂质少，机械性能好等特点。

按所用的电极不同，氩弧焊可分钨极氩弧焊（TIG）和熔化极氩弧焊（MIG）两种，如图 2-62所示。

钨极氩弧焊（TIG）是使用纯钨或钨合金作电极的非熔化极惰性气体保护焊方法，由于其

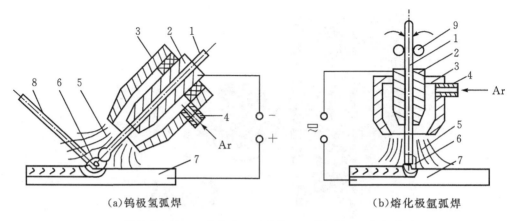

（a）钨极氢弧焊　　　　　　　　　（b）熔化极氩弧焊

1—焊丝或电极；2—导电嘴；3—喷嘴；4—进气管；5—氩气流；
6—电弧；7—工件；8—填充焊丝；9—送丝滚轮

图 2-63　氩弧焊示意图

成本较高，生产率低，多用于焊接铝、镁、钛、铜等非铁金属及合金，以及不锈钢、耐热钢等材料。

　　TIG 焊接设备由电源、控制系统、引/稳弧装置、焊枪、供气系统（水冷系统）等组成，自动焊设备还应包括焊接小车和送丝装置。如图 2-63 所示。

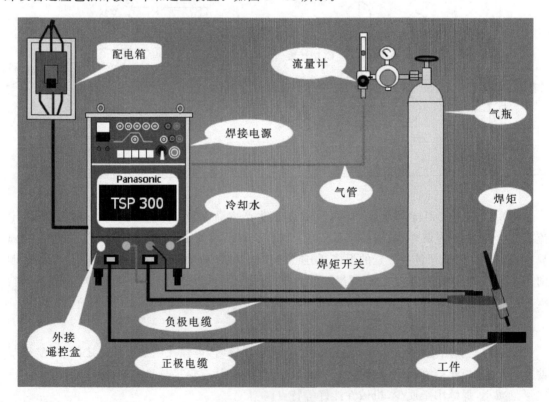

图 2-63　TIG 焊接设备

　　熔化极氩弧焊（MIG）是采用惰性气体（氩气或氦气）作为保护气，使用焊丝作为熔化电极的气体保护焊方法,适合于焊接低碳钢、低合金钢、耐热钢、不锈钢、有色金属及其合金。低熔点或低沸点金属材料如铅、锡、锌等,不宜采用熔化极惰性气体保护焊。目前在中等厚度、大厚度铝及铝合金板材的焊接中,已广泛地应用了 MIG 焊。MIG 焊接设备主要由焊接电源、送丝系统、焊枪及行走机构(自动焊)、供气系统和水冷系统等部分组成。图 2-64 所示为半自动熔化极气体保护焊机示意图。

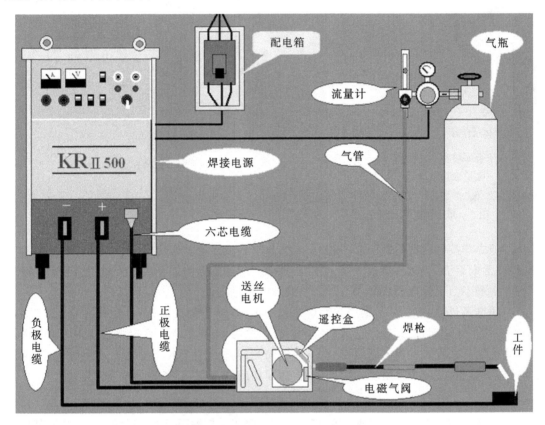

图 2-64　半自动熔化极气体保护焊接设备

三、电渣焊

电渣焊是利用电流通过熔渣所产生的电阻热作为热源进行焊接的方法。电渣焊一般都是在直立位置焊接,两个工件接头相距 25～35mm,固态溶剂熔化后形成的渣池具有较大的电阻,当电流通过时产生大量的电阻热,使渣池温度保持在 1700～2000℃焊接时焊丝不断被送进并被熔化,熔池和渣池逐渐上升,冷却块也同时配合上升,从而使立焊缝由下向上顺次形成。图 2-65 所示为电渣焊示意图。

钢筋电渣压力焊是将钢筋安装成竖向对接形式,利用焊接电流通过两钢筋端面间隙,在焊剂层下形成电弧过程和电渣过程,产生电弧热和电阻热,熔化钢筋并加压完成的一种压焊方法。

手动电渣压力焊焊接夹具和焊接示意图,如图 2-66 所示。

电渣压力焊的焊接过程包括四个阶段:引弧过程、电弧过程、电渣过程和顶压过程。

(1)焊接开始时,首先在上、下两钢筋端面之间引燃电弧,使电弧周围焊剂熔化形成空穴。

1
2
3
4
5
6
9
进
出
5
7
3
8
2
9
1
10

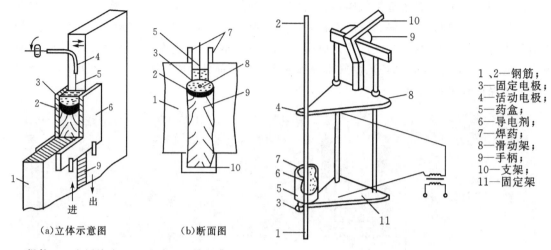

(a)立体示意图　　(b)断面图

1—焊件；2—金属熔池；3—渣池；4—导电嘴；
5—焊丝；6—强迫成形装置；7—引出板；
8—金属融滴；9—焊缝；10—引弧板(槽形)

图 2-65　电渣焊示意图

2
10
9
8
4
7
6
5
3
1
11
1、2—钢筋；
3—固定电极；
4—活动电极；
5—药盒；
6—导电剂；
7—焊药；
8—滑动架；
9—手柄；
10—支架；
11—固定架

图 2-66　电渣压力焊示意图

(2)随之焊接电弧在两钢筋之间燃烧，电弧热将两钢筋端部熔化，熔化的金属形成熔池，熔融的焊剂形成熔渣(渣池)，覆盖于熔池之上。此时，随着电弧的燃烧，上、下两钢筋端部逐渐熔化，将上钢筋不断下送，以保持电弧的稳定，继续电弧过程。

(3)随电弧过程的延续，两钢筋端部熔化量增加，熔池和渣池加深，待达到一定深度时，加快上钢筋的下送速度，使其端部直接与渣池接触。这时，电弧熄灭而变电弧过程为电渣过程。

(4)待电渣过程产生的电阻热使上、下两钢筋的端部达到全截面均匀加热的时候，迅速将上钢筋向下顶压，挤出全部熔渣和液态金属，随即切断焊接电源，完成了焊接工作。

四、电阻焊

电阻焊是将被焊工件压紧于两电极之间，利用流经工件接触面及邻近区域产生的电阻热将其加热到熔化或塑性状态，使之形成接头的一种焊接方法。电阻焊广泛应用与飞机机身、汽车车身、自行车钢圈、轮船锚链、洗衣机和电冰箱外壳的焊接等。电阻焊使用的材料也非常广泛，碳素钢、低合金钢、铝、铜等有色金属，都可以用电阻焊来焊接。电阻焊可分为点焊、缝焊、对焊。

1. 点焊

点焊是使用点焊机进行焊接。操作点焊机时，应通冷却水。接通电源后，把要焊接的搭接缝放在铜棒触头中间，用脚将踏板踏下，触头就压在钢板上，同时接通电路。由于电的加热和触头的压力，使两块钢板的接触点熔焊在一起。焊好一点，再移动钢板进行下一点的焊接，如图 2-67 所示。点焊的特点是加热时间短，焊接速度快，而且不需填充材料、焊剂及保护气体。点焊主要适于厚度为 4mm 以下的薄板、冲压结构以及线材的焊接。

当点焊机临时停止工作时，只需切断电源，并关闭进水阀门；在较长时间停止工作时，则应切断电源、水源和气源，特别是在气温较低的环境下工作时，应将压缩空气及冷却系统中的剩水排尽。点焊原理如图 2-68 所示。

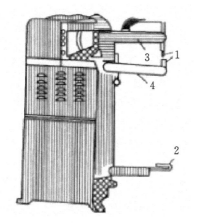

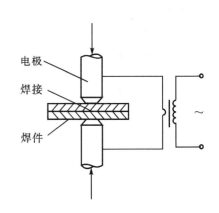

1—铜棒触头；2—踏板；3—上挺杆；4—下挺杆

图 2-67　点焊机

图 2-68　点焊原理图

常用的点焊机如图 2-69 所示。

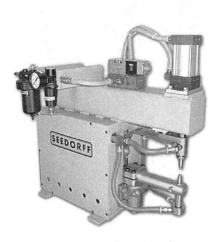

（a）固定式通用点焊机

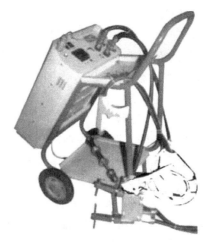

（b）移动式点焊机

（c）轻便式点焊机

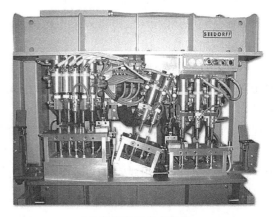

（d）定式专用多点焊机

图 2-69　常用点焊机

2.缝焊

缝焊用于钢板搭接缝的焊接。缝焊和点焊过程相似,只是用旋转滚盘电极代替点焊用的固定电极,盘状电极压紧焊件并滚动,同时也带动焊件向前移动并配合断续通电,形成连续重叠的焊缝。缝焊广泛应用于 1.5mm 以下的各种钢、高温合金和钛合金的缝焊,对于要求密封的风管,采用缝焊机进行缝焊。缝焊原理如图 2-70 所示。缝焊机工作时需要通水冷却。缝焊机的缝焊速度可在 0.5～3m/min 的范围内调节。缝焊很容易产生表面过热、缩孔和裂纹现象。缝焊机如图 2-71 所示。

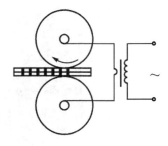

图 2-70 缝焊原理图

3.对焊

对焊是以整个对接接触面焊合的电阻焊方法。其主要特点是效率高、易于实现自动焊。对焊主要用于刀具、管子、钢筋、钢轨、锚链等的焊接。对焊的主要形式有电阻对焊和闪光对焊。

(1)电阻对焊。将两个工件装夹在对焊机的电机钳口中,使两个工件的端面接触,并压紧,然后通电,产生电阻热加热到塑性状态,再施以较大的力,并同时断电,使接头在高温下产生一定的塑性变形而焊接起来。电阻对焊原理如图 2-72(a)所示。

电阻对焊接头较光滑,对焊前应认真清理端面,否则易发生连接不牢现象。此外,高温端面易氧化,质量不易保证。电阻对焊一般只用于焊接截面形状简单,直径或边长小于 20mm,强度要求不高的工件。

图 2-71 缝焊机

(2)闪光对焊。将两工件稍加清理后夹在电极钳口内,轻微接触,因工件表面不平,使某些点接触,通以电流,接触点的金属被迅速加热熔化,甚至蒸发,液体金属发生爆破,形成闪光,保持一定时间,迅速对焊件施加顶锻力(旋加轴向压力挤压称为顶锻),并切断电源,焊件在压力作用下产生塑性变形而焊在一起。闪光对焊原理如图 2-72(b)所示。

闪光对焊质量好,强度高,但闪光火花会玷污其他设备与环境,接头处焊后有毛刺需清理。闪光对焊常用于重要工件的焊接,可焊相同金属,也可焊异种金属,被焊工件既可小到 0.01mm 的金属丝,也可焊端面大到 20000mm² 的金属棒和金属型材。需注意的是,闪光对焊的焊件断面应尽量相同,圆棒直径、方钢边长和管子壁厚之差均不应超过 25%。

钢筋对焊原理是将两钢筋成对接形式水平安置在对焊机夹钳中,使两钢筋接触,通以低电压的强电流,把电能转化为热能(电阻热),当钢筋加热到一定温度变软后,即施加轴向压力挤压,便形成对焊接头。钢筋闪光对焊原理如图 2-73 所示。

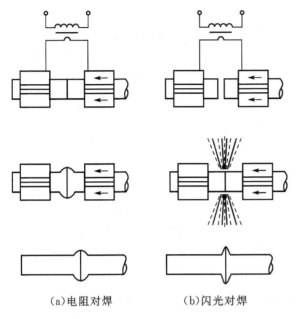

1—焊接的钢筋；2—固定电极；3—可动电板；4—机座；5—变压器 6—平动顶压机构；7—固定支座；8—滑动支座

图 2-73 钢筋闪光对焊原理

（a）电阻对焊　　　　（b）闪光对焊

图 2-72　对焊原理示意图

常见的对焊机如图 2-74 所示。

（a）电阻对焊机

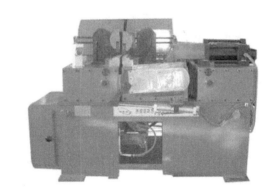

（b）闪光对焊机

图 2-74　对焊机

五、摩擦焊

摩擦焊是利用工件之间相互摩擦产生的热量，同时加压使两焊件产生塑性变形而焊接起来的方法。其焊接过程为：焊件 1 高速旋转→焊件 2 向焊件 1 移动→两焊件接触时减慢移动速度并加压→摩擦生热→接头被加热到一定温度→焊件 1 迅速停止旋转→进一步加压焊件 2→保持压力一定时间→接头形成。如图 2-75 所示。

摩擦焊接头质量好而且稳定，可焊同种金属，也可焊异种金属，生产率高，电能消耗少，一次性投资大。摩擦焊广泛用于圆形工件、棒料及管件类焊接。实心焊件的直径为 2～100mm,管类焊件外径最大可达 150mm。

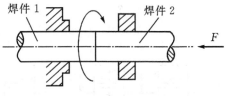

图 2-75　摩擦焊示意图

六、钎焊

钎焊采用比母材熔点低的金属材料作钎料,将焊件和钎料加热到高于钎料熔点、但低于母材熔点的温度,利用液态钎料润湿母材,填充接头间隙,并与母材相互扩散而实现连接焊件的方法。钎焊一般不适于钢结构件、重载动载零件的焊接。

1.硬钎焊

钎料熔点在 450℃以上,接头强度在 200Mpa 以上。钎料有铜基、银基和镍基等。主要用于受力较大的钢铁和铜合金的焊件,如自行车架、带锯锯条等以及工具、刀具的焊接。

2.软钎焊

钎料熔点在 450℃以下,接头强度较低,一般不超过 70MPa;只用于焊接受力不大、工作温度较低的工件。常用的钎料是锡铅合金,所以通常称锡焊。常用的焊剂为松香或氯化锌溶液,加热方法有烙铁加热、火焰加热、电阻加热、感应加热、炉内加热等,主要用于制造精密仪表、电器部件、异种金属构件、复杂薄板构件等。

◢ 思考题

1.简述埋弧焊的工作过程。

2.气体保护焊有哪几种类型? 它们的特点分别是什么?

3.电渣压力焊分几个阶段?

4.简述电阻焊的几种类型。

项目三
管道工

教学导航

学习任务	任务 3.1 管道工基本工具 任务 3.2 钢管基本加工工艺 任务 3.3 钢管管段的安装 任务 3.4 塑料管管段的安装 任务 3.5 铝塑管管段的安装 任务 3.6 排水管道及卫生设备的安装 任务 3.7 建筑采暖系统的安装	参考学时	14
能力目标	了解熟悉管道工的业务内容,掌握管道工的识图技能和基本操作技能,能独立完成几种常见管材给水管道的安装施工		
教学资源与载体	多媒体网络平台,教材,动画,ppt 和视频,教学做一体化教室,工程图纸,评价考核表		
教学方法与策略	项目教学法,行动导向法,引导法,演示法,参与型教学法		
教学过程设计	演示、播放录像或动画,给出图纸,学习认知各种管道工操作,引发学生求知欲望,做好学前铺垫		
考核评价内容	根据各个任务的知识网络,按工艺要点给分,重点考核管道工技能训练的过程和成果		
评价方式	自我评价( ) 小组评价( ) 教师评价( )		

任务 3.1 管道工基本工具

 任务介绍

本任务主要介绍管道工施工中常用切断工具、钻孔工具和连接工具,通过本任务的学习,操作者能够熟练掌握切断工具、钻孔工具和连接工具的使用方法。

 任务目标

1.知识目标

(1)熟悉管道工常用切断工具的使用方法;

(2)熟悉管道工常用钻孔工具的使用方法;

(3)熟悉管道工常用连接工具的使用方法。

2.能力目标

能正确使用管道工常用的切断、钻孔和连接工具进行相应的操作。

知识分布网络

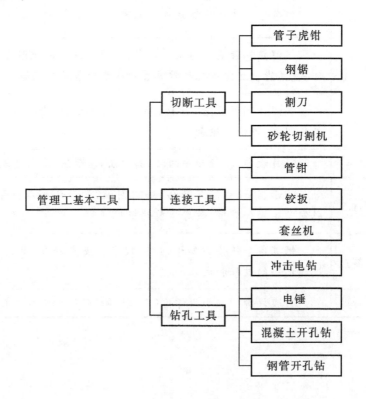

相关知识

3.1.1 管道工切断工具

一、管子虎钳

管子台虎钳的作用是可以夹持钢管,以便对钢管进行套丝和切割的加工。管道安装时的很多操作需要在管子台虎钳上进行。管子台虎钳有整体式的,如图 3-1 所示为三支腿式管子虎钳座,三条支腿可以折叠便于存放。分体式的管子虎钳如图 3-2 所示,使用时可以固定在某处的工作台面上。管子虎钳的钳架和底座一般为可锻铸铁制成,钳口为中碳钢经过淬火制成,硬度较高,可以有效地夹持钢管的表面如图 3-3 所示。

图 3-1 带支座式管子虎钳

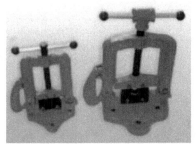
图 3-2 分体式管子虎钳

图 3-3 管子虎钳工作状态

管子台虎钳的规格通常习惯上以号数称呼,按其所能夹持的钢管公称直径的范围进行划分。常用管子虎钳的规格见表 3-1。

表 3-1 管子虎钳的规格

规格（号数）	1	2	3	4
钢管的公称直径 DN(mm)	10~73	10~89	13~113	17~165

二、割刀

管子割刀通常用于切割管壁厚度不超过 5mm 的金属管材(有些割刀也可切割塑料管材和复合管材如铝塑管)的一种手工操作工具,它由切割滚轮、压紧滚轮、滑动支座、滑道、螺杆、螺母和把手组成。结构如图 3-4 所示。

管子割刀通常使用的有四种规格,以其所能切割的管子的直径的大小可分为 1、2、3、4 号。

图 3-4 钢管割刀

使用割刀时,可转动割刀的手柄至恰好能套进管子的外壁处,并将切割轮对准预先画好的切割记号线,然后转动手柄,同时握紧手柄绕管子旋转。

使用时应注意正确的旋转方向。同时,每旋转一周,将割刀柄部的旋柄旋紧一次。让割刀的旋转刀片不断地切割管子。但一次不要旋进得过多,否则会影响割口的质量,并影响割刀的使用寿命。通常在操作中为了省力和延长割轮刀刃的使用寿命,在切割钢管时可在刀口处滴注润滑油。割刀的使用方法如图3-5所示。

三、砂轮切割机

砂轮切割机的结构如图3-6所示,它可以用来切割各种型号的钢材和铸铁制品,但是不能用于切割有色金属制成的型材和塑料制品等。因为它们的熔点较低,品质较软,在切割过程中会塞进切割砂轮表面的孔隙中,使得切割无法正常进行。因此,砂轮切割机适合切割品质较硬、熔点高的材料。

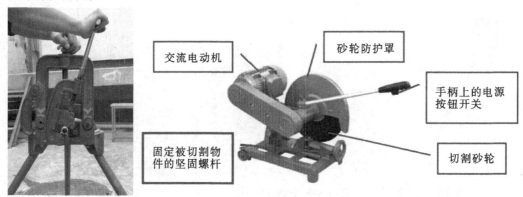

图3-5 割刀的使用方法   图3-6 砂轮切割机的结构

使用砂轮切割机的注意事项:

(1)使用前要按照切割机上的电动机铭牌上说明的电源要求,正确安装电源线,注意电压和电源性质的要求,通常使用220V单相交流电。

(2)切割机的砂轮防护罩必须完整无缺。因切割机在工作时,砂轮处于高速转动中,防护罩是防止砂轮碎片飞出伤人的必要措施。

(3)被切割物体要固定好,防止被砂轮带出伤人。

(4)切割过程中要注意切割速度,不可过分用力按压手柄,这样会使砂轮受到过大的压力造成破碎。断管后要将管口断面的铁膜、毛刺清除干净。

3.1.2 管道工连接工具

一、管钳

管钳也称牙钳、喉钳,通常用于钢管的螺纹连接中,用来拧紧或是拆卸管子和连接件的丝扣,如图3-7所示。管钳的活动钳口一般采用整体锻压、整体热处理而成。齿部经过感应淬火,表面硬度很高。在钢管或是铸铁管道的施工中,钳口可直接夹住管身进行扭转,但不能用于薄壁铜管、不锈钢管及铝塑管和塑料管的施工中。

图3-7 管钳

管子钳的规格以它的全长尺寸划分,每种规格的管钳钳口能在一定的尺寸范围内调节。常用规格及使用范围如表3-2所示。

表3-2 管钳规格及使用范围

规格(管钳全长)(mm)	适用范围	
	钳口宽度(mm)	适用管径范围(mm)
200(8英寸)	25	15～20
250(10英寸)	30	20～25
300(12英寸)	30	25～30
350(13英寸)	35	30～30
350(18英寸)	60	30～50

使用时,根据管子的大小调好钳口的宽度,然后将其卡在管子上,让钳口锯齿状的表面咬牢管子,再向钳把加力。加力时要均匀缓慢,直至使管子开始转动。

如果在靠近地面或是墙面的地方使用管钳时,为了防止钳口滑脱而打伤手指,操作时一定要注意安全,不要用全手紧握钳把,应只用手掌部向钳把施加力量。当管钳的钳口磨钝不能咬住管子时,就不能再继续使用了。

二、铰扳

114型铰扳是管道施工中常用的一种套丝工具,其结构如图3-8所示。

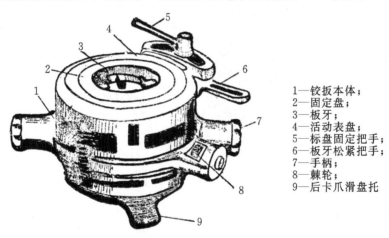

1—铰扳本体;
2—固定盘;
3—板牙;
4—活动表盘;
5—标盘固定把手;
6—板牙松紧把手;
7—手柄;
8—棘轮;
9—后卡爪滑盘托

图3-8 114型铰扳的结构

114型铰扳使用的板牙可以更换,该铰扳可以使用三种不同规格的板牙,每种板牙可以加工两种尺寸规格的钢管。114型铰扳通过更换板牙,改变对刀尺寸可以对六种不同公称直径的钢管进行套丝,可以满足通常水暖施工当中的丝扣连接的套丝要求。114型铰扳使用的板牙和所能加工的外丝种类如表3-3所示。

表 3-3　114 型铰扳使用的板牙和所能加工的外丝种类

第 1 组板牙加工的螺纹规格	DN15	1/2″
	DN20	3/4″
第 2 组板牙加工的螺纹规格	DN25	1″
	DN32	1¼″
第 3 组板牙加工的螺纹规格	DN40	1½″
	DN50	2″

三、套丝机

套丝机也叫管子螺纹加工机,是专为钢管端部的外螺纹加工和钢管的切断而设计的小型多功能组合加工机床,按其所能加工的范围,有 15～30mm、5～50mm、15～80mm、15～100mm 等几种规格。各种型号和规格的套丝机,在结构上都大同小异。使用时既可直接放于地面,也可安放在工作台上。

套丝机分为手持式和座式套丝机。其中手持式一般为轻便型,通常只能作为钢管端部的套丝和坡口处理。座式一般为组合加工机床,可以进行钢管的切断、套丝、内外坡口处理等多道加工工艺,加工效率极高,目前在钢管的安装工程中使用非常普遍。座式套丝机的外观和结构如图 3-9 所示,其功能包括钢管的切断(利用割刀)、作内倒角(利用铰刀)和钢管的套丝。

割刀

铰刀:可作钢管的内倒角

卡盘:夹紧钢管

套丝机板牙

图 3-9　套丝机的结构

3.1.3　管道工钻孔工具

一、常用的钻孔电动工具

1. 冲击电钻

冲击电钻也使用标准钻夹头,但它的结构比较特殊,如图 3-10 所示,它可通过特殊的内部的冲击装置,使钻头一边旋转,一边作前后冲击。其功率一般比手电钻大,可以在钢材和木材表面钻较大的孔,也可以在各种石材及墙体表面使用专用钻头钻孔。

13mm 钻夹头可以夹持直径 13mm 以下的钻头。钻夹头头部是三个可以打开和闭合的金属爪,由使用特制的钥匙进行旋紧和打开的操作。冲击电钻身上的钻夹头可以拆卸下来进行更换。

利用普通冲击电钻在石材或是混凝土墙面上打孔的效果不好。由于它使用的是普通钻夹头,在强烈冲击下,这种钻夹头很容易被震松,因此目前都使用电锤在各种墙面或地面上钻孔。

图 3-10　冲击电钻

2.电锤

电锤由单相串激电机、变速箱及传动机构组成,其功能与冲击电钻相似。它是目前各种管道安装工程中常用的重要工具。电锤类的机电工具很多,有些电锤可以单独使用冲击动作。配合凿子可以进行开槽的工作,也叫电镐。有些电锤能单独完成旋转、冲击旋转等多种动作,称为锤钻。

电锤的钻夹头比较特殊,都是自身携带的,无法拆下来。不同类型的钻夹头的夹紧方式不同,适应不同柄部类型的电锤钻头。不同柄部类型的电锤钻头不能互换,常用的有四坑方柄型电锤钻头和四坑或五坑圆柄型电锤钻头。

(1)使用方柄钻头的电锤。

①电锤的结构。使用四坑方柄钻头的电锤主要是国产"闽日"和"日立"系列,以及仿制这些品牌的电锤。这一系列的电锤的结构如图 3-11 所示。

四坑方柄钻头的柄部是正四方体形式,四个面上都有一键槽似的坑,如图 3-12 所示。

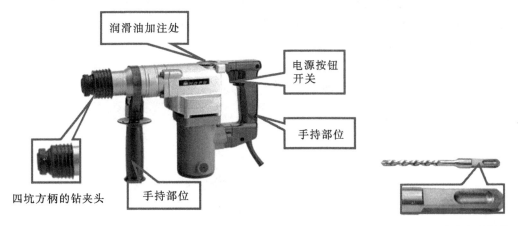

图 3-11　四坑方柄电锤　　　　　　　　　　　图 3-12　四坑方柄电锤钻

②钻头的安装与拆卸步骤:第一,用手握住钻夹头侧面往下推压到底;第二,钻头插入钻头夹中,松开钻头夹的侧面即可;第三,卸下钻头时也按下钻夹头外圈,然后将钻头取下即可。

(2)使用圆柄钻头的电锤。

①电锤的结构。使用圆柄钻头的电锤主要有"博世"等进口电锤。如图 3-13 所示为"博世"电锤的结构。图中的"SDS"标志即为使用"四坑圆柄"钻头和钻夹头的标示。

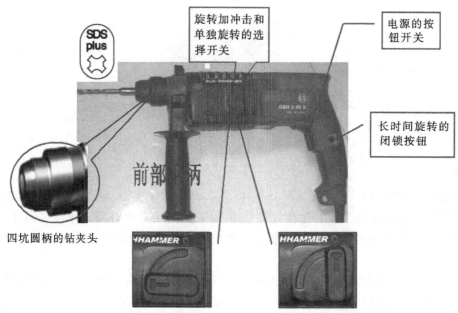

图 3-13　电锤的结构

②钻头的安装方法。如图 3-14 中的左图所示为四坑圆柄电锤钻头的柄部详图。该类钻头的柄部为圆柱体外形,表面有两个坑和两个通槽。安装钻头时,如图 3-14 中的箭头 1 所示直接按入即可。拆取时,先用手指捏住钻夹头周围的橡胶圈按箭头 2 的方向按下到底,然后按箭头 3 的方向取下钻头即可。

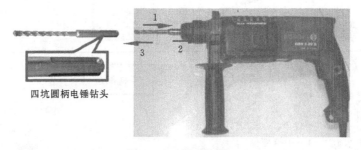

图 3-14　博世电锤

③电锤使用时的注意事项。

第一,使用前应检查开关、插头、插座及接地情况,确定良好时,方可使用。

第二,操作人员要特别注意人身防护,要穿戴好绝缘鞋和绝缘手套,对机具的绝缘性要经常检查。

第三,对钢筋混凝土打孔时,若碰到钢筋要立即停车,改变打孔位置,以免损坏构件和机具。

第四,机具长时间使用会引起过热,此时应停车冷却以保护电机,严禁用冷却水冷却机体。

第五,使用过程中应注意清洁,防止粉尘、异物进入机具内部。

第六,使用后应将机具清理干净,装入机具箱内妥善保管。

二、其他钻孔机具

1. 混凝土开孔钻

混凝土开孔钻如图 3-15 所示,可用在加固的混凝土、岩石、砖瓦等石质建筑材料中的钻孔。

采用特制的高速钢开孔钻头,可以切断混凝土构件中的钢筋。在给排水管道安装中的各种立管的安装以及卫生器具的预留孔开挖时均采用这种混凝土钻。使用这种开孔钻钻孔时,由于钻孔的扭矩较大,一定要注意机具的固定。钻孔时要按照标定的位置进行,不能在重要的结构构件上钻孔,以免影响构件的工作截面和结构的安全性。如图 3-16 所示为在墙体上钻孔。

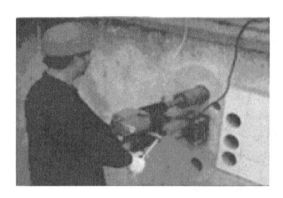

图 3-15　混凝土开孔钻　　　　　　　　图 3-16　墙上钻孔

2. 钢管开孔钻

如图 3-17 所示的开孔钻,可以利用开孔器在钢板或是钢管的管身上开出较大孔径的孔。钻孔前,一定要将机具固定好。开孔器如图 3-18 所示。

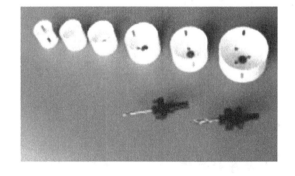

图 3-17　开孔钻　　　　　　　　　　图 3-18　开孔器

思考题

1. 管钳是如何工作的? 管钳的哪个部位对正常使用影响最大?

2. 砂轮切割机适合切割哪些材料? 说说理由。

3. 114 型调铰可以加工几种规格的螺纹?

4. 管子虎钳的作用是什么? 它是如何进行工作的?

5. 砂轮切割机在操作时有哪些安全注意事项?

6.冲击电钻与电锤相比有哪些区别？使用时有哪些不同？

任务3.2 钢管基本加工工艺

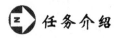 **任务介绍**

本任务主要介绍钢管的切断、弯曲、套丝等基本加工工艺。通过本任务的学习,操作者能够熟悉钢管管材,掌握钢管的切断、弯曲、套丝等基本加工工艺,能够针对不同的要求对钢管进行正确的加工。

 任务目标

1.知识目标

(1)熟悉钢管管材的分类及规格;

(2)掌握钢管的切断、套丝、弯曲等基本加工方法。

2.能力目标

能够进行钢管的切断、套丝和弯曲的基本操作。

 知识分布网络

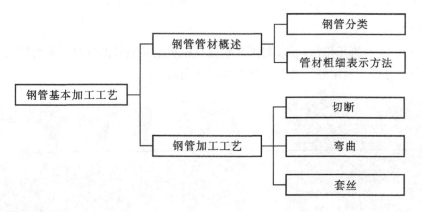

 相关知识

3.2.1 钢管管材概述

一、钢管的分类

钢管的种类很多,按照钢管的生产工艺可以作如下分类:

1.焊接钢管

焊接钢管是采用薄钢板在卷管机上进行卷制成形后,对管身接缝处进行焊接,然后对钢管表面进行磨光制成的。按照卷制工艺的不同,其可以分为直缝管和螺旋缝管。直缝管的卷制工艺较为简单,焊缝沿着管材的管身和自身轴线平行。一般的钢管表面都进行了磨制和抛光处理,所以外表面看不到焊缝,但可以从管子的内壁摸到焊缝。

直缝管通常用于小管径的管子,包括各种镀锌管和不锈钢管。管子的实体如图3-19所示。

此外还可以将钢板卷制成螺旋焊缝的钢管,这样可以有效地提高钢管的强度,而且可以用小幅的板材卷制成大口径的管子。螺旋焊缝的钢管一般用于直径较大的管子,而且可以承受比直缝管大的多的压强。螺旋焊缝的钢管表面有螺旋线似的焊缝,如图3-20所示。

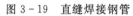

图3-19　直缝焊接钢管　　　　　　　图3-20　螺旋缝焊接钢管

建筑工程中常用的普通焊接钢管主要有黑铁管和镀锌钢管两种。

(1)黑铁管(不镀锌钢管)。黑铁管如图3-21所示,属于无保护层型钢管,主要用于电气配线工程中的穿线管,或是制作钢构件,部分用于消防给水管道工程或是部分排水管道中。

(2)镀锌钢管(表面镀锌层保护)。镀锌钢管按镀锌的工艺分为冷镀锌管(化学镀锌)和热镀锌管(热轧镀锌),如图3-22所示,表面有蓝色圆环标志。目前工程中广泛使用的是热镀锌管。

热镀锌管因为保护层致密均匀、附着力强、稳定性比较好,目前在工程中主要作为消防管道和采暖管道来使用。

热轧镀锌钢管厚壁的叫水煤气钢管,通常适宜在-10℃～+150℃的温度范围内使用,作为给水、煤气、压缩空气、热水蒸汽等介质的输送,其工作压力一般不超过1.6Mpa。

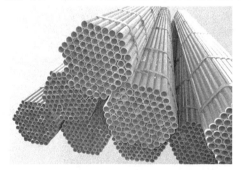

图3-21　黑铁管　　　　　　　　　　图3-22　热镀锌钢管

2.无缝钢管

无缝钢管是采用特殊的模具在轧钢机上轧制成形的,管身四周均没有接缝,可以承受很高的压强。但由于受生产工艺的限制,目前无缝钢管的长度受限制,使用无缝钢管的管道有很多环形对接焊缝。

二、管材粗细的表示方法

管材粗细的表示方式与管材的连接方式有关,一般都是以管材截面的某一直径作为管材粗细的表示方式。由于连接方式的不同,塑料管材与钢管的表示方式是不同的。

1.钢管粗细的表示方式

钢管采用公称直径表示管子的粗细规格,公称直径的符号为 DN。公称直径的意义如图 3-23 所示,公称直径比钢管的外径小一点。以公称直径 DN 为直径的圆为图 3-23 中细点划线表示的圆。公称直径不能直接测量,公称直径的好处就是便于钢管表面的螺纹加工(套丝)。

钢管在进行套丝时,其所加工的外螺纹直径就是它的公称直径。即:$DN15$ 的钢管采用铰扳进行套丝,加工出的外螺纹的直径就是 $M15$。加工螺纹时选择套丝工具时就以钢管的公称直径作为基准。因此,各种钢管的加工工具和安装工具的尺寸规格都以其所能加工钢管的公称直径 DN 为准,如管钳、割刀、管子虎钳、铰扳等。

图 3-23　公称直径

钢管的连接螺纹为英制螺纹,不同于普通的连接螺纹,所以各种管道加工工具上所标注的尺寸很多是以英寸作单位的。管道工程中公制单位与英制单位对照如表 3-4 所示。

表 3-4　管道工程中公制单位与英制单位对照

公制单位	$DN15$	$DN20$	$DN25$	$DN32$	$DN40$	$DN50$
英寸	½″	¾″	1″	1¼″	1½″	2″

2.其他管材粗细的表示方法

(1)塑料管粗细的表示方法。塑料管材由于采用承插方式连接,所以采用外径来表示管材的粗细。如图 3-24 所示采用公称外径 De 来表示管子的粗细。

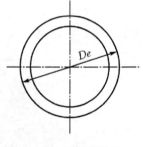

(2)铝塑复合管也是采用公称外径 De 作为管材规格的表示方式。

(3)钢塑复合管由于采用丝扣连接,所以采用公称直径 DN 表示粗细的。

3.2.2　钢管的加工工艺

图 3-24　公称外径

一、切断

在管道工程安装中,为了得到所需要的管道长度或形状,就需对管材进行切割。切割钢管的方法很多,通常有锯割、磨割、气割、刀割以及等离子切割等。

1.锯割

锯割是一种常用的方法,大部分的金属管材及塑料管材都可采用锯割的方法。锯割的工具可以采用手工钢锯。

锯割的操作要领与钳工部分锯割操作相同。锯割圆管时,一般把圆管水平地夹持在虎钳内,对于薄管或精加工过的管子,应夹在木垫之间。锯割管子不宜从一个方向锯到底,应该锯到管子内壁时停止,然后把管子向推锯方向旋转一些,仍按原有锯缝锯下去,这样不断转锯,直到锯断为止。

锯割操作时的注意事项如下:①锯割前要检查锯条的装夹方向和松紧程度。②锯割时压力不可过大,速度不宜过快,以免锯条折断伤人。③锯割将完成时,用力不可太大,并需用手扶住被锯下的部分,以免该部分落下时砸脚。

2. 磨割

磨割就是采用砂轮切割机进行切割,其工作性质实为磨削。磨割的效率较高,比手工锯割的工效高10多倍。磨割切口的端面光滑,但有多余的飞边。一般磨割的切口可以直接焊接,但是不能直接进行套丝加工。磨割的切口在进行套丝加工前必须清理断口的毛刺。砂轮切割机的夹持钳口能与砂轮主轴在0~35°夹角的范围内随意调整,因而不但可以切直口,而且可以切斜口(如虾米弯的管节),它也可用于切断各种型钢。

3. 气割

气割是利用氧气和乙炔燃烧时所产生的热能,使被切割的金属在高温下熔化而生成氧化铁熔渣,再用高压氧气流将熔渣吹离,从而达到切割的目的。气割不适用于不锈钢管及有色金属管材的切割。采用气割的管材端口不能直接进行套丝。

4. 刀割

刀割是使用管子割刀对钢管进行切割,其切割效率比锯割高,断面也比较平直,刀割后的钢管端部可以直接进行套丝。其缺点是切口处受到挤压而使内径缩小,管子端口形成锋利的内刃,如管子作为电气配线工程中的穿线管使用时,这些内刃会刮坏导线的绝缘层。此外,刀割也可以在套丝机上进行。如图3-25所示。

管子割刀所能切割的管径有一定的限度,一般只适宜用于公称通径在100mm以内的钢管。

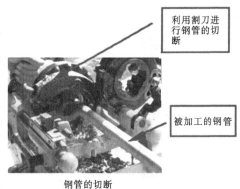

利用割刀进行钢管的切断

被加工的钢管

钢管的切断

图3-25 套丝机上的割刀

二、弯曲

弯管的方法可分为冷弯、热弯、焊接弯和冲压弯等。

1. 弯管时管材的受力变形分析

管材弯曲受力变形的情况,可从一条直管(见图3-26(a))弯曲90°(见图3-36(b))的过程中看出:弯头内侧(腹部)的长度$a'b'$比弯管前的长度ab要短,说明弯管内侧受了压力,管壁增厚了。而弯头外侧(背部)的长度$c'd'$比弯管前的长度cd要长,说明弯头外侧受了拉力,管壁变薄了。中心轴线上的长度$N'N'$和弯管前的长度NN相等,说明中心轴线上的材料既没有受拉,也没有受压,管壁厚度没有增减。而且在弯管的过程中,由于有拉力和压力的作用,使弯头的截面由

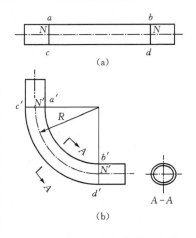

图3-26 弯曲处的钢管截面变化

圆形变成了椭圆形,其短轴位于管子的弯曲平面上。

为了避免钢管的弯曲对管材正常工作的影响,通常弯管时作如下规定:

(1)弯头的弯曲半径 R 越小,其背部管壁厚度在弯曲过程中变薄的程度就越严重。为了保证弯头部位背部管壁减薄不超过 15%,冷弯弯头的弯曲半径不应小于管子公称直径的 3 倍,而热弯弯头的弯曲半径不应小于管子公称直径的 3.5 倍。一般说来,管径较大或管壁较薄的管子就越要采用较大的弯曲半径,反之则可采用较小的弯曲半径。

(2)由于椭圆形截面承受内压力的能力比圆形截面小,因此弯曲时所产生的椭圆度不允许超过规定的数值。管子冷弯时要在管内放置芯棒,热弯时要在管内装砂,这是为了减小椭圆度而采取的措施。

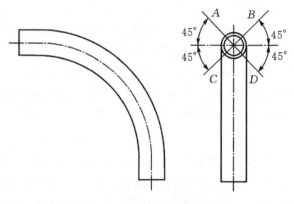

(3)用直缝焊接钢管制作冷弯或热弯弯头时,接缝应放在距中心轴线 45°的地方,如图 3－27 中 A、B、C、D 中的任何一个位置,而不应当放在腹部或背部。因为钢管焊缝处的强度较低,应避免在弯曲时受到拉伸或是压缩,否则容易开裂。无缝钢管则不存在这方面的问题。

图 3－27　弯曲处钢管焊缝的位置安排

2.弯头的制作

制作冷弯弯头时,钢管内不必装砂,可以使用手动弯管器(见图 3－28)或液压弯管机直接进行。

对于公称直径在 25mm 以下的焊接钢管进行弯曲时,可以使用自制的小型弯管工具。手动弯管器需用螺栓固定在工作台上。操作时,把要弯曲的管子放在与管子外径相符的定胎轮与动胎轮之间,一端固定在管子夹持器内,然后推动手柄,绕定胎轮旋转,直至弯成需要的角度。

对于公称直径较大的管子进行弯曲时,可以使用电动或液压弯管机。如图 3－29 所示为利用液压弯管机进行弯管。

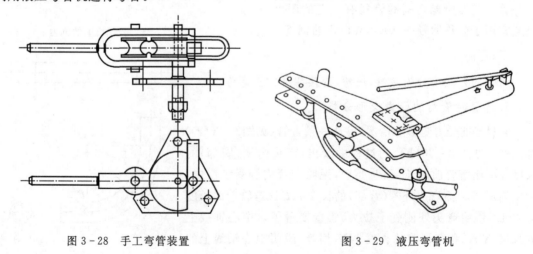

图 3－28　手工弯管装置　　　　　　　　　图 3－29　液压弯管机

弯管器所使用的每一对胎轮只能弯曲一种规格的管子。除铅管之外,一般的金属管材都具有一定的弹性,当弯曲管子的外力解除后,由于弹性变形恢复的结果,弯头会回弹一定的角度,而回弹角度的大小与管子的材料、壁厚及弯曲半径有关。对于一般钢管,弯制时的弯曲半径等于3倍管子公称直径的弯头,它的回弹角度约为 3°～5°,所以,在弯曲时应将所增加的回弹角度考虑进去。

三、套丝

套丝就是对钢管的端部加工外螺纹,按套丝的方式可以分为手工套丝和机械套丝。

1.手工套丝

套螺纹前,先选择与管径(按管子的公称直径选择)相对应的板牙。然后按照板牙上的顺序号码将四个板牙依次装入铰扳板牙室。需注意的是,一副板牙只能套制两种不同管径的钢管。如图 3-30 所示的铰扳装入的是能套制 DN15(1/2 吋)和 DN20(3/4 吋)钢管的板牙。

进行套丝前先将钢管在管子虎钳上夹持牢固,使管子呈水平状态,管端伸出管子虎钳约150mm,注意管口不得有椭圆斜口毛刺及扩口等缺陷。

松开表盘固定把手,推动活动表盘使其表面的标记位置按所加工钢管的公称直径对准固定表盘上的刻度值。如图 3-30 所示的铰扳是按照加工 DN15(1/2 吋)的钢管进行对正的。

调整好加工尺寸后,旋动后卡爪滑动手柄,使得三个后卡爪回缩(后卡爪的动作情况如图3-31 所示)。然后将铰扳从后卡爪处套入钢管(表盘方向朝向操作者)。松开板牙松紧把手,将板牙对正套入钢管端部,同时旋动后卡爪手柄,使三个后卡爪伸出夹紧钢管,如图 3-32 所示。需要注意的是,松开板牙松紧把手后,表盘上的刻度值会有所变化,这不会影响后面的套丝。在套丝的过程中逐渐将松紧把手压下,直到表盘上的刻度值重新对正为止。铰扳套上钢管后一定要与钢管管身垂直。

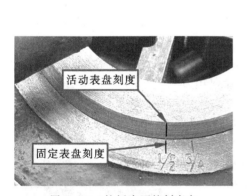

图 3-30　铰扳表面的刻度盘

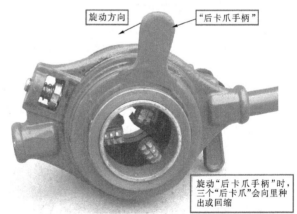

图 3-31　铰扳背部的后卡爪活动情况

操作时,人首先站在管端的侧前方,面向管压钳两腿叉开,一前一后,一手压住铰扳,同时用力向前推进,另一只手握住手柄,按顺时针方向扳动铰扳,待铰扳在管头上套上丝扣后,逐渐压下板牙松紧把手。一边套丝、一边压下把手,直到完全收紧。如图 3-33 所示。旋动铰扳时最好用两只手同时进行,这样可以保证套丝的对正度。

图 3-32　套丝操作第一步　　　　图 3-33　套丝操作第二步

开始套螺纹时动作要慢,要稳重,注意操作中的协调性,不可用力过猛,避免套出的螺纹与管子不同心,从而造成啃扣、偏扣,待套进两扣后,为了润滑和冷却板牙,要间断地向切削部位滴入机油。注意在套制过程中吃刀不宜太深。

第一次套丝完成后,松开板牙,再调整其距离,使其比第一次小一点,按第一次方法再套一次,要防止乱丝。当第二次丝扣快套完时,稍松开板牙,边转边松,使管口呈锥形丝口。清理管口,将管段端面毛刺处理干净。

待丝扣套成时,轻轻松开松紧把手,旋动后卡爪手柄,使三个后卡爪回缩松开钢管,将铰扳从钢管上取下。

套丝时应按管径尺寸分次套制丝扣,一般管径 15～32mm 可一次套成,30～50mm 的套两次,70mm 以上的套 3～5 次为宜。

2.套丝的主要质量缺陷分析

因套丝的质量将直接影响钢管的螺纹安装的质量,所以必须引起重视。套丝的主要质量缺陷为螺纹不正、断丝缺扣、乱丝细丝等。当所套丝扣出现上述质量问题时,可能的原因主要有以下几点:

(1)螺纹不正的主要原因是套丝板卡子未卡紧、手工套丝时两臂用力不均及管段端头锯切不正。套丝时,必须将套丝板与管段按规范要求固定,操作时用力应均匀,不得将套丝板推歪。套丝前应检查管段端口是否平正,如不平可锉平。

(2)断丝缺扣的主要原因是由于套丝时板牙进刀量太大或板牙的质量不好。在套丝操作时,一次进刀量不可太大,一般应分为两次套丝,直径 25mm 以上的管子套丝应不少于三次,套丝时应及时清理切下的铁渣,防止积存。板牙的牙刃不锐利或有损坏处时,应增加套丝的次数。

(3)乱丝细丝的主要原因是板牙顺序弄错、极牙间隙太大以及二次套丝未对准。在操作时,要严格按操作规范要求操作,两次套丝轨迹必须重合。

手工套丝除了使用管子铰扳之外,还有一种棘轮式铰扳(也称微型铰扳)管子套丝工具使用也非常普遍,如图 3-34 所示。棘轮式铰扳小巧轻便,且易于携带。同时其板牙规格固定,更换板牙规格方便快捷,且免去了调节松紧操作的麻烦,对于小口径的管子套丝,效率更高。

图 3-34　套装式固定铰扳

3.机械套丝

机械套丝是指用套丝机代替管子铰扳进行管子套丝的作业,其效率比手工套丝高得多。

(1)套丝前的准备。

①支承或安放好套丝机。以国产 TQ3 型套丝切管机为例,该机的下半部连接有支脚、胶轮和手推扶手,便于迁移。使用时应尽可能安放在水泥或坚实的地面上,如地面为松软的泥土,应在胶轮或支脚下垫上木板,以免由于震动而陷入泥土中。另外,后卡盘的一端应适当垫高一些,这样可防止冷却液流入管道,造成管道污染及冷却液的流失。

②取下底盘上的铁屑筛盖子。

③清洁油箱,然后灌入足量的乳化液(也可用低粘度润滑油)。

④把电源插进 220V 的电源插座。

⑤按下开关,稍后应有油液流出(否则应检查油路是否堵塞)。

(2)套丝操作。

①根据套丝的管子直径,选取相应规格板牙头的板牙,板牙上的 1、2、3、4 号码应与板牙头的号码相对应。

②拨动把手,使拖板向右靠拢;旋开前后卡盘,插进管子,注意伸出的长度要合适,然后旋紧前后卡盘,把管子卡牢。

③如套丝的管子较长,应用辅助支架支撑或其他物体支承,高度要调整合适。

④将板牙头和出油管放下,按下开关,调整喷油管对准切削部位喷油。移动进给把手,使板牙头对准管并稍施压力,入扣后因螺纹的作用板牙头会自动导入。

思考题

1. 按制造工艺的不同,钢管可以分为几种?
2. 钢管的粗细是用什么参数进行表示的?
3. 直缝钢管在弯曲过程中焊缝需要放置在什么位置比较合适?
4. 如何使用调钣进行套丝操作?
5. 套丝时容易发生的质量缺陷有哪些?试分析原因。

任务 3.3 钢管管段的安装

任务介绍

钢管的连接方式很多,每一种连接方式都是利用管件来完成的,管件的作用就是将管子可靠地连接,同时满足管道的各种连接要求。本任务主要介绍钢管的丝扣连接、焊接、法兰连接和卡箍连接等常见连接方法。通过本任务的学习,操作者能掌握钢管段的施工组装过程,能根据给定的图纸,或如图 3-35 所示的管段,计算所需各段钢管的规格(包括直径和长度);选定各连接节点的管件类型和规格;完成对钢管的下料,端部加工,并使用丝扣连接管件将钢管组成管段,并进行打压试验。

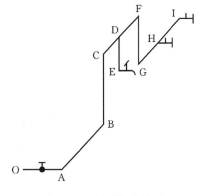

图 3-35 钢管段系统图

任务目标

1.知识目标

(1)熟悉水施工图；

(2)熟悉常用的丝扣连接管件；

(3)掌握钢管下料长度计算的方法；

(4)掌握钢管丝扣连接的原理和基本操作要点；

(5)掌握钢管的焊接的基本操作要点；

(6)掌握钢管的法兰连接的基本操作要点；

(7)熟悉卡箍连接的原理和管件；

(8)掌握卡箍连接的基本操作要点。

2.能力目标

(1)能识读简单的水施工图；

(2)能正确计算钢管的下料长度；

(3)能正确进行钢管丝扣连接的操作；

(4)能正确进行钢管法兰连接的操作；

(5)能正确进行钢管卡箍连接的操作。

 知识分布网络

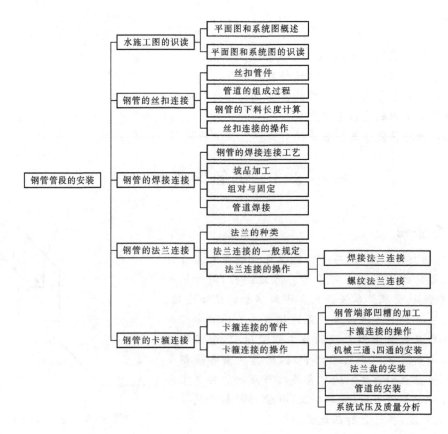

相关知识

3.3.1　水施工图的识读

水施工图属于设备施工图的一部分,主要描述在建筑物中给排水管道系统的安装位置和管道系统的实体尺寸。整个给排水管道系统中的管道可以分为横管和立管。其中与建筑物地面垂直安装的叫立管;与地面平行或与立管垂直安装的叫横管。横管和立管是整个给排水管道系统中的主要管道。

在建筑物内安装了很多卫生设备,如洗脸盆、小便器、大便器等,这些卫生设备上都需要用水和排水,所以这些卫生设备都需要与给水管道和排水管道进行连接。一般卫生设备的管道都是与横管连接的,与横管连接的管道部分叫支管。其中给水支管与给水横管没有什么不同,排水支管上设置有存水弯,里面有水封。

建筑物内卫生间的设计主要是各种常用卫生设备的摆放。摆放完成之后进行管道系统的设计,将所有卫生设备用管道系统连接起来,最后通过立管与建筑物外的管道系统进行连接。因此,水施工图一般使用平面图和系统图两种表示方式对不同的图纸进行表述。

一、平面图和系统图概述

1.平面图

平面图采用正投影的方法在建筑平面图上进行给排水系统的绘制,建筑本身以及卫生设备之间的隔断和平面安装位置完全按实形绘制,各种卫生设备采用图例符号表示,立管用一小圆圈表示,并使用标号,如:PL-1表示排水立管1号;JL-1表示给水立管1号。平面图中重点是表示出立管的位置。横管与立管垂直相交,一般仅表达平面位置,横管的实际空间位置在系统图上表示得比较清楚。平面图的作用就是表示整个给排水系统在建筑物中的安装位置。整个给排水系统的管道系统在空间的实际形状和位置在系统图中进行表达。

2.系统图

因为平面图采用的正投影方法,垂直地面的很多管道在图上无法正确地显示出来,因此必须在系统图中进行表示。

目前大多数管道系统图都采用斜等测轴测坐标系来进行绘制。我国习惯都采用45°正面斜轴测来绘制系统图,OZ 与 OX 的轴间角为 $90°$,OY 与 OZ、OX 的轴间角为 $135°$。为了便于绘制和阅读,立管平行于 OZ 轴方向,平面图上左右方向的水平管道,沿 OX 轴方向绘制,平面图上前后方向的水平管道,沿 OY 轴方向绘制。

系统图中描述整个管道系统的空间位置和实际形状,管道各处的粗细以及管道中安装的各种附件,如阀门、水龙头等。横管的长度一般不予表示,可参见平面图。立管的长度以及各处横管在立管上的安装位置一般用标高尺寸的形式予以表示,阅读时需要将两张图联系起来进行阅读。

二、平面图和系统图的识读

图 3-36 所示为一卫生间给水系统管道实际情况,管材使用镀锌钢管,连接方式采用丝扣连接。

图 3-37 所示为某卫生间平面图中给水管道一部分,该平面图中描述了给水立管的位置

和污水盆的位置以及横管的大致位置,横管的尺寸在图中未作表示。每个卫生设备上都有给水支管和附件,如水龙头,但在平面图中卫生设备的支管部分就不做表示,这部分可以在卫生设备的安装详图中找到。

图 3 - 38 所示为该管道的系统图部分,从系统图中可以看出立管和横管的空间位置和实际形状。不同高度的横管在平面图中是无法看出区别的。因此管道施工图都需要补充以轴测图方式描述的系统图。JL 表示给水立管,其后面横线后的数字表示给水立管的编号,在整套施工图中给水立管的编号是唯一的,不能重复。平面图中的立管编号与系统图中的立管编号是对应的,这样更便于在系统图中寻找平面图中的管道系统。

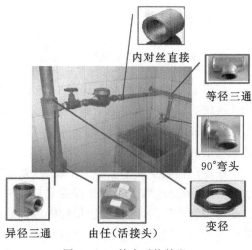

图 3 - 36　给水系统管段

在图中给水横管从 JL - 1 给水立管出发往前,然后发出两根横管,右边的一支上安装了一个污水盆。这部分管道的系统图中可以看出各处管子的粗细,以及管子之间的空间位置关系,为了便于描述清楚,在系统图中标出了几个字母 A、B、C、D、E、F,给水横管 AD 与 JL - 1 垂直,DE 横管与 AD 横管垂直,EF 立管与 DE 横管垂直,水龙头与 EF 立管垂直。系统图中可以看到给水横管在 BC 之间安装了一个截止阀。系统图中使用字母表示的几个地方就是管道中需要使用管件进行连接的地方。管道工应该可以根据系统图,罗列出各处的管件。

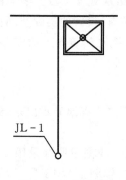

图 3 - 37　平面图

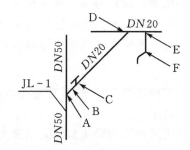

A—DN50×DN20 异径三通;B—截止阀丝口;
C—DN20 活接头;D—DN20 等径三通;
E—DN20×DN15 异径三通;F—DN15 弯头

图 3 - 38　系统图

3.3.2　钢管的丝扣连接

丝扣连接是水暖施工当中一种很重要的连接方式,丝扣连接的过程就是在钢管的端部套丝,然后利用丝扣连接管件将套好丝的钢管插入旋紧即可。

丝扣连接在建筑给排水管道中通常用于公称直径不超过 DN50 以上的钢管,或是公称直径不超过 DN65、工作压力不超过 1Mpa、介质温度不超过 120℃ 的热水管道。丝扣连接的特点是连接处的尺寸较小(与法兰连接相比,操作比较简单,但拆卸时不太容易)。

一、丝扣管件

丝扣管件的材质一般是可锻铸铁,通常俗称"玛钢"。丝扣管件的接口一般都是内螺纹口,目前市场上也出现了带外螺纹口的丝扣管件。

1.管箍

管箍通常用来作为两根管材需要对接时使用,或是需要钢管的端部出现内丝口时使用。管箍为一段短管,短管的两个连接口是内螺纹口,可以与管子端部的外螺纹相配合。管箍按照两个内螺纹口的直径的不同可以分为同径管箍(见图 3-39)和异径管箍(大小头,见图 3-40)。当两根粗细相同的钢管对接时采用同径管箍;当两根粗细不同的钢管需要对接时采用异径管箍(大小头)。

2.弯头

当管道需要转弯时,将转弯的角度设计成:90°、45°、135°。将两段管材按设置的角度摆放,使用弯头将它们连接起来。90°弯头使用得最多。弯头的两个口一样大的叫做等径弯头,用于连接两根粗细相同的钢管,如图 3-41 所示;弯头的两个口不一样大的叫做异径弯头,可以直接将两根不一样粗的钢管连接起来,如图 3-42 所示。

图 3-39　丝扣管箍　　图 3-40　丝扣大小头　　图 3-41　等径弯头　　图 3-42　异径弯头

3.三通

立管上需要与横管对接的地方,或是横管上需要安装水龙头的地方就需要使用三通这种管件了。丝扣三通管件的三个口都是内丝口,三个口可以一样大,叫等径三通,如图 3-43 所示;在一条直线上的两个口比较粗,与它们垂直方向的接口比较小的叫异径三通,如图 3-44 所示。

4.四通

两根管子在一个平面上交叉连接,需要使用四通,四通和三通相似,也可以分为等径四通(如图 3-45 所示)和异径四通(如图 3-46 所示)。

图 3-43　等径三通　　图 3-44　异径三通　　图 3-45　等径三通　　图 3-46　异径三通

5.过桥管

当两根钢管在平面内垂直相遇时,其中一根管子需要进行弯曲以避让另外一根,这时需要使用过桥管这种管件。如图3-47所示。

6.丝堵

丝扣连接的管道末尾需要进行封堵时采用的管件叫做丝堵,也称为堵头。如图3-48所示。堵头的表面是外丝,所以在作为钢管端部的封堵时需要与管箍配合使用。

7.补芯

如图3-49所示的钢管丝扣管件就是补芯。补芯的结构有两层丝口:外丝口和内丝口,并有一六角帽作为夹持的地方。这种管件的规格就是表示出内丝口和外丝口的螺纹直径,如$DN15 \times DN20$,就是表示内丝口可以和$DN15$的套丝钢管连接,外丝口可以和$DN20$的管箍连接。这种管件的作用非常大,如图3-50所示的连接节点 A 处,就可以使用$DN50 \times DN25$的异径三通和$DN50 \times DN40$的管箍来实现连接。

图3-47　过桥管

图3-48　丝堵

图3-49　补芯

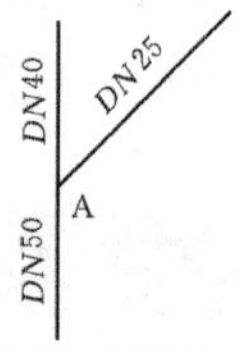

图3-50　补芯的应用

二、管道的组成过程

管道施工的内容就是将管材利用管件进行连接。管道工程中的连接包括两部分内容:管材之间的连接;阀门、水龙头等附件的接入。

管道之间的连接通常包括以下几种情形:

(1)当管道的长度不够时,可以采用如图3-51所示的方式将两根管子进行对接,对接时就需要使用管箍了。当两根管子的管径相同时使用同径管箍,不同时使用异径管箍,俗称大小头。

(2)当管道中需要转弯时,就将两根管材如图3-52放置,管子之间使用的管件是"弯头"。通常管道转弯的角度设计成$90°$、$45°$、$135°$,这三种转弯角度的弯头都有,通常使用最多的是$90°$弯头。当两根管子的直径不一样时使用异径弯头,当两根管子的直径一样时可以使用等径弯头。管件弯头的规格包括两项,即转弯角度和两侧的接口大小。

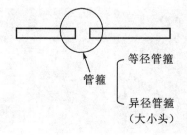
图3-51　管箍的作用

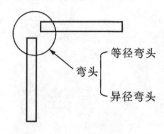
图3-52　弯头的作用

(3)当管道中需要发出一根支管,或是三根管子需要连接在一起时,并且其中的一根管与另外两根垂直时,如图 3-53 所示连接处的管件叫三通。三通也分为等径三通(三根管子的直径都相同)和异径三通(两根在一条直线上的管子一样粗,与它们垂直的管子比较细)。

(4)当平面上相互垂直的四根管子需要连接在一起时采用的管件叫四通。如图 3-54 所示。四通也分为等径四通(四根管子一样粗,管件的四个接口大小相同)和异径四通(在一条直线上的两个接口一样粗细,另一条直线上的接口也是一样粗细)。

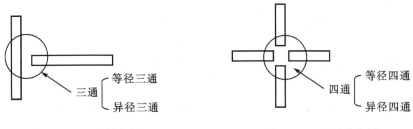

图 3-53　三通的作用　　　　　　　图 3-54　四通的作用

三、钢管的下料长度计算

在管段中,两个相邻的管件中心线之间的长度叫构造长度,就是图 3-55 中的 L_1 和 L_2。通常施工图纸上标出的长度就是指构造长度。钢管的实际切割长度也叫作下料长度,如图中的 l_1 和 l_2。管道工在进行钢管的连接操作时,需要根据图纸上的构造长度计算出实际每一段钢管的下料长度。确定管子的下料长度时,要根据管子两端的连接方式和管件的情况来进行计算。

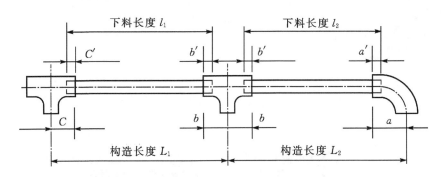

图 3-55　钢管段各部分的长度

如图 3-55 所示的钢管段如果采用螺纹连接,其各段的构造长度 L_1 和 L_2 可以从图纸中获得。图中的距离 C 和距离 b 的数值从连接管件(如三通)的中心线到连接件管口端部的距离可以在管件的说明书中获得,或是现场实测获得。钢管端部拧入管件的螺纹长度可以从规范中获得,需注意的是,不同公称直径的钢管拧入管件的螺纹长度是不同的。

表 3-5 中所列出的是一些常用的螺纹拧入长度。图 3-35 中的钢管的实际下料长度 l_1 与构造长度 L_1 之间的关系是:

表 3-5　常用管螺纹连接尺寸

公称直径(mm)	15	20	25	32	40	50
拧入深度(mm)	11	13	13	16	18	30

$$l_1 = L_1 - (C + b) + (C' + b')$$

四、丝扣连接的操作

丝扣连接的操作过程包括:套丝、丝扣处密封材料的缠绕、管件或是钢管的旋紧。其中套丝的加工要领已经在前面作了介绍。下面介绍丝扣处填料的使用。

1. 丝扣连接中填料的使用要求

生料带或是麻丝在外螺纹管件上的缠绕方向要与螺纹的旋转方向配套。通常中低压管道上的连接螺纹是右旋螺纹,所以生料带在钢管端部外螺纹上的缠绕方向应该是顺时针方向。

在某些紧固螺纹连接处,如铝塑管和铜管上使用的螺纹卡套式连接件上的螺纹连接中,不能使用密封材料,因为这会影响紧固连接的效果造成连接处渗漏,所以并不是所有的螺纹连接中都需要使用密封材料。在螺纹连接中使用密封材料,要按照产品说明书或是规范上的规定使用。

2. 丝扣连接的操作

丝扣连接的操作过程如图 3-56 所示。

均匀涂抹白铅油。缠绕生料带(聚四氟乙烯胶带)时不用抹白铅油

(a)

缠绕麻丝,或是聚四氟乙烯胶带,注意缠绕方向;一般的连接螺纹都是右螺纹,所以顺时针方向缠绕

(b)

首先将螺纹连接件的螺纹口对正,缠绕了密封材料的钢管螺纹口旋进,注意通常是顺时针方向

(c)

最后用管钳将连接件旋紧

(d)

图 3-56　丝扣连接的操作过程

3.3.3　钢管的焊接连接

钢管的焊接连接的主要特点是连接的质量高,接头部位没有增加其他的附件。所以在承受高温高压的管道中,焊接接头的应用还是非常广泛的。

在管道工程中通常采用的焊接方法是手工电弧焊。在管道安装工程中,手工电弧焊主要用来进行钢管的连接和相关附件的制作(如用钢板焊接水箱等),以及各种管道支架吊架的制作(利用各种型钢如角钢焊接各种支架等),通常是由电焊工进行。

一、钢管的焊接连接工艺

首先按照施工图纸的设计,画出管路的详细形状和各部分的尺寸,确定连接的位置和各部分钢管的尺寸,进行钢管的裁切。

二、坡口加工

通常采用焊接连接的钢管端部要制成各种形式的坡口。坡口的形式、尺寸和组对间隙等应按设计要求及焊接工艺标准进行。

焊接前要按照施工图纸的要求加工钢管端部的坡口。坡口的加工可以采用手提砂轮机或使用砂纸、锉刀等简单工具对钢管的端部进行清理,除去毛刺、油、锈、漆等污物,也可以用坡口加工机械对钢管的坡口作处理。如图 3 - 57 所示。坡口不得有裂纹、夹层等缺陷。清理和检查合格的组对管口应及时完成焊接工作。

图 3 - 57　钢管坡口制作

三、组对与固定

(1)组对宜采用螺栓连接的专用组对器。如图 3 - 58所示为使用专用组对器进行钢管组对的情形。

(2)焊接卡具的拆除宜采用氧—乙炔焰切割,残留的焊疤痕应用手提砂轮机打磨掉。

(3)经卡具组对并固定好后的两管口中心线应在同一直线上,管径小于 100mm 时,其允许偏差为 1mm。当管径大于或等于 100mm 时,允许偏差为 2mm。较长最大偏差不得超过 10mm。

(4)管道连接时,不得用强力对口、加偏垫或加多层垫等方法来消除接口端面的空隙、偏斜、错口或不同心等缺陷。

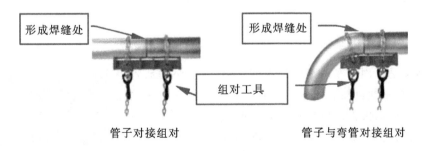

管子对接组对　　　　　　　　管子与弯管对接组对

图 3 - 58　钢管组对形式

四、管道焊接

先在管口连接处进行点固。利用小段焊缝或是点焊缝将需要连接的两只管子连接起来。点固焊缝长度为 10～15mm,点焊高度应为 2～4mm,且不超过管壁厚度的 2/3。点固焊缝的安排要对称均匀,点焊间距视管径大小而定,一般以 50～300mm 为宜,且每个焊口不得少于三点。

点固后要观察管子的连接角度和坡度是否合格。当连接角度和坡度符合要求后,对坡口处连续施焊将管子连接。

对于坡口深的焊缝,要用电弧进行多层焊接。焊缝内堆焊的各层,其引弧和息弧的地方应彼此错开不得重合,如图 3-59 所示。焊缝的第一层应是凹面,并保证把焊缝根部全部焊透,中间各层要把两焊接管的边缘全部结合好,最后一层应把焊缝全部填满,并保证平缓过渡到母材。每道焊缝均应焊透,且不得有裂纹、夹渣、气孔、砂眼等缺陷。

完成的对接焊缝应突出管子的外表层形成规整的加强面,加强面的高度应符合焊接工艺要求。如图 3-60 所示。图 3-61 所示为焊接完成后管子的焊缝。

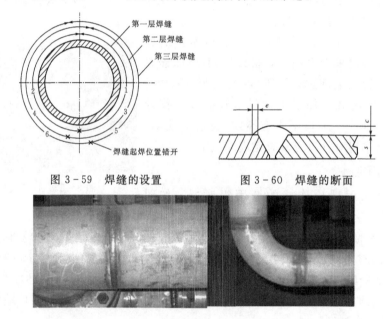

图 3-59　焊缝的设置　　　　图 3-60　焊缝的断面

图 3-61　完成的焊接接缝

3.3.4　钢管的法兰连接

法兰连接就是把固定在两个管口上的一对法兰,中间放入垫片,然后用螺栓拉紧使其接合起来的一种可拆卸的接头。法兰连接主要用于管道中需要拆卸检修的场所。如图 3-62 所示。

法兰连接的优点是拆卸方便、强度高、密封性能好。对法兰连接的要求是,在管内介质的压力和温度作用下,保证接口安全可靠和严密不漏。

图 3-62　法兰接头

一、法兰的种类

1. 焊接法兰

焊接法兰的使用最为普通,分为平焊法兰和对焊法兰。

(1)平焊法兰。平焊法兰又叫搭焊法兰,可用钢板切割后车制。其优点是制造简单成本低,但与对焊法兰比较,焊接工作量大,焊条消耗多;经不起高温高压的反复弯曲和温度波动的作用;只适用于工程压力不超过2.5Mpa、工作温度不超过300度的管道上,而在管道工程中,在此工作条件下的管道最多,所以平焊法兰的用量最大。平焊法兰的密封面可以制成光滑式(如图3－63所示)、凹凸式(如图3－64所示)、榫槽式三种。其中以光滑式的平板法兰应用最为普通。

图 3－63　平焊法兰

(2)对焊法兰。对焊法兰与平焊法兰的区别是,法兰本体带一段短管,法兰与管子的连接实质上是短管与管子的对口焊接,故称其为对焊法兰。如图3－65所示。这种法兰的圆盘与管子接合处,加工出高强的锥形高颈,所以又叫高颈法兰。其结构合理,强度与刚度较大,一般用于公称压力大于4Mpa或温度大于300度的管道上。对焊法兰多采用锻造法制作。施工中多用现成的产品。

2. 螺纹法兰

螺纹法兰是使用螺纹连接套装于管端上,可分为低压螺纹法兰和高压螺纹法兰。低压法兰又分为铸铁法兰、生铁法兰和铸钢法兰,适用于水煤气输送钢管上,其密封面为光滑式。高压螺纹法兰只有钢制的一种,常用于化工管道上。如图3－66所示。

图 3－64　凹凸式法兰

图 3－65　对焊法兰　　　图 3－66　螺纹法兰

二、法兰连接的一般规定

1. 法兰连接安装前的检查

(1)法兰加工面的各部尺寸应符合标准或设计要求。法兰表面应光滑,不得有砂眼、裂纹、斑点、毛刺等降低法兰强度和连接可靠性的缺陷。

（2）检查法兰垫片材质尺寸是否符合标准或设计要求。软垫片质地柔韧,无老化变质现象,表面不应有折损、皱纹等缺陷;金属垫片的加工尺寸、精度、粗糙度及硬度等都应符合要求,表面无裂纹、毛刺、凹槽、径向画痕及锈斑等缺陷。

（3）法兰垫片需现场加工时,不管是采用手工剪制还是采用切割时,垫片材质应符合设计要求和质量标准,垫片应制成手柄式,以便于安装。

（4）螺栓及螺母的螺纹应完整,无伤痕、毛刺等缺陷,螺栓、螺母应配合良好,无松动和卡涩现象。

2.法兰的安装要求

（1）法兰与管子组装应用图3-67所示的工具和方法对管子端面进行检查,切口端面倾斜偏差不应大于管外径的1%,且不得超过3mm。

（2）法兰与管子组装时,要用法兰角尺检查法兰的垂直度,如图3-68所示。法兰连接的垂直偏差,当无明确规定时,不应大于法兰外径的1.5%,且不大于2mm。

（3）法兰与法兰对接连接时,密封面应保持平行。

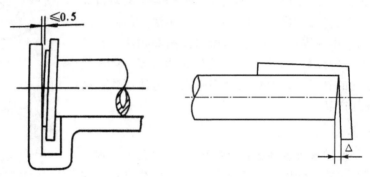

图3-67　法兰垂直度检查　　　　图3-68　法兰平行度检查

（4）为了便于装拆法兰,紧固螺栓,法兰平面距支架和墙面的距离不应小于200mm。

（5）工作温度高于100℃的管道,螺栓应涂一层石墨粉和机油的调合物,以便日后拆卸。

（6）拧螺栓时应对称交叉进行,以保障垫片各处受力均匀,拧紧后的螺栓与螺母宜齐平。

（7）法兰不得埋入地下,埋地管道或不通行地沟管道的法兰应设置检查井,法兰也不能装在楼板、墙壁和套管内。

三、法兰连接的操作

1.焊接法兰连接

（1）在管端焊接法兰盘。正确地焊接法兰和保证法兰与管端面的焊接要求,对于管道连接至关重要。焊接法兰时,必须使管子与法兰端面垂直,可用法兰靠尺检查其垂直度,无法用法兰靠尺时,可用90°尺代替。

在焊法兰的连接面时,焊肉不得突出,飞溅在表面上的焊渣或形成的焊瘤应铲除干净,管口不得与法兰连接面平齐,应凹进1.3～1.5倍管壁厚度。

如果两个管口用法兰连接时,可以先焊好一个管口的法兰盘,另一个管口可套上法兰盘,将两法兰安装就位,对准螺栓孔再焊接,焊接的两个法兰盘连接面应平正且互相平行。

（2）两个法兰连接。两个管口的法兰焊接和对正完成后,即可加垫,穿螺栓,拧紧螺栓和螺母。选择法兰垫片时,垫料和垫片的尺寸应选用合适。介质是冷水时,一般选用橡胶垫片;热介质应选用耐热橡胶垫片或石棉橡胶垫片;介质为蒸汽时,应采用石棉橡胶垫片;温度较高、压力较高时应用金属石棉缠绕式垫片或金属垫片。垫片有成品垫片,也可现场制作,为了便于安装定位,现场制作的垫片应有"手柄",如图 3-69 所示。制作的垫片内径不应小于管子内径,外径不妨碍螺栓穿过法兰螺栓孔。

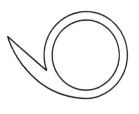

图 3-69　法兰垫片

用石棉板制垫时,因石棉怕水浸泡,因此应将制好的石棉垫片放在机油中浸泡,然后晾干,安装时用机油和铅粉调成的粥状物,涂抹在垫片的两面。

穿螺栓前,应选择好螺栓、螺母。一般来说,螺栓不能过细、过短、过长。过细影响法兰的连接强度;过短达不到连接的要求;过长会导致露出法兰盘外过长,一则影响美观,二则易造成损失,三则浪费材料,四则不便安装和检修。紧固后的螺栓与螺母宜齐平。

穿螺栓时,应预穿几根,将垫片插入两法兰之间,再穿余下的螺栓,垫片调正后,即可用扳手紧固。

紧螺栓应按图 3-70 的螺栓扳紧步骤进行。法兰螺栓的螺母需加钢垫圈。在拧紧螺母时,螺栓不要转动,如转动,则需再用一把扳手固定螺栓,然后拧紧螺母。

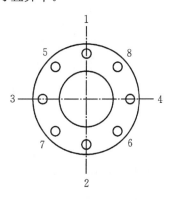

图 3-70　法兰拧紧螺栓的顺序

2. 螺纹法兰连接

管道螺纹法兰连接与管道焊接法兰连接不同之处是,管口端先套成短螺纹,再按短丝连接方法把管端螺纹与螺纹法兰连接起来。

使管端螺纹与法兰螺纹连接一起,最简便的方法有两种。

第一种方法:把带短丝的管子固定在管子台虎钳上,管端螺纹伸出管子台虎钳 100mm 左右,将管端螺纹缠上填料后,用手把螺纹法兰与管子带上扣,最后用与法兰外径相适应的管钳夹住法兰,按顺时针方向拧紧,如图 3-71 所示。这种方法适用于上直径较小的法兰。

第二种方法:在上直径较大的法兰,找不到合适的管钳时,同第一种方法一样,先将螺纹法兰与管子带上扣,然后用两根强度较大、外径稍小于螺孔的铁棍,插入法兰螺孔内,再用一根较粗的铁棍交错上两根铁棍,并靠近法兰平面,按顺时针方向把螺纹法兰上紧,如图 3-72 所示。

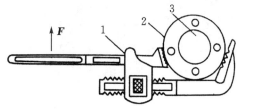

图 3-71　小直径法兰上紧法

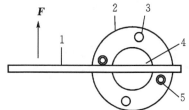

图 3-72　大直径法兰拧紧法

3.3.5　钢管的卡箍连接

卡箍连接,国内也叫沟槽连接,是我国消防管道连接的主导方式。卡箍式管道连接系统与传统的螺纹连接、焊接、法兰连接相比,其优点在于:安装速度较焊接更加快捷,提高了施工的进程;比螺纹连接和法兰连接更加容易、可靠;无焊渣污染管道,不会造成钢管镀锌保护层的烧蚀、不需要做二次镀锌;给管道的清洁和维修拆装带来方便。沟槽连接的安装操作无特殊技巧,一般工人都可操作。

一、卡箍连接的管件

卡箍连接是利用专用卡箍连接管件中的卡箍,将密封橡胶圈卡压在事先在端部加工出沟槽的钢管上所形成的连接。使用卡箍连接的钢管端部必须事先利用特殊的加工机械加工出一圈凹槽来。如图 3-73 所示。

加工好的钢管

图 3-73 钢管端部的沟槽

卡箍连接部分的构造方式如图 3-74 所示。常用的卡箍连接管件包括弯头、三通、四通等,与其他连接方式的管件相似。

使用卡箍式管接头的管道系统中,各种卡箍连接管件的管口端部都有一条加工好的凹槽。如图 3-75 所示的是卡箍管件"90°弯头"的情况。管件和管件之间,或是管件和钢管之间的连接都是通过卡箍来进行的。

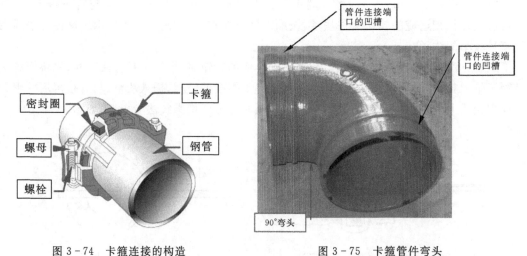

图 3-74 卡箍连接的构造　　　　图 3-75 卡箍管件弯头

1.卡箍

如图 3-76 所示的是卡箍沟槽连接中的关键原件——"卡箍"的结构。卡箍的材质通常是用球墨铸铁或铸钢来制成的。

按照卡箍的结构和连接方式的不同,卡箍可分为柔性卡箍和刚性卡箍两类。这两类卡箍都是利用管道内部的压力影响密封圈腔的膨胀使得密封圈实现密封,外卡箍扣住钢管两端并包裹密封圈,实现钢管的密封连接。这两类卡箍的外观形状基本相同。通常刚性卡箍本体都是两片;而小口径的柔性卡箍本体是两片,大口径的是三片(如图 3-77 所示)或是四片。

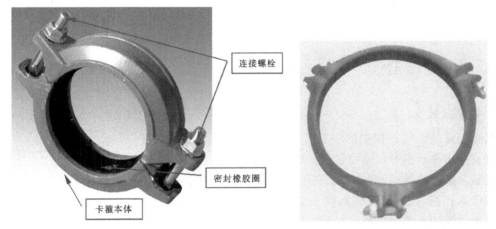

图 3-76　刚性卡箍　　　　　　　　　　　　图 3-77　柔性卡箍

(1)刚性管接头。刚性管接头的结构方式如图 3-78 所示。这种连接方式使系统不具备柔性变形能力,管接头卡紧后可与钢管形成刚性一体。但是管道上吊具间的跨度可以做得比较大,所需吊架的数目较少。

(2)柔性管接头。柔性管接头的结构方式如图 3-79 所示。这种连接方式允许钢管有一定的角度偏差,相对错位。钢管连接后,两对接钢管的管端之间留有间隙,可适应管道的膨胀、收缩。管接头在最大允许偏转错位情况下应保持正常的工作压力。

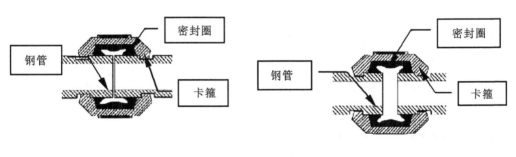

图 3-78　柔性管接头　　　　　　　　　　　图 3-79　刚性管接头

2.法兰管接头

在使用卡箍连接的管道系统中如需要和法兰接头的阀门等连接时,可采用如图 3-80 所示的法兰管件。其连接方式与其他卡箍管件相同,也是通过卡箍进行连接,也可采用如图 3-81所示的卡箍法兰接头,该法兰接头上的连接螺栓采用国标螺栓。法兰接头的螺栓孔的直径及位置尺寸均能与国标法兰相配套。

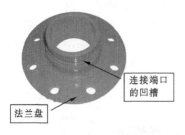

图 3-80　卡箍口法兰接头　　　　图 3-81　卡箍法兰　　　　图 3-82　机械三通

3.机械三通

机械三通是卡箍连接中的一种特殊管件,可用于直接在钢管上垂直接出小于钢管口径的支管。如图 3-82 所示。

机械三通的连接原理是在钢管上用开孔机开孔,然后将机械三通卡入孔洞,孔四周由密封圈沿管壁密封。如图 3-83 所示。机械三通的支管接口形式有丝扣接口和卡箍接口两种。

三通安装示意图

图 3-83　机械三通的工作原理

4.螺栓、螺母和密封胶圈

卡箍上的螺栓、螺母原材料采用 40Cr,热处理后机械性能均达到 9.8 级。其螺母一般是自带垫圈式防滑,密封胶圈的参数见表 3-6。在使用时,应根据管道中的不同介质选择不同的胶圈。

表 3-6　卡箍密封橡胶圈的种类

橡胶原料	应用范围	橡胶圈颜色标记
天然橡胶	用于 -35℃～+80℃ 的水和无油气体	黑色
乙丙橡胶	用于 -30℃～+100℃ 一般介质、耐老化	绿色
丁晴橡胶	用于 -40℃～+120℃ 的油、油雾和煤气	橙色
卤化丁橡胶	用于含油、含有多种稀酸的水和气体	棕色
氯橡胶	用于 -20℃～200℃ 以下的化学物品	蓝色
白色丁晴橡胶	不含碳黑,可用于食品	白色
氯丁橡胶	一定范围内的润滑油及化学品	黄色
有机硅橡胶	用于 -40℃～250℃ 以下的不带烃类的空气	红色

二、卡箍连接的操作

(一)钢管端部凹槽的加工

钢管端部的凹槽的加工方式有车槽和滚槽两种。车槽主要适用于较大管径的情况,凹槽的加工是利用专用机械切削出来的。滚槽是利用滚槽机的滚轮挤压出来的。在实际工程中滚槽用的较多。

滚槽机如图 3-84 所示。滚槽机的滚压原理如图 3-85 所示。

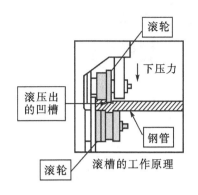

图 3-84　滚槽机加工钢管　　　　图 3-85　滚槽的工作原理

1.使用滚槽机的操作步骤

（1）用切管机将钢管按需要的长度切割，用水平仪检查切口断面，确保切口断面与钢管中轴线垂直。切口如果有毛刺，应用砂轮机打磨光滑。

（2）将需要加工沟槽的钢管架设在滚槽机和滚槽机尾架上，用水平仪抄平，使钢管处于水平位置。

（3）将钢管加工端断面紧贴滚槽机，使钢管中轴线与滚轮面垂直。

（4）缓缓压下千斤顶，使上压轮贴紧钢管，开动滚槽机，使滚轮转动一周，此时注意观察钢管断面是否仍与滚槽机贴紧，如果未贴紧，应调整管子至水平。如果已贴紧，徐徐压下千斤顶，使上压轮均匀滚压钢管至预定沟槽深度为止。

（5）停机，用游标卡尺检查沟槽深度和宽度，确认符合标准要求后，将千斤顶卸荷，取出钢管。

2.滚槽加工中的注意事项

（1）沟槽式管件接头适用于焊接镀锌管和无缝镀锌管。在使用沟槽式管件接头时，所采用管材的外径和壁厚规格必须符合相关技术标准。常用管材的尺寸规格和加工深度可以在相关的规范中查到。

（2）管材的断口要求。钢管切断端面应与管件轴线成 $90°$ 直角，如图 3-86 中的图（a）所示是合格的。如图（b）所示的切断段面有斜角，图（c）所示的端面有毛刺，这两个均不合格。

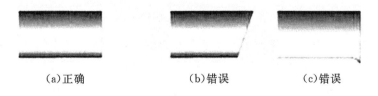

（a）正确　　　　　　　（b）错误　　　　　　　（c）错误

图 3-86　钢管断面的质量要求

（3）沟槽的加工深度要满足要求。用测量工具进行沟槽深度的测量时，如图 3-87 所示：图（a）为合格；图（b）为沟槽太浅，需继续滚压加深；图（c）为沟槽太深，需将管头切除重新进行滚压。

（4）对钢管端部的质量要求。连接前的钢管管端长度不合乎要求的，安装后肯定漏水。如图 3-88 中所示的图（b）和图（c）情况，均为在滚槽加工中不合格的情形。钢管在进行沟槽滚压后,为了避免附着泥沙,在安装前可先用胶带或护套对其进保护。

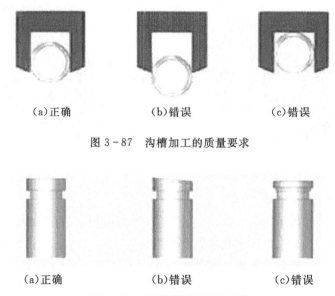

(a)正确   (b)错误   (c)错误

图 3-87   沟槽加工的质量要求

(a)正确   (b)错误   (c)错误

图 3-88   钢管端部的质量要求

(二)卡箍连接的操作

1.卡箍连接的安装过程

(1)检查钢管端部的毛刺是否清除干净。如发现有毛刺的话,可以用锉刀进行清理修正。如图 3-89 中的(a)所示。

(2)在密封圈唇部及背部涂些润滑剂,便于安装。如图 3-89 中的(b)所示。

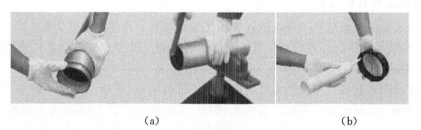

(a)   (b)

图 3-89   卡箍连接操作(一)

(3)将密封圈套入管端确保密封唇不要悬垂在管端。如图 3-90 中的(a)所示。

(4)将密封圈套入另一段钢管。如图 3-90 中的(b)所示。

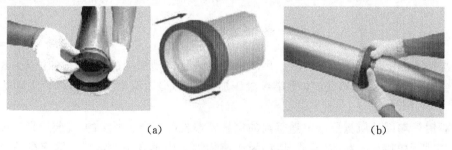

(a)   (b)

图 3-90   卡箍连接操作(二)

(5)安装连接器外壳,把外壳合在密封圈上,使壳体卡口咬合在管道凹槽内,插入螺栓,用手拧紧螺帽。如图3-91中的(a)所示。

(6)用限力扳手交替、均匀地拧紧两侧螺帽,直到螺栓底座金属面接触,螺栓收紧。如图3-91中的(b)所示。

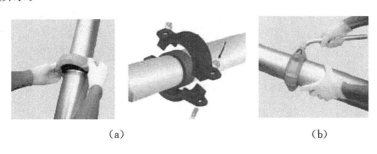

(a)   (b)

图3-91 卡箍连接操作(三)

2.卡箍连接中的注意事项

(1)橡胶密封圈的安装。安装密封圈时,由于橡胶摩擦力较大,需要对密封圈整体或局部使用中性润滑剂(如家用洗涤剂、肥皂液等)进行润滑,这样才能在两道管之间准确放置密封圈。具体方法是:把密封圈套入管道口一端,然后将另一管道口与该端管口对齐,把密封圈移到两管道口密封面处,密封圈两侧不应伸入到两管道的凹槽中。如图3-92中图(a)所示的橡胶密封圈平均置于两管之间为合格;图(b)中橡胶密封圈偏向一根管,极易被卡箍夹破,而发生渗漏;图(c)中橡胶密封圈歪斜,容易发生渗漏。

(2)卡箍安装时如图3-93中的图(a)所示为安装正确;图(b)中的卡箍未卡入沟槽,易滑动脱落,在安装时应特别注意。

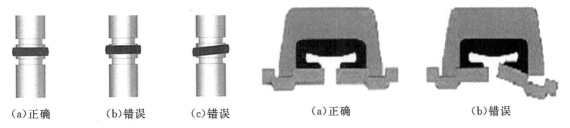

(a)正确   (b)错误   (c)错误   (a)正确   (b)错误

图3-92 橡胶圈的位置   图3-93 卡箍的安装位置

(3)卡箍上的螺母是自带垫片防滑的。安装时卡箍接头的结合端面必须密合,螺栓上部或是中间不能再添加任何垫圈,否则会发生接头处漏水或抗压不足的现象。

(三)机械三通、四通的安装

在管路中需要引出比主管道细的分支管时,可以使用机械三通或是四通。

安装机械三通或是四通时,首先必须在钢管上开孔,如图3-94所示。孔必须开在管道中心线上并且孔径的尺寸正确。

孔开好后检查孔周围16mm范围内的管道表面,须清洁、光滑,确认无污物、皮屑、凸出物时,才可以进行机械三通或四通的安装。

固定钻机　　　　开始钻机　　　　　成孔

图3-94　钢管开孔的过程

1.机械三通、机械四通的安装步骤

(1)在钢管上弹墨线,确定接头支管开孔位置。

(2)使用链条开孔机在钢管上完成开孔。

(3)取下开孔机,清理钻落金属块和开孔部位残渣,并用砂轮机将孔洞打磨光滑。

(4)将卡箍套在钢管上,注意机械三通应与孔洞同心,安装时必须确保定位凸台完全插入到管路上所开的孔中,橡胶密封圈与孔洞间隙均匀,紧固螺栓到位。否则,容易导致密封胶垫压不紧,发生漏水现象。

(5)安装机械四通时,开孔时一定要注意保证钢管两侧的孔同心,否则安装完毕时,可能导致橡胶圈破裂,且影响过水面积。

2.机械三通的安装过程

机械三通的安装过程如图3-95所示。

(1)给密封圈涂润滑剂,如图3-95(a)所示

(2)将密封圈放入机械三通密封槽内,如图3-95(b)所示。

(3)将机械三通卡入钢管孔洞,如图3-95(c)所示。

(4)用限力矩扳手上紧螺栓,如图3-95(d)所示。

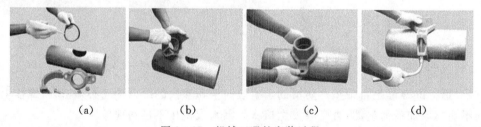

(a)　　　　　　(b)　　　　　　(c)　　　　　　(d)

图3-95　机械三通的安装过程

(四)法兰盘的安装

安装法兰盘沟槽接头的过程如下:

(1)首先如图3-96中的(a)所示,去除钢管端部的毛刺。

(2)然后如图3-96中的(b)所示,将密封圈"C"形开口处背对法兰,沿管端方向推入管端凹槽内。如图3-96中(c)所示将法兰盘打开并扣到管子的沟槽里。

（a） （b） （c）

图 3-96 卡箍法兰安装过程（一）

（3）保证法兰盘与管子扣紧无间隙后，将法兰盘与阀门口对齐并拧上螺栓。如图 3-97 中的（a）所示。

（4）最后如图 3-97 中的（c）所示用限力扳手上紧螺栓即可。

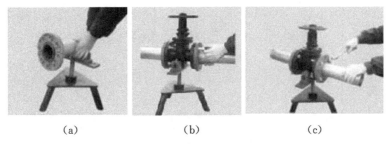

（a） （b） （c）

图 3-97 卡箍法兰安装过程（二）

（五）管道的安装

按照先装大口径、总管、立管，后装小口径、分管的原则，在安装过程中，必须按顺序连续安装，不可跳装、分段装，以免出现段与段之间连接困难和影响管路的整体性能。

（1）将钢管固定在支吊架上，并将无损伤橡胶密封圈套在一根钢管端部。

（2）将另一根端部周边已涂抹润滑剂的钢管插入橡胶密封圈，转动橡胶密封圈，使其位于接口中间部位。

（3）在橡胶密封圈外侧安装上下卡箍，并将卡箍凸边送进沟槽内，用力压紧上下卡箍耳部，在卡箍螺孔位置，上螺栓并均匀轮换拧紧螺母，在拧螺母过程中用木榔头锤打卡箍，确保橡胶密封圈不会起皱，卡箍凸边需全圆周卡进沟槽内。

（4）在刚性卡箍接头 500mm 内管道上补加支吊架。

（六）系统试压及质量分析

管道安装完毕，应进行系统试压。在系统试压前，应全面检查各安装件、固定支架等是否安装到位。安装完毕的管道可能有下垂，下垂弧度如果较大可补加支架；弧度如果较小，当管道内压力升高后，弧度会自然消失。

管道安装时应考虑管道间隙量，也就是钢管的膨胀量。否则管道容易变形，影响平直度。

卡箍连接的管道安装后要进行试压，检查是否泄漏。如有泄漏，其原因可能有：①卡箍上的紧固螺栓没拧紧，卡箍接触面有间隙。②沟槽加工深度不符合要求；密封面有杂质，密封圈有啃圈。③钢管外径超差；钢管端部密封面有伤痕或沟槽上有伤痕。④加工后钢管端部至沟槽距离太小。⑤安装不符合要求，超过规定的转角。

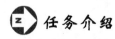
思考题

1.钢管丝扣连接是如何操作的?

2.钢管丝扣连接的管件是如何工作的?

3.钢管的法兰连接有什么特点?

4.钢管的法兰连接有哪些种类?

5.钢管的卡箍连接如何操作?

6.丝扣连接中,钢管的下料长度计算怎么进行?

7.卡箍连接中的机械三通与普通三通管件有什么不同?

8.钢管的卡箍连接中,钢管端部的加工有哪些质量要求?

9.连接件卡箍由几部分组成?各部分都采用什么材料制成?

任务3.4 塑料管段的安装

任务介绍

目前 PP-R 管材在给水工程中的应用非常普遍,远远超过了其他管材的应用数量,因为 PP-R 管材作为明管安装时更容易达到横平竖直的要求。本任务主要介绍 PP-R 连接操作,通过本任务的学习,操作者能根据实训中所给管道施工的系统图,完成管材的下料和安装。

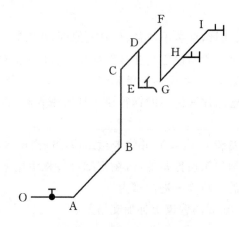

图 3-98 PP-R 管段示意图

任务目标

1.知识目标

(1)熟悉 PP-R 管材特点和规格;

(2)掌握 PP-R 管材连接的基本操作要点。

2.能力目标

(1)正确进行 PP-R 管材的连接操作;

(2)能独立完成如图 3.98 所示的 PP-R 管段的安装。

知识分布网络

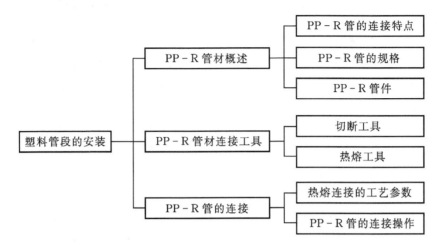

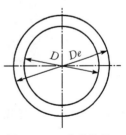**相关知识**

3.4.1　PP-R管材概述

一、PP-R管的连接特点

PP-R管的接头连接采用承插式热熔连接,热熔接头具有成功率高,管子插入管件内,连接处的管材内径大,水头损失小等优点。

热熔连接技术适用于聚烯烃类热塑性塑料管道系统的连接。热熔连接是一个物理过程:将材料加热到一定时间后,使其表面熔化,然后在稳定的压力作用下将两个部件连接并固定,在熔合区建立接缝压力。由于接缝压力的作用,熔化的部分随材料冷却,温度下降并重新连接,使两个部件闭合成为一个整体。因此,温度、加热时间和接缝压力是热熔连接的三个重要因素。热熔连接后的PP-R管接头剖面如图3-99所示。

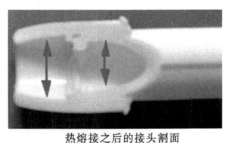

热熔接之后的接头割面

图3-99　热熔接头的内部结构

二、PP-R管的规格

由于PP-R管采用承插式连接,即管子直接插入管件的承插孔内,所以PP-R管材的规格通常用其公称外径 De 表示。有些说明书及规范上也称其为"公称直径",其实也是指的外径,但要注意与钢管的公称直径的区别。其他采用承插方式连接的塑料管,如UPVC管也是采用其外径来表示粗细规格的。

如图3-100所示,PP-R管的内径 D 与外径 De 的关系为:$D = De - e$,其中 e 为管子的壁厚。

图3-100　公称外径

在选用管子时,相同公称外径的管子,耐压程度越高,管子的壁厚 e 越厚,管子的实际内径 D 就越小,有可能会造成水头损失或管道内水的流速过快。

三、PP-R 管件

PP-R 管采用承插式热熔连接,管材组成管道的连接过程完全靠各种 PP-R 管件来实现。管道工应该对 PP-R 管件种类和规格比较熟悉。

按管件的作用进行划分,PP-R 管件可以大致分为两大类:①满足管道的形状变化和粗细变化的管件,这类管件所有连接口都与管材直接连接;②满足各种给水附件或配件接入的管件,如水龙头、水表等的接入。这类管件上至少有一个接口是金属丝扣接口。我们把第一类 PP-R 管件称为塑料管件,把第二类 PP-R 管件称为带金属丝口的管件。

1. 塑料管件

塑料管件的类型与钢管件相似,通常包括直通(管箍)、弯头、三通、过桥管、堵帽等。实现管子的接长、转弯、分支以及平面内的交叉避让等常见的连接要求。管件的所有接口都是热熔接口,都与管材直接相连。直通、弯头、三通都有等径和异径的区分。但 PP-R 管件中没有"补芯",只有大小头。图 3-101 所示为各种常见 PP-R 管件在管道上的应用实例。

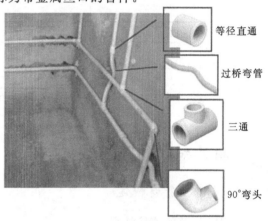

等径直通

过桥弯管

三通

90°弯头

图 3-101　PP-R 管段中的塑料管件使用情况

2. 金属丝口管件

这类 PP-R 管件的作用主要是作为管道中需要接入其他给水或是控制附件,如水龙头、三角阀等使用的,一般这类附件的连接口采用丝扣接口的比较多,所以这类管件的接口中有一个是金属丝扣接口。金属丝扣管件也可以作为 PP-R 管与其他不同材质管道(如钢管)相连接的接入口。

这类管件的种类包括:直通、弯头、三通。

金属丝扣管件的金属丝扣接口的材质应该是采用铜合金,并进行表面镀铬处理,接口形式都有内丝口和外丝口两种,如图 3-102 所示为内丝口弯头,如图 3-103 所示为外丝口弯头,所以 PP-R 管件使用时非常方便。

图 3-102　PP-R 管件—内丝弯头

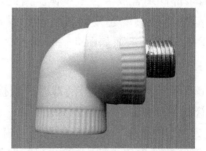

图 3-103　PP-R 管件—外丝弯头

3.4.2 PP-R 管材连接工具

一、切断工具

PP-R 管材的切断工具形式很多,如图 3-104 所示。为了得到整齐垂直轴线的端口,推荐使用管剪和专用割刀。小管径的管子采用管剪比较方便,大管径的管子采用专用割刀比较方便,使用管剪切断的管子端口,为了保证一定的圆度,可以使用塞入式整圆器进行正圆。

  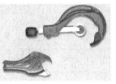 

壁纸刀 　　　　　　　　　手工钢锯 　　　　　　　　　整圆器

图 3-104　PP-R 管材的切断和整圆工具

二、热熔工具

PP-R 管的热熔工具分为手持式和台车式两类,一般小管径的 PP-R 管材的热熔连接使用如图 3-105 所示的手持式热熔机进行,大管径的管子使用如图 3-106 所示的热熔机进行。

热熔机是利用各种不同规格的熔接模头来加热管材和连接管件的,通常热熔机中都配套了一组常用的模头。

1.手持式热熔机

如图 3-105 所示为手持式热熔机,热熔机使用的电源为 220V 交流电。打开电源后调整调温旋钮,PP-R 管的热接温度为(255~270℃)。此时电源指示灯亮,温度指示灯也亮,说明此时热熔接头部分的温度较低,没有达到热熔连接的操作温度。当热熔机上的温度灯灭了以后,热熔接头的温度达到规定温度后才可以进行热熔操作。

手持式热熔机加热时可以放置在支架上进行,在实际操作时也可以从支架上取出,便于各种操作位置。热熔机一般由一个加热装置和一组热熔模具组成,每一种热熔模具只能加热一种规格的管材和管件。使用时要注意选择与需要热熔连接的管材规格相同的加热模具。

2.台座式热熔机

如图 3-106 所示为台座式热熔机,该机适合大管径的 PP-R 管的连接。连接原理与手持式热熔机原理相同,只是加热管材和管件时靠机器上的机构来完成,加热完成后的管材往管件里的插入也依靠机构完成。

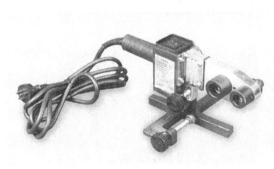 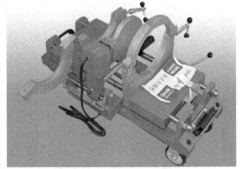

图 3-105　手持式热熔机 　　　　　　　　　图 3-106　台车式热熔机

3.4.3　PP-R 管的连接

一、热熔连接的工艺参数

PP-R 管材的热熔连接,欲使其接口达到相应质量标准,需要满足的条件如下:

（1）热熔温度。PP-R管材的热熔温度为270℃，热熔连接操作时一定要保证温度准确。

（2）插入深度。各种不同规格管件的熔接深度如表3-7所示。

表3-7　PP-R管材的熔接深度

公称外径(mm)	20	25	32	40	50	63	75	90	110
熔接深度(mm)	14	16	20	21	22.5	24	26	32	38.5

（3）加热时间和加工时间。

PP-R管材在热熔连接时要保证一定的加热时间。在加热完成后进行插入连接时的时间为加工时间。各种不同规格的PP-R管材的加热时间和加工时间以及冷却时间如表3-8所示。

表3-8　PP-R管材的熔接操作时间

公称外径(mm)	20	25	32	40	50	63	75	90	110
加热时间（秒）	5	7	8	12	18	24	30	40	50
加工时间（秒）	4	4	6	6	6	8	10	10	15
冷却时间（分钟）	3	3	4	4	5	6	8	10	12

注意：若环境温度小于5℃，加热时间应延长50%。

二、PP-R管的连接操作

（1）切割管材。使用管剪或割刀对PP-R管材进行切断，如图3-107所示，注意切口的断面要与轴线垂直。

 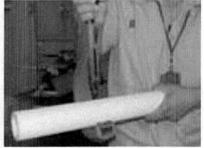

（a）

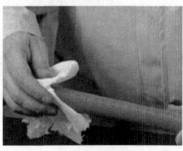 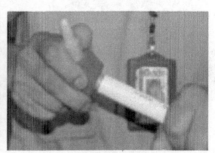

清理切口　　　　　　　　用整圆器整圆

（b）

图3-107　PP-R管材的切断

(2)清洁管材与管件。热熔连接前,要对 PP-R 管的端口进行清洁,避免其表面沾染油污,并使用整圆器进行管口整圆。如图 3 - 108 所示。

清理切口　　　　　　　　　　　用整圆器整圆

图 3 - 108　管口的处理

(3)标绘出热熔深度。用钢直尺、铅笔在测量管子的插入深度时做上标记,如图 3 - 109 所示。

图 3 - 109　测量管子的插入深度

(4)热熔工具加热。将与被焊接的管子及管件规格相符合的加热头装到焊接机上,接通电源(单相 220 V±22V,50Hz),升温约 6min,焊接温度控制在约 260℃,等工作温度指示灯亮了方可开始操作。

(5)加热管材与管件。无旋转地把管端导入加热套内,插入到所标志的深度,同时无旋转地把管件推到加热头上,达到规定标志处。加热时间应满足表 3 - 9 的规定(也可按照热熔工具生产厂家的规定)。熔接弯头或三通时,按设计图纸要求注意其方向,在管件和管材的直线方向上用辅助标志标出其位置。

(6)熔接。达到加热时间后,立即把管材与管件从加热套与加热头上同时取下,将加热后的管子迅速无旋转地沿轴线均匀压入管件的内口中,直到管身上到所标深度,使接头处形成均匀凸缘。如图 3 - 110 所示。在表 3 - 9 中规定的加工时间内,刚熔接好的接头还可校正,最大可容许 10°的校正角度,但严禁旋转。热熔连接的管道,进行水压试验的时间应在热熔连接 24 小时后进行。

图 3-110　PP-R 管材的热熔连接操作

 思考题

 1. PP-R 管材有哪些特点？

 2. PP-R 管材采用什么参数表示粗细？如何进行连接？

 3. PP-R 管材的热熔连接如何操作？

 4. PP-R 管件有哪些种类？在进行热熔连接时如何选用？

 5. PP-R 管材进行热熔连接时有哪些重要的操作参数？这些参数如何选择？

任务 3.5　铝塑管管段的安装

任务介绍

  复合性管材是指采用金属和塑料两种不同性质的材料组合在一起生产的管材,常用的复合性管材有铝塑管和钢塑管。本任务主要介绍铝塑复合管的特点、规格、管件及安装操作方法。通过本任务的学习,操作者能够按照施工图纸的要求设计连接,完成铝塑复合管的加工和组装。

任务目标

 1.知识目标

 (1)熟悉铝塑复合管的特点、规格及管件；

 (2)掌握铝塑复合管的弯曲、切断、连接的加工工艺。

 2.能力目标

 (1)能够使用工具进行铝塑复合管的相关工艺操作；

 (2)完成图 3-111 中铝塑复合管的安装。

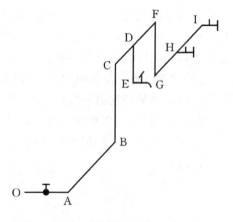

图 3-111　铝塑复合管管段示意图

知识分布网络

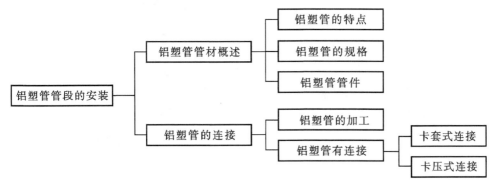

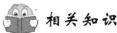 **相关知识**

3.5.1 铝塑管管材概述

一、铝塑复合管的特点

铝塑复合管(PAP 管)是中间层采用焊接铝管,外层和内层采用中密度或高密度聚乙烯或交联高密度聚乙烯,经热熔胶粘合而形成的一种复合材料型的管道,铝塑复合管的结构如图 3 - 112 所示。

铝塑管除具有塑料管材的特点外,其本身还具有金属管的特点。由于其中间夹层是铝皮,铝塑管可以任意弯曲,并保持弯曲后的形状。所以铝塑管广泛应用于给水设备的接入管、燃气和采暖管道中。

1.铝塑管的优点

(1)铝塑管可以在一定范围内随意弯曲,并且是永久性地弯曲不会反弹。铝塑管通常是以盘状方式供货,这样可以根据管道的需要进行任意裁切,所以管材的利用率高。

(2)抗振动、耐冲击性较好,能有效缓冲管路中的水锤作用,减少管内水流噪音。

(3)由于它具有良好的弯曲性能,其弯曲时可吸收管材的反弹能力。所以使用铝塑管时可以不用考虑由热胀冷缩带来的管道变形。铝塑管的弯曲操作也非常方便。

(4)管道的连接完全是利用专用的铝塑管接头来完成的。管材和连接管件的连接方式较为先进,操作简便,施工时间短,效率高。

2.铝塑管（PAP 管）的缺点

由于铝塑管是复合结构,塑料和铝材的膨胀系数不同,在温度反覆变化的环境中工作容易过早失效,所以铝塑管不能直接用于室外。同时由于其内外层都是塑料(聚丙烯),所以它具有塑料管材的缺点,即容易被有机溶剂腐蚀、受阳光照射后容易老化。所以铝塑管不能用于室外明敷,不能用于酒精、汽油以及氯化氢气体的输送。

铝塑管是利用连接管件组成管道的,如图 3 - 113 所示,在它的接头部位有效截面发生突变,连接管件内的管径变得非常细,会产生很大的水头损失。使用铝塑管时应避免由于管件使用太多而造成管道的压力损失太大,从而对正常供水产生不利的影响。

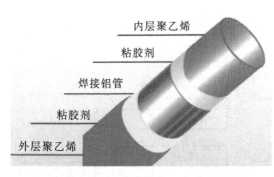

图 3-112　铝塑复合管的结构

内部有效管径变得很细

图 3-113　铝塑管接头内部结构

二、铝塑管的规格

（1）铝塑管（PAP 管）的规格通常用公称外径 De 表示，即管道最粗的地方。常用的有 12～75mm 等十多种规格。

（2）小管径的铝塑复合管管材通常为盘卷包装。每盘的长度随管材的粗细不同，通常为 200m。

（3）铝塑复合管常用外观颜色表示其不同的用途。通常按其用途不同进行分类，有如下四种颜色：

①冷水用普通型铝塑复合管，采用的颜色为白色，工作温度小于或等于 60℃。

②热水用耐温型铝塑复合管，采用的颜色为橙红色，工作温度小于或等于 95℃。

③燃气专用型的铝塑复合管，采用的颜色为黄色，工作温度小于或等于 40℃。

④特种流体用的铝塑复合管，采用的颜色为红色，工作温度小于或等于 60℃。

在选用铝塑管的时候，要注意耐温型铝塑复合管可以替代普通型铝塑复合管，但反过来则不被允许，即热水管可以代替冷水管，但冷水管不能代替热水管。

三、铝塑管管件

采用铝塑管组成的管道中，管道中各处的连接要求都是通过各种专用管件来实现的。按铝塑管和管件之间的连接原理可以将管件划分为卡套式和卡压式铝塑管。

目前国内采用卡套式连接管件的较多，采用卡压式的较少。这主要是因为卡压式连接需要液压驱动的工具，国内这类工具比较昂贵。卡套式连接的操作工具简单易得。下面以卡套式管件为例作以介绍。

铝塑管卡套式连接管件按其作用分为两类：①连接铝塑管的管件，这类管件的所有接口都与铝塑管连接，这类管件是组成管道系统的主要管件。②接入附件的管件，这类管件的所有接口中至少有一个螺纹接口，这样可以在铝塑管的管道系统中接入水龙头、三角阀、水表等配水附件。

1.连接铝塑管的管件

这类管件的所有接入口都是卡套口，都是与铝塑管直接相连的。管件的类型与钢管件相似，包括常见的直通、大小头、弯头、三通等。如图 3-114 所示为卡套口三通，如图 3-115 所示为卡套口管箍，如图 3-116 所示为卡套口弯头。

图 3-114　铝塑管管件(三通)

图 3-115　铝塑管管件(直通)

图 3-116　铝塑管管件(弯头)

图 3-117　铝塑管管件(外丝三通)

2. 丝口铝塑管管件

这类管件的所有接入口中除卡套口外,至少有一个丝扣接口。这类管件都是作为各种给水附件的接入或是其他管材的管道(如钢管)与铝塑管连接时使用的。

管件的类型也包括常见的直通、大小头、弯头、三通等。只是每一种管件上都有一个丝扣接口。丝扣接口的形式有内丝口和外丝口,如图 3-117 为外丝口的三通,图 3-118 为外丝口直通,图 3-119 为内丝口直通,图 3-120 为外丝口弯头,图 3-121 为内丝口弯头。

图 3-118　铝塑管管件
(外丝直通)

图 3-119　铝塑管管件
(内丝直通)

图 3-120　铝塑管管
件(外丝弯头)

图 3-121　铝塑管管
件(内丝弯头)

3.5.2　铝塑管的连接

一、铝塑管的加工

1. 铝塑管的切断

铝塑管的切割可以使用如图 3-122 所示的工具进行,一般推荐使用专用管剪。大口径的管子可以用割刀切割,也可采用钢锯进行切割。无论采用那种切割方式,均要求切口平滑以及切口平面与管子表面垂直。

专用管剪（厂家推荐）　　　　　　　　　钢锯（用细齿锯条）

图 3-122　铝塑管的切断工具

铝塑管切断后，为了便于连接。切口要求用如图 3-123 所示的整圆器和铰刀进行整圆。

（a）铰刀　　　　　　　　　　　（b）整圆器

图 3-123　铝塑管管口整圆

2.铝塑管的弯曲

铝塑管可以直接用手弯曲,但弯曲半径不能小于管子外径的 5 倍,如表 3-9 所示。弯曲方法是将弯管弹簧塞入管道,送至弯曲处,在该处用手加力缓慢弯曲,成型后抽出弹簧。管子弯曲处必须离接头或管件 20mm 以上,不得以管件或接头作为支点进行弯曲,如图 3-124 所示。

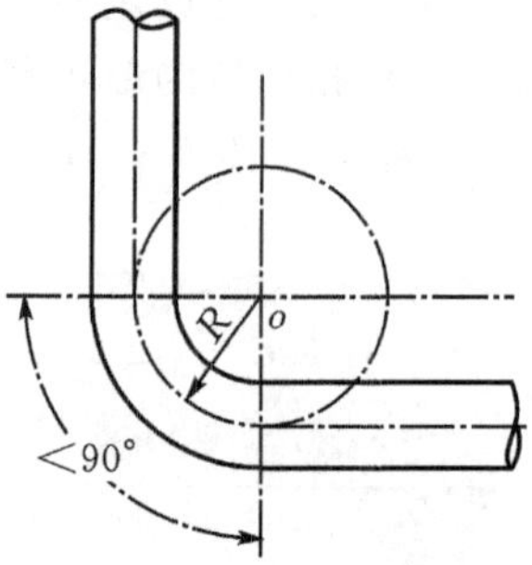

图 3-124　铝塑管的弯曲

表 3-9　铝塑管的弯曲半径

铝塑管的规格（mm）	弯曲半径 R	
	$R<5D$	$R\geqslant 5D$
⌀8 至 ⌀25	弯头连接	直接弯曲
⌀32 至 ⌀125	弯头连接	

二、铝塑管的连接

1.卡套式连接

卡套式管件的应用非常普遍。这种连接施工操作起来,使用普通的活扳手即可,不必采用特殊的工具,安装成本较低。所以这种连接管件在目前的给排水及气体管道中的应用较为广泛。

（1）卡套式管件的结构。

卡套式管件连接体的结构如图 3-125 所示。连接时按照图中的顺序将"连接螺母"和"C型压紧环"套在铝塑管上。按图中箭头的方向插进接头本体的铜塞头上,插入后,用扳手旋紧连接螺母即可。

（2）卡套式连接的操作。①首先用切割工具将管子截断。在切割时一定要保证切口的平滑以及切口平面与管身的垂直。

②先将螺母套入铝塑管，然后套入 C 型卡环，如图 3－126 所示。

③使用铝塑管专用的整圆器垂直插入管口，来回转动，将管口整圆。注意不要左右摆动，以免将管口扩大。

④整圆后将连接管件上带密封圈的金属内芯塞入铝塑管内腔。插入时一定要将金属内芯完全插入，两个密封圈完全插入铝塑管内。并将 C 形环沿着铝塑管移至连接管件口处，将连接螺母与连接管件上的外螺纹旋紧。如图 3－127 所示。

⑤用两把活扳手咬住管件和连接螺母的外六角部位，使劲拧紧，如图 3－128 所示，即可完成连接。

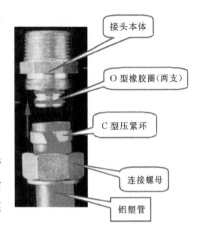

图 3－125　铝塑管连接原理

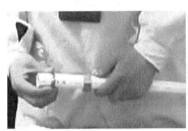  

图 3－126　套入紧固螺母和 C 形圈　　图 3－127　塞入管件接头　　图 3－128　旋紧操作

（3）套式连接操作中的注意事项。

①为了保证切割出的切口与管子垂直，因此在切割时使用的工具一定要与管子轴线垂直。如图 3－129 所示，当采用管剪切割时，图 3－129（a）的操作是正确的，而图 3－129（b）的操作是不正确的。因为剪子未与管子垂直，不能保证切口平面与管子垂直。

（a）操作正确　　　　　　　　（b）操作错误

图 3－129　铝塑管切断操作的注意事项

②在拧紧连接螺母的过程中，不能让铝塑管承受扭矩。这样做会导致连接的失败，并可能会使管材失效。铝塑管是不能扭动的。如图 3－130（a）的做法是正确的。拧螺母时应使用两把扳手，可以让铜制的连接件承受扭矩，如图 3－130（b）的做法是错误的。螺母一定要旋紧，不能有螺纹外露。禁止使用管钳替代扳手。

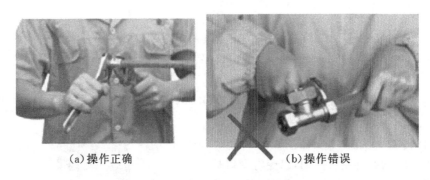

(a)操作正确　　　　　　　　(b)操作错误

图3-130　铝塑管旋紧操作的注意事项

2.卡压式连接

卡压式管件有些厂家也称之为钳压式管件,这种连接件主要应用于压力较高的管路中。连接件一般由生产管材的厂家提供。由于这种连接管件必须由管材的生产厂家提供,相应的连接件的价格较高,所以使用这种连接方式的施工成本较高。

(1)卡压式连接管件。卡压式连接管件的结构如图3-131所示。一般都是利用不锈钢套筒作为压紧铝塑管的元件。

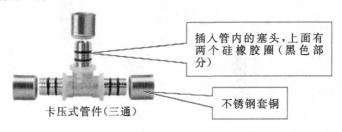

插入管内的塞头,上面有两个硅橡胶圈(黑色部分)

卡压式管件(三通)

不锈钢套铜

图3-131　铝塑管卡压式连接原理

(2)卡压式连接的操作。卡压式连接的操作过程如3-132所示。

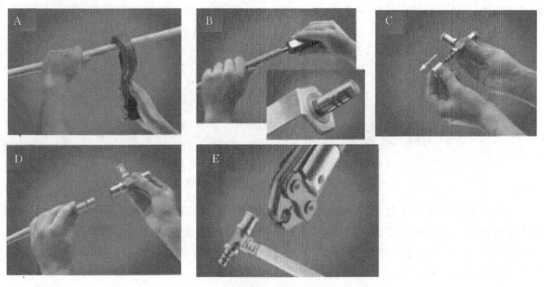

图3-132　铝塑管卡压式连接操作过程

①按相应的尺寸截取管材,如图 3-132 中的(A)所示。本例中使用的是专用切管器。割口一定要平滑且切口平面要与管身垂直。

②如图 3-132(B)所示,利用整圆器仔细调整管子割口的圆度。

③如图 3-132(C)所示,从卡压连接件上取下不锈钢套管,并将套管套在铝塑管上。

④如图 3-132(D)所示,将套了不锈钢套管的铝塑管插进连接件的带有密封橡胶圈的塞头。套了套管的铝塑管要一插到底。

⑤如图 3-132(E)所示,用图 3-132 所示的卡钳,将套管挤压成形。

这种卡压式管件在施工的时候安装速度快,接头的密闭效果好,但是需要专门的工具和连接件,并且不同厂家的连接件的互换性不好,连接件的成本较高,目前在室内给水系统中的应用较少。

思考题

1. 铝塑管管材的结构和材质有哪些特点?

2. 铝塑管管材采用什么参数表示粗细?

3. 铝塑管管材的连接方式有哪些? 如何进行操作?

4. 铝塑管如何进行切断和弯曲?

5. 铝塑管管件有哪些种类? 在进行连接时如何选用?

6. 铝塑管在进行卡套式连接操作时有哪些影响连接质量的注意事项?

任务 3.6 排水管道及卫生设备的安装

任务介绍

排水管道及卫生设备的安装是管道工应该掌握的必备技能之一。本任务主要介绍室内排水系统、UPVC 排水管材的安装及常用卫生设备的安装等基本知识,通过本任务的学习,操作者能掌握及常用卫生设备的安装技能。

任务目标

1. 知识目标

(1)了解室内排水系统的组成及排水管道的安装要求;

(2)掌握 UPVC 排水管材的安装基本操作要点;

(3)了解常用卫生器具及其安装要求;

(4)掌握常用卫生器具的安装基本操作要点。

2. 能力目标

(1)能正确进行 UPVC 排水管材的安装操作;

(2)能正确进行常用卫生器具的安装操作。

知识分布网络

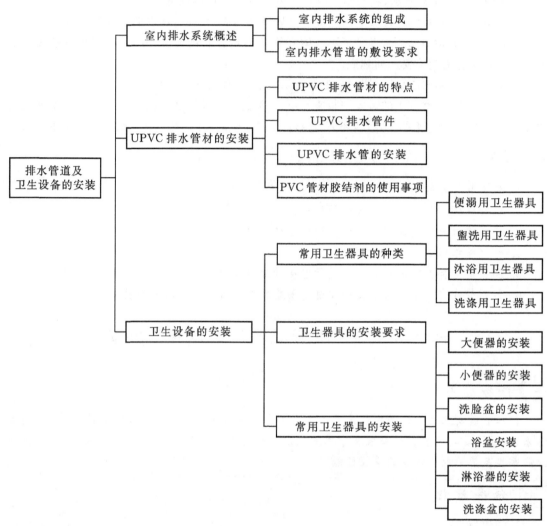

 相关知识

3.6.1 室内排水系统概述

重力式排水系统如图3-133所示,大便器、洗涤盆、浴盆等卫生器具产生的污水通过排水支管流入排水横管内,排水横管有一定的坡度,使管内污水顺着坡度方向流入立管中。立管的上部穿透屋顶与大气连通,可以随时调整排水立管内由于污水的流动而产生的气压不平衡问题。立管的下部是排出管,污水最后顺着排出管排入到室外污水管网中。

一、室内排水系统的组成

室内排水系统由污水收集器、室内排水管道系统、排出管、通气管、清通设备以及某些特殊设备组成。

1. 污水收集器

污水收集器是产生污水的地方,同时也是排水系统与给水系统相互交汇的地方。室内排水系统中主要是一些卫生器具,主要包括:①便溺用卫生器具:大便器、小便器等。②盥洗、淋浴用卫生器具:洗面盆、盥洗槽、浴盆、妇女卫生盆等;③洗涤用卫生器具:洗涤盆(水槽)、污水盆、托布池、地漏等。

2. 室内排水管道系统

(1)排水支管。卫生器具下面直接与排水横管相连接的部分称为排水支管。通常排水支管上应设有水封装置即存水弯(P 型弯或 S 型弯),在内部产生水封,以防止排水管道中的有害气体进入室内,如图 3-134 所示。

(2)排水横管。排水横管在安装时,应该具有有一定坡度,并坡向排水立管。排水横管应尽量不拐弯,直接与立管相连。排水横管与排水立管连接处应采用斜三通或顺流三通,以防止堵塞。

(3)排水立管。连接排水横管的竖直方向排水管的过水部分称为排水立管。排水立管一般在墙角明装,应设置在靠近排水量大的排水点处。

(4)排出管。排出管是室内污水的出户管,是室内排水系统与室外排水系统的连接管道。排出管与室外排水管道连接处应设置排水检查井,如图 3-133 所示,即为穿出墙体的排出管。

(5)通气管。排水立管上部的不过水部分(垂直管道),通常被称为通气管。通气管在设置时,应伸出顶层屋面 0.3 米以上。通气管的伸出高度应该大于当地的最大积雪厚度,如图 3-133 所示。

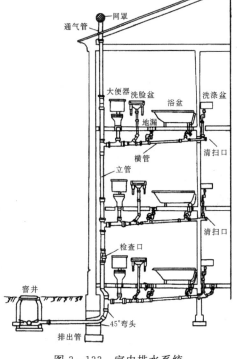

图 3-133 室内排水系统

P 形承插存水弯   S 形承插存水弯

图 3-134 排水支管的存水弯

通气管起着非常重要的作用,主要是向排水管道中补充空气,调整管内的气压平衡,减少排水管道内气压变化幅度,防止卫生器具水封破坏;同时使室内外排水管道中散发的臭气和有害气体能排到大气中去;减轻管道内废气锈蚀管道的危害。

二、室内排水管道的敷设要求

室内排水管道布置与敷设的总原则是:力求管线短而直,使污水以最佳的水力条件快速排泄至室外;不得影响和妨碍房屋及其室内设备的功能和正常使用;管道牢固耐用,不裂不漏,便于安装和维修;还要满足经济和美观的要求。

1.排水支管

卫生器具的排水支管应用弯头或三通与排水横支管连接。当用三通连接时,应采用45°三通或90°斜三通,尽量少用T型三通。除卫生器具本身设有水封外(通常坐便器下面的排水支管上不设存水弯),排水支管上应装设存水弯。

坐式大便器下的排水支管没有存水弯,因此,如要将坐便器改成蹲便器的话,需要将下面的排水支管也作修改。

2.排水横管

在室内排水系统中,排水横管的坡度是排水管道工程施工中的重要参数。这是因为通常的排水系统属于重力排水的缘故。横管的坡度和坡向是管内污水的排放动力。常用的室内排水管道中的横管的排水坡度如表3-10所示。

表3-10 室内排水管道中的横管的排水坡度

管径(mm)	标准坡度	最小坡度	管径(mm)	标准坡度	最小坡度
50	0.035	0.025	125	0.015	0.010
75	0.025	0.015	150	0.010	0.007
100	0.020	0.012	200	0.008	0.005

为了便于污水顺利地排入立管,排水横管不能拐90°的弯。如必须拐弯应考虑拐135°以上的弯。

3.排水立管

排水立管应布置在污水杂质最多、污物浓度最大、排水量最大的排水点处,以使排水横管最短,使污水尽快排出。一般设置在靠近大便器附近。

排水立管一般在墙角、柱角或沿墙、柱明装敷设。

排水立管与排出管端部的连接宜采用两个45°弯头或弯曲半径不小于4倍管外径的90°弯头,如图3-135所示。

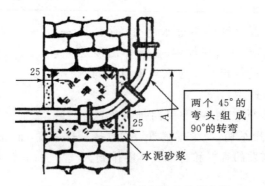

图3-135 排水立管与排出管的连接

4.通气管

通气立管不得接纳器具污水、废水和雨水。通气管必须伸出屋面不小于0.3m,且必须大于最大积雪厚度。在经常有人停留的平屋上,通气管应高出屋面2.0m。通气管顶端应设风帽或网罩,以防杂物落入管内。

5.检查口和清扫口

(1)检查口。立管上检查口中心距离地面一般为1m,并应高出该层卫生器具上边缘150mm。检查口安装的方向应以清通方便为准。

(2)清扫口。安装有大便器的排水横管上要设置清扫口,清扫口应与地面相平。图3-136所示为清扫口设置在横管起点处的安装形式,图3-137所示为清扫口设置在横管中间的安装形式。

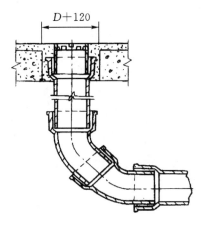

图3-136　端部清扫口

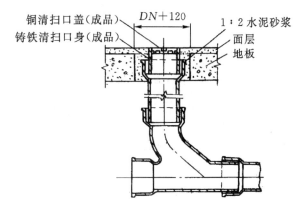

图3-137　中部清扫口

3.6.2　UPVC排水管材的安装

目前在建筑排水管道的安装中,硬聚氯乙烯(UPVC)管以其质量轻、连接安装简单、省时省力的特点获得了广泛地应用。在一般的民用建筑中已经基本取代了传统的铸铁管。

一、UPVC排水管材的特点

硬聚氯乙烯(UPVC)管的抗腐蚀能力远高于铸铁管,但不能抵抗90%以上浓度的硫酸、脂肪酸、甲苯、乙醚的腐蚀,若将硬聚氯乙烯(UPVC)管误用于含以上溶剂的场合,将不可避免出现腐蚀老化现象。因此,硬聚氯乙烯(UPVC)管用于某些特殊场合时,要考虑其抗腐蚀适用性、不可与浓硫酸、脂肪酸等长期接触,以免腐蚀破坏。硬聚氯乙烯(UPVC)管对温度较敏感,耐热性能比铸铁管差,一般只用于连续排放温度低于40℃,瞬时排放温度不高于80℃的场合。若超过此限,材料的分子结构在高温状态下易失去稳定,结合键破坏,从而加速材料的老化,影响其使命寿命。

同时硬聚氯乙烯(UPVC)管的施工一般都是以胶结剂的粘接为主。在高温下胶结剂的接头也会出现开缝渗漏的现象,因此,在温度较高的场合,目前还是使用铸铁管。

二、UPVC排水管件

UPVC排水管道的连接管件将直管段连接起来组成管路。连接方式主要是承插连接,接口处用胶结剂进行粘接。

如图3-138所示的为常用UPVC管的排水管件。

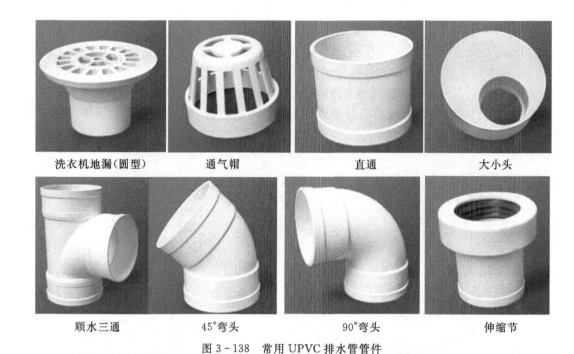

| 洗衣机地漏(圆型) | 通气帽 | 直通 | 大小头 |

| 顺水三通 | 45°弯头 | 90°弯头 | 伸缩节 |

图 3-138　常用 UPVC 排水管管件

三、UPVC排水管的安装

1.管材的截断

截断时可以利用钢锯或是专用割刀进行,截断时要注意切口一定要与管身垂直。

2.管口的清理加工

用锉刀或刮刀除掉断口内外飞刺,外锉出15°角,如图3-139所示。用棉布将承插口需粘接部位的水分、灰尘擦拭干净,如有油污需用丙酮除掉。

3.试插

在进行最后的粘接前将管材插入管件的承插口,进行试验。实际观察组装后的实体管段与现场的吊架位置及各个预留洞口的位置是否吻合、能否满足安装要求。确定每个插口处管材的插入深度,并用铅笔在管材表面绘出插入深度的记号,以便最后粘接时使用。插入深入如表3-11所示。粘接部分的表面不能有灰尘和水分,抹胶前务必进行检查和处理。

表 3-11　承插粘接插入深度(mm)

管子公称外径	管端插入承口深度	管子公称外径	管端插入承口深度
40	20～25	110	43～48
50	20～25	125	45～51
75	35～40	160	50～58
90	40～45		

4.抹胶

抹胶时最好用专用鬃刷,当采用其他材料的刷子时,应防止刷子本身与胶粘剂发生化学作用,刷子宽度一般为管径的$\frac{1}{3}\sim\frac{1}{2}$。涂刷胶水时动作应迅速。

抹胶时一般先涂刷管件上的承口,如图 3 - 140 所示;再涂刷承插管材的表面。如图 3 - 141所示。

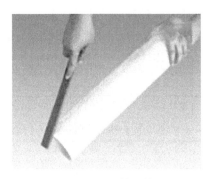

图 3 - 139 UPVC 管的管口处理

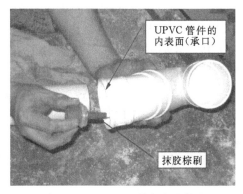

图 3 - 140 UPVC 管件内壁抹胶

5.粘接

胶粘剂涂刷结束应将管子立即插入承口,轴向需用力准确,并稍加旋转,注意不可弯曲。如图 3 - 142 所示。

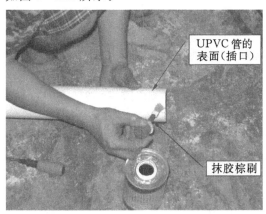
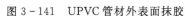

图 3 - 141 UPVC 管材外表面抹胶

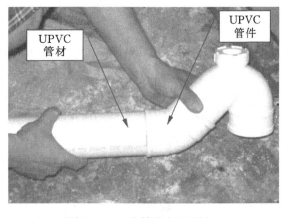

图 3 - 142 涂抹胶水后的插入

因插入后一般不能再变更或拆卸。管道插入后应扶持 1～2min 再静置以待完全干燥和固化。110mm、125mm 及 160mm 管因轴向力较大,应两人共同操作。连接后,多余或挤出的胶粘剂应及时擦除,以免影响管道外壁美观。

管道粘接后建议静置时间按如表 3 - 12 所示。

表 3 - 12 UPVC 管的粘接时间

环境温度	静置时间
15～40℃	至少 30min
5～15℃	至少 1h
−5～15℃	至少 2h
−20～5℃	至少 4h

四、PVC 管材胶结剂的使用事项

粘接 PVC 管用的胶结剂中都含有对人体有害的有机溶剂成分,易燃易爆,易挥发。使用中要注意保持施工现场的通风良好,远离明火。使用后应随时封盖。冬季施工进行粘接时凝固时间将延长。为了保证施工的质量最好选择合格厂家的产品或是由管材原厂提供的产品。

抹胶时如过量使用粘接剂,粘接剂中的有机溶剂会对管材管件产生过度溶胀作用,使材质软化而出现管道粘接连接处鼓泡、破裂渗水、管材管件变形等问题。因此粘接连接时用胶量应适量。应根据气候、地理位置不同,涂刷不同剂量的粘接剂。粘接剂标准用量如表 3 - 13 所示。

表 3 - 13　UPVC 管的粘接剂用量

管材外径(mm)	20	25	32	40	50	63	75	90	110	125	160
粘接剂用量(g/个)	0.4	0.58	0.88	1.31	1.94	2.93	4.10	5.73	8.43	10.75	17.28

3.6.3　卫生设备的安装

一、常用卫生器具的种类

卫生器具是用来满足日常生活中各种卫生要求,收集和排除生活及生产中产生的污废水的设备,它是建筑给水排水系统的重要组成部分。

卫生器具按其用途可分为以下四类。

1.便溺用卫生器具

便溺用卫生器具用来收集和排出粪便污水。便溺用卫生器具包括便器和冲洗设备两部分。

(1)大便器。常用的大便器有坐式大便器、蹲式大便器和大便槽三类。

①坐式大便器。坐式大便器有连体式和分体式两种常见形式,如图 3 - 143 和图 3 - 144 所示。目前连体式坐式大便器的应用较为广泛。连体式坐式大便器的冲洗水箱与便池是连为一体的,所以在安装过程中不用考虑水箱的固定安装。冲洗设备一般为低水箱或延时自闭冲洗阀。坐式大便器多装设在住宅、宾馆或其他高级建筑内。

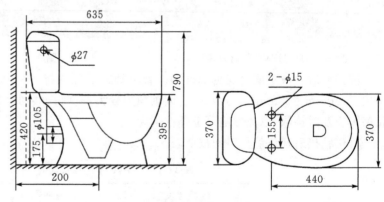

图 3 - 143　分体式坐式大便器安装图

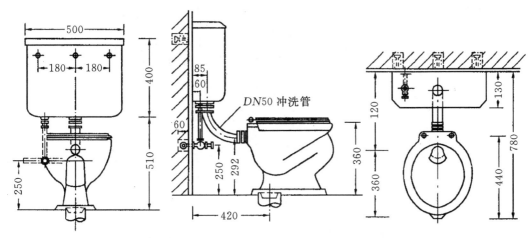

图 3-144　分体式坐式大便器安装图

②蹲式大便器。

蹲式大便器如图 3-145 所示,有自带存水弯、不带存水弯和自带冲洗阀、不带冲洗阀、水箱冲洗等多种形式。使用蹲式大便器时可避免某些因与人体直接接触引起的疾病传染,所以多用于集体宿舍、学校、办公楼等公共场所中。

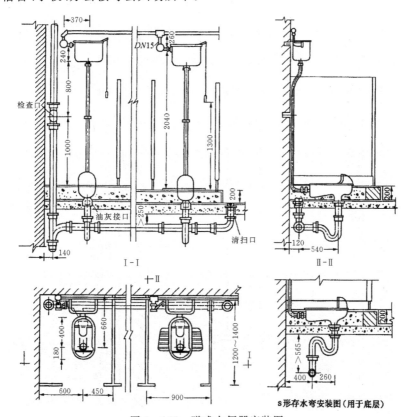

图 3-145　蹲式大便器安装图

蹲式大便器多采用高位水箱或延时自闭式冲洗阀进行冲洗,延时自闭冲洗阀可采用脚踏式、手动式、红外线数控式等多种开启方式,可根据不同场合选取。

蹲便器有无挡和有挡之分,一般与高位水箱配套。如图 3 - 146 所示。

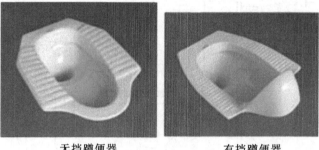

无挡蹲便器　　　　　　　有挡蹲便器

图 3 - 146　蹲式大便器的形式

③大便槽。大便槽一般用于建筑标准不高的公共建筑或公共厕所内,其优点是设备简单、造价低。从卫生观点评价,大便槽受污面积大、有恶臭且耗水量大、不够经济。大便槽可采用集中冲洗水箱或红外数控冲洗装置冲洗。

(2)小便器。小便器设在机关、学校、旅馆等公共建筑的男卫生间内,用以收集和排除小便的便溺用卫生器具,多为陶瓷制品。小便器有挂式、立式和小便槽三类,见图 3 - 147。其中立式小便器用于标准高的建筑中,多为成组设置;挂式小便器悬挂在墙壁上,多采用手动启闭截止阀冲洗。

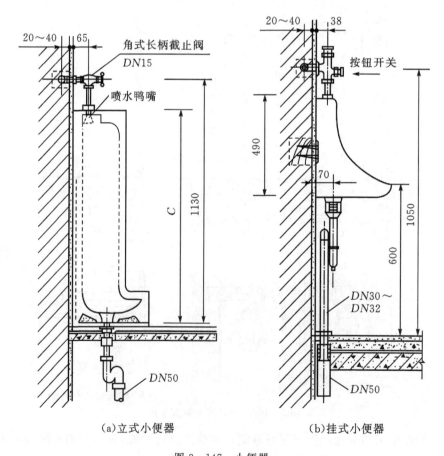

(a)立式小便器　　　　　　(b)挂式小便器

图 3 - 147　小便器

小便槽具有建造简单、经济、占地面积小、可供多人同时使用等特点,常用于工业企业、公共建筑和集体宿舍的男厕所中,多采用自动冲洗水箱通过多孔管冲洗。

(3)冲洗设备。冲洗设备有冲洗水箱和冲洗阀两种。冲洗水箱按安装高度分高位水箱和低位水箱,高位水箱用于蹲式大便器和大、小便槽,公共厕所宜用自动式冲洗水箱,住宅和旅馆多用手动式;低位水箱用于坐式大便器,一般为手动式。冲洗水箱具有所需流出水头小,进水管管径小,并有足够一次冲洗所需的贮水容量,补水时间不受限制,浮球阀出水口与冲洗水箱的最高水面之间有空气隔断,以防止回流污染。缺点是冲洗时噪音大,进水浮球阀容易漏水。

冲洗阀直接安装在大小便器冲洗管上,多用于公共建筑、工业企业生活间及火车上的厕所内,使用者可以用手、脚或光控开启冲洗阀。延时自闭式冲洗阀由使用者控制冲洗时间(5~10s)和冲洗用水量(1~2L),具有体积小、占用空间少、外观洁净美观、使用方便、节约水量、流出水头较小以及冲洗设备与大、小便器之间有空气隔断的特点。

2.盥洗用卫生器具

盥洗用卫生器具是供人们洗漱、化妆、洗浴用卫生器具,包括洗脸盆、洗手盆、盥洗槽等。

(1)洗脸盆。洗脸盆一般用于洗脸、洗手和洗头,常设置在盥洗室、浴室、卫生间和理发室。洗脸盆有长方形、椭圆形、马蹄形、三角型等形式,安装方式有挂式、台式和立柱式三种,挂式洗脸盆见图3-148。

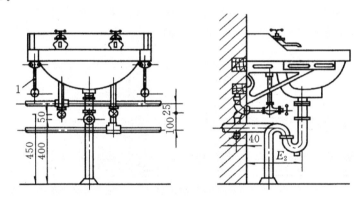

图3-148　挂式洗脸盆

近年来,为了有效地利用空间,住宅使用洗脸化妆台的多了起来,如台式洗脸盆和橱柜为一体的洗脸化妆台与化妆柜等的组合型;带洗脸盆的面板与化妆柜等的组合型。常用的洗脸盆如图3-149所示。

图3-149　常用洗脸盆

(2)盥洗槽。盥洗槽是设在集体宿舍、车站候车室、工厂生活间等公共卫生间内,可供多人同时洗手、洗脸的卫生器具,见图3-150。盥洗槽多为长方形布置,有单面、双面两种,一般为钢筋混凝土现场浇铸,水磨石或瓷砖贴面,也有不锈钢、搪瓷、玻璃钢等制品。

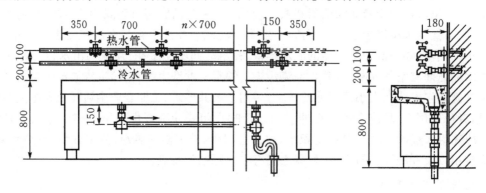

图3-150 盥洗槽

3.沐浴用卫生器具

(1)浴盆。浴盆设在住宅、宾馆、医院等建筑的卫生间内及公共浴室内,它常用搪瓷生铁、水磨石、玻璃钢等材料制成,外形呈长方形、方形、椭圆形。浴盆配有冷、热水龙头或混合龙头,有的还有固定的莲蓬头或软管莲蓬头,见图3-151。

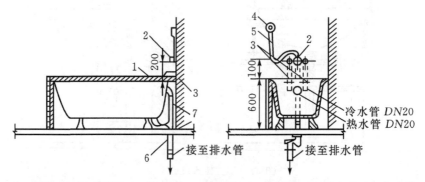

1—浴盆;2—混合阀门;3—给水管;4—莲蓬头;5—蛇皮管;6—存水弯;7—排水管

图3-151 浴盆

随着人们生活水平的提高,开发研制出的浴盆不仅盛热水,而且还带有诸多的附加功能,如对浴缸水进行净化、杀菌、24h恒温、水在浴盆内循环喷流按摩等多种类型。

(2)淋浴器。淋浴器具有占地面积小、设备费用低、耗水量小、清洁卫生和避免疾病传染等优点,因此多用于工厂、学校、机关、部队、集体宿舍的公共浴室,见图3-152。浴室的墙壁和地面需用易于清洗和不透水材料如水磨石或水泥建造,高级浴室可贴瓷砖装饰。

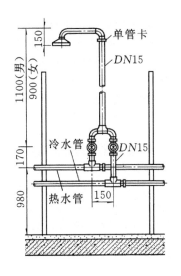
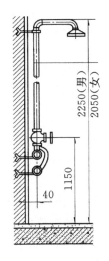

图3-152　淋浴器和淋浴房

4.洗涤用卫生器具

洗涤用卫生器具是用来洗涤食物、衣物、器皿等物品的卫生器具。常用的洗涤用卫生器具有洗涤盆、化验盆、污水盆（池）、洗碗机等。

（1）洗涤盆。洗涤盆是装设在厨房或公共食堂内,供洗涤碗碟、蔬菜、食物之用,见图3-153。根据材质的不同可分为水泥洗涤盆、水磨石洗涤盆、陶瓷洗涤盆、不锈钢洗涤盆,其中陶瓷洗涤盆应用最为普遍。

（2）污水盆（池）。污水盆（池）设置在公共的厕所、盥洗室内,是供洗涤清扫用具、倾倒污废水的洗涤用卫生器具。污水盆多为陶瓷、不锈钢或玻璃钢制品,污水池多以水磨石现场建造,按设置高度来分,污水盆（池）有挂墙式和落地式两类,见图3-154。

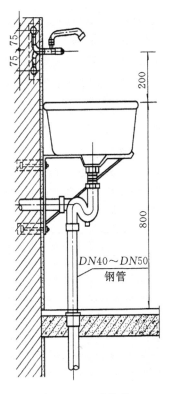

图3-153　洗涤盆

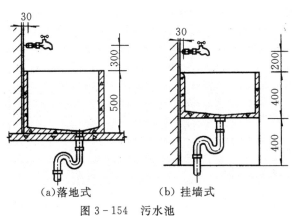

（a）落地式　　（b）挂墙式

图3-154　污水池

二、卫生器具的安装要求

1. 一般安装要求

（1）卫生器具的安装应采用预埋螺栓或是膨胀螺栓来安装固定。

（2）卫生器具的安装高度应符合设计要求，或是符合相应的规范中的规定。

2. 卫生器具配套附件的安装要求

（1）地漏的安装应平正、牢固，低于排水表面，周边无渗漏。地漏水封高度不得小于 50mm。

（2）卫生器具交工前应做满水和通水试验。

（3）卫生器具安装的允许偏差为单独器具±10mm，成排器具±5mm。

（4）有饰面的浴盆，应留有通向浴盆排水口的检修门。

（5）小便槽冲洗管，应采用镀锌钢管或硬质塑料管。冲洗孔应斜向下安装，冲洗水流同墙面成 45°角。镀锌钢管钻孔后应进行二次镀锌。

（6）卫生器具的支、托架必须防腐良好，安装平整、牢固，与器具接触紧密、平稳。

3. 卫生器具给水配件的安装要求

（1）卫生器具给水配件应完好无损，接口严密；启闭部分应灵活、可靠；

（2）卫生器具给水配件安装标高的允许偏差为角阀、水嘴±10mm；淋浴器喷头±15mm。

（3）浴盆软管淋浴器挂钩的高度，如设计无要求，应距地面为 1.8m。

4. 卫生器具排水管道的安装要求

（1）与排水横管连接的各卫生器具的受水口和立管均应采取妥善可靠的固定措施；管道与楼板的接合部位应采取牢固可靠的防渗、防漏措施。

（2）连接卫生器具的排水管道接口应紧密不漏，其固定支架、管卡等支撑位置应正确、牢固，与管道的接触应平整。

（3）连接卫生器具的排水管管径和最小坡度，如设计无要求时，应符合表 3-14 中的规定。

表 3-14　卫生器具排水管的管径和坡度

序号	卫生器具名称		排水管 管径（mm）	管道的最小坡度（‰）
1	污水盆（池）		50	0.025
2	单双格洗涤盆（池）		50	0.025
3	洗手盆、洗面器		32～50	0.020
4	浴盆		50	0.020
5	淋浴器		50	0.020
6	大便器	高低水箱	100	0.012
		自闭式冲洗阀	100	0.012
		拉管式冲洗阀	100	0.012

续表 3 - 15

序号	卫生器具名称		排水管 管径(mm)	管道的最小坡度(‰)
7	小便器	手动冲洗阀	40～50	0.020
		自动冲洗水箱	40～50	0.0200
8	妇女卫生盆		40～50	0.020
9	饮水器		20～50	0.01～0.02
10	家用洗衣机		50	

5. 卫生器具安装的基本技术要求

(1)安装位置的准确性。卫生器具的安装位置是由设计决定的,在一些器具的大致位置而无具体尺寸要求的设计中,常常要现场定位。位置包括平面位置和立面位置。平面位置即距某一建筑轴线或墙、柱等实体的距离尺寸和器具之间的间距;立面位置是考虑使用者的方便、舒适及施工安装时操作容易、维修方便等因素,并尽量做到和建筑布置的整体协调美观。

(2)安装的稳固性。安装中应特别注意支撑卫生器具的底座、支架、支腿等的安装质量,以确保器具安装的稳固。

(3)安装的端正、美观性。卫生器具是室内的固定陈设物。它除了满足人们的使用外,还具有装饰作用,因而安装时除了保证其实用外,还应端正、美观。

(4)安装的严密性。卫生器具是给水系统的末端,又是排水系统的始端,从安装质量的严密性而言,包括两个方面:其一,与给水系统的连接应严密,不得有渗漏;其二,与排水系统的连接处应密封可靠。

(5)安装的可拆卸性。卫生器具在使用过程中难免会被损坏和出现故障,因而安装时应考虑检护、维修、更换的要求。其措施是:卫生器具与给水系统的连接处应安装可拆卸件(三角阀),蹲便器和坐便器与排水系统相连处均应加设便于拆卸的油灰。

(6)铁和瓷的柔性接合及紧固工具的软加力。硬金属与瓷器之间的所有结合处,均应用橡胶垫等,作柔性结合。和器具连接的配件采用螺纹连接时,应先用手拧,再用紧固工具缓慢加力,防止用力过猛损伤瓷器。用管钳紧拧铜质、镀铬的给水配件时,应垫以旧棉布,防止出现管钳加力后的牙痕。

(7)安装后的防护与防堵塞。卫生器具的安装应放在工程的收尾阶段。器具一经安装完毕,应进行有效防护,如切断水源、用草袋覆盖等,还要特别注意各工种间的良好配合,避免人为破坏。

卫生器具安装完毕后,器具的敞开排水口应加以封闭,以防堵塞。地漏常被人用来排除地面污废水、排除水磨石浆等,很容易堵塞,更要加强维护。

三、常用卫生器具的安装

1. 大便器的安装

(1)蹲式大便器的安装。蹲式大便器按冲洗方式的不同分为:高位水箱冲洗、低位水箱冲洗、延时自闭式冲洗阀冲洗三种。

目前常用的是延时自闭冲洗阀的冲洗方式。蹲式大便器由便盆、存水弯、冲洗系统等组成。

采用延时自闭冲洗阀的蹲式大便器(如图3-155所示)的安装过程如下：在蹲式大便器安装前，应先对大便器及其附件进行检查、校验，存水弯下口和大便器及下水道接口是否吻合，检查大便器外形是否端正、有无缺损、破裂、渗漏等。大便器安装时，应根据厕所(卫生间)设计图样尺寸，事先按要求安好排水管(如图3-156所示)，并灌好楼板眼，排水管的承口内应先用油麻填塞，后用纸筋水泥(纸筋：水泥＝2：8)塞满抹平，插入存水弯，再用水泥固定牢。存水弯装稳后，将大便器排水孔对准存水弯承口，大便器找平、找正，再将油灰塞填在存水弯的承口内，大便器出水口周围也用油灰充填，并用砖作为支撑，再核对大便器的平正度，确认无误后，用水泥砂浆砌筑大便器托座。用砂子或炉渣填满存水弯周围空隙，最后用水泥砂浆压实、抹平。

图3-155　采用延时自闭阀的蹲便

图3-156　坐便器下的排水支管

大便器在地面上安放完毕后开始冲洗系统的安装。采用延时自闭冲洗阀的是利用给水管道中的自然水头进行冲洗。一般自闭冲洗阀的中心距离地面的高度为1100mm。相据冲洗阀至胶皮碗的距离，预制好90°弯的冲洗管，使两端合适。将冲洗阀锁母和胶圈卸下，分别套在冲洗管直管段上，将弯管的下端插入胶皮碗内40～50mm，用喉箍卡牢。再将上端插入冲洗阀内，推上胶圈，调直找正，将锁母拧至松紧适度。扳把式冲洗阀的扳手应朝向右侧，按钮式冲洗阀的按钮应朝向正面。

(2)坐式大便器的安装。坐式大便器由于其本体内自带水封，所以连接座便器的排水支管上不再另外安装存水弯了。

连体式坐便器的安装如图3-157所示。连体坐便器安装时，应按照设计图样，根据施工现场的实际情况，采用比量定位法，画出固定螺栓的位置，再将坐便器底盘上抹满油灰，下水口上缠上油麻并抹油灰，插入下水管口，直接稳固在地面上，压实后，抹去底盘挤出的油灰，在固定螺栓上加设垫圈，拧紧螺母即可。

2.小便器的安装

(1)挂式小便器的安装。挂式小便器也称斗式小便

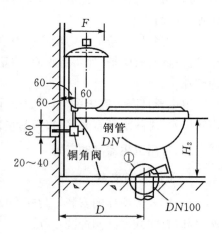

图3-157　坐便器的安装图

器或小便斗,用白色陶瓷制成,挂于墙上,边缘有小孔,进水后小孔均匀分布淋洗斗内壁。小便斗常配塑料制存水弯。安装小便斗处的地面上应安装地漏,以排泄地面积水。成组装设小便斗时,小便斗间的中心距为0.6~0.7m。斗式小便器的安装如图3-158所示。

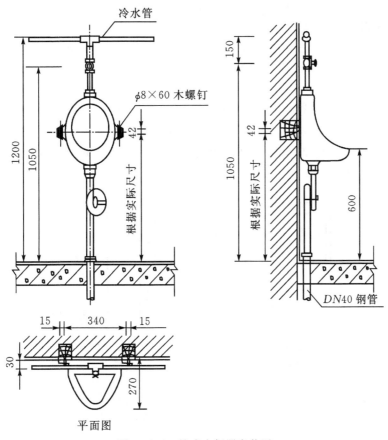

图3-158 挂式小便器安装图

斗式小便器的安装程序为:小便斗—存水弯—冲洗管。

①小便斗的安装。根据设计图样上要求安装的位置和高度,在墙上画出横竖中心线,找出小便斗两耳孔中心在墙上的具体位置,然后在此位置打洞预埋木砖,木砖离安装地面的高度为710mm,平行的两块木砖中心距为340mm,木砖规格为50mm×100mm×100mm,木砖预埋最好能与土建配合砌墙时埋入。小便斗用4颗65mm长的木螺钉配铝垫片,穿过小便斗耳孔将其紧固在木砖上(也可用M6×70的膨胀螺栓将其紧固),小便斗上沿离安装地面的高度为600mm。

②存水弯的安装。小便斗所用存水弯多为塑料,规格为DN32mm。将其下端插入预留的排水管口内,上端套在已缠好麻和铅油的小便斗排水嘴上,将存水弯找正,上端用锁紧螺母加垫后拧紧,下端与排水管间隙处,用铅油麻丝缠绕塞严。

③进水管(阀)的安装。将角阀安装在预留的给水管上,使护口盘紧靠墙壁面。用截好的小铜管背靠背地穿上铜碗和锁紧螺母,上端缠麻,抹好铅油插入角形阀内,下端插入小便斗的进水口内,用锁紧螺母与角阀锁紧,用铜碗压入油灰,将小便斗进水口与小铜管下端密封。

(2)立式小便器的安装。

①按照小便器排水口及预留排水管甩口的位置,确定小便器安装的中心线。将排水管甩口的存水弯管周围抹好油灰,将小便器下面铺好水泥和白灰膏的混合浆(比例为1∶5)。

②将立式小便器对准上下中心坐稳就位,找平、找正。

③将立式小便器与墙面、地面的缝隙采用白水泥浆抹平、抹光。

④角式截止阀安装。将角式截止阀的丝扣上缠好麻丝或生料带,穿过压盖与给水管道的预留甩口连接,用板子上至松紧适度,压盖内采用油灰压实、压平。角形阀的出口对准喷水鸭嘴,量出短接尺寸后断管。套上压盖与锁母分别插入喷水鸭嘴和角式长柄阀内。拧紧接口,缠好麻丝或生料带,拧紧锁母至松紧适度。

⑤光电控制器的安装。光电控制器安装前,按照给水管甩口和小便器进水口的位置确定光电控制器的安装位置。将光电控制器拆开,按照背板螺栓孔的位置,在墙面上钻好孔洞,利用膨胀螺栓将背板固定牢固。将光电控制器安装好,连接好水源与电源线路,并调试至正常作用。

立式小便器如图 3-159 所示。

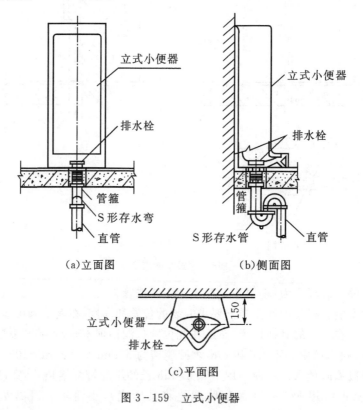

(a)立面图   (b)侧面图

(c)平面图

图 3-159　立式小便器

3.洗脸盆的安装

(1)墙架式洗脸盆的安装。如图 3-160 所示为墙架式洗脸盆的安装图。

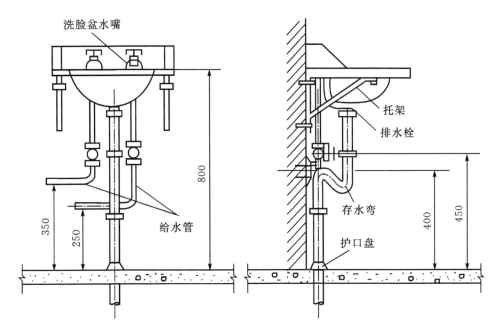

图 3-160 墙架式洗面盆安装图

①安装脸盆架。根据卫生间的设计图样和卫生间的现场情况,确定出洗脸盆的安装方位,在墙上画出横、竖中心线,找出盆架的安装位置,按照盆架上的孔在墙上安装膨胀螺栓(亦可在墙上打洞预埋木砖),固定脸盆架。安装好的盆架如图 3-161 所示。

图 3-161 盆架安装图

②稳好洗脸盆。把洗脸盆稳好放在盆架上,用水平尺测量平正,如盆不平,可用铝垫片垫平、垫稳。

③安装洗脸盆排水管。将排水栓加胶垫,由洗脸盆排水口穿出,加胶垫并用根母锁紧,注意使排水栓的保险口与脸盆的溢水口对正。排水管暗设时用 P 形弯,明装时用 S 型弯。与存

建筑设备安装基本技能

水弯连接的管口应套好螺纹,涂抹厚白漆后缠上麻丝,再用锁紧螺母锁紧。

④水管的安装。洗脸盆安装有冷热水管,两管应平行敷设,水平敷设时应为上热下冷(热水管在上,冷水管在下);垂直敷设时,左热右冷(热水管在左侧,冷水管在右侧)。脸盆用水嘴垫上胶垫穿入脸盆进水孔,然后加垫并用锁紧螺母锁紧。冷热水嘴与角阀的连接可用铜短管,也可用柔性短管连接。洗脸盆水嘴的手柄中心有冷热水的标志,蓝色或绿色表示冷水嘴,红色表示热水嘴。水嘴安装应端正、牢靠、美观。

(2)立柱式洗脸盆安装。立柱式洗脸盆安装如图 3 - 162 所示。

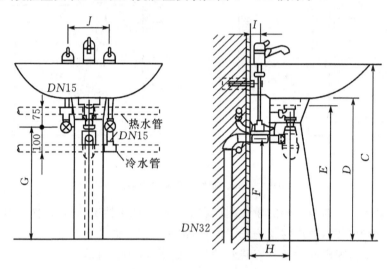

图 3 - 162 立柱式洗脸盆安装图

立柱式洗脸盆安装时,应先画出脸盆安装的垂直中心线及安装高度水平线,然后用比量法使立柱柱脚和背部紧固螺栓定位。其过程是将脸盆放在支柱上,调整安装位置对准垂直中心线,与后墙靠严后,在地面上画出支柱外轮廓线和背部螺栓安装位置,然后钻眼栽埋螺栓(或膨胀螺栓),在地面上铺上厚 10mm 的方形油灰,使宽度大于立柱下部外轮廓,按中心位置摆好立柱并压紧、压实,刮去多余油灰,拧紧背部螺栓固定。连接给排水管道同墙架式洗脸盆。存水弯要用 P 形或 S 形存水弯,置于空心的柱腿内,通过侧孔和排水短管暗装。

(3)台式洗脸盆的安装。台式洗脸盆的安装如图 3 - 163 所示。台式洗脸盆直接卧装于平台上,其给水方式有冷热水双龙头式、带混合器的单龙头式、红外线自动水龙头式等。根据设计图样与施工现场实际情况,确定出洗脸盆的安装方

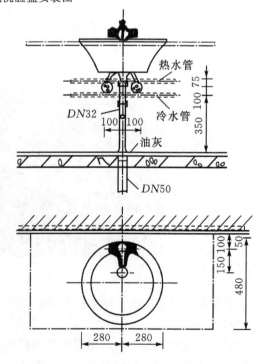

图 3 - 163 台式洗脸盆的安装图

位。加工平台,根据洗脸盆的规格尺寸在平台上加工出脸盆孔。栽设支架,安装平台(平台由大理石、花岗石等制成),平台要平整、牢稳。将脸盆卧装于平台,平台与脸盆的结合应严密、融洽。直中心线,与后墙靠严后,在地面上画出支柱外轮廓线和背部螺栓安装位置,然后钻眼栽埋螺栓(或膨胀螺栓),在地面上铺上厚 10mm 的方形油灰,使宽度大于立柱下部外轮廓,按中心位置摆好立柱并压紧、压实,刮去多余油灰,拧紧背部螺栓固定。连接给排水管道同墙架式洗脸盆。存水弯要用 P 形或瓶形存水弯,置于空心的柱腿内,通过侧孔和排水短管暗装。脸盆安装稳妥后,即可进行配管和水嘴的安装。配管及给水配件的安装与墙架式洗脸盆相同。

4.浴盆的安装

浴盆一般用陶瓷、铸铁搪瓷、塑料及水磨石等材料制成,形状多呈长方形。盆方头一端的盆沿下有 DN25 溢水孔,同侧下盆底有 DN40 排水孔。

浴盆安装如图 3-164 所示。

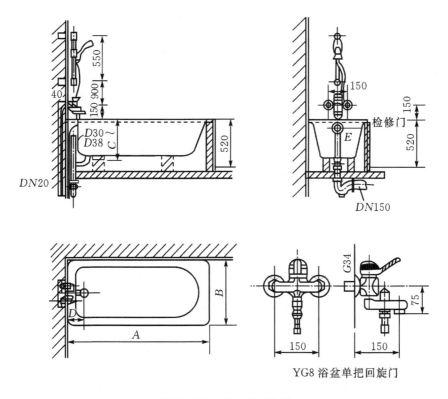

图 3-164　浴盆的安装图

浴盆有溢、排水孔的一端和内侧靠墙壁放置,在盆底砌筑两条小砖墩,使盆底距地面一般为 120~140mm,并使盆底本身具有 0.02 的坡度,坡向排水孔,以便排净盆内水。盆四周用水平尺校正,不得歪斜。在不靠墙的一侧,用砖块沿盆边砌平并贴瓷砖。盆的溢排水管一端,池壁上应开一个检查门,尺寸不小于 300mm×300mm,便于修理。

在浴盆的方头端安装冷、热水嘴(或冷、热水混合水嘴),水嘴中心应高出盆面 150mm。安装浴盆排水管时,先将溢水管铜管弯头、三通等预先按设计尺寸量好各段的长度,下料并装配好。把盆下排水栓涂上油灰,垫上胶垫,由盆底穿出,并用锁紧螺母锁紧,多余油灰用手指刮平,再用管连接排水弯头和溢水管上三通。溢水管上的铜弯头用一端带短螺纹另一端带长螺纹的短管连接,短螺纹一端连接铜弯头,另一端长螺纹插入浴盆溢水口内,最后在溢水口内外壁加橡胶支垫,并用锁紧螺母锁紧。三通与存水弯连接处装配一段短管,插入排水管内进行水泥砂浆接口。

5.淋浴器的安装

淋浴器有成套供应的成品,也有现场制作的。淋浴器由莲蓬头、冷热水管、阀门及冷热水混合立管等组成。管式淋浴器的安装如图 3－165 所示。

安装时,在墙上先画出管子垂直中心线和阀门中心线,一般连接淋浴器的冷水横管中心距地面 900 毫米,热水管距地面为 1000mm。冷热水管应平行敷设,由于冷水管在下,热水管在上,所以连接莲蓬头的冷水支管用元宝弯的形式绕过横支管。明装淋浴器的进水管中心离墙面的距离为 40mm。元宝弯的弯曲半径为 50mm,与冷水横管夹角为 60°。淋浴器的冷热水管可采用镀锌钢管、铜管、塑料管等,管径一般为 DN15mm,在离地面 1800mm 处设管卡一个,将立管加以固定。

冷热水管上的阀门可用截止阀或球阀,阀门中心距地面的高度为 1150mm。2 组以上的淋浴器成组安装时,阀门、莲蓬头及管卡应保持在同一高度,两淋浴器间距一般为 900～1000mm,安装时将两路冷热水横管组装调直后,先按规定的高度尺寸,在墙上固定就位,再集中安装淋浴器的成排支、立管及莲蓬头。

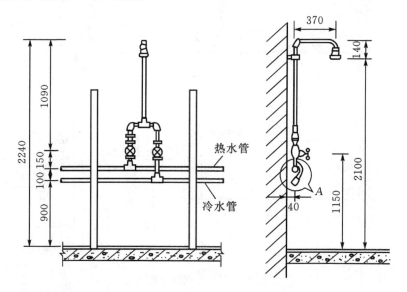

图 3－165　沐浴器的安装图

6.洗涤盆的安装

洗涤盆一般由陶瓷或水磨石制成。常见的规格为 614mm×410mm 和 610mm×460mm 两种。陶瓷洗涤盆安装如图 3－166 所示。

洗涤盆上沿距地面的安装高度为 800mm,其托架用 40mm×40mm×5mm 的角钢制作,托架呈直角三角形,用预埋螺栓 M10×100mm 或膨胀螺栓 M10×85mm 加以固定。预埋螺栓时,墙洞内填塞水泥的砂浆比例为 1∶9。如不用螺栓固定,也可把角钢栽埋进墙内,栽埋深度不小于 150mm,埋进墙内的角钢应开角。盆的外边缘必须与墙面紧贴,如有缝隙应用白水泥嵌塞抹平。

洗涤盆的排水管径为 $DN50mm$,洗涤盆的排水支管须装存水弯,洗涤盆的排水栓中心与排水管中心对正,不能偏斜。排水栓安装时,要装胶垫并涂油灰,将排水栓对准盆的排水孔,慢慢用力将排水栓嵌紧,用排水栓上的锁紧螺母向洗涤盆排水处拧紧,再将存水弯装到排水栓上拧紧。

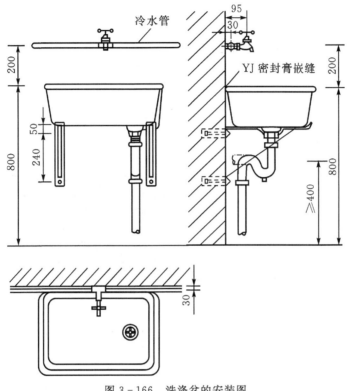

图 3-166 洗涤盆的安装图

思考题

1. 简述重力式室内排水系统中污水的排放途径是什么?
2. 卫生器有哪些类型?
3. UPVC 管管材的连接方式有哪些? 如何进行操作?
4. UPVC 管材在使用中有哪些要求?
5. UPVC 管管件有哪些种类? 在进行连接时如何选用?
6. 坐式大便器和蹲式大便器在安装时对排水支管有什么要求?
7. 洗脸盆有哪些类型? 安装时有哪些不同的要求?

任务 3.7　建筑采暖系统的安装

任务介绍

为了满足人们在冬季所需要的室内环境温度,必须设置建筑采暖向室内供给相应的热量。

本任务主要介绍建筑采暖系统的安装。通过本任务的学习,操作者熟悉建筑采暖的结构和基本图示,掌握建筑采暖系统安装的基本操作技能。

 任务目标

1.知识目标

(1)了解采暖系统的组成和分类;

(2)熟悉机械循环热水采暖系统的基本图示;

(2)掌握机械循环热水采暖系统安装的基本操作要点。

2.能力目标

能根据施工图纸正确进行热水采暖系统的安装。

 知识分布网络

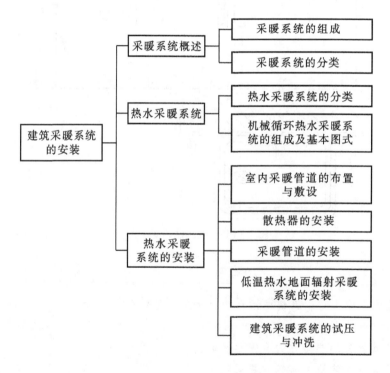

 相关知识

3.7.1 采暖系统概述

为了保持室内的设定温度,必须向室内供给相应的热量,我们把这种向室内供给热量的系统称为采暖系统。

一、采暖系统的组成

采暖系统由热源、管道系统和散热设备三部分组成。

热源指使燃料产生热能并将热媒加热的部分,如锅炉、蒸汽喷射器等。

管道系统指热源和散热设备之间的管道,包括室内外采暖管道。

散热设备指将热量散入室内的设备,如各种类型的散热器、暖风机、辐射板等。

二、采暖系统的分类

1. 根据采暖的作用范围分类

(1)局部采暖系统。热源、管道系统和散热设备在构造上联成一个整体的采暖系统,称为局部采暖系统。例如火炉、火墙、火炕、电热采暖和燃气采暖等。

(2)集中采暖系统。锅炉在单独的锅炉房内,热媒通过管道系统送至一幢或几幢建筑物的采暖系统,称为集中采暖系统。

(3)区域采暖系统。由一个锅炉房供给全区许多建筑物采暖、生产和生活用热的采暖系统,称为区域采暖系统或区域供热系统。

本章将介绍集中采暖系统。

2. 根据采暖的热媒分类

(1)烟气采暖系统。以燃料燃烧时产生的烟气为热媒,把热量带给散热设备(如火炕、火墙等)的采暖系统,称为烟气采暖系统。

(2)热水采暖系统。以热水为热媒,把热量带给散热设备的采暖系统,称为热水采暖系统。当热水采暖系统的供水温度为 95℃,回水温度为 70℃,称为低温热水采暖系统;供水温度高于 100℃的称为高温热水采暖系统。低温热水采暖系统多用于民用建筑的采暖系统,高温热水采暖系统多用于生产厂房。

(3)蒸汽采暖系统。以蒸汽为热媒,把热量带给散热设备的采暖系统,称为蒸汽采暖系统。蒸汽相对压力小于 70kPa 的,称为低压蒸汽采暖系统;蒸汽相对压力为 70～300kPa 的,称为高压蒸汽采暖系统。

(4)热风采暖系统。用热空气把热量直接送到房间的采暖系统,称为热风采暖系统。

本书只将介绍热水采暖系统的安装。

3.7.2 热水采暖系统

以热水作为热媒的采暖系统,称为热水采暖系统。热源产生热水,经过输热管道流向采暖房间的散热器中,散出热量后经管道流回热源,重新被加热。热水采暖系统具有节约能源、卫生条件好、维护管理方便等优点,所以被广泛地应用在工业与民用建筑中。

一、热水采暖系统的分类

(1)按循环动力的不同,热水供暖系统可分为自然循环系统和机械循环系统。热水采暖系统中的水如果是靠供回水温度差产生的压力循环流动的,称为自然循环热水采暖系统;系统中的水若是靠水泵强制循环的,称为机械循环热水采暖系统。热水采暖系统的如图 3-167 所示。

(2)按供、回水方式的不同,热水供暖系统可分为单管系统和双管系统。热水经立管或水平供水管顺序通过多组散热器,并顺序地在各散热器中冷却的系统,称为单管系统。热水经供水立管或水平供水管平行地分配给多组散热器,冷却后的回水自每个散热器直接沿回水立管或水平回水管流回热源的系统,称为双管系统。

(3)按系统管道敷设方式的不同,热水供暖系统可分为垂直式和水平式系统。

(4)按热媒温度的不同,热水供暖系统可分为低温水采暖系统(热水温度低于 100℃)和高

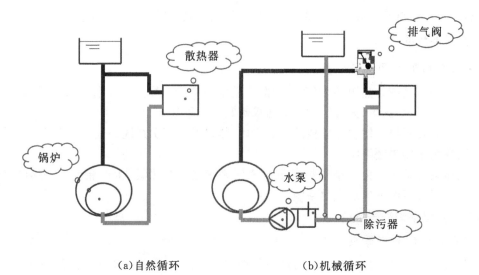

（a）自然循环 （b）机械循环

图 3-167 热水采暖系统

温水采暖系统（热水温度高于100℃）。

二、机械循环热水采暖系统的组成及基本图式

机械循环热水采暖系统是目前应用最为广泛的供暖系统，尤其是对于管路较长、建筑面积和热负荷都较大的建筑物。

1.机械循环热水采暖系统的组成

机械循环热水采暖系统由热源、管道系统、散热设备和循环水泵等组成。系统的作用压力主要由水泵提供。由于水泵的作用压力大，使得机械循环系统的供暖范围扩大很多，可以负担单幢、多幢建筑的供暖，甚至还可以负担区域范围内的供暖。图 3-168 所示为机械循环热水采暖系统。这种系统中热媒的流动、循环是靠水泵、蒸汽喷射泵等外部的机械力来强制推动的。因此，系统的起动较自然循环系统容易。这种系统具有作用压力大，范围广，并有利于节约能源和环境保护。

2.机械循环热水采暖系统的基本图式

（1）上供式双管系统。机械循环上供式双管热水采暖系统如图 3-169 所示，这种系统的布置基本上和自然循环上供式双管热水采暖系统相同。不同的是在锅炉前回水干管上安装有循环水泵，系统中膨胀水箱连接在靠近水泵进水口的回水干管上。系统内的空气，由设置在系统最高点的集气罐排除。

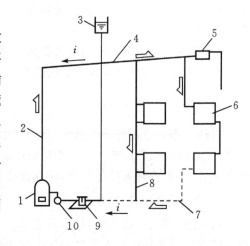

1—锅炉；2—热水主立管；3—膨胀水箱；4—热水干管；5—集气罐；6—散热器；7—回水干管；8—立管；9—除污器；10—循环水泵

图 3-168 机械循环热水采暖系统

（2）下供式双管系统。机械循环下供式双管热水采暖系统，将供、回水干管都设在系统所

有散热器之下,该系统施工时可以随着土建施工进度进行安装,冬季施工时便于逐层采暖。其布置形式如图图3-170所示。系统工作时,热媒从底层散热器依序流向顶层散热器。这种系统中的空气主要靠顶层散热器上的放风门排除。

（3）上供式单管系统。机械循环上供式单管热火采暖系统形式如图3-171所示。供水干管设在顶层天棚下,并具有随水流方向上升的坡度,在系统最高点设排气装置。回水干管随水流方向设下降坡度,坡向入口装置。在该系统中,散热器与支管的连接通常有三种方式,如图3-172所示。在图3-172(a)、(b)两种方式中,立管中的水顺次流过散热

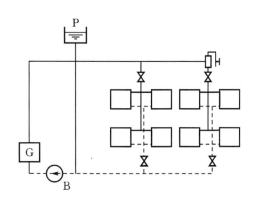

图3-169　机械循环上供式双管热水采暖系统

器。采用这两种方式时管道配件较少,施工方便,造价低,但方式(a)不便于进行局部调节。方式(c)在散热器中间设有跨越管,散热器支管上还设有调节配件,这种方式可以调节热量。

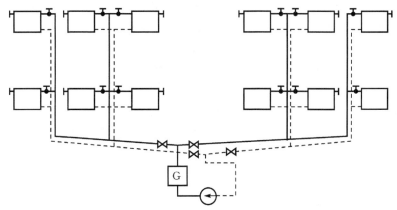

图3-170　机械循环下供式双管热水采暖系统

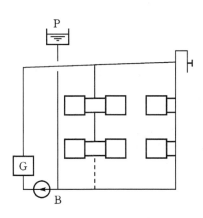

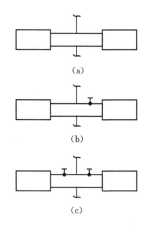

(a)

(b)

(c)

图3-171　机械循环上供式单管系统　　图3-172　单管系统散热器与支管连接方式

（4）水平串联系统。水平串联系统按散热器的配管方式可分为顺流式和跨越式两种，分别如图 3-173 及图3-174所示。顺流式系统虽节省管材和配件，但不便于调节，而且始、末两端散热器内热媒的平均温度相差较大。跨越式系统中虽然多用了些管材，但可依靠跨越管对散热器的散热量进行局部调节。

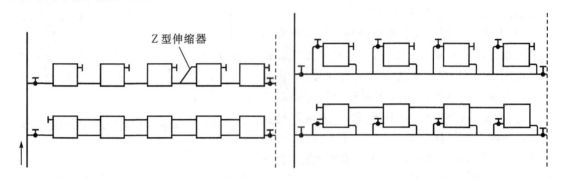

图 3-173　水平顺流式系统　　　　　　　　图 3-174　水平跨越式系统

水平式系统与垂直式系统比较有以下优点：①管道系统简单，便于施工，造价低；②沿墙没有支立管，不影响室内美观；③膨胀水箱可设置在最高层的楼梯间或厕所等辅助空间内，不仅能有效地利用室内空间，降低工程造价，而且还不影响建筑物外形美观。

（5）分户计量热水采暖系统。对于新建住宅热水集中采暖系统，应设置分户热计量和室温控制装置，实行供热计量收费。分户热计量是指以户（套）为单位进行采暖热量的计量，每户需安装热量表和散热器温控阀。

①上供上回系统。图 3-175 所示的分户水平双管系统适用于旧房改造工程。供、回水管道均设于系统上方，管材用量多，供、回水管道设在室内，影响美观，但能单独控制某组散热器，有利于节能。

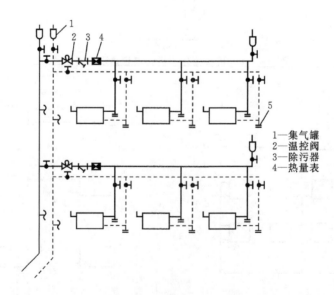

1—集气罐
2—温控阀
3—除污器
4—热量表

图 3-175　上供上回式分户计量采暖系统

②下供下回系统。如图 3-176 所示，这种系统适用于新建住宅，供、回水管道埋设在地面层内，但由于暗埋在地面层内的管道有接头，一旦漏水，维修复杂。

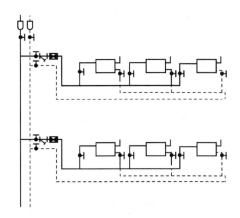

图 3-176 下供下回式分户计量采暖系统

③水平放射式系统。如图 3-177 所示,这种系统可用于新建住宅,供、回水管均暗埋于地面层内,暗埋管道没有接头。但管材用量大,且需设置分水器和集水器。

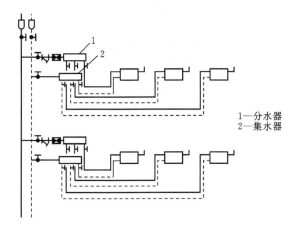

1—分水器
2—集水器

图 3-177 水平双管放射式分户计量系统

④分户计量带跨越管的单管散热器系统。如图 3-178 所示,这种系统可用于新建住宅,干管暗埋于地面层内,系统简单,但需加散热器温控阀。

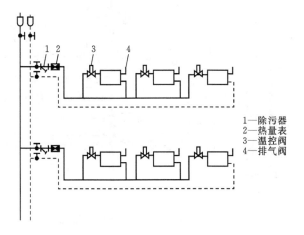

1—除污器
2—热量表
3—温控阀
4—排气阀

图 3-178 带跨越管的单管分户计量系统

⑤低温热水辐射采暖系统。辐射采暖是一种利用建筑物内的屋顶面、地面、墙面或其他表面的辐射散热器设备散出的热量来达到房间或局部工作点采暖要求的采暖方法。低温热水辐射采暖具有节能、卫生、舒适、不占室内面积等特点,近年来在国内发展迅速。低温热水辐射采暖一般指加热管埋设在建筑构件内的采暖形式,有墙壁式、顶棚式和地板式三种。目前我国主要采用的是地板式,称为低温热水地板辐射采暖,如图 3-179 所示。低温热水地板辐射采暖的供回水温差宜小于等于 10℃,民用建筑的供水温度不应超过 60℃。图 3-180 所示为某住宅地板辐射采暖布置的情况。

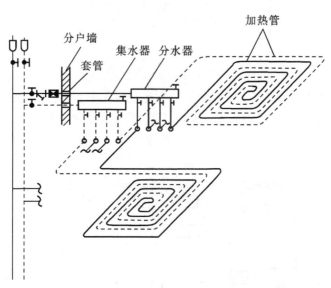

图 3-179　低温热水辐射采暖系统

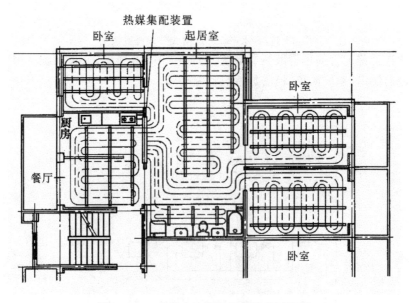

图 3-180　某住宅地板辐射采暖布置范例

3.7.3 热水采暖系统的安装

一、室内采暖管道的布置与敷设

1.干管的布置

在上供式系统中,供水干管明装时,一般沿墙敷设在窗过梁以上、顶棚之下的地方。安装时不得遮挡窗户。管道距顶棚间距应考虑管道的坡降和集气罐的安装条件。厂房内的供水干管安装时,还需考虑不影响人和吊车的通行及保证与吊车滑线等电力设备的安全间距,以免发生事故。干管与梁、柱、墙面平行敷设时,一般距梁、柱、墙表面不小于100mm。供水干管暗装时,可敷设在天棚内或专门设置的管槽内。为了便于安装和减少热损失,天棚中的干管应距外墙1~1.5m,并应做好保温。

下供式干管及上供式回水干管一般敷设在地下室或地沟内,也可敷设在底层地面上。当回水干管从散热器下面通过时,过门处管道可敷设在门下砖砌过门地沟内,也可从门上通过。不管采用哪种形式,都需在管道低处设泄水装置,并注意坡向和坡度与干管一致。在门上通过时,在高处还应设排气装置。具体如图3-181所示。

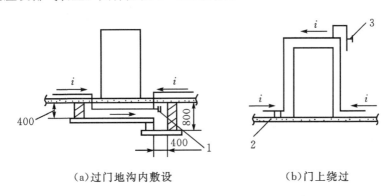

(a)过门地沟内敷设   (b)门上绕过

1—排污丝堵(或排污阀);2—排水阀;3—放气阀

图3-181 热水采暖系统干管过门敷设方式

当系统干管布置在室内半通行地沟内时,地沟净高一般为1m,宽度不应小于0.8m,干管保温层外壁与地沟壁净距离不应小于100mm,并在适当的地方设检修入孔。

系统干管敷设应具有不小于0.003的坡度,其坡向应利用于空气顺利排除。干管最高点设排气装置,低点应设泄水装置。

2.立管的布置

明装立管应尽量布置在墙角及窗间墙处,因为外墙墙角受热面小,散热面积大,易结露。双管系统的供水立管布置在面向的右侧,回水立管布置在面向的左侧,两立管中心距宜为80mm。立管和墙面的距离与散热器支管连接形式有关,具体可参照图3-182中所给定的尺寸。

立管暗装时,一般敷设在专门的管槽内。立管管槽大小应满足图3-183所注尺寸的要求,以便于安装和维修。

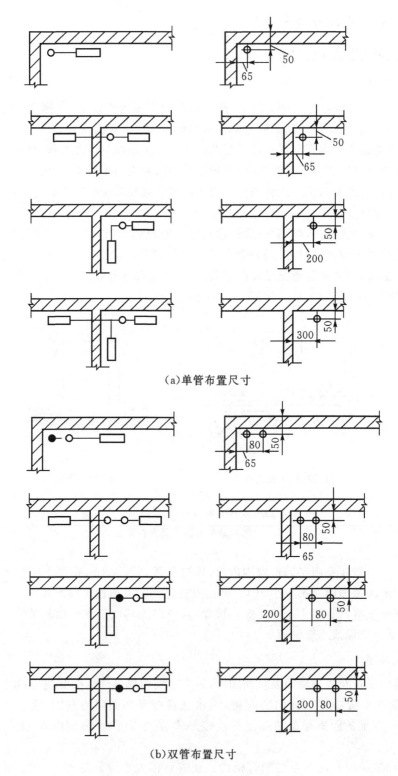

(a)单管布置尺寸

(b)双管布置尺寸

图 3-182　立管布置尺寸(单位:mm)

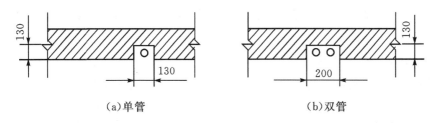

（a）单管   （b）双管

图 3-183　暗装立管墙上管槽

3.支管的布置

支管的位置与散热器的位置、进水和出水口的位置有关。支管与散热器的连接方式有三种：上进下出式、下进上出式和下进下出式，散热器支管进水、出水口可以布置在同侧，也可以在异侧。设计时应尽量采用上进下出、同侧连接方式，这种连接方式具有传热系数大、管路最短、外形美观的优点。下进下出的连接方式散热效果较差，但在水平串联系统中可以使用，因为安装简单，对分层控制散热量有利。下进上出的连接方式散热效果最差，但这种连接有利于排气。

连接散热器的支管应有坡度以利排气，当支管全长小于 500mm 时，坡度值为 5mm；大于 500mm 时，坡度值为 10mm，进水、回水支管均沿流向顺坡。

二、散热器的安装

散热器的安装主要包括散热器的组对，散热器的试压，在墙上画线、打眼、安装支架或托钩，安装散热器等。

1.组对

散热器组对前，应检查每片散热器有无裂纹、砂眼及其他损坏，接口断面是否平整。用钢刷将散热器对口处螺纹内的铁锈处理干净，按正扣向上，依次放齐。组对常用的对丝、丝堵、补心等部件应放在易取位置。组对密封垫采用石棉橡胶垫片，其厚度不超过 1.5mm，用机油随用随浸。组对的散热器要求平直严紧，垫片不得外露。图 3-184 所示为散热器的组对操作。

2.试压

试压装置如图 3-185 所示，将散热器抬到试压台上，用管钳子上好临时丝堵和临时补芯，联接试压泵；试压时一般按工作压力的 1.5 倍作为试验压力，稳压 5min，逐个观察每个接口是否有渗漏，不渗漏为合格。

图 3-184　散热器的组对操作

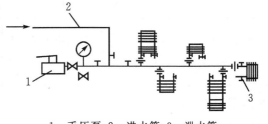

1—手压泵；2—进水管；3—泄水管

图 3-185　散热器水压试验装置示意图

将试压合格后的散热器,表面除锈,刷防锈漆,刷银粉漆,然后运至集中地点,堆放整齐,准备安装。

3.画线、打眼、安装托钩和支架

根据安装位置及高度在墙上画出安装中心线、孔洞、安装支托架。

散热器托钩安装在墙上时,先确定每组所需的托钩数量(可参看有关手册),在砖墙上画出托钩的位置。画线时,先找出地面的基准线和窗台中心线,按所采用的散热器类型画好上水平线和下水平线,再根据应栽托钩数量画出各托钩位置的垂线,各垂线与上下水平线相交处画十字中心,该处即为打托钩墙眼位置。托钩位置画线也可采用如图3-186所示的画线架。画线架可根据现场安装散热器的型号制作,其大小尺寸均应按所安装的散热器的形状、长度和高度而定,架上的刻度应为散热器的宽度加垫圈厚度。使用时将架中心对准散热器安装中心线,线架上边沿与墙上所画上水平线齐平,然后根据托钩布置位置画线,定出打洞地点。

打墙眼时,可用直径为25mm的钢管锯成斜口管錾子打;当工作量大时,可采用电锤打眼。打眼深度一般应不小于120mm。

栽托钩时,先用水将墙眼冲洗浸湿,灌入2/3眼深的1:3水泥砂浆,将托钩插入眼内,并使其对准上水平线或下水平线与垂直线的交点,端部不得偏斜,应保持水平,同时仔细检查托钩之间的水平间距与垂直距离;全部托钩的承托弯中心必须在同一垂直平面内。找好尺寸后,用碎石将托钩挤紧固定住,最后用水泥砂浆填满钩眼并抹平。

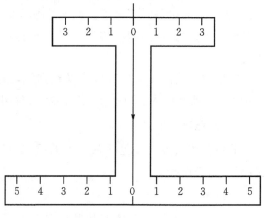

图3-186　画线架

4.散热器安装

散热器安装形式分明装和暗装两种。安装时要求顶端水平,在同一房间内的几组散热器,以及同一根立支管所连接的几组散热器,都应安装在同一水平线上,散热器一般安装在窗台下,并使散热器中心线与窗台中心线相重合,其偏差不得大于20mm;散热器中心与墙壁表面的距离可参照表3-15规定;散热器底部到地面的距离不得小于150~200mm,60型散热器底部离地面一般不小于100mm。当散热器底部有管道通过时,其底部到地面距离一般不应小于150mm。

表3-15　散热器中心与墙表面的距离(mm)

散热器型号	60型	M132型 M150	四柱型	圆翼型	扁管、板式(外沿)	串片型	
						平放	竖放
中心距墙表面距离	115	115	130	115	30	95	60

三、采暖管道的安装

为了更好地发挥采暖系统的作用,保证采暖系统的安装质量,安装时必须遵循以下工艺流程:热力入口→干管安装→立管安装→支管安装,即安装准备→预制加工→总管及其入口装置→干管→立管→散热器→支管。

1. 热力入口的安装

建筑采暖热力入口由供水总管、回水总管及配件构成。供、回水总管一般并行穿越建筑物基础预留洞进入室内。热力入口处设有温度计、压力表、旁通管、调压板、除污器、阀门等，如图3-187所示。安装时应预先装配好，必要时经水压试验合格后，整体穿入基础预留洞。

2. 干管的安装

干管的安装按下列程序进行：管道定位、画线→安装支架→管道就位→接口连接→开立管连接孔、焊接→水压试验、验收。

(1)确定干管位置。根据施工图所要求的干管走向、位置、坡度，检查预留孔洞，画出管道安装中心线。

(2)管道预加工。根据设计图纸进行管道的预加工，包括下料、套丝、焊法兰盘、调直等。

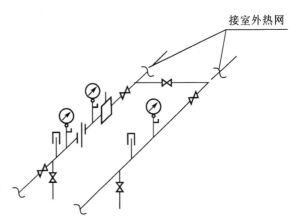

接室外热网

图3-187　采暖系统热力入口示意图

(3)管道就位。①干管悬吊式安装。安装前，将地沟、地下室、技术层或顶棚内的吊卡穿于型钢上，管道上套上吊卡，上下对齐，再穿上螺栓，带紧螺母，将管子初步固定；②干管在托架上安装。将管子搁置于托架上，先用U形卡固定第一节管道，然后依次固定各节管道。

(4)管道的连接。在支架上把管段对好口，按要求焊接或螺纹连接，连成系统。

(5)管道找坡。管道连接好后，应校核管道坡度，合格后固定管道。

3. 立管的安装

立管安装应从底层到顶层逐层安装，安装时首先确定安装位置，管道距左墙净距不得少于150mm，距右墙不得少于300mm。

(1)画好立管垂直中心线，确定立管卡安装位置，安好各层立管卡。

(2)立管逐层安装时，一定要穿入套管，并将其固定好，再用立管卡将管子固定。

4. 散热器支管安装

散热器支管安装时，应有0.01的坡度，通常取其坡降为5~10mm。

散热器支管距墙面的距离与支立管相同。但因散热器进出口中心距墙面的距离与立管不一致，所以水平支管与散热器须用来回弯来连接。当散热器为明装时，来回弯向室内弯曲；散热器暗装时，来回弯向墙面方向弯进。

散热器支管上均应装设可拆卸件，且可拆卸件应安装在紧靠散热器的一侧，以便检修和清洗散热器。支管上装有阀门时，应设在靠立管处。

散热器支管上可不安装管卡，若支管长度大于1.5m，则应在距立管1m处设管钩钉。

四、低温热水地面辐射采暖系统的安装

图3-188所示为低温热水地面辐射采暖系统结构。施工工序为：地面清理→安装绝热层

→安装分水器、集水器→安装加热管→水压实验→做填充层和面层。

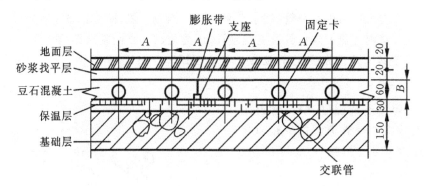

图 3-188　低温热水地面辐射采暖系统结构示意图

1.地面清理

地暖施工前,首先进行地面清理。清除地面上的积土和各类杂物,保持地面干净,防止损坏保温板。

2.安装绝热层

绝热层一般采用聚苯乙烯泡沫塑料板。绝热层做在找平层上,保温板要平整,板块接缝应严密,下部无空鼓及突起现象。保温板与四周墙壁之间留出伸缩缝。绝热层的安装操作如图3-189所示。

图 3-189　绝热层的安装操作

3.安装分水器、集水器

分水器、集水器安装宜在开始铺设加热管之前进行安装。水平安装时,宜将分水器安装在上,集水器安装在下,中心距宜为200mm,集水器中心距地面不应小于300mm。每个环路加热管的进、出水口,应分别与分水器、集水器相连接。分水器、集水器一般布置在不影响室内使用并操作方便的地方。热媒集配装置加以固定。分水器、集水器的安装操作如图3-190所示。

图3-190　分水器、集水器的安装操作

4. 安装加热管

加热管安装前,应对材料的外观和接头的配合公差进行
仔细检查,并清除管道和管件内外的污垢和杂物。注意管与管之间的距离,固定加热管卡子的
间距,加热管出地面到分水器、集水器连接处的明装部分,外部加套管,套管高出装饰面150~
200mm,以保护加热管。钢丝网铺在反射膜上面,也有的铺在盘管上面,加固时都要铺。加热
管的安装及分水器、集水器的连接操作如图3-191所示。

图3-191 加热管的安装操作

5. 水压试验

地暖系统打压前,必须事先冲洗管道。水压试验进行两次,分别是在浇捣混凝土填充层前
和填充层养护期满后。地暖系统试验压力为工作压力的1.5倍,且不应小于0.6MPa。在试
验压力下稳压1h,其压力降不应大于0.05MPa。不宜以气压试验替代水压试验。水压试验宜
采用手动泵缓慢升压,升压过程中应随时观察与检查,系统各处无任何渗漏后,方可带压充填
细石混凝土。水压试验的操作如图3-192所示。

图3-192 水压试验的操作

6. 做填充层及面层

混凝土填充层施工应具备以下条件:①所有伸缩缝均已按设计要求敷设完毕;②加热管安

装完毕且水压试验合格、加热管处于有压状态下。混凝土填充层的施工,应由土建施工方承担;安装单位应密切配合,保证加热管内的水压不低于 0.6MPa,养护过程中,系统应保持不小于 0.4MPa。填充的豆石混凝土中必须加进 5%的防龟裂的添加剂,混凝土填充层的养护周期不应少于 21 天。

低温热水地面辐射采暖装饰地面宜采用以下材料:①水泥砂浆、混凝土地面;②磁砖、大理石、花岗岩等石材地面;③符合国家标准的复合木地板、实木复合地板及耐热实木地板。

面层施工前应确定填充层是否达到面层需要的干燥度后才可施工。面层施工,还应符合土建施工设计图纸的各项要求外,还应符合以下规定:①施工面层时,不得剔、凿、割、钻和钉填充层,不得向填充层内楔入任何物件;②面层的施工,必须在填充层达到要求强度后才能进行;③面层(石材、面砖)在与内外墙、柱等交接处,应留 8mm 宽伸缩缝(最后以踢脚遮挡);木地板铺设时,应留≥14mm 伸缩缝。④以木地板作为面层时,木材必须经过干燥处理,且应在填充层和找平层完全干燥后,才能进行地板粘贴。

五、建筑采暖系统的试压与冲洗

1.试压

(1)试验压力。系统安装完毕,应作水压试验,水压试验的试验压力应符合设计要求,当设计未注明时,应符合下列规定:

①蒸汽、热水采暖系统,应以顶点工作压力加 0.1 MPa 作水压试验,同时在系统顶点的试验压力不小于 0.3MPa。

②高温热水采暖系统,试验压力应为系统顶点工作压力加 0.4MPa。

③使用塑料管及复合管的热水采暖系统,应以系统顶点工作压力加 0.2MPa 作水压试验,同时系统顶点的试验压力不小于 0.4MPa。

(2)试压方法。室内采暖系统的水压试验,可分段进行,也可以整个系统进行试压。对于分段或分层试压的系统,如果有条件,还应进行一次整个系统的试压。对于系统中需要隐蔽的管段,应做分段试压,试压合格后方可隐蔽,同时填写隐蔽工程验收记录。

①试压准备。打开系统最高点的排气阀、阀门;打开系统所有的阀门;采取临时措施隔断膨胀水箱和热源;在系统下部安装手摇泵或电动泵,接通自来水管道。

②系统充水。依靠自来水的压力向管道内充水,系统充满水后不要进行加压,应反复地进行充水、排气,直到将系统中的空气排除干净;关闭排气阀。

③系统加压。确定试验压力,用试压泵加压,一般应分 2~3 次升至试验压力。在试压过程中,每升高一次压力,都应停下来对管道进行检查,无问题再继续升压,直至升到试验压力。

④系统检验。采用金属及金属复合管的采暖系统,在试验压力下观测 10min,压力降不应大于 0.02MPa,然后降到工作压力进行检查,不渗不漏为合格。采用塑料管的采暖系统,在试验压力下稳压 1h,压力降不得超过 0.05MPa,然后在工作压力的 1.15 倍状态下稳压 2h,压力降不大于 0.03MPa,同时检查各连接处,不渗不漏为合格。

(3)试压注意事项。

①气温低于 4℃时,试压结束后及时将系统内的水放空,并关闭泄水阀。

②系统试压时,应拆除系统的压力表,打开疏水器旁通阀,避免压力表、疏水器被污物堵塞。

③试压泵上的压力表应为合格的压力表。

2.室内采暖系统的冲洗

系统试压合格后,应对系统进行冲洗,冲洗的目的是清除系统的泥砂、铁锈等杂物,保证系统内部清洁,避免运行时发生阻塞。

热水采暖系统可用水冲洗。冲洗的方法是:将系统内充满水,打开系统最低处的泄水阀,让系统中的水连同杂物由此排出,反复多次,直到排出的水清澈透明为止。

采暖系统试压、冲洗结束后,方可进行防腐和保温。

思考题

1.自然循环的热水采暖系统中如何解决排气问题?

2.机械循环的热水采暖系统中热水的循环动力靠什么? 如何解决排气问题?

3.散热器组对安装后如何进行试水实验?

4.低温辐射式地板采暖系统可以选择哪些管材?

5.低温辐射式地板采暖系统中排气问题如何解决? 水动力不平衡如何解决?

项目四
建筑电工

教学导航

学习任务	任务 4.1 建筑用电安全知识 任务 4.2 建筑电气常用工具、仪表及低压电器 任务 4.3 建筑电工常用导线的连接 任务 4.4 照明线路的配线与安装 任务 4.5 照明配电箱的安装	参考学时	12
能力目标	掌握基本用电安全常识,常用材料、仪表的种类,基本照明线路和配电箱安装技能,为达到从事建筑电气工程施工岗位工作进行基本技能的训练		
教学资源与载体	多媒体网络平台,教材,动画,ppt 和视频,教学做一体化教室,工程图纸,评价考核表,电气施工验收规范		
教学方法与策略	项目教学法,行动导向法,演示法,参与型教学法		
教学过程设计	演示、播放录像或动画,给出图纸,学习、认知各种设备器件,引发学生求知欲望,做好学前铺垫		
考核评价内容	根据各个任务的知识网络,按工艺要点给分,重点考核建筑电工基本技能训练的过程和成果		
评价方式	自我评价(　　)小组评价(　　)教师评价(　　)		

任务 4.1　建筑用电安全知识

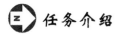 **任务介绍**

　　电气安全知识是从事职业岗位工作一项重要的技能,通过学习两种急救方法——人工呼吸法和胸外心脏挤压法来挽救生命、减少损失具有重大意义,是电气施工基本技能中重要的一项内容。本任务主要介绍建筑用电安全基本知识。

 任务目标

1.知识目标

(1)了解有效的触电预防措施和实施步骤;

(2)掌握维修电工必备的安全知识和触电急救方法。

2.能力目标

(1)了解安全电压的概念;

(2)掌握人工呼吸法和胸外心脏挤压法的操作原理和实施过程。

 知识分布网络

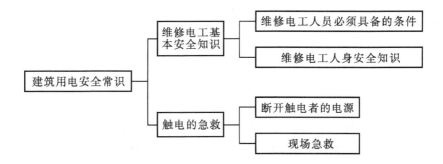

 相关知识

4.1.1　建筑电工基本安全知识

一、电工人员必须具备的条件

电工人员必须具备如下条件:

(1)身体健康精神正常,否则不得从事维修电工工作。

(2)要获得维修电工国家职业资格证书并持有电工操作证。

(3)需掌握触电急救方法。

二、电工人身安全知识

(1)在进行电气设备安装和维修操作时,维修电工必须严格遵守各种安全操作规程,不得玩忽职守。

(2)操作前应仔细检查操作工具的绝缘性能,绝缘鞋、绝缘手套等安全用具的绝缘性能是否良好,有问题的应及时更换。

(3)操作时要严格遵守停送电操作规定,要切实做好防止突然送电时的各项安全措施,如挂上"有人工作禁止合闸!"的标示牌、锁上闸刀或取下电源熔断器等,不准临时送电,在带电部分附近操作时要保证有可靠的安全距离。

(4)登高工具必须安全可靠,未经登高训练的人员,不准进行登高作业。

(5)操作中,如发现有人触电,要立即采取正确的急救措施。

三、安全用电

1.触电方式

按照人体触及带电体的方式和电流通过人体的途径,触电可分为以下三种情况。

(1)单相触电。单相触电是指人体在地面或其他接地导体上,人体某一部分触及一相带电体时,电流通过人体流入大地(或中性线),大部分触电事故都是单相触电事故。图 4-1 为电源中性点接地运行方式时,单相的触电电流途径。图 4-2 为中性点不接地的单相触电情况。一般情况下,中性点接地电网里的单相触电比中性点不接地电网里的单相触电危险性大。

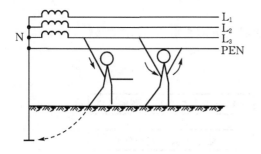

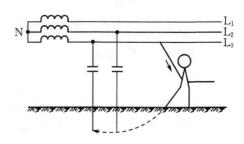

图 4-1　中性点接地系统的单相触电方式　　　　图 4-2　中性点不接地系统的单相触电方式

(2)两相触电。两相触电是指人体两处同时触及两相带电体的触电事故。如图 4-3 所示。两相触电加在人体上的电压为线电压,因此不论电网的中性点接地与否,其触电的危险性都最大。

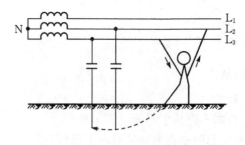

图 4-3　两相触电

(3)跨步电压触电。当带电体接地有电流流入地下时,电流在接地点周围土壤中产生电压降。人在接地点周围,两脚之间出现的电压即跨步电压。由此引起的触电事故叫跨步电压触电,两脚之间的电位差 U_t 如图 4-4 所示。

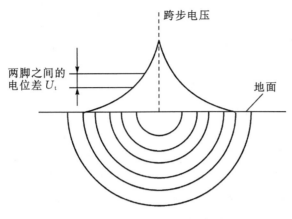

图 4-4 跨步电压示意图

2.防止触电措施

停电工作中的安全措施为:在线路上作业或检修设备时,应在停电后进行,并采取下列安全技术措施:①切断电源;②验电;③装设临时地线。

此外,对电气设备还应采取下列一些安全措施:

①电气设备的金属外壳要采取保护接地或接零。

②安装自动断电装置。

③尽可能采用安全电压。

④保证电气设备具有良好的绝缘性能。

⑤采用电气安全用具。

⑥设立保护装置。

⑦保证人或物与带电体的安全距离。

⑧定期检查用电设备。

4.1.2 触电的急救

在电气操作和日常用电中,即使采取了有效的触电预防措施,也可能会有触电事故的发生。所以在电气操作和日常用电中,尤其是在进行电气操作过程中,必须作好触电急救的思想和技术准备。一旦发生人身触电,迅速准确地进行现场急救并坚持救治是抢救触电者的关键。不但电工应该正确熟练地掌握触电急救方法,所有用电的人都应该懂得触电急救常识,万一发生触电事故就能分秒必争地进行抢救,减少伤亡。

现场急救对抢救触电者是非常重要的,因为人触电后不一定立即死亡,而往往是"假死"状态,如现场抢救及时,方法得当,呈"假死"状态的人就可以获救。据国外资料记载,触电后1min 开始救治者,90%有良好效果。触电后 6min 开始救治者,10%有良好效果。触电后12min 开始救治者,救活的可能性就很小。

1.断开触电者的电源

发现有人触电时,不要惊慌失措,应赶快使触电人脱离电源,但千万不要用手直接去拉触电者,防止造成群伤触电事故。

(1)断开低压触电　如果是低压触电,断开电源有以下几种方法:

①断开开关。如果发现有人触电,而开关设备就在现场,应立即断开开关。如果触电者接触灯线触电,不能认为拉开拉线开关就算停电了,因为有可能拉线开关是错误地接在零线上,应在顺手拉开拉线开关以后,再迅速地拉开附近的闸刀开关或保险盒才比较可靠。

②利用绝缘物。如果触电者附近没有开关,不能立即停电,可用干燥的木棍、绝缘钳等不导电的东西将电线拨离触电者的身体,如图4-5所示,或用有绝缘柄的电工钳或干燥木柄的斧头,将电线切断,使触电者脱离电源,如图4-6所示。不能用潮湿的东西、金属物体去直接接触触电者,以防救护者触电。如果身边什么工具都没有,可以用干衣服或者干围巾等厚厚地把自己一只手严密绝缘起来,拉触电者的衣服(附近有干燥木板时,最好站在木板上拉),使触电人脱离电源,或用干木板等绝缘物插入触电者身下,以隔断电流。总之,要迅速用现场可以利用的绝缘物,使触电者脱离电源,并要防止救护者触电。

图4-5　将触电者身上电线挑开

图4-6　用绝缘柄工具切断电线

(2)断开高压触电。对于高压触电事故,可以采用下列措施使触电者脱离电源:

①立即通知有关部门停电。

②戴上绝缘手套,穿上绝缘靴,用相应电压等级的绝缘工具断开开关。

③抛掷裸金属线使线路短路接地,断开电源。注意在抛掷金属线前,应将金属线的一端可靠地接地,然后抛掷另一端。

④如果是在高空触电,抢救时应做好防护工作,防止触电者在脱离电源后从高空摔下来加重伤势。

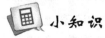 小知识

安全电压,是指不致使人直接致死或致残的电压。一般环境条件下允许持续接触的"安全电压"是36V(也可能是24V、12V AC/DC,36V最常见),不同电流下人体感知见表4-1。

表 4 - 1 交流电和直流电人体感知区别

电流(mA)	50Hz 交流电	直流电
0.6~1.5	手指开始感觉发麻	无感觉
2~3	手指感受觉强烈发麻	无感觉
5~7	手指肌肉感觉痉挛	手指感灼热和刺痛
8~10	手指关节与手掌感觉痛,手已难以脱离电源,但尚能摆脱电源	感灼热增加
20~25	手指感觉剧痛,迅速麻痹,不能摆脱电源,呼吸困难	灼热更增,手的肌肉开始痉挛
50~80	呼吸麻痹,心房开始震颤	强烈灼痛,手的肌肉痉挛,呼吸困难
90~100	呼吸麻痹,持续 3min 后或更长时间后,心脏麻痹或心房停止跳动	呼吸麻痹

思考题

对触电者的处理方法需要按照不同的情况分别处理,请分别阐述。

任务 4.2 建筑电工常用工具、仪表及低压电器

任务介绍

在建筑电气施工中要求操作者要掌握常用的工具、仪表及低压电器的使用方法,包括:验电器、螺丝刀、尖嘴钳、断线钳、钢丝钳、剥线钳、电工刀、喷灯、电钻、冲击钻和电锤等常用工具,钳形电流表、万用表、兆欧表、接地电阻测试仪等常用仪表,刀开关、断路器、熔断器、漏电保护器等常用低压电器。通过本任务的学习,操作者能了解它们的安全使用知识,能根据施工图纸正确选择和使用工具、仪表和低压电器。

任务目标

1.知识目标
(1)掌握建筑电工常用工具种类、使用方法及注意事项;
(2)掌握建筑电工常用仪表种类、使用方法及注意事项;
(3)掌握建筑电工常用低压电器的种类、使用方法及注意事项。

2.能力目标
(1)能正确选择和使用建筑电工常用工具;
(2)能根据不同的使用场合选择合适的仪表来测量相关参数;
(3)能正确使用建筑电工常用低压电器。

知识分布网络

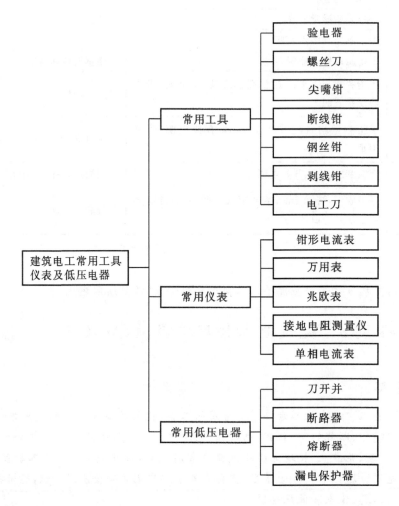

相关知识

4.2.1 常用工具

一、验电器

验电器是检验导线和电气设备是否带电的一种电工常用工具。

1.验电器分类

民用电气安装中常用的验电器是低压验电笔。低压验电笔又称测电笔(简称电笔),有数字显示式和发光式两种。数字显示式测电笔(见图 4-7)可以用来测试交流电或直流电(AC/DC)的电压,测试范围是 12V、36V、55V、110V 和 220V。

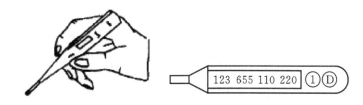

图 4-7 数字显示式测电笔

发光式低压验电笔又分钢笔式和螺丝刀式(又称旋凿式或启子式)两种,如图 4-8 所示。

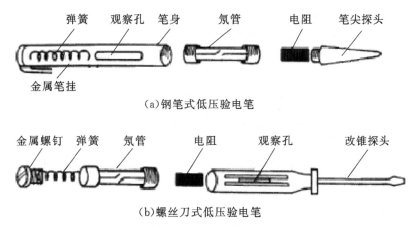

(a)钢笔式低压验电笔

(b)螺丝刀式低压验电笔

图 4-8 发光式低压验电笔

发光式低压验电笔检测电压的范围为 60~500V。使用发光式低压验电笔时,必须按照如图 4-9 所示的正确方法把笔握稳,以手指触及笔尾的金属体,使氖管小窗背光朝向自己。

当用电笔测试带电体时,电流经带电体、电笔、人体到大地形成通电回路,只要带电体与大地之间的电位差超过 60V,电笔中的氖管就发光。

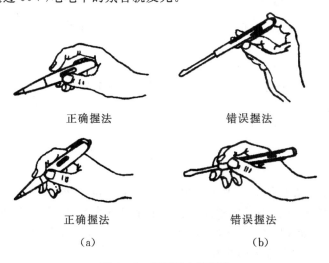

正确握法   错误握法

正确握法   错误握法

(a)   (b)

图 4-9 低压验电笔握法

2.低压测电笔的用途

（1）区别电压的高低。使用发光式低压验电笔测试时，可根据氖管发亮的强弱来估计电压的高低。一般在带电体与大地间的电位差低于36V时，氖管不发光。在60～500V之间时，氖管发光，电压越高氖管越亮。

数字显示式验电笔的笔端直接接触带电体，手指触及接触测试钮，液晶显示的电压数值，即是被测带电体电压。

（2）区别相线与零线。在交流电路中，当验电器触及导线时，氖管发亮或液晶显示电压数值的即是相线。

（3）区别直流电与交流电。交流电通过验电笔时，氖管里的两个极同时发亮。直流电通过验电笔时，氖管里两个电极只有一个极发亮。

（4）区别直流电的正负极。把测电笔连接在直流电的正负极之间，氖管发亮的一端即为直流电的负极。

（5）识别相线碰壳。用验电笔触及电动机、变压器等电气设备外壳，若氖管发亮，则说明该设备相线有碰壳现象。如果壳体上有良好的接地装置，氖管不会发亮。

（6）识别相线接地。用验电笔触及三相三线制星形接法的交流电路时，有两根比通常稍亮，而另一根的亮度较暗，则说明亮度较暗的相线有接地现象，但还不太严重。如果两根很亮，而另一根不亮，则这一相有接地现象。在三相四线制电路中，当单相接地后，中性线用验电笔测量时，也会发亮。

（7）判断绝缘导线是否断线。使用数字显示式验电笔，把笔端放在相线的绝缘层表面或保持适当距离，用手指触及感应测试钮，液晶屏上可显示出电源信号"＋"，然后将笔端慢慢沿着相线的绝缘层移动，若在某一位置时液晶屏上的电源信号"＋"消失，则该位置的相线已断线。

二、螺丝刀

螺丝刀又称旋凿或起子，它是一种紧固或拆卸螺钉的工具。

1.螺丝刀的式样和规格

螺丝刀的式样和规格很多，按头部形状不同可分为一字形和十字形两种，如图4-10所示。

图4-10 螺丝刀

一字形螺丝刀常用的规格有50mm、100mm、150mm和200mm等，电工必备的是50mm和150mm两种。十字形螺丝刀专供紧固或拆卸十字槽的螺钉，常用的规格有4个，Ⅰ号适用的螺钉直径为2～2.5mm，Ⅱ号为3～5mm，Ⅲ号为6～8mm，Ⅳ号为10～12mm。螺丝刀按握柄材料不同又可分为木柄和塑料柄两种。

2.使用螺丝刀的安全知识

（1）电工不可使用金属杆直通柄顶的螺丝刀，否则使用时很容易造成触电事故。

（2）使用螺丝刀紧固或拆卸带电的螺钉时，手不得触及螺丝刀的金属杆，以免发生触电事故。为了避免螺丝刀的金属杆触及皮肤或触及邻近带电体，应在金属杆上穿套绝缘管。

3. 螺丝刀的使用技巧

（1）大螺丝刀的使用。大螺丝刀一般用来紧固较大的螺钉。使用时，除大拇指、食指和中指要夹住握柄外，手掌还要顶住柄的末端，这样就可防止旋转时滑脱。如图 4-11（a）所示。

（2）小螺丝刀的使用。小螺丝刀一般用来紧固电气装置接线桩头上的小螺钉。使用时，可用大拇指和中指夹着握柄，用食指顶住柄的末端捻旋。如图 4-11（b）所示。

（3）较长螺丝刀的使用。使用较长螺丝刀时，可用右手压紧并转动手柄，左手握住螺丝刀的中间部分，以使螺丝刀不致滑脱，此时左手不得放在螺钉的周围，以免螺丝刀滑出时将手划破。

三、尖嘴钳

尖嘴钳的头部尖细，适用于在狭小的工作空间操作。尖嘴钳也有铁柄和绝缘柄两种，绝缘柄的耐压为 500V，其外形如图 4-12 所示。

尖嘴钳的用途如下：

（1）带有刃口的尖嘴钳能剪断细小金属丝。

（2）尖嘴钳能夹持较小螺钉、垫圈、导线等元器件。

（3）在装接控制线路板时，尖嘴钳能将单股导线弯成一定圆弧的接线鼻子。

四、断线钳

断线钳又称斜口钳，钳柄有铁柄、管柄和绝缘柄三种形式，其中电工用的绝缘柄断线钳的外形如图 4-13 所示，其耐压为 1000V。断线钳是专供剪断较粗的金属丝、线材及电缆等。

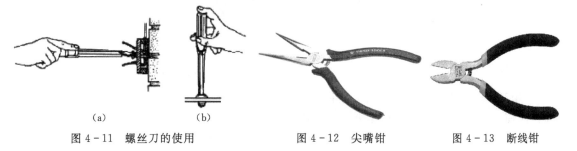

（a）　　　　　（b）		
图 4-11　螺丝刀的使用	图 4-12　尖嘴钳	图 4-13　断线钳

五、钢丝钳

钢丝钳有铁柄和绝缘柄两种，绝缘柄为电工用钢丝钳，常用的规格有 150mm、175mm 和 200mm 三种。

电工钢丝钳由钳头和钳柄两部分组成，钳头由钳口、齿口、刀口和铡口四部分组成。钳口用来弯绞或钳夹导线线头，齿口用来紧周或起松螺母，刀口用来剪切导线或剖削软导线绝缘层，铡口用来铡切导线线芯、钢丝或铅丝等较硬的金属，其构造及用途如图 4-14 所示。

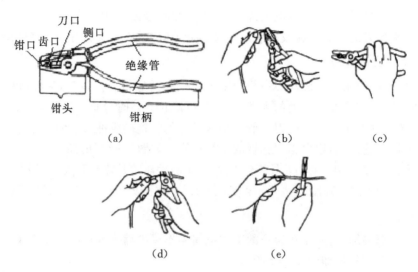

图 4 - 14　电工钢丝钳的构造和用途

六、剥线钳

剥线钳是用于剥削小直径导线绝缘层的专用工具,其外形如图 4 - 15 所示。它的手柄是绝缘的,耐压为 500V。

使用时,将要剥削的绝缘长度用标尺定好以后,即可把导线放入相应的刀口中(比导线直径稍大),用手将钳柄一握,导线的绝缘层即被割破自动弹出。

七、电工刀

1. 电工刀的使用

图 4 - 15　剥线钳

使用时,应将刀口朝外剖削,剖削导线绝缘层时,应使刀面与导线成较小的锐角,以免割伤导线。

电工刀是用来剖削电线线头、切割木台缺口、削制木榫的专用工具,其外形如图 4 - 16 所示。

图 4 - 16　电工刀

2. 使用电工刀的安全知识

(1)电工刀使用时应注意避免伤手。

(2)电工刀使用完毕,随即将刀身折进刀柄。

(3)电工刀刀柄是无绝缘保护的,不能在带电导线或器材上剖削,以免触电。

4.2.2 常用仪表

一、钳形电流表

在施工现场临时需要检查电气设备的负载情况或线路流过的电流时,若用普通电流表,就要先把线路断开,然后把电流表串联到电路中,费时费力,很不方便。如果使用钳形电流表,就无需把线路断开,可直接测出负载电流的大小。

钳形电流表由电流互感器和电流表组成,外形像钳子一样,其结构和使用如图 4-17所示。

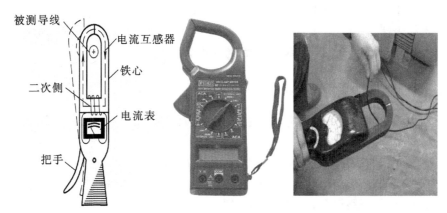

图 4-17 钳形电流表

钳形电流表的上部是一穿心式电流互感器,其工作原理与一般电流互感器完全相同。当把被测载流导线卡入钳口时(此时载流导线就是电流互感器一次绕组),二次绕组中将出现感应电流,和二次绕组相连的电流表的指针即发生偏转,从而指示出被测载流导线上电流的数值。

使用钳形电流表时,应注意以下问题:

(1)测量时,被测载流导线的位置应处在钳形口的中央,以免产生误差。

(2)测量前应估计被测电流大小和电压大小,选择合适量程或者先放在最大量程挡上进行测量,然后根据测量值的大小再变换合适的量程。

(3)钳口应紧密结合。若有杂声可重新开口一次。重新开口后,如果仍有杂声,应检查钳口是否有污垢,若有污垢,则应清除后再进行测量。

(4)测量完毕一定要注意把量程开关放置在最大量程位置上,以免下次使用时,由于疏忽未选择量程就进行测量而损坏电表。

二、万用表

万用表是电工经常使用的一种多用途、多量程便携式仪表。它可以测量直流电流、直流电压、交流电压和电阻,有的还可以测量交流电流、电感、电容等,是电气安装过程中必不可少的测试工具。

万用表根据其读数盘的形式,分为指针式和数字式两种。指针式万用表主要由表头(测量机构)、测量电路和转换开关组成。如图 4-18所示是施工中常用的国产 DT830B 型万用表的面板结构。

DT830B 型数字式万用表属中低档普及型万用表,由液晶显示屏、量程转换开关、表笔插孔等组成。液晶显示屏直接以数字形式显示测量结果。各档位含义如下：

(1)DCV：直流电压档位；

(2)DCA：直流电流档位；

(3)ACV：交流电压档位；

(4)Ω：电阻档位；

(5)HFE：三极管放大倍数档位；

(6)OFF：测量完毕后转换开关放置处；

(7)COM：公共端，插入黑表笔；

(8)VΩmA：正极端，在测电阻、电压和小于 200mA 的直流电流时插入红表笔；

(9)10ADC：在测 200mA 至 10A 的直流电流时插入红表笔。

图 4-18　万用表面板

1. 电阻测量

(1)将黑表笔插入 COM 插孔，红表笔插入 VΩmA 插孔。

(2)将功能开关置于 Ω 量程，将测试表笔连接到待测电阻上。

注意：如果被测电阻值超出所选择量程的最大值，将显示过量程"1"，应选择更高的量程。当没有连接好时，例如开路情况，仪表显示为"1"。

2. 电压测量

(1)将黑表笔插入 COM 插孔，红表笔插入 VΩmA 插孔。

(2)将功能开关置于交流电压档 ACV 量程范围，并将测试表笔连接到待测电源(测开路电压)或负载上(测负载电压降)。

3. 数字式万用表使用的注意事项

(1)使用数字式万用表前，应先估计一下被测量值的范围，尽可能选用接近满刻度的量程，这样可提高测量精度。

(2)数字式万用表在刚测量时，显示屏的数值会有跳数现象，这是正常的(类似指针式表的表针摆动)，应当待显示数值稳定后(不超过 1～2s)，才能读数。

(3)数字万用表的功能多，量程挡位也多，在使用时要根据需要选择。

(4)用数字万用表测试一些连续变化的电量和过程，不如用指针式万用表方便直观。

(5)测 10Ω 以下的精密小电阻时(200Ω 挡)，先将两表笔短接，测出表笔线电阻(约 0.2 Ω)，然后在测量中减去这一数值。

(6)尽管数字式万用表内部有比较完善的各种保护电路，使用时仍应力求避免误操作，如用电阻挡去测 220 V 交流电压等，以免带来不必要的损失。

(7)为了节省用电，数字万用表设置了 15min 自动断电电路，自动断电后若要重新开启电源，可连续按动电源开关两次。

三、兆欧表

兆欧表俗称摇表，是专门用于检查和测量电气设备或线路绝缘电阻的一种便携式仪表。绝缘电阻是不能用万用表检查的，因为绝缘电阻的阻值都比较大，可达几兆欧甚至几百兆欧。

万用表电阻档对这个范围的电阻测量不准确,更主要的是万用表测量电阻时,所用的电源电压比较低,在低电压下呈现的绝缘电阻值,不能反映在高电压作用下的绝缘电阻的真正数值。因此,绝缘电阻必须用备有高压电源的兆欧表进行测量。

1. 兆欧表的结构和工作原理

兆欧表的种类很多,但其基本结构相同,主要由测量机构、测量线路和高压电源组成。高压电源多采用手摇发电机,其输出电压有 500V、1000V、2500V 和 5000V 等。目前已出现了用晶体管直流变换器代替手摇发电机的兆欧表,如 ZC30 型。兆欧表的外形如图 4-19 所示。

图 4-19 兆欧表

2. 兆欧表的选择

兆欧表的额定电压应与被测电气设备或线路的额定电压相对应,其测量范围也应与被测绝缘电阻的范围相吻合。根据《电气装置安装工程电气设备交接试验标准》(GB 50150—91)规定,测量绝缘电阻时,选用兆欧表的电压等级如下:

(1)100V 以下的电气设备或回路,采用 250V 兆欧表。

(2)100~500V 的电气设备或回路,采用 500V 兆欧表。

(3)500~3000V 的电气设备或回路,采用 1000V 兆欧表。

(4)3000~1000V 的电气设备或回路,采用 2500V 兆欧表。

(5)1000V 及以上的电气设备或回路,采用 2500V 或 5000V 兆欧表。

3. 兆欧表的使用

(1)测量前应将被测设备的电源切断,并进行短路放电,以保证安全。被测对象的表面应清洁干燥。

(2)兆欧表与被测设备间的连接线不能用双股绝缘线和绞线,而应用单根绝缘线分开连接。两根连线不可缠绞在一起,也不可与被测设备或地面接触,以免导线绝缘不良而产生测量误差。

(3)测量前应先将兆欧表进行一次开路和短路试验。将兆欧表上"线"和"地"端钮上的连接开路,摇动手柄达到额定转速,指针应指到"0"处,然后将"线"和"地"端钮短接,指针应指在"0"处,否则应调修兆欧表。

(4)在测量线路绝缘电阻时,兆欧表"L"端接芯线,"E"端接大地,所测数值即为芯线与大地间的绝缘电阻。对于电缆线路,除了"E"端接电缆外皮,"L"端接缆芯外,还需将电缆的绝缘层接于保护环端钮"G"上,以消除因表面漏电而引起的误差。测量时,操作方法和接线方法如图 4-20 所示。

(5)测量时,摇动手柄的速度由慢逐渐加快,并保持匀速(120r/min),不得忽快忽慢,以 1min 以后的读数为准。

(6)测量电容或较长的电缆等设备绝缘电阻后,应将"L"的连接线断开,以免被测设备向兆欧表倒充电而损坏仪表。

(7)测量完毕,在手柄未完全停止转动和被测对象没有放电之前,切不可用手触及被测对象的测量部分及进行拆线,以免触电。

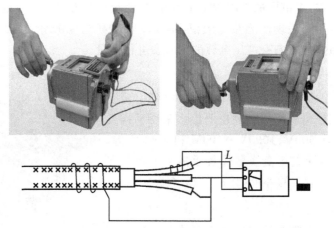

图 4 - 20　兆欧表操作方法和测量电缆绝缘电阻的接线方法

四、接地电阻测量仪

　　接地电阻测量仪俗称接地摇表,图 4 - 21 即为 ZC - 8 型接地电阻测量仪外形。它主要由手摇发电机、电流互感器、滑线电阻及零指示器等组成。全部机构都装在铝合金铸造的携带式外壳内。测量仪还配有一个附件袋,装有两支接地探测针及 3 根导线,其中 5m 长的一根导线用于接地极,20m 长的一根用作电位探测针,40m 长的一根用作电流探测针。

图 4 - 21　ZC - 8 型接地电阻测量仪外形

　　测量时仪表的接线端钮 E 连接于接地极 E′,P、C 连接于相应的接地探测针,即电位的 P′ 和电流的 C′,如图 4 - 22 所示。

　　具体测量方法如下:

　　(1)如图 4 - 22 所示,沿被测接地极 E′,使电位探测针 P′ 和电流探测针 C′,依直线彼此相距 20m,插入地中,且电位探测针 P′ 要插于接地极 E 和电流探测针 C′ 之间。

　　(2)用导线将 E′、P′ 和 C′ 分别接于仪表上相应的端钮 E、P、C 上。

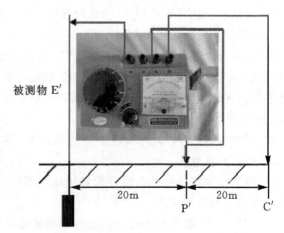

图 4 - 22　接地电阻测量接线

(3)将仪表放置于水平位置,检查零指示器的指针是否指于中心线上,否则可用零位调整器将其调整指于中心线。

(4)将"倍率标度"置于最大倍数,慢慢转动发电机的手柄,同时旋动"测量标度盘",使零指示器的指针指于中心线。当零指示器指针接近平衡时,加快发电机手柄的转速,使其达到 120r/min 以上,调整"测量标度盘",使指针指于中心线上。

(5)如果"测量标度盘"的读数小于1,应将"倍率标度"置于较小的倍数,再重新调整"测量标度盘",以得到正确的读数。

(6)当指针完全平衡在中心线上以后,用"测量标度盘"的读数乘以倍率标度,即得到所测的接地电阻值。

 **小知识**

接地电阻:就是电流由接地装置流入大地再经大地流向另一接地体或向远处扩散所遇到的电阻,它包括接地线和接地体本身的电阻、接地体与大地的电阻之间的接触电阻以及两接地体之间大地的电阻或接地体到无限远处的大地电阻。接地电阻大小直接体现了电气装置与"地"接触的良好程度,也反映了接地网的规模。

接地网系统:接地网系统是接地网,是对由埋在地下一定深度的多个金属接地极和由导体将这些接地极相互连接组成一网状结构的接地体的总称。它广泛应用在电力、建筑、计算机、工矿企业、通讯等众多行业之中,起着安全防护、屏蔽等作用。接地网有大有小,有的非常复杂庞大,也有的只由一个接地极构成,这是根据需要来设计的。接地系统分为 IT、TT、TN 三种,其中 TN 系统又分为 TN - S、TN - C - S、TN - C。

TN、TT 和 IT 这三种接地系统文字符号的含义:第一个字母说明电源的带电导体与大地的关系,也即如何处理系统接地。

T:电源的一点(通常是中性线上的一点)与大地直接连接(T 是"大地"一词法文 Terre 的第一个字母)。

I:电源与大地隔离或电源的一点经高阻抗(例如 1000Ω)与大地连接(I 是"隔离"一词法文 Isolation 的第一个字母)。

五、单相交流电度表

1.单相交流电度表的结构

由公式 $W = Pt$ 可以看出,测量电能 W 的电度表与测量电功率 P 的功率表之间的不同之处在于,电度表不仅能反映负载功率 P 的大小,还能计算负载用电的时间 t,并通过计度器把消耗的电能自动地累计起来。为使计度器的机械部分能够顺利地转动,电度表要具有较大的转矩。目前交流电能的测量大多采用感应式电度表,它具有转矩大、成本低、抗干扰性强、安全可靠等优点。如图 4 - 23(a)为家庭常见电度表的外形。

单相感应式电度表的结构如图 4 - 23(b)所示,主要组成包括驱动元件、转动元件、制动元件和计度器四部分。驱动元件由电压元件和电流元件两部分组成。转动元件由铝盘和转轴组成,转轴上装有传递铝盘转数的蜗杆。制动元件由永久磁铁组成。计度器主要用来计算铝盘的转数,实现累计电能的目的。感应式电度表的工作原理是当交流电通过电度表的电流线圈和电压线圈时,在线圈中产生交变磁通,这些交变磁通在铝盘上会产生涡流。而涡流又会与交

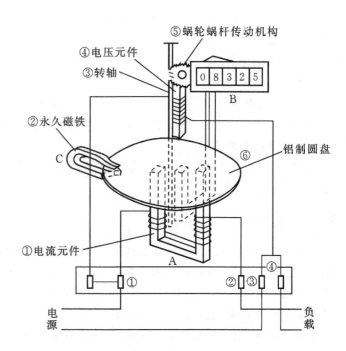

图 4-23　单相感应式电度表

变磁通相互作用产生电磁力矩,驱动铝盘转动。同时,转动的铝盘又在制动磁铁的磁场中产生涡流,该涡流与制动磁铁的磁场相互作用产生制动力矩。当转动力矩和制动力矩平衡时,铝盘以稳定的转速转动,其转速与被测功率成正比,根据铝盘转数的多少可以测量出负载消耗的电能。

2.单相交流电度表的接线

电度表的接线方式原则上与功率表的接线方式相同,即电流线圈与负载串联,电压线圈跨接在线路两端。对于低电压(220V)、小电流(5~10A 以内)的单相电路,电度表可以直接接入。对于低电压、大电流的单相电路,需经电流互感器接入。

电度表的下部有接线盒,盖板背面有接线图,安装时应按图接线。接线盒内有四个接线端子,一般应符合"火线 1 进 2 出"和"零线 3 进 4 出"的原则接线,"进"端接电源,"出"端接负载,如图 4-24 所示。

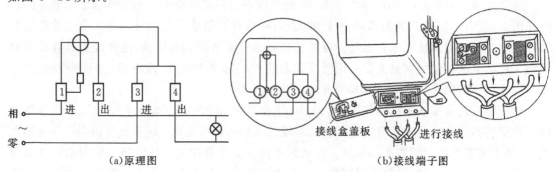

　　　　　（a）原理图　　　　　　　　　　　　　　　（b）接线端子图

图 4-24　单相电度表接线图

只要接线正确,不管负载是电感性的还是电容性的,电度表总是正转的。但在接线时火线与零线不能对调,将火线和零线对调时,俗称"相零接反",如图4-25所示。这时电度表仍然正转,且计量正确,但当电源和负载的零线同时接地,或用户将负载(电灯、冰箱、电热器等)接到火线与大地(如经自来水管)之间时,负载电流将从加接地线的地方经大地流走(流经电流线圈的电流要减少或为零),这就造成电度表少计电能或不计电能。

另外,也不能把两个线圈的同名端接反。虽然电压和电流端子的连接片在表内已连好,但如果接线时误接成"火线2进1出",如图4-26所示,这时,电度表就要反转,这是不允许的。

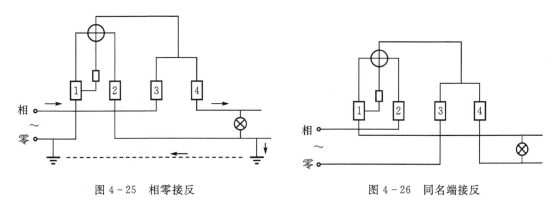

图4-25　相零接反　　　　　　　　　　　图4-26　同名端接反

4.2.3　常用低压电器

一、刀开关

刀开关又叫闸刀开关,一般用于不频繁操作的低压电路中,用作接通和切断电源,有时也用来控制小容量电动机的直接启动与停机。

塑壳刀开关的结构如图4-27所示。刀开关的瓷底座上装有进线座、静触头、熔体、出线座和带瓷制手柄的刀式动触头,上面盖有胶盖,以防止人员操作时触及带电体或开关分断时产生的电弧飞出伤人。

刀开关的种类很多。按极数(刀片数)刀开关分为单极、双极和三极;按结构分为平板式和条架式;按操作方式分为直接手柄操作式、杠杆操作机构式和电动操作机构式;按转换方向分为单投和双投等。

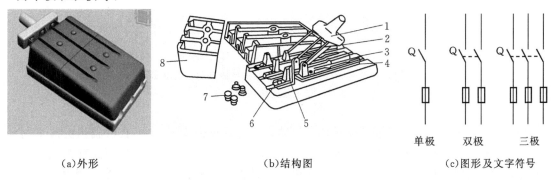

(a)外形　　　　　　　　　(b)结构图　　　　　　　　(c)图形及文字符号

1—瓷柄;2—动触头;3—出线座;4—瓷底座;5—静触头;6—进线座;7—胶盖紧固螺钉;8—胶盖

图4-27　塑壳刀开关

刀开关一般与熔断器串联使用,以便在短路或过负荷时熔断器熔断而自动切断电路。考虑到电动机较大的起动电流,刀闸的额定电流值应为异步电机额定电流3～5倍。

安装刀开关时要注意:垂直安装,手柄位置上合下断,不准平装、倒装,防止发生误合闸事故;接线时应把电源进线接在静触头一边的进线座,负载接在动触头一边的出线端;应检查闸刀与静插座接触是否良好。

二、断路器

低压断路器又叫自动空气开关,是常用的电源开关,它不仅有引入电源和隔离电源的作用,又能自动进行失压、欠压、过载和短路保护。

低压断路器的外形如图4-28(a)所示,工作原理图如图4-28(b)所示,图形及文字符号如图4-28(c)所示。

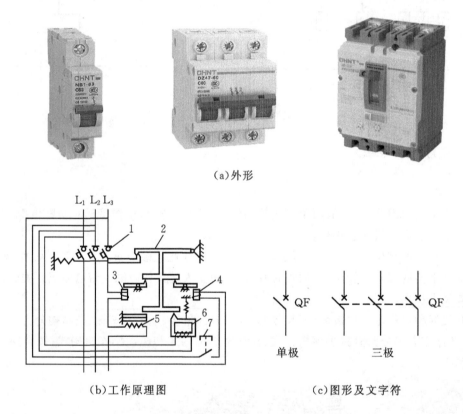

（a）外形

（b）工作原理图   （c）图形及文字符

1—主触头;2—自由脱扣机构;3—过电流脱扣器;
4—分励脱扣器;5—热脱扣器;6—欠电压脱扣器;7—按钮
图4-28 低压断路器

低压断路器的主触头1是靠手动操作或自动合闸。主触头1闭合后,自由脱扣机构2将主触头锁在合闸位置上。过电流脱扣器3的线圈和电源并联。当电路发生短路或严重过载时,过电流脱扣器3的衔铁吸合,使自由脱扣机构2动作,主触头1断开主电路。当电路过载时,热脱扣器5的热元件发热使双金属片上弯曲,推动自由脱扣机构2动作。当电路欠电压时,欠电压脱扣器6的衔铁释放,也使自由脱扣机构动作。分励脱扣器4则作为远距离控制用,在正常工作时,其线圈是断电的。在需要远距离控制时,按下起动按钮7,使线圈得电,衔铁带动自由脱扣机构动作,使主触头断开。

低压断路器可用来分配电能、不频繁地启动异步电动机、对电动机及电源线路进行保护,当它们发生严重过载、短路或欠电压等故障时能自动切断电源,其功能相当于熔断式熔断器与过流、过压、热继电器等的组合,而且在分断故障电流后,一般不需要更换零部件。

 小知识

在日常生活中,如果线路中的断路器跳闸了,一定要及时查明其跳闸的原因,排除故障以后再重新合闸。不要在不明原因的情况下擅自合上断路器。

三、熔断器

熔断器是一种简单而有效的保护电器,在电路中主要起短路和严重过载保护作用。它串联在线路中,当线路或电气设备发生短路或严重过载时,熔断器中的熔体首先熔断,使线路或电气设备脱离电源,起到保护作用。

熔断器主要由熔体和安装熔体的绝缘管(或盖、座)等部分组成。其中熔体是主要部分,它既是感测元件又是执行元件。熔体是由不同金属材料(铅锡合金、锌、铜或银)制成丝状、带状、片状或笼状,串接于被保护电路。当电路发生短路或严重过载故障时,通过熔体的电流使其发热,当达到熔化温度时,熔体自行熔断,从而分断故障电路。熔断管一般由硬质纤维或瓷质绝缘材料制成半封闭式或封闭式管状外壳,熔体装于其中。熔断管的作用是便于安装熔体并作为熔体的外壳,在熔体熔断时兼有灭弧的作用。

熔断器的种类很多,按结构可分为半封闭插入式、螺旋式、无填料密封管式和有填料密封管式;按用途可分为一般工业用熔断器、半导体器件保护用快速熔断器和特殊熔断器(如具有两段保护特性的快慢动作熔断器、自复式熔断器)。常用的熔断器有以下几种。

1. 瓷插式熔断器(RC)

瓷插式熔断器如图4-29所示,常用于380V及以下电压等级的电路末端,作为配电支线或电气设备的短路保护来使用。

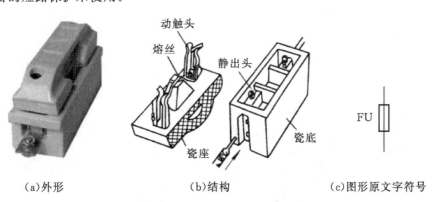

(a)外形　　　　　　(b)结构　　　　　　(c)图形原文字符号

图4-29　瓷插式熔断

2. 螺旋式熔断器（RL）

螺旋式熔断器如图4-30所示。熔体上的上端盖有一熔断指示器，一旦熔体熔断，指示器马上弹出，可透过瓷帽上的玻璃孔观察到，它常用于机床电气控制设备中。螺旋式熔断器分断电流较大，可用于电压等级500V及其以下、电流等级200A以下的电路中，作短路保护来使用。

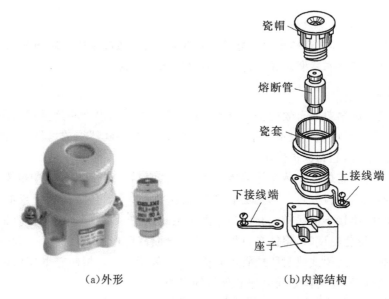

瓷帽
熔断管
瓷套
上接线端
下接线端
座子

（a）外形　　　　　　　　　（b）内部结构

图4-30　螺旋式熔断器

3. 封闭管式熔断器

（1）无填料密封式（RM）。如图4-29（a）所示，多用于低压电网、成套配电设备的保护，型号有RM7、RM10系列等。

（2）有填料密封式（RT）。如图4-31（b）所示，熔管内装有SiO_2（石英砂），用于具有较大短路电流的电力输配电系统，常见型号为RT0系列。

4. 快速熔断器

快速熔断器如图4-32所示，主要用于硅整流管及其成套设备的保护，其特点是熔断时间短，动作快，常用型号有RLS、RSO系列等。

（a）无填料式熔断器　　　　　（b）有填料式熔断器

图4-31　封闭管式熔断器　　　　　　　图4-32　快速式熔断器

四、漏电保护器

漏电保护器是防止触电和漏电的安全保护电器,全称漏电电流动作保护器,俗称漏电开关。

1.分类

漏电保护器按极数和线数分为单极二线式(1根火线,1根零线)、二极三线式(2根火线,1根零线)、三极三线式(3根火线)和三极四线式(3根火线,1根零线);按动作灵敏度分为高灵敏度型、中灵敏度型、低灵敏度型;按动作时间分为瞬动式、延时式和反时限式。按结构不同,漏电保护器又分为以下3种:①漏电保护断路器:带有保护断路器,可作为线路的短路保护开关。②漏电保护继电器:带有保护继电器,使用另外的主电路开关来分断主电路。③漏电保护插座:带有保护断路器,所接负载可通过插头插入。

2.工作原理

用于单相电路的二线漏电保护器的原理结构见图4-33。其主要组成部分是主开关、检测漏电电流用互感器和脱扣器。由主开关输出的两根导线同时穿过环形铁芯,再接至负载。主开关手动闭合后,漏电电流 $I_d=0$,此时穿过环形铁芯上的主电路电流 I_1 和 I_2 大小相等,方向相反,$I_1+I_2=0$。在环形铁芯中两电流分别产生的磁通 Φ_1 与 Φ_2 大小相等、方向相反。铁芯中产生的合成磁通 $\Phi_1+\Phi_2=0$,故互感器环形铁芯上的另一个二次绕组回路没有感

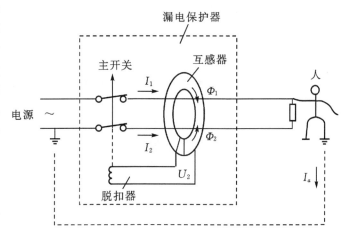

图4-33 漏电保护器的原理结构图

应电压,$U_2=0$,脱扣器不动作。当发生漏电时,产生漏电电流 I_d,$I_d=I_1+I_2$,此时环形铁芯中产生的合成磁通 $\Phi=\Phi_1+\Phi_2=\Phi_d$,则铁芯上二次绕组回路产生感应电压 U_2。当漏电电流增大到预定的数值时,脱扣器动作,主开关的锁扣被释放而分断电路。快速高灵敏度的漏电保护器从电路发生故障到主开关分断的过程很快,即使发生了人身触电,当触电电流还没有引起致命的危害时,保护器即迅速分断电路,保护人身安全。

3.漏电保护器的应用

为保障安全,市场出售的漏电保护器的动作电流值一般分为3档:①动作电流值在10毫安及以下的产品,主要用于防止潮湿场所的人身触电。②动作电流为15～30毫安的产品,用于防止一般场所的人身触电,如电动工具等。③动作电流100毫安及以上的产品,主要用于开关柜等,可防止漏电引起的火灾。一般的漏电保护器的动作时间不大于0.1秒。具有反时限作用和防止漏电火灾用的保护器动作时间在0.1～2秒之间。

 **小知识**

空气开关与漏电保护器的区别

空气开关和漏电保护器都是有开断电路的作用,而空气开关的容量一般来讲要大一些,低压配电开关一般是有一套的专用保护,也就是配电盘(抽屉盘)。漏电保护器一般用在家用电路保护上。

空气开关是一种只要有短路、过流现象,就会跳闸的开关,为什么叫做空气开关,是由于它的灭弧原理决定的。漏电保护器俗称漏电开关,是用于在电路或电器绝缘受损发生对地短路时防人身触电和电气火灾的保护电器,一般安装于每户配电箱的插座回路上和全楼总配电箱的电源进线上,后者专用于防电气火灾漏电保护。

一般来说(无论在家庭或者酒店等),空气开关是作总开关的,再从它分接到各个漏电开关,每个漏电开关分出去作为一个回路。比如厕所一个回路,厨房一个回路。空气开关有过流保护、短路保护功能,能实现过流自动跳闸,但是空气开关也有漏电型的,也可以作分开关。漏电开关,它的灵敏,作为分开关可以迅速跳闸,能有效保护我们。

思考题

1.请说出低压测电笔最少四种用途,并结合生活实际说明。

2.不同螺丝刀的式样如何选用?在使用螺丝刀的时候应该注意哪些事项以保证安全?

3.钳子的种类有哪几种?分别说明使用的场合。

4.分析钳形电流表的测量原理。

5.总结不同测量仪表测量的电气参数。

6.熔断器、断路器和漏电保护器的作用有什么不同?

7.简述断路器的工作原理。

8.简述漏电保护器的工作原理。

任务4.3 建筑电工常用导线的连接

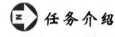 **任务介绍**

了解建筑电工职业岗位中常用的电线和电缆的类型与区别,能在施工现场识别。根据施工图纸能识别各种绝缘导线的种类和型号的表示方法是电气施工中的一项重要技能。在施工过程中各种绝缘导线的连接方法是十分重要的,重要掌握单股、多股铜导线、单股铝导线的连接方法。

 任务目标

1.知识目标

(1)了解常用的电气线缆的种类和用途;

(2)了解常用的导线连接方法和种类;

(3)掌握不同材质类型绝缘导线间连接的方法;

(4)掌握不同导线之间连接完后绝缘恢复的方法。

2.能力目标

(1)能识别不同绝缘导线型号;

（2）能根据不同场合正确选择导线连接的方法和绝缘恢复。

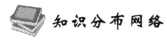知识分布网络

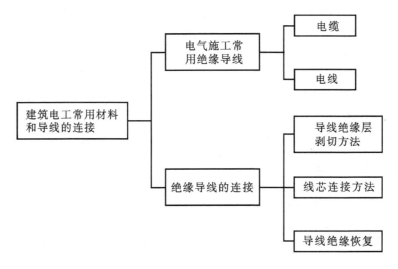

相关知识

4.3.1　绝缘导线的型号

建筑电气室内配线工程常用绝缘导线按其绝缘材料分为橡皮绝缘和聚氯乙烯绝缘；按线芯材料分为铜线和铝线；按线芯性能又有硬线和软线之分。通常按型号加以表示及区分。表4－2给出了常用绝缘导线的型号、名称和用途。

表4－2　常用绝缘导线的型号、名称和用途

型号	名称	用途
BX(BLX)	铜（铝）芯橡皮绝缘线	适用交流 500V 及以下，或直流 1000V 及以下的电气设备及照明装置之用
BXF(BLXF)	铜（铝）芯氯丁橡皮绝缘线	
BXR	铜芯橡皮绝缘软线	
BV(BLV)	铜（铝）聚氯乙烯绝缘线	适用于各种交流、自流电器装置，电工仪表、仪器，电讯设备，动力及照明线路固定敷设之用
BVV(BLVV)	铜（铝）聚氯乙烯绝缘聚氯乙烯护套圆型电线	
BVVB(BLVVB)	铜（铝）芯聚氯乙烯绝缘氯乙烯护套平型电线	
BVR	铜芯聚氯乙烯绝缘软线	
BV－105	铜芯耐热 105℃聚氯乙烯绝缘软线	
RV	铜芯聚氯乙烯绝缘软线	适用于各种交、直流电器、电子仪器、家用电器、小型电动机具、动力及照明装置的连接
RVB	铜芯聚氯乙烯绝缘平行软线	
RVS	铜芯聚氯乙烯绝缘绞型软线	
RV－105	铜芯耐热 105℃聚氯乙烯绝缘连接软电线	
RXS	铜芯橡皮绝缘棉纱编织绞型软电线	
RX	铜芯橡皮绝缘棉纱编织圆型软电线	

 **小知识**

电缆和电线的区别

电线是由一根或几根柔软的导线组成,外面包以轻软的护层,用于承载电流的导电金属线材。有实心的、绞合的或箔片编织的等各种形式。按绝缘状况分为裸电线和绝缘电线两大类。

电缆由一根或多根相互绝缘的导电线心置于密封护套中构成的绝缘导线。其外可加保护覆盖层,用于传输、分配电能或传送电信号。它与普通电线的区别主要是电缆尺寸较大,结构较复杂。电缆按其用途可分为电力电缆、通信电缆和控制电缆等。电缆多应用于人口密集和电网稠密区及交通拥挤繁忙处;在过江、过河、海底敷设则可避免使用大跨度架空线。在需要避免架空线对通信干扰的地方以及需要考虑美观或避免暴露目标的场合也可采用电缆。

4.3.2 绝缘导线的连接

导线与导线间的连接及导线与电器间的连接,称为导线的接头。在室内配线工程中应尽量减少导线接头,并应特别注意接头的质量。因为导线一般发生的故障,多数是发生在接头上,但必要的连接是不可避免的。为了保证导线接头质量,当设计无特殊规定时,应采用焊接、压板压接或套管连接。导线连接应符合下列要求:

(1)接触紧密,使接头处电阻最小。

(2)连接处的机械强度与非连接处相同。

(3)耐腐蚀。

(4)接头处的绝缘强度与非连接处导线绝缘强度相同。

对于绝缘导线的连接,其基本步骤为:剥切绝缘层,线芯连接(焊接或压接),恢复绝缘层。

一、导线绝缘层剥切方法

绝缘导线连接前,必须把导线端头的绝缘层剥掉,绝缘层的剥切长度因接头方式和导线截面的不同而不同。绝缘层的剥切方法要正确,通常有单层剥法、分段剥法和斜削法三种,如图4-34所示。一般塑料绝缘线用单层剥法,橡皮绝缘线采用分段剥法或斜削法。剥切绝缘层时,不应损伤线芯。

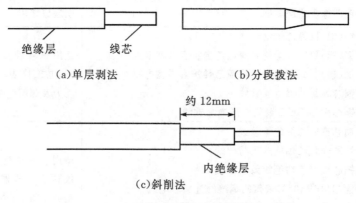

(a)单层剥法 　　　　　　　(b)分段拨法

(c)斜削法

图4-34　导线绝缘层剥切方法

二、线芯连接

(一)铜导线的连接

1.单股铜导线的连接

截面较小的单股铜导线(如 6mm² 以下),一般多采用绞接法连接,而截面超过 6mm² 的铜线,常采用绑接法连接。

(1)绞接法。

①直线连接。如图 4-35(a)所示为两根导线直线连接。绞接时,先将导线互绞 2~3 圈,然后将每一导线端部分别在另一线上紧密地缠绕 5 圈,余线割弃,使端部紧贴导线。直线连接的另一种做法如图 4-35(b)所示。

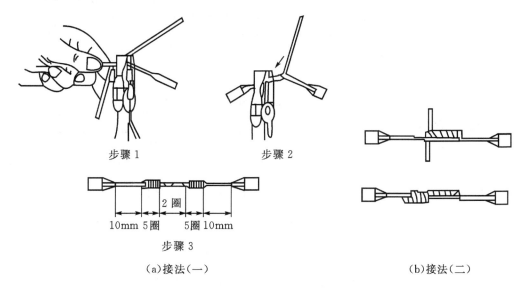

(a)接法(一)　　　　　　　　　　　　　　　　　(b)接法(二)

图 4-35　单芯线直接连接

双芯线的直线连接如图 4-36 所示,两处连接位置应错开一定距离。

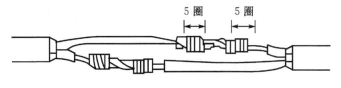

图 4-36　双芯线连接

粗细不等单股铜导线的连接如图 4-37 所示,将细导线在粗导线上缠绕 5~6 圈后,弯折粗导线端部,使它压在细线缠绕层上,再把细线缠绕 3~4 圈后,剪去多余细线头。

图 4-37　粗细不等单股导线的连接

②并接连接(并接头)。如图 4-38(a)所示为两根导线并接连接,在距绝缘层 15mm 处将芯线捻绞 5 圈,留余线适当长剪断折回压紧,防止线端部插破所包扎的绝缘层。两根导线并接连接一般不应在接线盒内出现,应直接通过,不断线,否则连接起来不但费工也浪费材料。

如图 4-38(b)所示为三根导线并接连接。三根及以上单股导线的线盒内并接,在现场的应用是较多的(如多联开关的电源相线的分支连接)。在进行连接时,应将连接线端相并台,在距导线绝缘层 15mm 处用其中一根芯线,在其连接线端缠绕 7 圈后剪断缠绕线,把被缠绕线余线头折回压在缠绕线上。应注意计算好导线端头的预留长度和剥切绝缘的长度。

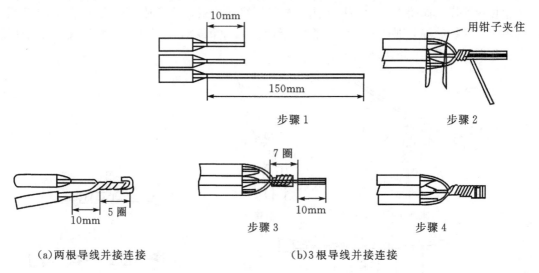

图 4-38 单芯线并接

不同直径的导线并接,若细导线为软线,则应先进行挂锡处理。如图 4-39 所示为软线与单股导线连接。先将细线在粗线上距离绝缘层 15mm 处交叉,并将线端部向粗线端缠卷 5 圈,将粗线端头折回,压在细线上。

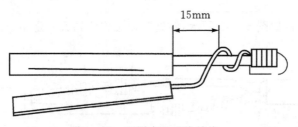

图 4-39 不同直径导线并接

③分支连接。如图 4-40 所示为 T 形分支连接。绞接时,先用手将支线在干线上粗绞 1~2 圈,再用钳子紧密缠绕 5 圈,余线割弃。

如图 4-41 所示为一字形分支连接。绞接时,先将支线Ⅱ与干线合并,支线Ⅰ在支线Ⅱ与干线上粗绞 1~2 圈,用钳子紧密缠绕 5 圈,支线Ⅰ的余线割弃,然后将支线Ⅱ在干线上紧密缠绕 5 圈,余线割弃。

如图 4-42 所示为十字形分支连接。绞接时,先将两根支线并排在干线上粗绞 2~3 圈,再用钳子紧密缠绕 5 圈,余线割弃,如图 4-45(a)所示。图 4-45(b)为两根支线分别在两边紧密缠绕 5 圈,余线割弃。

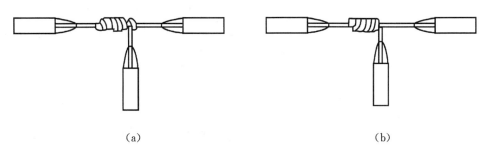

（a）　　　　　　　　　　　　　（b）

图 4-40　单芯线 T 形分支连接

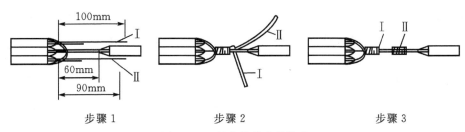

步骤 1　　　　　　步骤 2　　　　　　步骤 3

图 4-41　单芯线分支绞接法

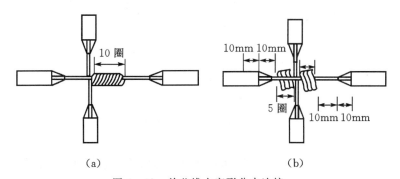

（a）　　　　　　　　　　　　　（b）

图 4-42　单芯线十字形分支连接

（2）绑接法。

①直线连接。如图 4-43 所示,先将两线头用钳子弯曲一些,然后并在一起(有时中间还可加一根相同截面的辅助线),然后用一根直径为 15mm 的裸铜线做绑线,从中间开始缠绕,缠绕长度为导线直径的 10 倍,两端再分别在一线芯上缠绕 5 圈,余下线头与辅助线绞合,剪去多余部分。较细导线可不用辅助线。

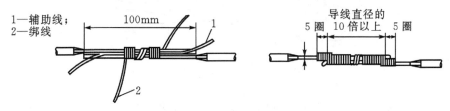

图 4-43　直线连接绑接法

②分支连接。如图 4-44 所示,先将分支线做直角弯曲,然后将两线合并,用单股裸线紧

密缠绕,方法及要求与直线连接相同。

铜导线的连接不论采用上面哪种方法,导线连接好后,均应用焊锡焊牢。使熔解的焊剂,流入接头处的各个部位,以增加机械强度和良好的导电性能,避免锈蚀和松动。锡焊的方法因导线截面不同而不同。截面为 10mm² 及以下的铜导线

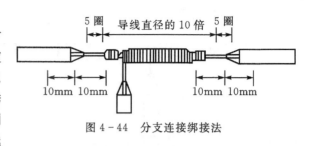

图 4-44　分支连接绑接法

接头,可用电烙铁进行锡焊,在无电源的地方,可用火烧烙铁,截面为 16mm² 及以上的铜导线接头,则用浇焊法。无论采用哪一种方法,锡焊前,接头上均需涂一层无酸焊锡膏或天然松香溶于酒精中的糊状溶液。

用电烙铁锡焊时,可用 150W 电烙铁。为防止触电,使用时,应先将电烙铁的金属外壳接地,然后接入电源加热,待烙铁烧热后,即可进行焊接。

(3)压接法。

①管状端子压接法。如图 4-45 所示,将两根导线插入管状接线端子,然后使用配套的压线钳压实。

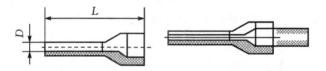

图 4-45　管状端子压接法

②塑料压线帽压接法。塑料压线帽是将导线连接管(镀银紫铜管)和绝缘包缠复合为一体的接线器件,外壳用尼龙注塑成型,如图 4-46 所示。单芯铜导线塑料压线帽压接,可以用于接线盒内铜导线的连接,也可用于夹板布线的导线连接。单芯铜导线塑料压线帽,用于直径为 1.0~4.0mm 铜导线的连接。

使用压线帽进行导线连接时,导线端部剥削绝缘露出的线芯长度应与选用线帽规格相符,将线头插入压线帽内,如填充不实,可再用 1~2 根同材质、同线径的线芯插入压线帽内填补,也可以将线芯剥出后回折插入压线帽内,使用专用阻尼式手握压力钳压实。

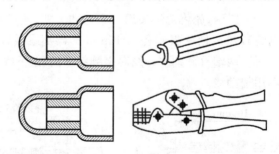

图 4-46　塑料压线帽压接法

③套管直线压接法。套管直线压接如图 4-47 所示。先将压接管内壁和导线表面的氧化膜及油垢等清除干净,然后将导线从管两端插入压接管内。当采用圆形压接管时,两线各插到压接管的一半处。当采用椭圆形压接管时,应使两线线端各露出压接管两端 4mm,然后用压接钳压接,要使

所有压接的中心线处在同一条直线上。压按时,一般只要每端压一个坑,就能满足接触电阻和机械强度的要求,但对拉力强度要求较高的场合,可每端压两个坑。压坑深度控制到上、下模接触为止。

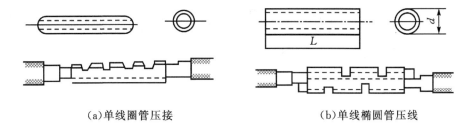

(a)单线圈管压接　　　　　　　　(b)单线椭圆管压线

图 4-47　套管直线压接

单股导线的分支和并头连接,均可采用压接法,分别如图 4-48 和图 4-49 所示。

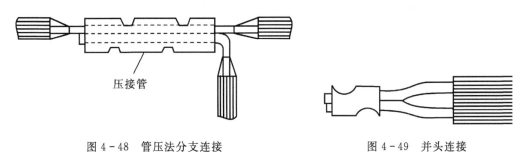

图 4-48　管压法分支连接　　　　　　　　图 4-49　并头连接

2. 多股铜导线的连接

(1)直线绞接连接。多股铜导线的直线绞接连接如图 4-50 所示。先将导线线芯顺次解开,成 30°伞状,用钳子逐根拉直,并剪去中心一股,再将各张开的线端相互交叉插入,根据线径大小,选择合适的缠绕长度,把张开的各线端合拢,取任意两股同时缠绕 5～6 圈后,另换两股缠绕,把原有两股压住或割弃,再缠 5～6 圈后,又取两股缠绕,如此下去,一直缠至导线解开点,剪去余下线芯,并用钳子敲平线头,另一侧亦同样缠绕。

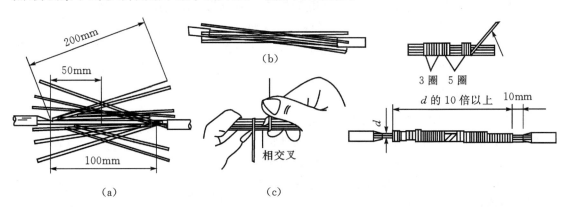

图 4-50　多股铜导线的直线绞接连接

(2)分支绞接连接。分支连接时,先将分支导线端头松开,拉直擦净分为两股,各曲折 90°,贴在干线下,先取一股,用钳子缠绕 5 圈,余线压在里面或割弃,再调换一根,依次类推,缠至距绝缘层 15mm 时为止。另一侧依此法缠绕,不过方向应相反,如图 4-51 所示。

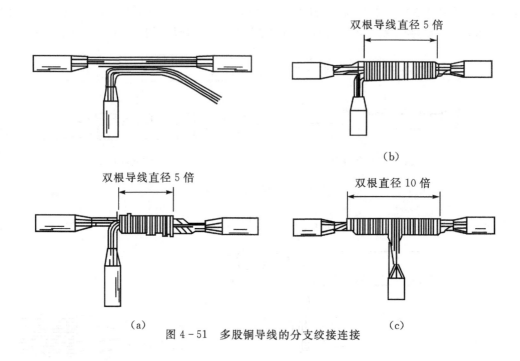

(a)   (c)

图 4-51 多股铜导线的分支绞接连接

(二)铝导线的连接

铝导线与铜导线相比较,在物理、化学性能上有许多不同之处。由于铝在空气中极易氧化,导线表面生成一层导电性不良并难于熔化的氧化膜(铝本身的熔点为 653℃,而氧化膜的熔点达到 2050℃,且其密度比铝大)。当铝熔化时,它便沉积在铝液下面,降低了接头质量。因此,铝导线连接工艺比铜导线复杂,稍不注意,就会影响接头质量。铝导线的连接方法很多,施工中常用的是机械冷态压接。

机械冷态压接的简单原理是:用相应的模具在一定压力下,将套在导线两端的铝连接管紧压在导线上,使导线与铝连接管形成金属相互渗透,两者成为一体,构成导电通路。

铝导线的压接可分为局部压接法和整体压接法两种。局部压接的优点是:需要的压力小,容易使局部接触处达到金属表面渗透。整体压接的优点是:压接后连接管形状平直,容易解决高压电缆连接处形成电场过分集中的问题。下面主要介绍施工中常用的局部压接法。

1.单股铝导线连接

小截面单股铝导线,主要以铝压接管进行局部压接。压接所用的压钳如图 4-52 所示。这种形式的压钳,可压接 $2.5mm^2$、$4mm^2$、$6mm^2$ 及 $10mm^2$ 四种规格的单股导线。铝压接管的截面与铜压接管一样,也有圆形和椭圆形两种。

铝导线压接工艺基本与铜导线压接工艺相同,不同点仅是在铝导线压接前,铝压接管要涂上石英粉和中性凡士林油膏,目的是加大导线接触面积。

铝导线并接也可采用绝缘螺旋接线钮,如图

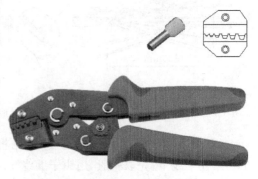

图 4-52 单股导线压线钳

4-53所示。绝缘螺旋接线钮适用于8mm及以下的单芯铝线。

图4-53 绝缘螺旋接线钮

绝缘螺旋接线钮的做法如图4-54所示。将导线剥去绝缘层后,把连接芯线并齐捻绞,保留芯线约15mm,剪去前端,使之整齐,然后选择合适的接线钮顺时针方向旋紧,要把导线绝缘部分拧入接线钮的导线空腔内。

图4-54 绝缘螺旋接线钮连接顺序

2. 多股铝导线的连接

(1)压接。截面为16~240mm²的铝导线可采用机械压钳或手动油压钳压接。铝压接管的铝纯度应高于99.5%。压接前,先把两根导线端部的绝缘层剥去。每端剥去长度为连接管长度的一半加上5mm,然后敞开线芯,用钢丝刷将每根导线表面的氧化膜刷去,并立即在线芯上涂以石英粉和中性凡士林油膏,再把线芯恢复为原来的绞合形状。同时用圆锉除去连接管内壁的氧化膜和油垢,涂一薄层石英粉和中性凡士林油膏。中性凡士林油膏的作用是使铝表面与空气隔绝,不再氧化,石英粉(细度应为10000孔)的作用是在压接时挤破氧化膜。两者的重量比为1:1或1:2(凡士林)。涂上石英粉和中性凡士林油膏后,分别将两根导线插入连接管内,插入长度各为连接管的一半,并相应画好压坑的标记。根据连接导线截面的大小,选好压模装到钳口内。

压接时,可按如图4-55所示的顺序进行,共压4个坑。先压管两端的坑,然后压中间两个坑。4个坑的中心线应在同一条直线上。压接时,应该一次压成,中间不能停顿,直到上、下模接触为止。压完一个坑后,稍停10~15min,待局部变形完全稳定后,就可松开压口,再压第二个口,依次进行。压接深度、压口数量和压接长度应符合产品技术文件的有关规定。压完后,用细齿锉刀锉去压坑边缘及连接端部因被压而翘起的棱角,并用砂布打光,再用浸蘸汽油的抹布擦净。

图4-55 直接连接压坑顺序

(2)分支线压接。压接操作基本与上述相同。压接时,可采用两种方法,一种是将干线断开,与分支线同时插入连接管内进行压接,如图4-56所示。为使线芯与线管内壁接触紧密,线芯在插入前除应尽量保持圆形外,线芯与管子空隙部分可补填一些铝线。铝接管规格的选择,可根据主线与支线总的截面积考虑。

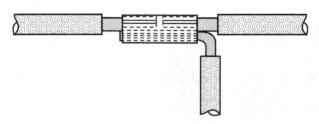

图 4-56 多股铝导线分支压接

另一种方法是不断开主干线,采用围环法压接,也就是用开口的铝环,套在并在一起的主线和支线上,将铝环的开口卷紧折叠后,再进行压接。

(三)铜导线与铝导线的压接

由于铜与铝接触在一起时,铝会产生电化腐蚀,因此,多股铜导线与铝导线连接应采用铜铝过渡连接管。使用时,连接管的铜端插入铜导线,铝端插入铝导线,采用局部压接法压接。其压接方法同前所述。

三、恢复导线绝缘

所有导线连接好后,均应采用绝缘带包扎,以恢复其绝缘性。经常使用的绝缘带有黑胶布、自黏性橡胶带、塑料带和黄蜡带等。应根据接头处环境和对绝缘的要求,结合各绝缘带的性能进行选用。包缠时采用斜叠法,使每圈压叠带宽的半幅。第一层绕完后,再用另一斜叠方向缠绕第二层,使绝缘层的缠绕厚度达到电压等级绝缘要求。包缠时,要用力拉紧,使其包缠紧密坚实,以免潮气浸入。如图 4-57(a)所示为并接头绝缘包扎方法,如图 4-57(b)所示为直线接头绝缘包扎方法,图 4-57(c)所示为 T 字接头绝缘包扎方法。

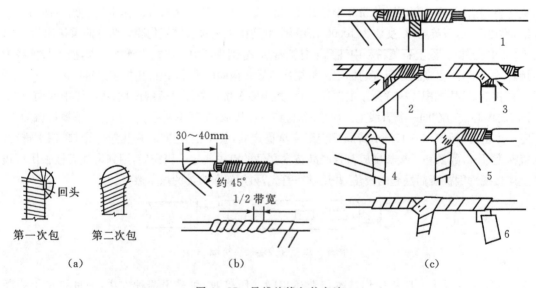

图 4-57 导线绝缘包扎方法

导线接触不良故障的检修方法

导线在进行连接时,在接触面上会形成接触电阻。连接处理良好,接触电阻小。若连接不牢或其他原因使接触不良,则会导致局部接触不良,发生过热,加上接触面的氧化,使接触电阻更大,发热更剧烈,温度不断升高,造成恶性循环,致使接触处金属变色甚至融化,引起绝缘材料老化、燃烧,从而引起火灾。

低压电气线路中出现导线接触不良的原因主要有以下几个:

(1)接点松动。连接点由于长期震动或冷热变化而松动,造成导线与导线、导线与电气设备连接不牢。大致有四种原因导致接点松动:①接点在安装时就未连接牢固;②金属具有蠕变性,导致金属蠕变的原因有四季气温变化、金属受热膨胀、遇冷收缩等;③接点位于长期存在机械振动的环境;④金属疲劳化,机械强度降低。

(2)接点处有污垢。导线的连接处有杂质,如氧化层、泥土、油垢等。这些杂质并非电的良好导体,甚至有些具有良好的绝缘性能,但却阻止了导体的良好接触,形成接触电阻。

(3)铜铝接触点处理不当。铜铝接触点处理不当,在电腐蚀作用下接触电阻会很快增大。因为接点的保护绝缘层失效后,就可能会产生电腐蚀,即铜铝两种导体相接时,在空气湿度较大的湿度条件下,铜铝导体之间会发生极化现象,产生电势差,该电势差可达1.69V,由于电势差的长期存在,就会在金属导体之间发生电解现象,故称为电腐蚀。

(4)接触点过小。接触点过小主要是接触面不光滑或接触面小而形成的接触不良的故障。接触处金属导体出现的异常弯曲、变形和凹凸不平,会使接触点处相互接触面积减小,产生接触电阻。

思考题

1.电线和电缆的区别是什么?

2.铜导线能否和铝导线直接相连?

3.连接导线恢复绝缘的原则是什么?

4.导线连接不良会造成什么后果?

任务 4.4 照明线路的配线与安装

任务介绍

室内配线和照明装置的安装是建筑电工操作人员需要掌握的必备技能,本任务主要介绍线管配线、开关插座的安装、照明灯具和吊扇的安装等基本知识,通过本任务的学习,建筑电工操作者能掌握照明配线与安装基本知识和基本技能。

任务目标

1.知识目标

(1)了解电气配管中常用的管材分类和使用场合;

(2)掌握配管过程中的加工步骤和注意事项,掌握管内穿线的施工步骤和方法;

(3)掌握开关、插座、灯具和吊扇的安装要求和方法。

2.能力目标

(1)能根据图纸来选用合适的管材进行加工和敷设;

(2)能正确进行线管穿线的操作;

(3)能根据施工规范正确安装开关、插座、灯具及吊扇等照明设备。

 知识分布网络

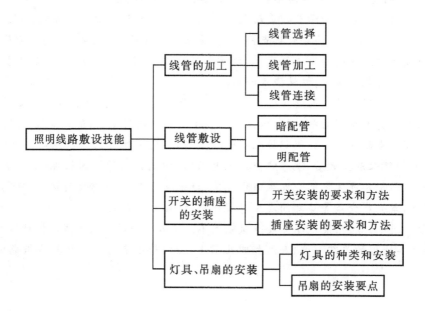

 相关知识

4.4.1 线管的加工

一、线管的选择

1.常用线管

在室内电气工程施工中,为使电线免受腐蚀和外来机械损伤,常把绝缘导线穿入电线管内敷设。常用的电线管有金属管和塑料管等。

(1)金属线管。常用的金属管有水煤气管、薄壁钢管、金属软管等。

①水煤气管,又称焊接管或瓦斯管,管壁较厚(3mm左右),一般用于输送水煤气及制作建筑构件(如扶手、栏杆、脚手架等),适合在内线工程中有机械外力或有轻微腐蚀气体的场所作明线敷设和暗线敷设。按表面处理分为镀锌管和普通管(不镀锌)。按管壁厚度不同可分为普通钢管和加厚钢管。

②薄壁钢管,壁厚约 1.5mm 左右,又称电线管。管子的内外壁均涂有一层绝缘漆,适用于干燥场所的线路敷设。目前常使用的管壁厚度不大于 1.6mm 的扣接式(KBG 管)或紧定式(JDG 管)镀锌电线管,也属于薄壁钢管。

③金属软管,又称蛇皮管,由厚度为 0.5mm 以上的双面镀锌薄钢带加工压边卷制而成,轧缝处有的加石棉垫,有的不加。金属软管既有相当的机械强度,又有很好的弯曲性,常用于需要弯曲部位较多的场所及设备的出线口处等。

(2)塑料管。常用的塑料管有硬塑料管、半硬型塑料管、软型塑料管等。按材质主要有聚氯乙烯管、聚乙烯管、聚丙烯管等。其特点是常温下抗冲击性能好,耐碱、耐酸、耐油性能好,但易变形老化,机械强度不如钢管。

①硬型管适合在腐蚀性较强的场所作明线敷设和暗线敷设。

②半硬型塑料管韧性大、不易破碎、耐腐蚀、质轻、钢柔结合易于施工,使用于一般民用建筑的照明工程暗配敷设。常用的有阻燃型 PVC 工程塑料管。

③软型管质轻,刚柔适中,适于作电气软管。

2.线管选择

选择线管时,首先应根据敷设环境决定采用哪种管子,然后再决定管子的规格。一般明配于潮湿场所和埋于地下的管子,均应使用厚壁钢管。明配或暗配于干燥场所的钢管,宜使用薄壁钢管。硬塑料管适用于室内或有酸、碱等腐蚀介质的场所,但不得在高温和易受机械损伤的场所敷设。半硬塑料管和塑料波纹管适用于一般民用建筑的照明工程暗敷设,但不得在高温场所敷设。软金属管多用来作为钢管和设备的过渡连接。

管子规格的选择应根据管内所穿导线的根数和截面决定,一般规定管内导线的总截面积(包括外护层)不应超过管子截面积的 40%。

所选用的线管不应有裂缝和扁折、无堵塞。钢管管内应无铁屑及毛刺,切断口应锉平,管口应刮光。

二、线管加工

需要敷设的线管,应在敷设前进行一系列的加工,如除锈、切割、套丝和弯曲。

1.除锈涂漆

对于钢管,为防止生锈,在配管前应对管子进行除锈,刷防腐漆。管子内壁除锈,可用圆形钢丝刷,两头各绑一根铁丝,穿过管子,来回拉动钢丝刷,把管内铁锈清除干净。管子外壁除锈,可用钢丝刷打磨,也可用电动除锈机。除锈后,将管子的内、外表面涂上防锈漆。但钢管外壁刷漆要求与敷设方式及钢管种类有关。

(1)埋入混凝土内的钢管不刷防腐漆。

(2)埋入道渣垫层和土层内的钢管应刷两道沥青或使用镀锌钢管。

(3)埋入砖墙内的钢管应刷红丹漆等防腐漆。

(4)钢管明敷时,焊接钢管应刷一道防腐漆,一道面漆(若设计无规定颜色,一般用灰色漆)。

(5)埋入有腐蚀的土层中的钢管,应按设计规定进行防腐处理。电线管一般因为已刷防腐黑漆,故只需在管子焊接处和连接处及漆脱落处补刷同样色漆即可。

2.切割套丝

在配管时,应根据实际情况对管子进行切割。管子切割时严禁用气割,应使用钢锯或电动无齿锯进行切割。

管子和管子的连接,管子和接线盒、配电箱的连接,都需要在管子端部进行套丝。焊接钢管套丝,可用管子铰板(俗称代丝)或电动套丝机。电线管和硬塑料管套丝,可用圆丝板。

套丝时,先将管子固定在管子台虎钳上压紧,然后套丝。如果利用电动套丝机套丝,可提高工效。电线管和硬塑料管的套丝与此类似,比较方便。套完丝后,应立即清扫管口,以免割破导线绝缘。

3.弯曲

根据线路敷设的需要,线管改变方向需要将管子弯曲。但在线路中,管子弯曲多会给穿线和维护换线带来困难。因此,施工时要尽量减少弯头。为便于穿线,管子的弯曲后的角度,一般不应小于90°,如图4-58所示。管子弯曲半径,明配时,一般不小于管外径的6倍,只有一个弯时,可不小于管外径的4倍;暗配时,不应小于管外径的6倍,埋于地下或混凝土楼板内时,不应小于管外径的10倍。为了穿线方便,在电线管路长度和弯曲超过下列数值时,中间应增设接线盒。

(1)管子长度每超过30m,无弯曲时。

(2)管子长度每超过20m,有一个弯时。

(3)管子长度每超过15m,有两个弯时。

(4)管子长度每超过8m,有三个弯时。

管子弯曲,可采用弯管器、弯管机或用热煨法。一般直径小于50mm的管子,可用弯管器,这种方法比较简单方便,如图4-58所示,操作时,先将管子需要弯曲部位的前段放在弯管器内,管子的焊缝放在弯曲方向的背面或侧面,以防管子弯扁,然后用脚踩住管子,手扳弯管器柄,稍加一定的力,使管子略有弯曲,再逐点移动弯管器,使管子弯成所需的弯曲半径和角度。小口径的厚壁钢管也可用氧乙炔焰加热,然后弯制。

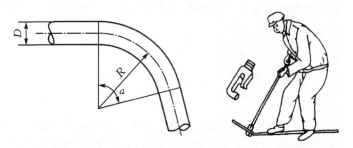

D—管子直径;a—弯曲角度;R—弯曲半径

图4-58 钢管的弯曲半径用弯管器弯管的情况

管径50mm以上的管子,可用弯管机或热煨法弯曲,用弯管机时,要根据管子弯曲半径的要求选择模具的规格。使用热煨法时,为防止管子弯扁,可先在管内填满沙子(烘干的沙子)。在装填沙子时,要边装沙子边敲打管子,使其填实,然后用木塞堵住两端。进行局部加热时,管子应慢慢转动,使管子的加热部位均匀受热,然后在胎具内弯曲成型。成型后浇水冷却,倒出沙子。

硬塑料管的弯曲,可用热煨法。将塑料管放在电烘箱内加热或放在电炉上加热,待至柔软状态时,把管子放在胎具内弯曲成型。

4.4.2 线管配线

一、线管的连接

1.钢管连接

无论是明敷还是暗敷,一般都采用管箍连接,特别是潮湿场所以及埋地和防爆线管。为了保证管接口的严密性,管子的丝扣部分应涂上铅油缠上麻丝,用管钳拧紧,使两管端间吻合。不允许将管子对焊连接。在干燥少尘的厂房内对于直径 50mm 及以上的管端也可采用套管焊接的方式,套管长度为连接管外径的 1.5～3 倍,焊接前,先将管子两端插入套管,并使连接管的对口处在套管的中心,然后在两端焊接牢固。钢管采用管箍连接时,要用圆钢或扁钢做跨接线焊在接头处,使管子之间有良好的电气联接,以保证接地的可靠性,如图 4－59 所示。

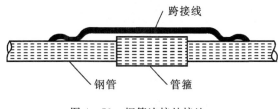

图 4－59　钢管连接处接地

跨接线焊接应整齐一致,焊接面不得小于接地线截面的 6 倍,但不得将管箍焊死。跨接线的规格可参照表 4－3 来选择。

表 4－3　跨接线选择表

公称直径(mm)		跨接线(mm)	
电线管	钢管	圆钢	扁钢
≤32	≤25	Φ6	
40	32	Φ8	
50	40～50	Φ10	
70～80	70～80	Φ12	25×4

钢管进入灯头盒、开关盒、接线盒及配电箱时,暗配管可用焊接固定,管口露出盒(箱)应小于 5mm,明配管应用锁紧螺母或护帽固定,露出锁紧螺母的丝扣为 2～4 扣。

2.硬塑料管连接

硬塑料管连接通常为套接法。先把同直径的硬塑料管加热扩大成套管,然后把需要连接的两管端倒角,并用汽油或酒精将插接端擦干净,待汽油挥发后,涂上胶合剂,迅速插入热套管中,并用湿布冷却。套接情况如图 4－60 所示。硬塑料管连接也可以用焊接方法予以焊牢密封。

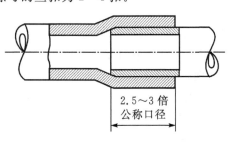

2.5～3 倍公称口径

图 4－60　塑料管套接法连接

半硬塑料管应使用套管黏接法连接,套管的长度不应小于连接管外径的 2 倍,接口处应用胶合剂黏接牢固。

二、线管支持与固定材料

1.线管支持材料

(1)U 形管卡。U 形管卡用圆钢煨制而成,安装时与钢管壁接触,两端用螺母紧固在支架上,如图 4－61 所示。

(2)鞍形管卡。鞍形管卡由钢板制成,与钢管壁接触,两端用术螺钉、胀管直接固定在墙上,如图 4－62 所示。

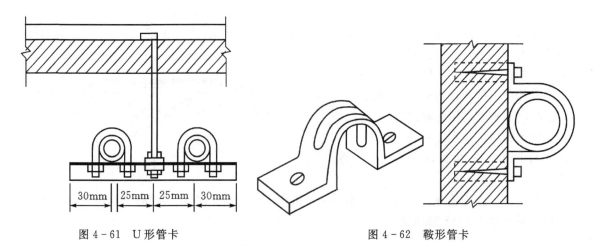

图 4-61　U形管卡　　　　　　　　　　　　图 4-62　鞍形管卡

（3）塑料管卡。用木螺钉、胀管将塑料管卡直接固定在墙上，然后用力把塑料管压入塑料管卡中，如图4-63所示。

2.线管固结材料

常用的固结材料除常见的圆钉、扁头钉、自攻螺钉、铝铆钉及其他螺钉外，还有直接固结于硬质基体上的水泥钉、射钉、塑料胀管和膨胀螺栓。

（1）水泥钢钉。水泥钢钉是一种直接打入混凝土、砖墙等的手工固结材料。钢钉应有出厂合格证及产品说明书。操作时最好先将钢钉打入被固定件内，再向混凝土、砖墙等上打入。

（2）射钉。射钉是采用优质钢材，经过加工处理后制成的新型固结材料，具有很高的强度和良好的韧性。射钉与射钉枪、射钉弹配套

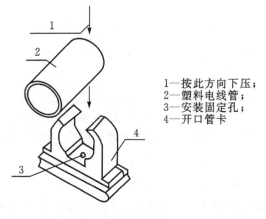

1—按此方向下压；
2—塑料电线管；
3—安装固定孔；
4—开口管卡

图 4-63　塑料管卡

使用，利用射钉枪去发射射钉弹，使弹内火药燃烧释放能量，将各种射钉直接打入混凝土、砖砌体等硬质材料的基体中，将被固定件直接固定在基体上。利用射钉固结，便于现场及高空作业，施工快速简便，劳动强度低，操作安全可靠。射钉分为普通射钉、螺纹射钉和尾部带孔射钉三种。射钉杆上的垫圈起导向定位作用，一般用塑料或金属制成。尾部有螺纹的射钉，便于在螺纹上直接拧螺钉。尾部带孔的射钉，用于悬挂连接件。射钉弹、射钉和射钉枪必须配套使用。常用射钉形状如图 4-64 所示。

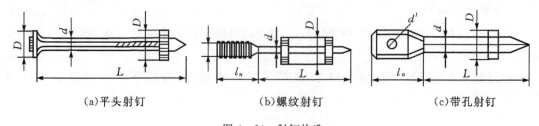

（a）平头射钉　　　　　　　（b）螺纹射钉　　　　　　　（c）带孔射钉

图 4-64　射钉构造

（3）膨胀螺栓。膨胀螺栓由底部呈锥形的螺栓、能膨胀的套管、平垫圈、弹簧垫片及螺母组成，如图 4-65 所示。它是用电锤或冲击钻钻孔后安装于各种混凝土或砖结构上。螺栓自铆，可代替预埋螺栓，铆固力强，施工方便。

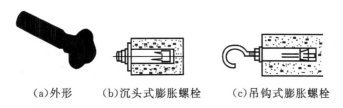

(a)外形　　(b)沉头式膨胀螺栓　　(c)吊钩式膨胀螺栓

图 4-65　膨胀螺栓

如图 4-66 所示为膨胀螺栓安装方法。安装膨胀螺栓，用电锤钻孔时，钻孔位置要一次定准，一次钻成，避免位移、重复钻孔，造成"孔崩"。钻孔直径与深度应符合膨胀螺栓的使用要求。一般在强度低的基体（如砖结构）上打孔，其钻孔直径要比膨胀螺栓直径缩小 1~2mm。钻孔时，钻头应与操作平面垂直，不得晃动和来回进退，以免孔径扩大，影响锚固力。当钻孔遇到钢筋时，应避开钢筋，重新钻孔。

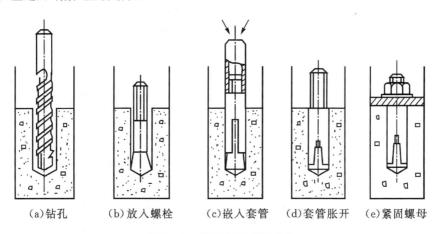

(a)钻孔　　(b)放入螺栓　　(c)嵌入套管　　(d)套管胀开　　(e)紧固螺母

图 4-66　膨胀螺栓安装方法

（4）塑料胀管。塑料胀管是以聚乙烯、聚丙烯为原料制成，如图 4-67 示。这种塑料胀管比膨胀螺栓的抗拉、抗剪能力要低，适用于静定荷载较小的材料。

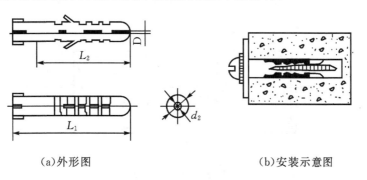

(a)外形图　　　　　　(b)安装示意图

图 4-67　塑料胀管

三、线管敷设

线管敷设俗称配管。配管工作一般从配电箱开始,逐段配至用电设备处,有时也可以从用电设备端开始,逐段配至配电箱处。

1.暗配管

在现浇混凝土构件内敷设管子,可用铁丝将管子绑扎在钢筋上,也可以用钉子将管子钉在木模板上,将管子用垫块垫起,用铁丝绑牢,如图 4-68 所示。垫块可用碎石块,垫高 15mm 以上。此项工作是在浇灌前进行的。当线管配在砖墙内时,一般是随土建砌砖时预埋,否则,应事先在砖墙上留槽或开槽。线管在砖墙内的固定方法,可先在砖缝里打入木楔,再在木楔上钉钉子,用铁丝将管子绑扎在钉子上,再将

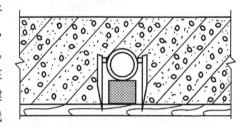

图 4-68 木模板上管子的固定方法

钉子打入,使管子充分嵌入槽内。应保证管子离墙表面净距不小于 15mm。在地坪内,须在土建浇制混凝土前埋设,固定方法可用木桩或圆钢等打入地中,用铁丝将管子绑牢。为使管子全部埋设在地坪混凝土层内,应将管子垫高,离土层15~20mm,这样,可减少地下湿土对管子的腐蚀作用。埋于地下的电线管路不宜穿过设备基础,在穿过建筑物基础时,应加保护管保护。当许多管子并排敷设在一起时,必须使各个管子离开一定距离,以保证管子间也灌上混凝土。进入落地式配电箱的管子应排列整齐,管口应高出基础面不小于 50mm。为避免管口堵塞影响穿线,管子配好后应将管口用木塞或牛皮纸堵好。管子连接处及钢管接线盒连接处,要作好接地处理。

当电线管路遇到建筑物伸缩缝、沉降缝时,必须相应做伸缩、沉降处理。一般是装设补偿盒。在补偿盒的侧面开一个长孔,将管端穿入长孔中,而另一端用六角螺母与接线盒拧紧固定,如图 4-69 所示。

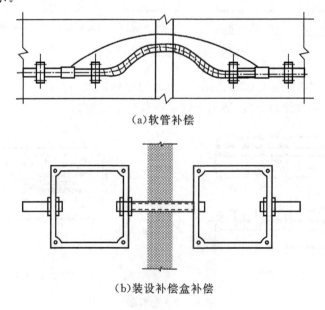

(a)软管补偿

(b)装设补偿盒补偿

图 4-69 线管经过伸缩缝补偿装置

2.明配管

明配管应排列整齐、美观,固定点间距均匀。一般管路应沿建筑物结构表面水平或垂直敷设,在 2m 以内其允许偏差均为 3mm,全长不应超过管子内径的二分之一。当管子沿墙、柱和屋架等处敷设时,可用管卡固定。管卡的固定方法,可用膨胀栓或弹簧螺钉直接固定在墙上,也可以固定在支架上。支架形式可根据具体情况按照国家标准图集 D463(二)选择,如图 4-70 所示。

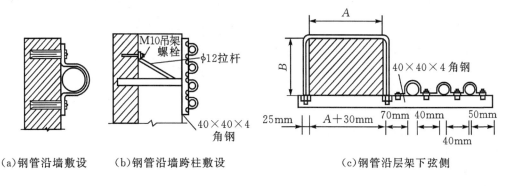

(a)钢管沿墙敷设　　(b)钢管沿墙跨柱敷设　　　　(c)钢管沿层架下弦侧

图 4-70　线管固定方法

当管子沿建筑物的金属构件敷设时,若金属构件允许点焊,可把厚壁管点焊在钢构件上。对于薄壁管(电线管)和塑料管只能应用支架和管卡固定。管卡与终端、转弯中点、电气器具或接线盒边缘的距离为 150～500mm,中间管卡最大间距应符合表 4-4 的规定。管子贴墙敷设进入开关、灯头、插座等接线盒内时,要适当将管子煨成双弯(鸭脖弯),如图 4-71 所示。不能使管子斜穿到接线盒内,同时要使管子平整地紧贴建筑物,在距接线盒 300mm 处,用管卡将管子固定。在有弯头的地方,弯头两边也应用管卡固定。

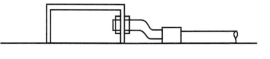

图 4-71　线管进接线盒

表 4-4　线管中间管卡最大允许距离(mm)

敷设方式	钢管种类	线管直径(mm)			
		15～20	25～32	40～50	65 以上
		管卡间最大距离(m)			
吊架、支架或沿墙敷设	厚壁钢管	1.5	2.0	2.5	3.5
	薄壁钢管	1.0	1.5	2.0	—
	塑料管	1.0	1.5	1.0	—

四、线管穿线

管内穿线工作一般应在管子全部敷设完毕及土建地坪和粉刷工程结束后进行。在穿线前应将管中的积水及杂物清除干净。

导线穿管时,应先穿一根钢线作引线。当管路较长或弯曲较多时,应在配管时就将引线穿好。一般在现场施工中对于管路较长、弯曲较多,从一端穿入钢引线有困难时,多采用从两端同时穿钢引线的方法,且将引线头弯成小钩,若估计一根引线端头超过另一根引线端头,用手旋转较短的一根,使两根引线绞在一起,然后把一根引线拉出,此时就可以将引线的一端与需穿管的导线结扎在一起。在所穿导线根数较多时,可以将导线分段结扎,如图4-72所示。

拉线时,应由两人操作,较熟练的一人送线,另一人拉线,两人送、拉动作要配合协调,不可硬送硬拉。当导线拉不动时,两人应反复来回拉1～2次再向前拉,不可过分勉强而将引线或导线拉断。

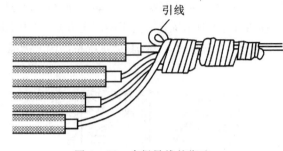

图4-72 多根导线的绑法

穿线时应严格按照规范要求进行,不同回路、不同电压和交流与直流的导线,不得穿入同一根管子内。但下列回路可以除外:

(1)电压为50V以下的回路。

(2)同一台设备的电动机回路和无抗干扰要求的控制回路。

(3)照明花灯的所有回路。

(4)同类照明的几个回路,但管内导线总数不应多于8根。对于同一交流回路的导线必须穿于同一根钢管内。不论何种情况,导线管内都不得有接头和扭结,接头应放在接线盒内。

钢管与设备连接时,应将钢管敷设到设备内。若不能直接进入设备,可在钢管出口处加金属软管或塑料软管引入设备。金属软管和接线盒等连接要用软管接头,如图4-73所示。

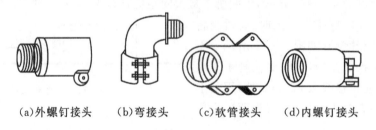

(a)外螺钉接头　　(b)弯接头　　(c)软管接头　　(d)内螺钉接头

图4-73 金属软管的各种管接头

穿线完毕后,即可进行电器安装和导线连接。

五、室内配线的基本原则和要求

1.室内配线的基本原则

室内配线,首先应符合电气装置安装的基本原则。

(1)安全。室内配线及电器设备必须保证安全运行。因此,施工时选用的电器设备和材料应符合图纸要求,必须是合格产品。施工中对导线的连接、接的线的安装及导线的敷设等均应符合质量要求,以确保运行安全。

(2)可靠。室内配线是为了供电给用电设备而设置的。有的室内配线由于不合理的设计与施工,造成很多隐患,给室内用电设备运行的可靠性造成很大影响。因此,室内配线必须合理布局,安装牢固。

(3)经济。在保证安全可靠运行和发展的可能条件下,应该考虑其经济性,选用最合理的施工方法,尽量节约材料。

（4）方便。室内配线应保证操作运行可靠,使用和维修方便。

（5）美观。室内配线施工时,配线位置及电器安装位置的选定,应注意不要损坏建筑物的美观,且应有助于建筑物的美化。

配线施工除考虑以上几条基本原则外,还应使整个线路布置合理、整齐、安装牢固。在整个施工过程中,还应严格按照其技术要求,进行合理的施工。

2.室内配线的一般要求

（1）所用导线的额定电压应大于线路的工作电压。导线的绝缘应符合线路的安装方式和敷设环境的条件。导线截面应能满足供电质量和机械强度的要求。

（2）导线敷设时,应尽量避免接头。防止由于导线接头质量不好而造成事故。若必须接头时,应采用压接或焊接。

（3）导线在连接和分支处,不应受机械力的作用,导线与电器端子连接时要牢靠压实。

（4）穿在管内的导线,在任何情况下都不能有接头,必须接头时,可把接头放在接线盒或灯头盒、开关盒内。

（5）各种明配线应垂直和水平敷设,要求横平竖直,导线水平高度距地不应小于2.5m,垂直敷设不低于1.8m,否则应加管、槽保护,以防机械损伤。

（6）导线穿墙时应装过墙管保护,过墙管两端伸出墙面不小于10mm,当然太长也不美观。

（7）当导线沿墙壁或天花板敷设时,导线与建筑物之间的最小距离为:瓷夹板配线不应小于5mm,瓷瓶配线不小于10mm。在通过伸缩缝的地方,导线敷设应稍有松弛。对于线管配线应设补偿盒,以适应建筑物的伸缩性。当导线互相交叉时,为避免碰线,应在每根导线上套以塑料管,并将套管固定,避免窜动。

（8）为确保用电安全,室内电气管线与其他管道间应保持一定距离。施工中,若不能满足表4-5中所列距离,则应采取如下措施。

表4-5 室内配线与管道间最小距离

管道名称		配线方式		
		穿管配线	绝缘导线明配线	裸导线配线
		最小距离（mm）		
蒸汽管	平行	1000/500	1000/500	1500
	交叉	300	300	1500
暖、热水管	平行	300/200	300/200	1500
	交叉	100	100	1500
通风、上下水压缩空气管	平行	100	200	5100
	交叉	50	100	5100

注:表中分子数字为电气管线敷设在管道上的距离,分母数字为电气管线敷设在管道下面的距离。

①电气管线与蒸汽管不能保持表中距离时,可在蒸汽管外包以隔热层,这样平行净距可减到200mm。交叉距离需考虑施工、维修方便,但管线周围温度应在35℃以下。

②电气管线与暖水管不能保持表中距离时,可在暖水管外包隔热层。

③裸导线应敷设在管道上面,当不能保持表中距离时,可在裸导线外加装保护网或保

护罩。

4.4.3 开关和插座的安装

开关是接通或断开照明灯具电源的器件。根据安装形式,开关分为明装式和暗装式两种。插座的作用是为移动式电器和设备提供电源,有单相、三相插座等种类。开关、插座安装必须牢固,接线要正确,容量要合适。它们是电路的重要设备,直接关系到安全用电和供电。常见插座和开关种类见图 4 - 74。

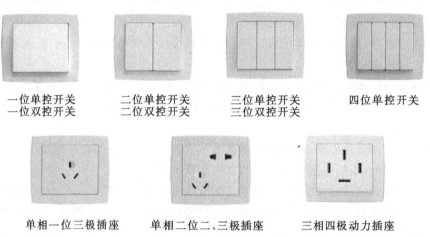

| 一位单控开关 | 二位单控开关 | 三位单控开关 | 四位单控开关 |

一位单控开关　　二位单控开关　　三位单控开关　　四位单控开关
一位双控开关　　二位双控开关　　三位双控开关

单相一位三极插座　　单相二位二、三极插座　　三相四极动力插座

图 4 - 74　开关和插座的种类

关于开关插座的名称要注意以下几点:

(1)开关分为一位、两位、三位、四位(也称单联、双联、三联、四联或一开、二开、三开、四开等,几个开关并列在一个面板上控制不同的灯,俗称多位开关),开关里面又再分为单控和双控。例如一位单控和一位双控,二位双控等。

(2)单控开关只能一个位置开,一个位置关。一只开关控制一只灯,二只开关控制不同的两只灯,三只开关控制不同的三只灯,四只开关控制不同的四只灯。

(3)双控开关是可以在两个地方同时控制一只灯,如房间的门口和床头,楼梯口、大厅等,需预先布好线,可以实现这边开,另外一边关。

(4)插座现在大多采用模块化安装,一个模块是一位,每个模块可以是三孔的,也可以是两孔的。一般单相插座主要为单相设备供电,属于照明负荷,三相插座一般为电动机等动力设备供电,所以通常叫动力插座。

一、开关和插座安装的基本要求

1.开关安装的基本要求

(1)同一场所开关的切断位置应一致,操作应灵活可靠,接点应接触良好。

(2)开关安装位置应便于操作,各种开关距地面一般为 1.3m,距门框为 0.15～0.2m。

(3)成排安装的开关高度应一致,高低差不大于 2mm。

(4)电器、灯具的相线应经开关控制,民用住宅禁止装设床头开关。

(5)跷板开关的盖板应端正严密,紧贴墙面。

(6)在多尘、潮湿场所和户外,应用防水拉线开关或加装保护箱。

(7)在易燃、易爆场所,开关一般应装在其他场所控制,或用防爆型开关。

(8)明装开关应安装在符合规格的圆木或方木上。

2. 插座安装的基本要求

(1)交流、直流或不同电压的插座应分别采用不同的形式,并有明显标志,且其插头与插座均不能互相插入。

(2)单相电源一般应用单相三极三孔插座,三相电源就用三相四极四孔插座,在室内不导电地面可用两孔或三孔插座,禁止使用等边的圆孔插座。

(3)插座的安装高度应符合以下要求:

①一般距地面高度为1.3m,在托儿所、幼儿园、住宅及小学等场所不应低于1.8m,同一场所安装的插座高度应尽量一致。

②车间及试验室的明、暗插座一般距地面高度不低于0.3m,特殊场所暗装插座一般应不低于0.15m,同一室安装的插座高低差应不大于5mm,成排安装的插座高低差应不大于2mm。

(4)舞台上的落地插座应有保护盖板。

(5)在特别潮湿及有易燃、易爆气体和粉尘较多的场所,不应装设插座。

(6)明装插座应安装在符合规格的圆木或方木上。

(7)插座的额定容量应与用电负荷相适应。

(8)单相二孔插座接线时,面对插座左孔接工作零线,右孔接相线。单相三孔插座接线时,面对插座左孔接工作零线,右孔接相线,上孔接保护零线或接地线,严禁将上孔与左孔用导线相连。三相四孔插座接线时,面对插座左、下、右三孔分别接 A、B、C 相线,上孔接保护零线或接地线。

(9)暗装的插座应有专用盒,盖板应端正、紧贴墙面。

二、开关和插座的安装方法

1. 接线盒检查清理

用錾子轻轻地将盒子内残留的水泥、灰块等杂物剔除,用小号油漆刷将接线盒内杂物清理干净。清理时注意检查有无接线盒预进安装位置错位(即螺丝安装孔错位90°)、螺丝安装孔耳缺失、相邻接线盒高差超标等现象,有应及时修整。如接线盒埋入较深,超过1.5mm时,应加装套盒。

2. 接线

(1)先将盒内导线留出维修长度后剪除余线,用剥线钳剥出适宜长度,以刚好能完全插入接线孔的长度为宜。

(2)对于多联开关需分支连接的应采用安全型压接帽压接分支。

(3)应注意区分相线、零线及保护地线,不得混乱。

(4)开关、插座、吊扇的相线应经开关关断。

(5)插座接线。

(6)单相两孔插座有横状和竖装两种。横状时,面对插座的右极接相线,左极接零线;竖装时,面对插座的上极接相线,下级接零线。安装时应注意插座内的接线标识。

3.安装开关、插座

(1)按接线要求,将盒内导线与开关、插座的面板连接好后,将面板推入,对正安装孔,用镀锌机螺丝固定牢固。固定时使面板端正,与墙面平齐。对附在面板上的安装孔装饰帽应事先取下备用,在面板安装调整完毕后再盖上,以免多次拆卸划损面板。

(2)安装在室外的开关、插座应为防水型,面板与墙面之间应有防水措施。

(3)安装在装饰材料(木装饰或软包等)上的开关、插座与装饰材料间应设置隔热阻燃制品,如石棉布等。

(4)暗装开关安装示意图如图4-75所示。

4.通电试验

开关、插座安装完毕后,且各条支路的绝缘电阻摇测合格后,方允许通电试运行。通电后应仔细检查和巡视,检查灯具的控制是否灵活、准确;开关与灯具控制顺序是否相对应,吊扇的转向、运行声音及调速开关是否正常,如发现问题必须先断电,然后查找原因进行修复。

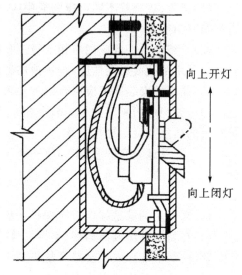

向上开灯

向上闭灯

图4-75 暗装开关安装示意图

4.4.4 灯具和吊扇的安装

一、灯具的安装

灯具的安装方式多样,但其安装工艺流程大致遵循以下步骤(见图4-76)。

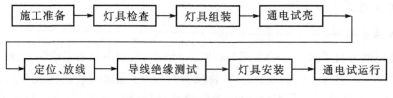

图4-76 灯具安装工艺流程

下面主要介绍几种常见的灯具的安装。

1.普通灯具的安装

(1)塑料台的安装:将灯头盒内的电源线从塑料台的穿线孔中穿出,留出接线长度,削出线芯,将塑料台紧贴建筑物表面,对正位置,用机螺丝将塑料台固定在灯头盒上。

(2)将电源线由吊线盒底座或平灯座出线孔内穿出,并压牢在其接线端子上,余线送回至灯头盒。然后将吊线盒底座或平灯座固定在塑料台上。

(3)如果是软线吊灯,首先将灯头线穿过吊线盒盖,打好保险扣,接头盘圈涮锡固定在吊线盒内与电源线连通的端子上。

一般吊灯、吸顶灯灯具安装方法参见图4-77。

2.荧光灯的安装

荧光灯的安装方式有吸顶式、吊链式、嵌入顶棚式等几种。

(1)吸顶荧光灯安装。首先确定灯具位置,然后将电源线穿入灯箱,将灯箱贴紧建筑物表面,用胀管螺栓固定。灯头盒不外露。若荧光灯是安装在吊顶板上的,应采用自攻螺丝将灯箱固定在专用吊架上。将电源线从接线盒穿金属软管引至灯箱接线盒内,盖上灯箱盖,装上灯管。

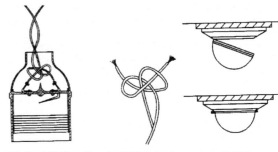

灯头接线及导线连接　　导线结扣做法　　吸顶式

图 4-77　吊灯、吸顶灯灯具安装方法

(2)吊链日光灯安装。首先根据灯具至顶板的距离,截好吊链,把吊链一端挂在灯箱挂钩上,另一端固定在吊线盒内,将导线依顺序编叉在吊链内,并引入灯箱,在灯箱的进线孔处应套上橡胶绝缘胶圈或套上阻燃黄蜡管以保护导线,在灯箱内的端子板(瓷接头)上压牢。导线连接应涮锡,并用绝缘套管进行保护。最后将灯具的反光板用镀锌机螺丝固定在灯箱上,调整好灯脚,装好灯管。

(3)嵌入式荧光灯安装。

①根据灯具与吊顶内接线盒之间的距离,进行断线及配制金属软管,但金属软管必须与盒、灯具可靠连接,金属软管长度不得大于 1.2m,如果采用阻燃喷塑金属软管可不做跨接地线。

②金属软管连接必须采用配套的软管接头与接线盒及灯具可靠连接,吊顶内严禁有导线明露。

4.壁灯的安装

安装时首先根据设计要求选定灯具的规格、型号,核对并确定安装位置,清理预埋盒并作好防腐处理,接线后,将灯具底座对正预埋的灯头盒,贴紧墙面,用机螺丝将底座直接固定在墙体上,最后配好灯泡,装好灯罩。

5.通电试运行

灯具全部安装完毕,线路的绝缘电阻摇测合格后,方允许通电试运行。通电后应仔细检查开关与灯具控制顺序是否相对应,灯具的控制是否灵活、准确;电器元件是否正常,如果发现问题必须先断电,然后查找原因进行修复。修复后,重新进行通电试运行。试运行的时间不少于 24h,每小时记录电压电流。

二、吊扇的安装

1.检查吊扇的预埋挂钩

(1)吊扇挂钩直径应不小于吊扇挂销直径,且不小于 8mm;有防振橡胶垫;挂销的防松零件齐全、可靠。

(2)吊钩伸出顶板的长度应以盖上吊杆护罩后,能将整个吊钩全部遮没为宜,如图 4-78 所示。

2.安装吊扇

(1)托起吊扇,将吊扇通过减震橡胶耳环与预埋的吊钩挂牢。

(2)用压接帽压接好电源接头后,向上推起吊杆上的扣碗,将接头扣于其内,紧贴顶板后拧紧固定螺丝。

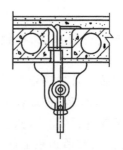

曲率半径
不宜过小

≥吊扇橡
皮轮直径

图 4-78　吊扇及吊钩安装

（3）按要求安装好扇叶。其连接螺栓应配有弹簧垫圈和平垫圈。弹簧垫圈应紧贴螺栓端部，不得放反。

对于壁挂式风扇，应根据安装底板位置划线后打好膨胀螺栓孔，然后安装。安装膨胀螺栓数不得少于 2 颗，直径不小于 8mm。

3. 吊扇安装应符合的规定

（1）吊扇扇叶距地高度不小于 2.5m，且不低于灯光源高度。

（2）吊扇组装不得改变扇叶角度，扇叶固定螺栓、防松零件齐全。

（3）吊杆间、吊杆与电机间螺纹连接，啮合长度不小于 20mm，且防松零件齐全紧固。

（4）吊扇接线正确，当运转时扇叶无明显颤动和异常声响。

思考题

1. 钢管连接中为什么要进行接地跨接线处理？

2. 管子暗配在混凝土层内，应将管子垫高，如若不采取这种措施会有什么后果？

3. 电线管路遇到建筑物伸缩缝、沉降缝时，必须采取哪种处理方法？

4. 不同回路、不同电压和交流与直流的导线，能否穿入同一根管子内？

5. 插座在接线方面有什么规定？

6. 灯具安装方式主要有哪几种？举例说明其分别适用的场合。

任务4.5　照明配电箱的安装

任务介绍

照明配电箱有标准型和非标准型两种，在实施过程中应按照施工图纸相关要求进行订货。照明配电箱的安装方式有明装、嵌入式安装和落地式安装三种安装方式，配电箱运抵施工现场后，应按照施工工艺流程来进行安装，另外配电箱内的配线、绝缘测试、通电试运行也要按照规定的流程来进行操作。

任务目标

1. 知识目标

（1）了解照明配电箱的分类和安装方法；

(2)掌握配电箱明装和暗装的工艺流程。

2.能力目标

(1)掌握配电箱的安装过程和步骤;

(2)掌握配电箱内配线的有关要求。

知识分布网络

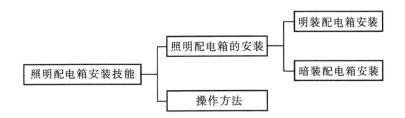

相关知识

4.5.1 照明配电箱概述

电气照明线路的配电级数一般不超过三级,即总配电箱、分配电箱和用户配电箱。配电级数过多,线路过于复杂,不便于维护。

1.配电箱的作用

配电箱是将断路器、刀开关、熔断器、电度表等设备、仪表集中设置在一个箱体内的成套电气设备。配电箱在电气工程中主要起电能的分配、线路的控制等作用,是建筑物内电气线路中连接电源和用电设备的重要电气组成装置。

2.配电箱的种类

低压配电箱根据用途不同分为电力配电箱和照明配电箱两种;根据安装方式分为悬挂式、嵌入式和半嵌入式三种;根据材质分为铁制、木制和塑料制品,其中铁制配电箱使用较为广泛。

3.配电箱的安装

配电箱的安装主要为明装和暗装两种形式。明装是指用支架、吊架、穿钉等将配电箱安装在墙、天棚、柱等表面的安装方式。暗装是指将配电箱嵌入墙体的安装方式。

4.照明配电箱安装要求

(1)在配电箱内,有交、直流或不同电压时,应有明显的标志或分设在单独的板面上。

(2)导线引出板面,均应套设绝缘管。

(3)配电箱安装垂直偏差不应大于3mm。暗设时,其面板四周边缘应紧贴墙面,箱体与建筑物接触的部分应刷防腐漆。

(4)照明配电箱安装高度,底边距地面一般为1.5m,配电板安装高度,底边距地面不应小于1.8m。

(5)三相四线制供电的照明工程,其各相负荷应均匀分配。

(6)配电箱内装设的螺旋式熔断器(R, L_1)的电源线应接在中间触点的端子上,负荷线接在螺纹的端子上。

(7)配电箱上应标明用电回路名称。

4.5.2　照明配电箱的安装

照明配电箱有标准型和非标准型两种,标准配电箱可向生产厂家直接订购或在市场上直接购买。非标准配电箱可自行制作。照明配电箱的安装方式有明装、嵌入式安装和落地式安装,下面针对配电箱安装的要求及三种安装方法的实施做简单介绍。

一、施工工艺流程

1.明装配电箱安装

明装配电箱安装的工艺流程如图 4－79 所示。

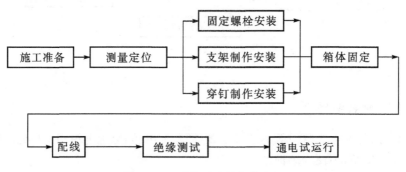

图 4－79　明装配电箱安装流程

2.暗装配电箱安装

暗装配电箱安装的工艺流程如图 4－80 所示。

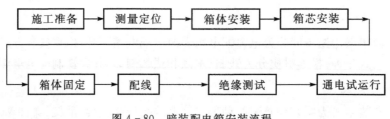

图 4－80　暗装配电箱安装流程

二、操作方法

1.施工前准备

(1)材料、设备进场检验。配电箱应符合设计要求并达到国家现行技术标准,要有产品出厂合格证、生产许可证、检验报告、CCC 认证标识等。箱体有铭牌,附件应齐全,无机械损伤、油漆脱落、生锈等现象。

(2)工具配备齐全。

(3)施工作业条件。配电箱的预留洞、预埋件的位置尺寸符合设计要求。安装箱面时,土建装修完毕。

(4)技术准备。

①施工图纸和技术资料齐全。

②编制施工方案,并经审批完毕。

③技术交底。施工前组织施工人员熟悉图纸、方案等。

2.测量定位

根据图纸确定配电箱的位置,按照配电箱的安装尺寸弹线定位。

3.明装配电箱箱体安装

(1)固定件的安装。

①支架制作安装。根据配电箱的安装尺寸,将角钢量好尺寸、下料、钻孔,埋入墙体内的端部做成燕尾形状,然后除锈、刷防腐漆。埋入墙内后,用水泥沙浆填实抹平。

②固定螺栓安装。根据配电箱固定点位置在墙上做好记号,按选用的膨胀螺栓的规格用冲击钻钻孔,钻孔的规格见表4-6。

表4-6　膨胀螺栓钻孔规格表

螺栓规格	M6	M8	M10	M12	M16
钻孔直径(mm)	10.5	12.5	14.5	19	23
钻孔深度(mm)	40	50	60	70	100

孔径和深度应刚好埋入螺栓的胀管部分,孔洞应平直。

③穿钉制作安装。穿钉用于空心砖墙。根据墙体厚度截取适当长度的圆钢制作穿钉,背板可用角钢或钢板,与穿钉可焊接或螺栓连接。

④箱体固定。将箱体固定在紧固件上,方法见图4-81。

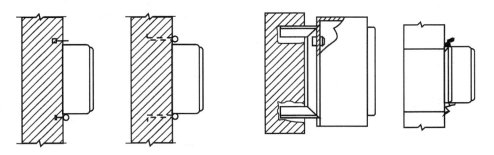

图4-81　明装配电箱箱体安装

4.暗装配电箱箱体安装

(1)箱体安装。配电箱嵌入暗装通常是配合土建砌墙时将箱体预埋在墙内。面板四周边缘应紧贴墙面,箱体与墙体接触部分应刷防腐漆,按需要砸下敲落孔压片,有贴脸的配电箱,应把贴脸揭掉。一般当主体工程砌至安装高度就可以预埋配电箱,配电箱的宽度超过300mm时,箱上应加过梁,避免安装后受压变形。放入配电箱时应使其保持水平和垂直,应根据箱体的结构形式和墙面装饰厚度来确定突出墙体的尺寸,预理的电线管均应配入配电箱内。配电箱嵌墙做法示意图如图4-82所示。

(2)箱芯安装。①箱芯安装之前,应对箱体和线管的预理质量进行检查,确认符合设计要求后,再进行板的安装。

②安装时,先清除杂物、补齐护帽、检查板面安装的各种部件是否齐全、牢固。

③板安装好后,安装地线。照明配电箱内,应分别设置零线和保护地线(PE线)汇流排,零线和保护线应在汇流排上连接,不得绞接。

(3)盘面安装。盘面安装应平整,周边间隙均匀对称,贴脸(门)平正、不歪斜。

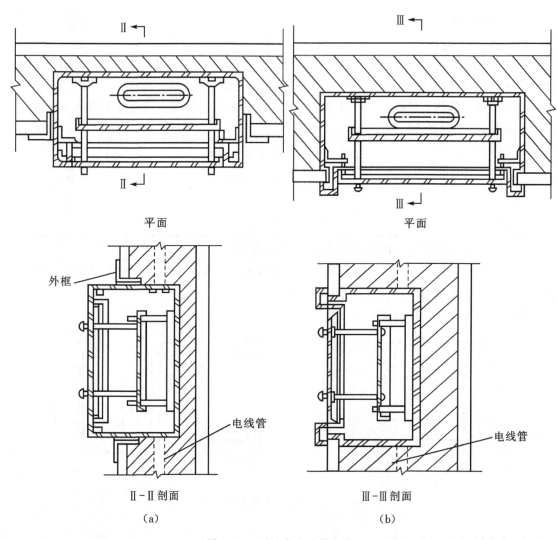

平面　　　　　　　　　　　　平面

外框

电线管　　　　　　　　　　　电线管

Ⅱ-Ⅱ剖面　　　　　　　　　　Ⅲ-Ⅲ剖面

(a)　　　　　　　　　　　　(b)

图 4-82　配电箱的嵌墙安装

5.配电箱的落地式安装

配电箱落地安装时,在安装前先要预制一个高出地面一定高度的混凝土空心台,如图4-83所示,这样可使进、出线方便,不易进水,保证运行安全。进入配电箱的钢管应排列整齐,管口高出基础面50mm以上。

6.配线

根据电器、仪表的规格、容量和位置,选好导线的截面和长度。箱内导线应排列整齐,绑扎成束。进出箱体导线应留出适量余量,便于检修。剥出的线芯不宜过长,并逐个压牢。多股线

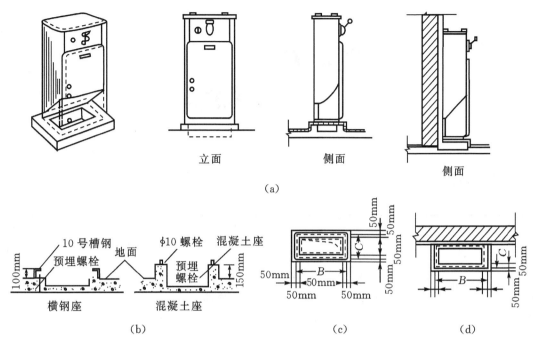

图 4-83　配电箱的落地式安装

需加装压线端子。

电流回路应采用额定电压不低于 750V、芯线截面积不小于 2.5mm² 的铜芯绝缘线。除电子元件或类似回路外，其他回路的电线应采用额定电压不小于 750V、线芯截面积不小于 1.5mm² 的铜芯绝缘线。

垂直装设的开关、断路器和熔断器上端接电源，下端接负荷；水平装设的左端接电源，右端接负荷。

7.绝缘测试

配电箱安装完毕后，用 500V 兆欧表进行绝缘测试，测试项目包括：相线与相线之间、相线与中线之间、相线与保护线之间、中线与保护线之间、相线与箱体之间、中线与箱体之间，绝缘电阻不小于 0.5MΩ。作好记录，作为资料存档。

8.通电试运行

先用仪表校对各回路接线，无差错后试送电，检查各开关设备、仪表指示是否正常，并将卡片框内的卡片填写好线路编号及用途。

思考题

1.照明配电箱安装应注意哪些事项？

2.配电箱落地安装时应做哪些特殊处理？

3.为什么配电箱安装完毕后要进行绝缘测试，绝缘测试需要用什么仪表？

项目五
钣金工

教学导航

学习任务	任务5.1 钣金识图 任务5.2 钣金件的展开放样 任务5.3 钣金件的下料 任务5.4 钣金件手工加工技术 任务5.5 钣金件的连接 任务5.6 风管的安装	参考学时	12
能力目标	了解钣金工的基本知识,能按照要求进行钣金件的展开放样、下料、折方、卷圆、金属薄板的连接、风管的安装等基本操作,最后能独立完成天圆地方等常见钣金件的制作		
教学资源与载体	多媒体网络平台,教材,动画,ppt和视频,教学做一体化教室,工程图纸,评价考核表		
教学方法与策略	项目教学法,引导法,演示法,参与型教学法		
教学过程设计	演示、播放录像或动画,给出图纸,学习认知钣金工的基本操作,引发学生求知欲望,做好学前铺垫		
考核评价内容	根据各个任务的知识网络,按工艺要点给分,重点考核钣金工技能训练的过程和成果		
评价方式	自我评价( )小组评价( )教师评价( )		

用金属板料制成各种钣金件,通常方法是根据制件的视图,在金属板料上画出其展开图,再按展开图落料、卷制或冲压等加工成形,最后焊接、咬接或铆接等加工成钣金件。其整个工艺流程可归纳为:备料→展开放样→下料→剪切→板材纵向连接→咬口制作→卷圆、折方→成型→法兰下料加工→焊接→打眼冲孔→铆法兰→成品喷漆→检验→出厂,图5-1是用金属板料制成的集粉筒。

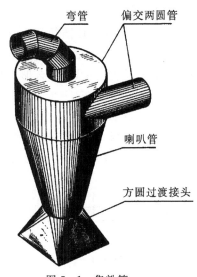

图5-1　集粉筒

任务5.1　钣金识图

 任务介绍

钣金件的加工成型要根据钣金视图的要求进行,正确识读钣金视图是钣金加工必不可少的一项能力。本任务主要介绍钣金读图的思维方法和管路图的识读。

 任务目标

1.知识目标

(1)掌握钣金读图的思维方法;

(2)掌握管路图的识读方法。

2.能力目标

(1)能用形体分析法和线面分析法识读钣金视图;

(2)能正确识读管路图。

知识分布网络

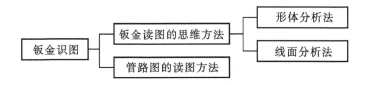

 相关知识

5.1.1　钣金读图的思维方法

读钣金构件视图,除了应熟练掌握读图思维基础外,还应考虑到钣金制件的结构特点,如制件壁厚较簿,在视图中往往直接用线表示,而不画出壁厚,以及制件大都是管件、接头或漏斗等,一般不是全封闭的,往往有进出口。

一、形体分析法

形体分析法是读图的基本方法之一。形体分析法着眼点是体,它把视图中的线框分为几部分来想象。通过在相邻视图中逐个线框找对应关系,然后逐个线框想象其所示基本立体形状,并确定其相对位置、组合形式和表面连接关系,从而综合想象整体形状。

【例5-1】 读图5-2所示集粉筒的主、俯视图,想象其立体形状。

(1)对投影分离线框。视图中凡是有对应关系的封闭线框,一般都表示物体上一个基本形状,所以读图时,应用"三等"和"六方位"的关系在相邻视图之间对投影,从而把视图中线框划分为几个独立线框,如图5-2(a)所示,把主视图划分为线框1、2、3、4、5五个部分。

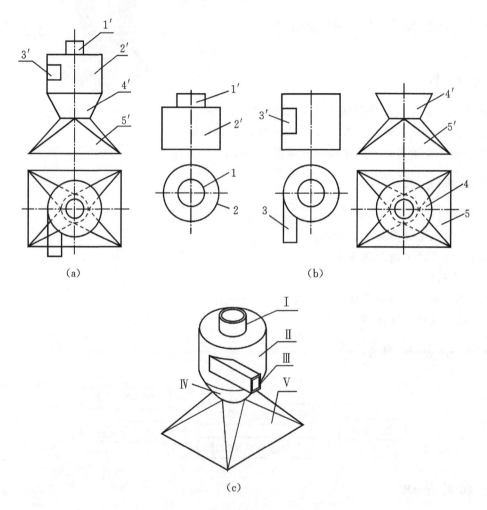

图5-2　读集粉筒的主、俯视图

(2)逐个线框想形状。在已分离出的封闭线框,通过逐个线框与相邻视图对照投影关系,找到与其相对应的线框,并以特征形线框为基础,想像每个线框所示基本形体的形状。

如图5-2(b)所示,主视图的线框1′和2′对应俯视图中的圆形线框1和2,线框1和2是圆形,想象为圆柱管Ⅰ(小)和圆柱筒Ⅱ(大);线框3′对应线框3,线框3′是方形,想象为方体管Ⅲ;线框4′对应线框4,线框4′为同心圆,想像为圆台筒Ⅳ;线框5′对应线框5,初步认定台体形状 V。从俯视图的虚线圆形和矩形可知该形体上端口是圆形,下端口为矩形,其侧面不可能是单纯圆锥面,也不能是单纯四棱台体的平面,应是平面和曲面的综合面。要达到平面和曲面圆滑过渡,必须把其侧面分为 4 个三角形平面和 4 个椭圆锥面。椭圆锥面的锥顶是底面矩形的顶点,椭圆锥底是上端口 1/4 圆周上。这样划分出立体形状才是合理的结构。

图中主、俯视图三角形细边线是平面、曲面过渡处的示意线,不是平面、曲上相接轮廓线。

(3)综合想象整体形状。由各个独立线框交接和相对位置关系及视图上表示的"六方位",便可把已想像出的各个基本立体形状综合起来,想象整体形状。

如图 5-2(c)中除了方形管Ⅲ和圆柱管Ⅱ是相交相切外,其他 4 个形状都是同轴相接和叠加所组成的立体。

【例 5-2】 读图 5-3(a)所示叉裤形三通管的主、俯视图,想象其立体形状。

(1)对投影分离线框。该制件形状左右、前后对称。根据主、俯视图线框的对应关系,把主视图的线框划分为线框 1'、2'(2 个)、3'(2 个),初步判断该制件是由五个部分组成的形体。

(2)逐个线框想形状。主视图线框 1' 对应俯视图矩形线框 1,形体Ⅰ为矩形下端口,如图5-3(b)所示;线框 2' 对应线框 2,形体Ⅱ为斜方台锥管(左、右两个),被侧平面(对称平面)切去一部分,如图 5-3(c)所示;线框 3' 与 3 对应,形体Ⅲ为四棱台管(左、右两个),如图 5-3(d)所示。

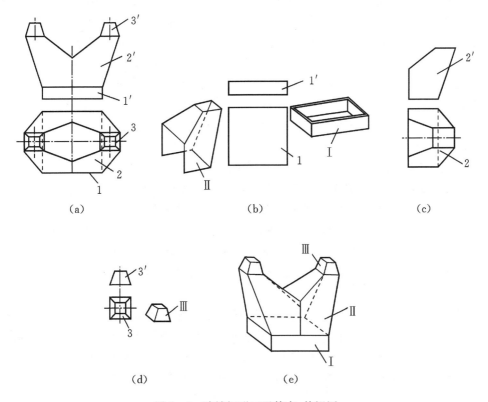

图 5-3　读裤衩形三通管主、俯视图

(3)综合想象整体形状。根据已想象出的五个部分的形状,按主、俯视图上各线框相对位置和连接、相交的关系,想象出图 5-3(e)所示的立体形状。

二、线面分析法

当视图所表示形体不规则或轮廓线投影相重合,应采用线面分析法。

线面分析法着眼点不是体,而是体上面(平面或曲面)。它把视图中的线框、线段的投影对应关系想象为表示体上某一面。由于体都是由一些平面或曲面所围成的,所以只要把视图中每个线框、线段空间含义分析清楚,想象其所表示空间线段、平面的形状和相对位置,然后再综合起来想象,并借助于立体概念,便可想象出整体形状。在进行线、面分析法读图时,应根据点、直线、曲线、平面、曲面的投影特性来分析、想象体上面形状和所处空间位置。

【例 5-3】读图 5-4(a)所示漏斗三视图,想象其立体形状。

从名称可知漏斗的结构应有进口和出口,从视图上看都是线段,说明该漏斗是由平面所围成的。

(1)对投影分离线框。在三视图中对投影关系,把主视图分为线框 $1'$、$2'$、$3'$;左视图分为线框 $4''(5'')$;俯视图分为线框 m、n。

(2)逐个线框对投影,想象其形状和空间位置。主视图的线框 $1'$、$2'$ 对应的左视图均无类似形线框,应对应积聚性线段 $1''$、$2''$,根据相邻线框 $1'$、$2'$ 表示不同面,所以线框 $1'$ 应凹入,即表示漏斗出口的轮廓形状;线框 $2'$ 表示面 II 为梯形正平面,是漏斗的前壁;主视图的三角形线框 $3'$ 对应左视图的三角形类似形线框 $3''$,线框 $3'$ 表示三角形平面为左侧壁 III。由于 $a'b'$ 对应 $a''b''$ 都是竖向线,三角形一个边 $AB \perp H$ 面,所以侧壁 III 为铅垂面,如图 5-4(b)所示。

左视图的线框 $4''$、$5''$ 对主视图为斜线 $4'$ 和竖向线 $5'$,面 IV 和面 V 为直角三角形正垂面和侧平面。面 IV 与面 III 相交组成左侧壁,面 V 为右侧壁,如图 5-4(c)所示。

俯视图的外形线框为矩形 m,对应主视图、左视图为横向线 m'、m'',可以认为矩形 M 为水平面,表示漏斗的上壁面或是进口的轮廓形状。根据俯视图斜线 3 为实线,结合漏斗结构特点,可判断矩形 M 为进口的轮廓;线框 n 对应线框 n' 和斜线 n'',线框 n 表示梯形斜底壁 N,是侧垂面,如图 5-4(d)所示。

综合所述,想象出图 5-4(e)所示的立体形象。

【例 5-4】读图 5-5(a)所示漏斗的主、左视图,想象立体形状,求作俯视图。

(1)确定线框和线段对应关系,想象立体形状。主视图的梯形线框 $1'$ 和左视图的梯形线框 $2''$ 不能成对应关系(不符合相邻视图中线框相对应的类似形条件),因此,应对应积聚性线段,主视图的线框 $1'$ 对应左视图的斜线 $1''$,面 I 为两个前后对称的梯形侧垂面,如图 5-5(b)所示;左视图的线框 $2''$ 对主视图的斜线 $2'$,面 II 为两个左右对称的梯形正垂面,如图 5-5(c)所示。

主视图的线 m'、n' 对应左视图为线 m''、n'',不能确定线 m' 和 n' 的真实含义。由于漏斗的结构应有进出口,以及借助于前、后和左、右对称面形 I 和 II 进行组合想象,可确定线 m'、n' 表示上口、下口为矩形,但矩形长短方向错位,如图 5-5(d)所示立体形状。

综合上述的想像,便可得出图 5-5(e)、图 5-5(f)所示漏斗的立体形状。

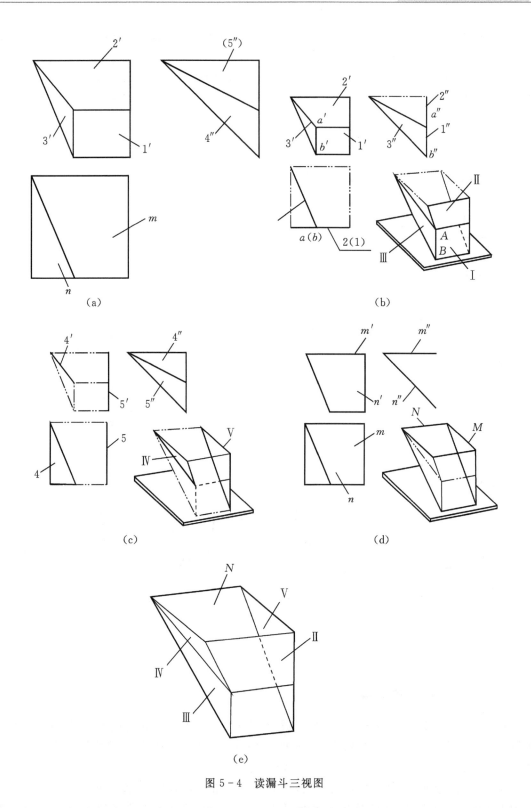

图 5-4　读漏斗三视图

(2)求作俯视图。补画视图不是目的,而是进一步培养空间想象力的手段,它通过读图想象立体形状后,再应用点、线、面的投影特性,完整、正确地表示所求的视图,达到提高空间抽象思维能力和抽象想象能力的目的。

求作俯视图时,由漏斗前、后、左、右四个侧面向 H 面投射。面 I 侧垂面的水平投影为两个前后对称的梯形类似形线框(1);面 II 正侧垂面的水平投影为两个左右对称的梯形类似形线框(2)。根据俯视图的投影方向,判断可见性,即下口矩形轮廓线一部分看不见,如图 5-5 (a)的俯视图所示。

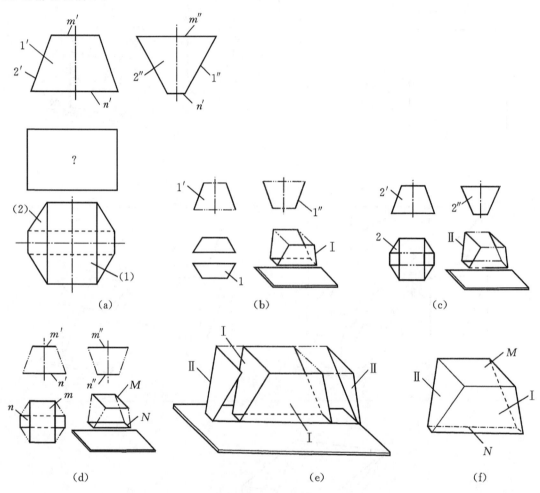

图 5-5　读漏斗的主、左视图,求作俯视图

5.1.2　管路图的识读方法

在工程上经常遇到管路图,需想象整条管路的走向和布局。如常见的蛇形管,应读懂蛇形管轴线的空间位置,明确其投影特性,以便确定哪段管的轴线反映实长,哪段管轴线不能反映实长,以及求作其实长的方法,为画放样图提供条件。

读管路投影图时,应采用线段分解法,即把整条管路分解为若干管段,然后逐个管段在投影图中找投影对应关系,并根据点、线投影特性,想象每段管段形状和空间位置,然后综合起来想象整条管路的走向和布局。

【**例 5 - 5**】读图 5 - 6(a)所示的蛇形管主、俯视图,想象蛇形管的空间位置。

(1)对投影分离管段。通过主、俯视图对投影关系,初步把主视图划 1′、2′、3′线框。

(2)逐个线框对投影,想象蛇形管各段的空间位置。主视图的圆形线框 1′对应俯视图线框 1 及点 $a'(b')$ 对应竖向线 ab,想象斜截圆柱管 Ⅰ,其轴线 AB 为正垂线,ab 线反映管 Ⅰ 轴线 A 的实长。

线框 3′对应圆形 3 及 $c'(d')$ 对应点 $c(d)$,想象斜截圆柱管 Ⅲ,轴线 CD 为铅垂线,$c'd'$ 反映管 Ⅲ 轴线 CD 的实长。

线框 2′与 2 对应及斜线 $b'c'$ 对应斜线 bc,想象斜截圆柱管 Ⅱ 轴线 BC 为一般位置直线,$b'c'$ 和 bc 均不反映实长。若要求得该轴线 BC 的实长,应通过旋转法或换面法求得。

(3)综合想象蛇形管的组成。把蛇形管分为三段斜截圆柱管的空间位置想象出来后,进行综合想象,即通过一般位置斜截圆柱管 Ⅱ,把垂直于正面的斜截圆柱管 Ⅰ 及垂直于水平面的斜截圆柱管 Ⅲ 连接起来,如图 5 - 6(b)所示。

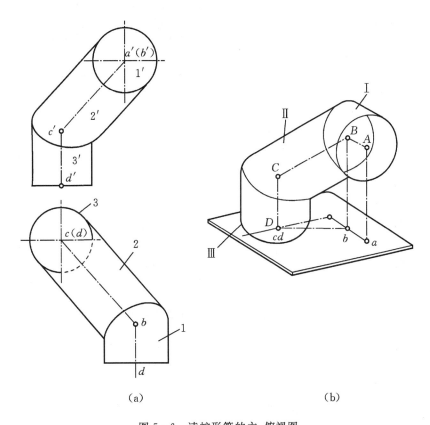

(a)   (b)

图 5 - 6 读蛇形管的主、俯视图

【**例 5 - 6**】读图 5 - 7(a)所示的管路轴线主、俯视图,想象管路轴线组的空间位置,求作侧面投影。

(1)对投影分离线段。通过图中"主、俯长对正"的投影关系中,初步分离出三条轴线段,并标注每段轴线段的字母,如图 5 - 7(a)所示。

(2)逐个点、线对投影,想象每段线的空间位置。俯视图的 ab 线对应主视图为点 $a'(b')$,

AB 为正垂线,侧面投影为横向线 $a''b''$,如图 5-7(c)所示。线 ab 和 $a''b''$ 反映 AB 线实长。

俯视图的 bc 线对应主视图的斜线 $b'c'$,BC 为正平线,侧面投影为竖向线 $b''c''$,如图 5-7(d)所示。斜线 $b''c''$ 反映 BC 线实长。

俯视图的 cd 对应主视图的 $c'd'$,CD 为侧平线,侧面投影为斜线 $c''d''$,如图 5-7(e)所示。斜线 $c''d''$ 反映 CD 线的实长。

(3)综合想象线段的空间位置。按上述步骤想象出三条线段的空间位置及线段连接顺序和相互位置,便可想象出图 5-7(b)所示的线段空间位置。

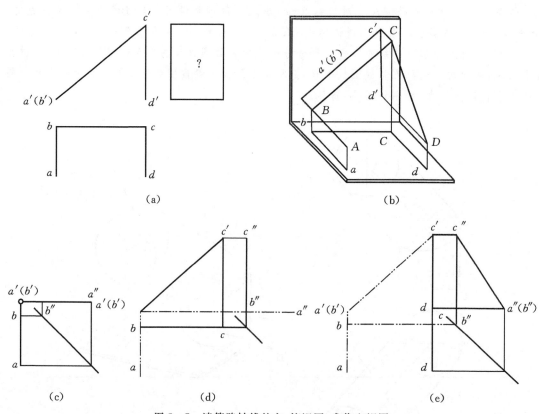

图 5-7　读管路轴线的主、俯视图,求作左视图

思考题

1. 如何应用形体分析法读钣金加工图?
2. 如何应用线面分析法读钣金加工图?
3. 简述形体分析法和相面分析法的区别。

任务 5.2　钣金件的展开放样

任务介绍

安装通风空调系统时,展开下料是管道、管件及部件加工制作中的重要工序,是一项基本的操作技能,正确掌握展开下料技术,对于保证加工质量、节约材料、提高工作效率具有重要作用。本任务主要介绍平行线展开法、放射线展开法、三角形展开法等展开放样方法。

 任务目标

1.知识目标

掌握钣金件展开放样方法——平行线展开法、放射线展开法、三角形展开法。

2.能力目标

能用平行线展开法、放射线展开法、三角形展开法正确绘制钣金件展开图。

 知识分布网络

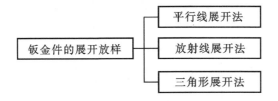

 相关知识

制作图5-1所示的集粉筒之前,需要将组成集粉筒各部分的表面按实际形状和大小,在金属板上依次画出图形,如图5-8所示为圆锥台筒的展开图。这种将构件的各个表面依次摊开在一个平面上的过程称为立体表面的展开。展开在平面上的图形称为构件的表面展开图,简称展开图,又叫放样图。作展开图的过程称为展开放样。

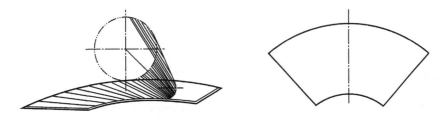

图5-8 圆锥台筒展开图

通风管道及管件展开放样时,就是根据管道、管件及配件几何形状和外形尺寸,用作图的方法,按1:1的比例将风管、管件及配件的展开图形划在金属薄板上,以作为下料剪切的依据。

作展开图的常用方法有平行线法、放射线法和三角形法。这些展开方法的共同特点,就是先按立体表面的性质,把待展表面分割成许多小平面,即用这些小平面去逼近立体的表面。在展开时,再把这许多小平面的真实大小依次画在平面上,用这许多小平面组成立体表面的展开图。因此,展开的过程可以形象地比喻为"化整为零"和"积零为整"两个阶段。

5.2.1 平行线展开法

平行线法的展开原理是将立体的表面看作由无数条相互平行的素线组成,取两相邻素线及其两端线所围成的微小面积作为平面,只要将每一小平面的真实大小,依次顺序地画在平面上,就得到了立体表面的展开图。所以,当立体表面具有平行的边线或棱线的构件,如圆管、矩形管、椭圆管和棱柱管件,以及由这类管件所组成的各种金属构件,均可用平行线法作展开图。

平行线法是作展开图的基本方法,应用最广。用平行线法作展开图的大体步骤如下:

(1)画出主视图和断面图。主视图表示构件的高度,断面图表示构件的周围长度。

(2)将断面图分成若干等分(如果是多边形,则应以棱线作交点),当构件断面或表面上有折线时,需在折点处加画一条辅助平行线,见图5-9中的1点。

(3)在平面上画一条水平线,其长度等于断面图周围伸直长度,并画出各点。

(4)由水平线上各点向上引垂直线,取各线长对应等于主视图各素线高度。

(5)用直线或用光滑曲线连结各点,就得出了构件的展开图。

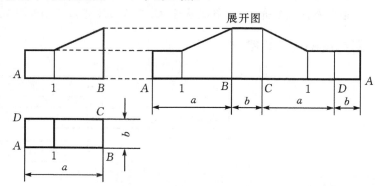

图5-9 顶部切缺矩形管展开

【例5-7】斜口圆形风管的展开,如图5-10所示。

作图步骤:

(1)作出斜口圆管的主视图和俯视图,如图5-10(c)所示。

(2)将俯视图圆周等分12份,得等分点1、2、3…12各点。

(3)通过等分点向上引主视图的中心线或棱线的平行线1-1、2-2…12-12,在斜口线上相交于至1、2…7各点(对应面上的8、9…12各点重合)。

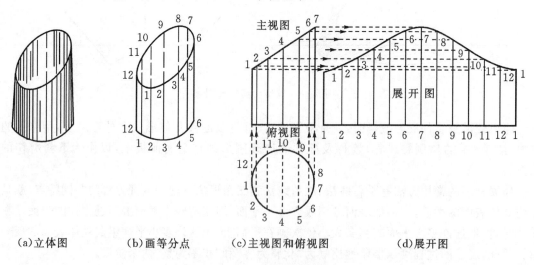

(a)立体图　　(b)画等分点　　(c)主视图和俯视图　　(d)展开图

图5-10 斜口圆形风管的展开

(4)画展开图,如图5-10(d)所示。

①作主视图底部边线的延长直线,并量取 $\pi D/12$ 在直线上划12等分,使之等于 πD。

②通过 12 等分点,13 根线作底边线的垂线,并分别截取各线段的对应实长,得 1、2…12、1 各点,用圆滑曲线连接上述各点,即得该斜口圆管的展开图。

【**例 5-8**】直径相同两圆管呈 90°角对接的展开,如图 5-11 所示。

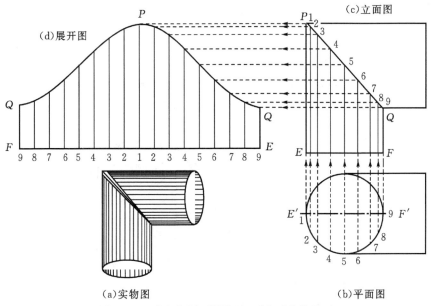

图 5-11　直径相同两圆管呈 90°角对接的展开

【**例 5-9**】等直径圆管呈 T 形对接的展开,如图 5-12 所示。

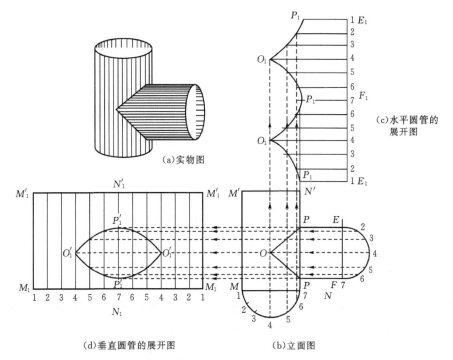

图 5-12　等直径圆管呈 T 形对接的展开

【例 5-10】三节等径圆管 90°弯头的展开。

图 5-13 为三节等径圆管 90°弯头的投影图。为了使各节的断面形状和直径相同,在分节时,使两端节的中心角为中间节的一半。做投影图时,首先根据弯头的角度作出各节的分角线,由于三节弯头相当于四个端节,所以,中节间的中心角 $\beta = \dfrac{90°}{N-1} = \dfrac{90°}{3-1} = 45°$($N$ 为节数),端节的中心角为 $\beta/2 = 22.5°$。然后根据弯头半径 R、直径 d 作出各节的轮廓线。端头一节为中间节的一半,所得大小也为中间节的一半。

先用已知尺寸画出主视图和断面图;6 等分断面图半圆周,等分点为 1、2……7。由等分点引上垂线得与结合线的交点,再由 CD 上的交点引与 DE 平行的线与 EF 相交。

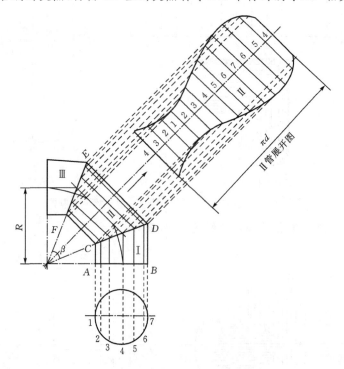

图 5-13 三节等径圆管 90°弯头的展开

用平行线法展开。由于端节为中节的 1/2,所以,展开图的大小也为中节的一半。如把中间节的展开图做出样板,则端节展开图就可以依据样板划出。为了合理用料,可将各节的接缝错开 180°布置,则该三节的展开图拼起来后为一长方形。如果将弯头的三节圆管拼接时旋转180°,可拼成一直管,故下料画线时可将样板旋转 180°,从而可节省原材料。

5.2.2 放射线展开法

放射线法的展开原理是将立体的表面由锥顶作出一系列放射线,将锥面分成一系列小的三角形,每一小三角形作为一个平面,将所有小三角形依次展开,画在同一平面上,即得所求的展开图。放射线法适用于立体表面的素线相交于一点的锥体,如圆锥、椭圆锥、棱锥等表面的展开。

用放射线法做展开图的大体步骤如下:

(1)画出主视图及底断面图。

(2)将断面图圆周分成若干等分(棱锥取角点),由等分点或角点向主视图底边引垂线,再由垂足向锥顶引素线,将锥体分割成若干小三角形。

(3)求各素线的实长。

(4)将所有小三角形的实际大小,依次展开并画在平面上,即得所求展开图。

【例5-11】平口圆锥台的展开。

平口圆锥台是无顶锥的圆锥,上下口平行且垂直于锥管的轴线,主视图的投影为等腰梯形,如图5-14所示。其展开方法如下:

用已知尺寸画出主视图和底断面半圆周。以 A 点为圆心,分别以 AE、AD 为半径画同心圆弧,在以 AD 为半径的圆弧上截取 D'D″ 等于底断面圆周长度,以直线连结 A、D' 和 A、D″,与以 AE 为半径所画的弧交于 E'E″,则扇形 E″D″D'E′ 即为平口圆锥台的展开图。

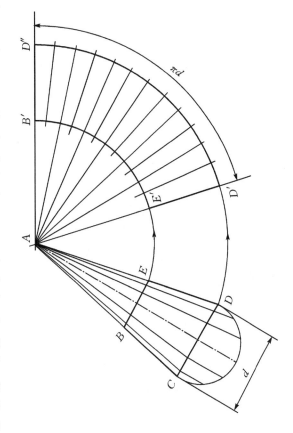

图5-14 斜口圆锥台展开图

【例5-12】圆锥台下部斜切后的展开。

圆锥台下部斜切,可以想象为由一只具有锥顶的正圆锥被上部正平面和下部斜平面截割后形成。其展开过程是先作平口圆锥台的展开,然后作出被截割下部的展开图,则剩下部分即为所求的展开图。求圆锥斜切后展开图的主要问题在于求实长线,即求圆锥斜切后锥面上各素线的实长。不论是圆锥上部斜切还是下部斜切,均可用画纬线法求出斜切后各条素线的实长,便可以作出展开图。画纬线法原理如图5-15所示。

圆锥台下部斜切后的展开作图步骤如图5-16所示。

(1)用已知尺寸画出主视图,04′为轴线。在轴线延长线上,以1—1为直径画辅助断面,6等分断面半圆周,等分点为1、2…7。由等分点向上引垂线与1-1相交,由交点向 O 点引素线并向下延长,交下部截切线于1′、2′、3′…7′。过各点向右引水平线(纬线)与 B7′ 相交。

(2)展开图画法。以 O 点为圆心,O1 为半径画圆弧,在其上截取圆弧等于辅助断面圆周长,并对应画出各等分点,通过各点向 O 点连放射线并延长;以 O 点为圆心,以 O 到 B7′ 线上各点距离为半径,画同心圆弧与放射线对应相交,各交点连成 7″-1″-7″ 光滑曲线,即为所求圆锥台下部斜切后的展开图。

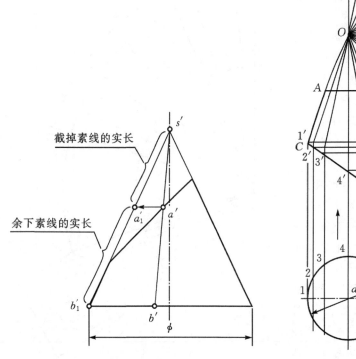

图 5 - 15　画纬线法原理图　　　　　图 5 - 16　圆锥台下部斜切的展开

【例 5 - 13】圆锥台上部斜切后的展开。

圆锥台上部斜切后的展开如图 5 - 17 所示,作图步骤如下:

(1)先画出完整的圆锥表面展开图。

(2)用旋转法求出斜截后各素线实长,并将其转移到扇形展开图上,方法如图 5 - 15 所示。即可得到 A、B、C、D 等各端点。

(3)用光滑曲线依次连接各端点,即得到封闭的展开图。

【例 5 - 14】正四棱锥台的展开。

正四棱锥台由锥面组合而成,如图 5 - 18 所示。它的主视图母线 $1'A'$ 和 $3'C'$ 反映实长,其俯视图为四个等腰梯形所组成的正方形,同时反映锥台上下口的实形。由于四个侧面均倾斜于基本投影面,因此,各面在主、俯视图中均不反映实形,可用放射线法作展开。

具体作图步骤如下:

(1)用已知尺寸画出主视图和俯视图。

（2）展开图画法。以 O 点为圆心，OA' 为半径画圆弧，在圆弧上以俯视图边长 a 为弦长，依次截取 4 等分，得 A、B、C、D、A 点，并与 O 连接；然后仍以 O 点为圆心，$O1'$ 为半径画圆弧，得 2、3、4、5 点，以直线连接各点，即得正四棱锥台展开图。

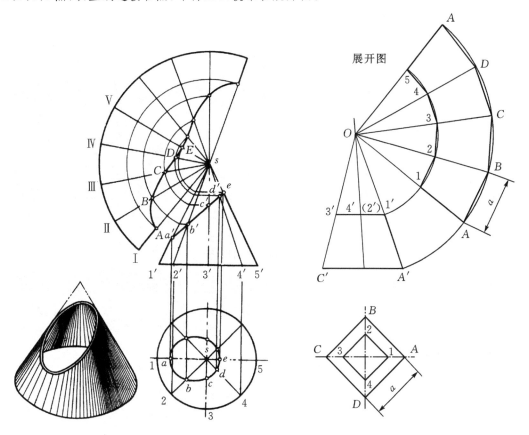

图 5 - 17　圆锥台上部斜切后的展开　　　　图 5 - 18　正四棱锥台的展开

5.2.3　三角形展开法

三角形展开法是将立体的表面分成一定数量的三角形平面，然后再求出各个三角形每边的实长，并把它的实形依次画在平面上，从而得到整个立体表面的展开图。需注意的是，用放射线法作展开图时，也是将锥体表面分成若干个三角形，但这些三角形均围绕着锥顶。而用三角形法展开时，三角形的划分是根据构件的形状特征进行的。用三角形法展开时，必须首先求出各素线的实长，这是准确做好展开图的关键。

若构件表面既无平行线，又无集中于一点的斜边时，如各种过渡接头及表面较复杂形状的金属构件，均可用三角形法作出展开图。

用三角形法作展开图的大体步骤如下：

（1）画出主视图、俯视图或其他必要的辅助图。

（2）用三角形分割构件表面。

（3）求出各棱线或各素线的实长，若构件端面不反映实形时，必须先求出实形。

（4）按求出的实长线和断面实形，依三角形的先后次序画展开图。

【例 5-15】四棱锥体的展开。

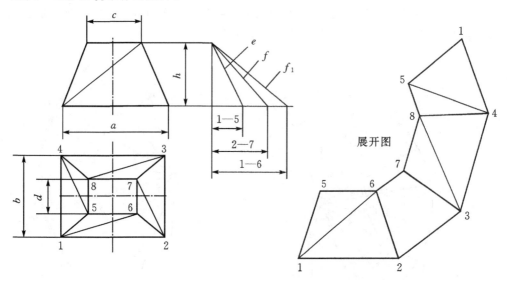

图 5-19 四棱锥体的展开

四棱锥体的侧面由四个等腰梯形组成,相对两面对称且大小相等,如图 5-19 所示。各面在主、俯视图中均不反映实形。如果用辅助线按对角线方向分割,则棱锥体的四个侧表面被分成 8 个三角形,只要求出每个三角形的边长,便能画出这些三角形的实形,按照次序将它们画在平面上,即为四棱锥体的展开图。作图步骤如下:

(1)用已知尺寸画出主视图和俯视图。

(2)用三角形分割构件表面,即在俯视图上用细实线连结对角线。

(3)求实长。以主视图 h 为对边,取俯视图 1—5、1—6、2—7 为底边,作出直角三角形,则其斜边即反映各线的实长。

(4)作展开图。以 1—5 线为接口,按俯视图的三角形次序作展开图。画水平线 1—2 等于主视图底边 a,以 1 为圆心、对角实长线 f_1 为半径画圆弧,与以 2 为圆心、棱边实长线 e 为半径所画圆弧相交于 6 点。再以 6 为圆心、俯视图 c 长为半径画圆弧,与以 1 为圆心、棱边实长线 e 为半径所画圆弧相交于 5 点。以直线连结各点,得前板的展开。以此类推,即可依次画出各三角形,并以直线顺次连接,便可得所求的展开图。如图 5-19 所示。

【例 5-16】上圆下方(天圆地方)的展开。

作图步骤如下,如图 5-20 所示。

(1)将水平投影中 1/4 圆周等分,得点 1、2、3、4,将等分点和相近的角点连接,然后用直角三角形法求出素线的实长 L 和 M。

(2)取 $AB=ab$,分别以 A、B 为圆心、以 L 为半径画弧,两弧交点为 IV 点。

(3)分别以 IV 和 A 为圆心、以 34 弧长和 M 为半径画圆弧,两弧交点 III 点。用同样的方法依次可以得到 I 点和 II 点。

(4)用圆滑曲线连接点 I、II、III、IV,即得到部分圆锥的展开图。

(5)用同样的方法依次作出其他部分的展开图,即可得到整个方圆过渡头的展开图。如图 5-20 所示。

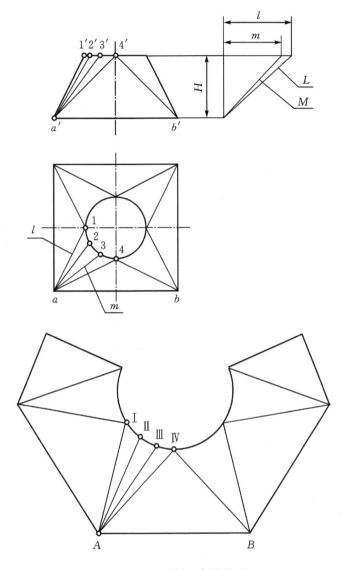

图 5-20 天圆地方的展开

思考题

1. 什么是展开放样？

2. 如何用平行线法作展开图？

3. 用平行线展开法作题图 5-1 所示的两节等径直角弯头的展开图（尺寸自定），并写出作图步骤。

4. 用平行线展开法作题图 5-2 所示等径三通管Ⅰ、Ⅱ部分的展开图（尺寸自定），并写出作图步骤。

5. 如何用放射线法作展开图？

6. 如何用三角形法作展开图？

7.分别用放射线法和三角形法作题图5-3所示正四棱锥台的侧表面展开图(尺寸自定),并写出作图步骤。(尺寸自定)

8.用三角形法画出题图5-4的展开图。

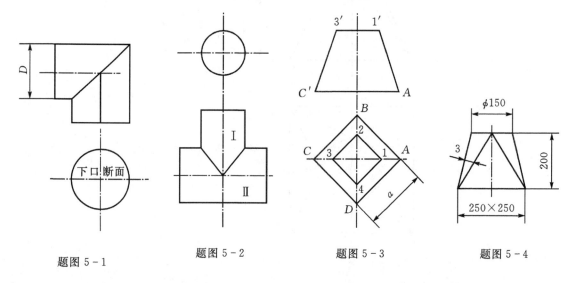

| 题图5-1 | 题图5-2 | 题图5-3 | 题图5-4 |

任务5.3　钣金件的下料

 任务介绍

安装通风空调系统时,展开下料是管道、管件及部件加工制作中的重要工序,是一项基本的操作技能,正确掌握展开下料技术,对于保证加工质量、节约材料、提高工作效率具有重要作用。本任务主要介绍钣金件的剪切、冲裁等下料方法。

任务目标

1.知识目标

(1)知道钣金件的剪切设备和冲裁设备;

(2)掌握钣金件的剪切工艺和冲裁工艺。

2.能力目标

(1)能正确进行钣金件的剪切操作;

(2)能正确进行钣金件的冲裁操作。

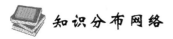

知识分布网络

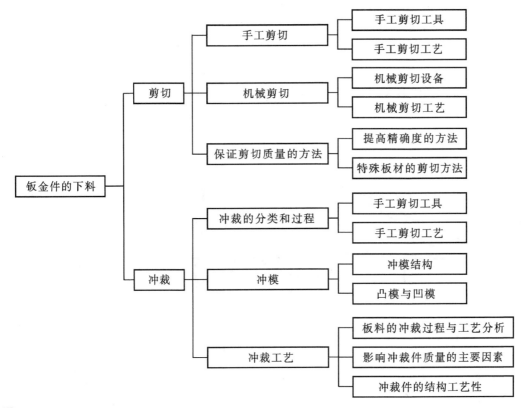

相关知识

5.3.1 剪切

剪切是利用上、下两剪刀的相对运动来切断钢材的加工方法,它是钣金工的主要下料方法。金属板材的剪切,就是加工制作通风管道和部件时,利用剪切工具对板材进行放样划线和进行裁剪下料。剪切时应核对划线的正确性,做到剪切位置正确,切口整齐。

根据施工条件可使用手工工具或机械对板材进行剪切,剪切可分为手工剪切和机械剪切两种。在施工现场一般使用铁剪刀、电动剪或手动滚轮剪刀进行手工剪切;对于集中加工的通风管道和部件,使用各种类型的剪板机进行机械化操作。

一、手工剪切

1.手工剪切工具

(1)手动剪切机。手动剪切机是利用杠杆原理进行剪切的一种简单剪切机械。它有一个固定的下刀刃和利用杠杆或杠杆系统的手动上刀刃,可用它剪切较薄的板材和型材。图5-21所示为手动剪切机的三种形式。

①台剪。如图5-21(a)所示,该机械由于手柄较长,利用杠杆的作用可产生比手剪刀大的剪切力,可剪切3~4mm厚的钢板。使用时,台剪的下刀不动,上刀则由长杆使之动作。

②杠杆式台剪。如图 5-21(b)所示,利用两级杠杆的作用,可将工作时的力矩放大,剪切厚度达 10mm 的钢板。为防止板料在剪切时移动,该机装有能调节的压紧机构,它适于剪切厚度较大的板料。

③封闭式机架台剪。如图 5-21(c)所示,将可动刀片装在两个固定机架的中间,扳动手柄时,使剪刀板在机架中做上、下运动,刀板上制有圆形、方形及 T 形等形状的刀刃,与固定在机架上的刀刃形状一致,剪切时只要将被剪切材料置于相应的刀孔,并用止动螺钉或压板压紧,扳动手柄即可完成剪切。这种剪切机的特点是既能切割圆钢、方钢、扁钢,又能切割角钢及 T 形钢。

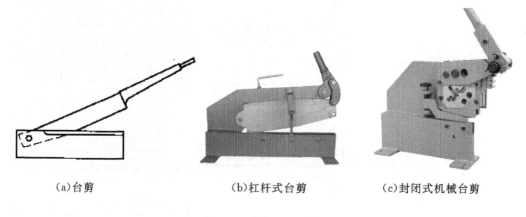

(a)台剪　　　　　　　　(b)杠杆式台剪　　　　　　　(c)封闭式机械台剪

图 5-21　手动剪切机

(2) 手剪刀。手剪刀加工金属风管常用的剪切手工工具,适于手工剪切薄钢板的厚度一般为 1.2mm 以下。手剪分直线剪刀和弯剪刀两种,如图 5-22 所示。普通剪刀、大剪刀、属于直线剪刀,直线剪刀适用于剪切直线和曲线外圆;弯剪刀适用于剪切曲线的内圆。

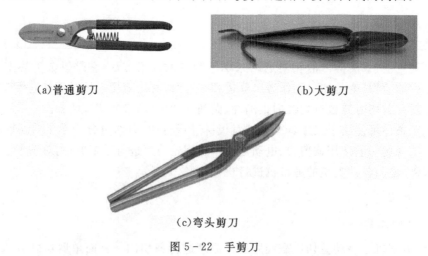

(a)普通剪刀　　　　　　　　　　　　　(b)大剪刀

(c)弯头剪刀

图 5-22　手剪刀

2.手工剪切工艺

使用手剪刀剪切时,握剪的方法很多。一般来说,右手要握持剪柄中后部,以增加力臂长度,既省力又利于剪切刃口向剪切方向推进。剪切时应使剪刀刃口张开约 2/3 的剪刃长度,用力时用拇指和手掌的虎口夹住上剪柄并向下,食指在剪柄的中间抵住上剪柄,其余三个手指握牢下剪柄向上并向手心内侧用力,使两剪刃彼此靠紧,如图 5-23 所示。还可以将剪刀的弯柄夹持在台钳上,如图 5-24(a)所示。对于单柄固定式手剪,要将一柄固定起来,如图 5-24(b)所示。

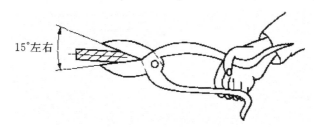

15°左右

图 5-23 手剪刀的握持方法

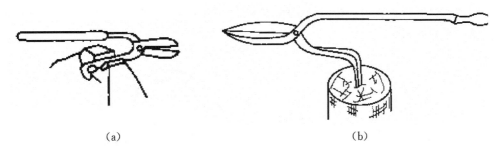

(a)   (b)

图 5-24 剪刀的固定

在剪切时,刀口必须垂直对准剪切线,剪口不要倾斜。刃片的倾角(张开的角度)要适当。倾角过大,板料过近地推向剪轴,在剪切时,板料就会往外沿移。这是因为剪刀对工件作用力的合力大于工件与刀口之间的摩擦力的缘故,如图 5-25 所示。但倾角过小,工作面集中在剪刀的刀口前端,使得所需的剪切力矩增大,因而所需的剪切力也较大。手工剪切时,由于刀片倾角随着剪刀闭合而减小,则所需的剪切力会逐渐增大,故刃口张开的角度一般在 15°为宜,如图 5-23 所示。

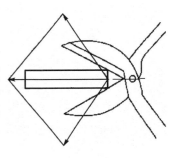

图 5-25 剪切倾角

有使用者喜欢把手剪剪轴铆得很紧,使上、下刃口彼此没有间隙,这是不正确的。剪轴铆得过紧,刀口不仅张合费力,而且也容易使刃口磨损变钝。

(1)直线剪切。剪切方法如图 5-26 所示,一般按划好的线进行剪切。剪短直料时,被剪去的部分一般都放在剪刀的右面。左手拿板料,右手握住剪刀柄的末端。

剪切时,剪刀要张开大约 2/3 刀刃长。上下两刀片间不能有空隙,否则剪下的材料边上会有毛刺,若间隙过大,材料就会被刀口夹住而剪不下来。为此应把下柄往右拉,使上刀片往左移,上下刀片的间隙就能消除。图 5-26(a)是剪短直料时的情形。

当板料较宽、剪切长度超过 400mm 时,必须将被剪去的那部分放在左面,如图 5-26(b)所示。否则,板料较长,剪刀的刀口较短,剪切过程中把左面的大块板料向上弯曲,很费力。把被剪去的部分放在左边,就容易向上弯曲了。

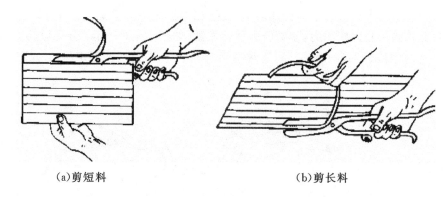

(a)剪短料　　　　　　　　　　(b)剪长料

图 5-26　手剪刀剪直料

　　(2)曲线剪切。在曲线剪切作业中,应注意使标记线始终能够看得清楚。在剪切曲线外形时,应逆时针方向进行;在剪切曲线内形时,应顺时针方向进行,如图 5-27 所示。这样操作,标记线就不会被剪刀遮住。

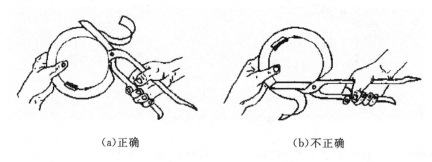

(a)正确　　　　　　　　　　(b)不正确

图 5-27　剪切圆料

　　剪切圆料时,应按图 5-27(a)所示的逆时针剪切。操作时,左手持料沿顺时针方向转动,右手握剪沿逆时引方向前进。剪切过程中,上剪刀要翘起,并尽量加大上下剪刃间的夹角,用剪刃的根部来剪切。这是因为,剪刃间的夹角越大,与钢板的接触部位越少,剪刀的转动就越灵活,这也是用普通剪刀剪切曲线(尤其是曲率较大曲线)的操作要点。

　　二、机械剪切

　　剪切机简称剪床,它的工作原理与人们日常使用的剪切方法相似。剪切机由机械传动,上、下两个剪刃很大。剪切机按其工作性质可分为直线剪切机和曲线剪切机两大类。

　　1. 机械剪切设备

　　(1)直线剪床。剪切直线的剪床,按两剪刀的相对位置不同有平口剪床、斜口剪床和圆盘剪床 3 种,其剪刀片形式如图 5-28 所示。

　　①平口剪床。如图 5-28(a)所示,上下刀板的刀口是平行的,剪切时,下刀板固定,上刀板作上下运动。这种剪床工作时受力较大,但剪切时间较短,适宜于剪切狭而厚的条钢。

　　②斜口剪床。如图 5-28(b)所示,下刀板成水平位置,一般固定不动,上刀板倾料成一定的角度(φ)作上下运动,由于刀口逐渐与材料接触而发生剪切作用。所以剪切时间虽较长,但所需要的剪力远比平口剪床要小,因而这种剪床应用较广泛。

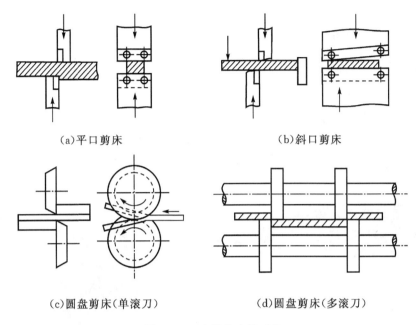

(a)平口剪床　　　　　　　(b)斜口剪床

(c)圆盘剪床(单滚刀)　　　(d)圆盘剪床(多滚刀)

图 5-28　直线剪床剪刀片

③圆盘剪床。剪切部分是由一对圆形滚刀组成的剪床称单滚刀剪床,如图 5-28(c)所示;由多对滚刀组成的剪床称多滚刀剪床,如图 5-28(d)所示。剪切时,上下滚刀作反向转动,材料在两滚刀间,一边剪切,一边给进,圆盘剪床适宜于剪切长度很长的条料,且剪床操作方便,生产效率高,所以应用较广泛。

(2)曲线剪床。剪曲线的剪床有滚刀斜置式圆盘剪床和振动式斜口剪床两种,如图 5-29所示。滚刀斜置式圆盘剪床又分单斜滚刀圆盘剪床和双斜滚刀圆盘剪床两种。

①单斜滚刀圆盘剪床。单斜滚刀圆盘剪床的下滚刀是倾斜的,如图 5-29(a)所示,适用于剪切直线、圆、圆环;双斜滚刀圆盘剪床的上、下滚刀都是倾斜的,如图 5-29(b)所示,适用于剪切圆、圆环及任意曲线。

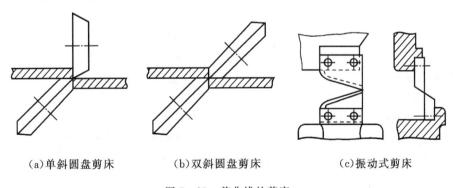

(a)单斜圆盘剪床　　　(b)双斜圆盘剪床　　　(c)振动式剪床

图 5-29　剪曲线的剪床

②振动式剪床。振动式剪床的上下刀板都是倾斜的,下刀板是固定的,如图 5-29(c)所示。其交角较大,剪切部分极短,工作时上刀板每分钟的行程数有数千次之多,所以工作时上刀板似振动状,这种剪床能剪切各种形状复杂的板料,并能在材料中间切割出各种形状的

穿孔。

(3)典型机械剪切设备。

①电动剪。电动剪,如图5-30所示,主要用于剪切厚度为2.5mm以下的金属板材,方便修剪圆弧和边角,具有体形小、重量轻、操作简便、工效高等特点。因此,在金属板材的剪切,加工制作通风管道和部件时应用广泛。

电动剪使用前,先依据被剪板材厚度,调整好刀刃间的距离,避免出现卡剪故障。当剪切最大厚度时,两刃口的横向间隙为0.5mm。剪切热轧薄钢板时,横向间隙为钢板厚度的0.2倍。剪切其他材质的薄钢板时,要适当加减其间隙。剪切软而韧的材料时,间隙要减小;剪切硬而脆的材料,间隙要加大。

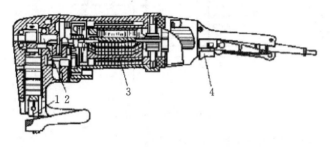

1—剪刀;2—传动轴;3—电机;4—开关

图5-30 手用电动剪

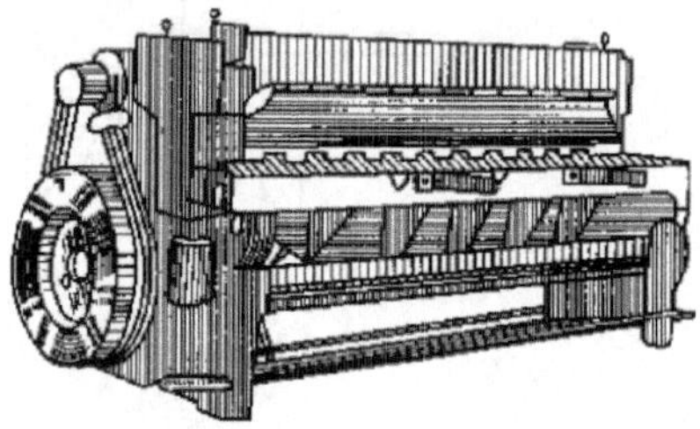

图5-31 龙门剪床

电动剪使用前,先空转1min,检查转动部分是否灵活。剪切时,接上电源,前推开关,端平刀剪,并将剪口对准被剪切部位或依据划线位置向前推进。操作时要时刻注意,当发生卡剪时,不要用力扭动刀剪,防止损坏刀片等零件,只需停机后,重新调整两刃口间隙,卡剪现象即可排除。剪切时不要堵塞塑料机壳的通风孔,以免电动机过热而烧坏。使用后,要注意保养,经常清理电动机机壳冷却空气的开口处,使其保持干净。要定期向润滑点、刀片和刀架的摩擦处加注润滑油。

②龙门剪床。龙门剪床外形结构,如图5-31所示。龙门剪床可剪板料最大厚度为4mm,可剪板宽为2000~2500mm。使用前,应按剪切的板材厚度调整好上下刀片间的间隙。间隙过小,剪厚钢板会增加剪板机负荷,或易使刀刃局部破裂。反之,间隙大时,常把钢板压进上下刀刃的间隙中而剪不下来。间隙一般取被剪板厚的5%左右,例如,钢板厚小于2.5mm时,间隙为0.1mm;钢板厚小于4mm时,间隙为0.16mm。

③振动式剪板机。振动式剪板机如图5-32所示,主要用于剪切厚度为2mm以内的低碳钢及有色金属板材。

④双轮直线剪板机。双轮直线剪板

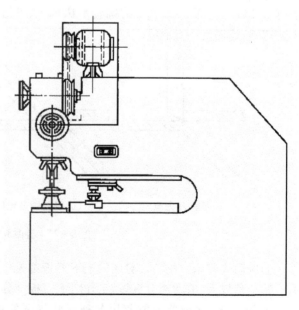

图5-32 振动式剪板机

机如图5-33所示,适用于剪切厚度不大于2mm的直线和曲率不大的曲线板材。

⑤联合冲剪机。联合冲剪机的外形结构如图5-34所示。它既能冲孔又能剪切,既能剪板料又能切断型钢,也可用于冲孔和开三角凹槽等,适用范围比较广。通风工程使用的联合冲剪机截割钢材的最大厚度为13mm。

图5-33　双轮直线剪板机

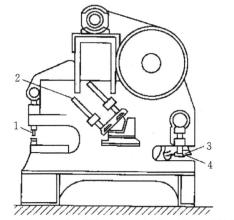

1—冲头;2—型材剪切头;3—上下刀板;4—压杆

图5-34　QA34-25型联合冲剪机

2.机械剪切工艺

(1)斜口剪床上的剪切工艺。剪切前应检查被剪板料的剪切线是否清晰,钢板表面必须清理干净,然后才可以将钢板置于剪床上进行剪切。

当剪切条料时,如剪切线很短,仅有100~200mm时,应使剪切线对准下刀口一次剪断。剪切时两手应扶住钢板,以免在剪切时移动,影响工件质量。

当剪切较大钢板时,应采用吊车配合将板吊起,高度比下剪刀口略低,钢板四周由五至六人扶住。对线时,可配于必要的手势,以主对线人为主,使各操作人员相互配合调整钢板的位置。每切完一段长度后,必须协同钢板推进。钢板初剪正确与否,会影响整个钢板的剪切质量,如果初剪时有了偏差,以后的剪切过程中就很难进行校正。为使初剪能正确进行,应将钢板上的剪切线对准下刀口,第一次剪切长度不宜过长,约3~5mm,以后再以20~30mm的长度进行剪切,待钢板的剪开长度达200mm左右,能足以卡住上下剪刀时,初剪才算完成,以后只要将钢板推走,对准剪切线进行剪切。

如果一张钢板上有几条相交的剪切线时,必须确定剪切的先后顺序,不能任意剪切,如图5-35所示的几条剪切线,应按图中数字先后次序剪切为宜,否则会使剪切造成困难。选择剪切先后次序的原则是,应使每次剪切能将钢板分成两块。

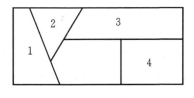

图5-35　剪切顺序的选择

在斜口剪床上还可以剪切曲率半径较大的曲线,因为这样的曲线可以近似看作是由一段段很短的直线组成。

（2）龙门剪床的剪切工艺。剪切前同样需要将钢板表面清理干净，并划出剪切线。然后，将钢板吊至剪床的工作台面上，并使钢板重的一端放在剪床的台面上，以提高它的稳定性，然后调整钢板，使剪切线的两端对准下刀口。剪切时应由两人操作，其中一人指挥，分别站立在钢板两旁。剪切线对准后，控制操纵机构，剪床的压紧机构先将钢板压牢，接着进行剪切。一次就可以完成线段的剪切，而不像斜口剪床那样分几段进行，所以剪切操作要比斜口剪床容易。

当剪切狭长料时，如果压料架压不住板料，可用垫板和压板压紧，如图 5-36 所示。但必须保证垫块和板料的厚度相等，否则会因压不紧而使板料产生移动。

（3）联合冲剪机的剪切工艺。联合冲剪机由于剪刀板较短，且没有随刀板而动的压料装置，所以在剪切时板料会发生翻翘、内拉等现象。

翻翘是指剪切时板料在剪刀板力矩的作用下，发生翻转、翘起的现象，如图 5-37(a)所示。翻翘量与板厚有关，板料越厚，翻翘量越大。翻翘不仅影响刀板的使用寿命，而且影响剪切质量及操作者的安全，因此操作时要压住板料，防止翻翘。

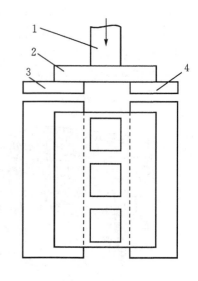

1—压料架；2—压板；
3—剪切的狭长料；4—垫扳
图 5-36　利用垫板压紧剪切

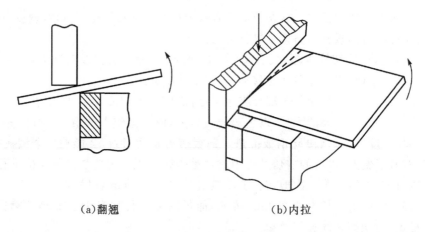

(a)翻翘　　　　　　(b)内拉

图 5-37　翻翘和内拉

内拉是指剪切较长板料时，在垂直于剪刀板力和剪切点之间的力矩作用下，板料发生向刀刃内旋转，使实际的剪切切口偏离事先对准的剪切线，如图 5-37(b)所示。严重内拉可能造成零件报废，一次剪切的长度越长，力矩越大，则内拉量越多。因此剪切长度较长的板料时，可采用放余量法和逐步剪切法来解决。放余量法是在剪切前根据经验事先放出内拉余量，以抵消剪切时内拉造成的偏差，但其缺点是剪切口边缘中部有凸起的现象。逐步剪切法是在剪切时缩短剪切长度（减小力矩），每次剪切长度为 10～30mm，待被剪下的料卡住下刀板形成稳定的反力矩时，再加大剪切长度完成剪切。

三、保证剪板质量的方法

1.提高精确度的方法

（1）设专人看线。提高剪板的精确度,常用的方法是在剪板机的外端设专人看线,即看剪切线与下剪口的重合程度,哪端不重合微调一下即可。

（2）凭经验看线。专职剪板和经常剪板的人,只是凭经验用眼观察的方法看剪切线与下剪口的重合程度,如图5-38所示,此法仅适于剪切精度要求不高的板。板越厚,观察间隙越大,误差就越大。

（3）拉线法。对要求精确度较高的厚板,剪切线与下剪口有一定距离,即使设专人看线也会有一定的误差,板越厚误差越大,拉线法即可解决这一弊病,其方法是:在剪板机的内部固定粉线的一端,或固定在限位滚轮上,或固定在剪板机外的固定物上,拉粉线于外端,并与下剪口重合,线外端用手指或拳头垫起,高度略高于被剪板,然后放入被剪钢板,使剪切线与粉线重合即可剪切。此法的特点是消除了板厚的因素,变下剪口为粉线,使粉线与剪切线直接接触,故能大幅度提高剪切精度。

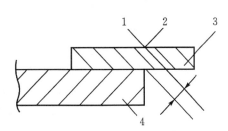

1—目光;2—剪切线;3—被剪板;4—下剪口

图5-38 用观察法剪切产生误差的原因分析

（4）移线法。此法适于超长板。所谓超长板,即大于剪口全长的板,如平台板、拱顶盖板等,这类板一是要尽量保证少出现焊道,二是要用剪板机剪切,其剪切方法如下:

如图5-39所示,在剪板机外端头平台4上延长下剪口线,得延长线5,以5线为基线量取被剪下的宽度,并作记号3,将被剪板放于下剪口平台,并使左端剪切线对准下剪口,右端被剪下板2边缘与记号3重合,便可进行剪切。然后再往左端移板,左端与下剪口重合,右端利用未剪下部分作导向,便可二次剪切,至完全剪断。同理,更长板可用同法多次剪切。

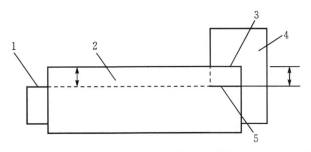

1—下剪口;2—被剪下部分;3—外移记号;4—剪板机外端头平台;5—下剪口延长线

图5-39 移线法剪切超长板

2.特殊板的剪切方法

（1）超薄板的剪切方法。此法适于薄板而又调不出该剪板机调出的剪切间隙,其方法是在此薄板下垫以能剪切的废旧厚板,便可顺利剪断。这种方法不经济,必要时可以采用。

（2）超窄板的剪切方法。所谓超窄板,即在大板剪到最后时,压脚已压不住或压得很少,但又不想浪费一块板时,可采用延长法,即在被剪板后端压一块厚板,其长宽都能在压脚范围,便可顺利剪断。这种方法不经济,必要时可以采用。

（3）圆板的剪切方法。有时薄圆板不允许气割,因气割后边缘受热收缩,会引起中间凸起,若采用剪切的方法,便可避免这一弊病,其剪切方法叫蚕食法,即从边缘往内,由大三角形到小三角形,逐渐剪切至圆周线。

5.3.2　冲　裁

利用装在冲床上的冲模,使板料相互分离,制成一定形状与尺寸的成品零件,或为弯曲、压延及其他成型工序准备材料,这种加工方法就叫做冲裁。在大批量生产中,采用冲裁分离可以提高生产率,易干实现机械化和自动化。

一、冲裁的分类和过程

冲裁包括落料和冲孔两类加工形式。若以封闭曲线以内的部分作为制件时,称为落料(周边的材料为废料)。以封闭曲线以外的部分作为制件时,称为冲孔(冲出的材料为废料)。例如冲制一个平板垫圈,冲其外形时称为落料。冲内孔时称为冲孔。落料和冲孔的原理相同,但在考虑模具工作部分的具体尺寸时,才有所区别。

冲裁可以制成成品零件,也可以作为弯曲、压延和成形等工艺准备的毛坯。冲裁用的主要设备是曲柄压力机和摩擦压力机等。

冲裁时板料分离的变形过程分弹性变形阶段、塑性变形阶段和剪裂阶段等三个阶段。

二、冲模

(一)冲模结构

冲模(又称冲裁模)的结构形式很多,下面主要介绍常用的几种结构类型。

1. 简单冲模

简单冲模又称单工序模,它在冲床滑块一次冲程中,只能完成一种冲孔或落料的冲裁工序。按其导向的方式不同,可分为无导向模、导板模和导柱模。

（1）无导向模。无导向模如图 5-40 所示,其凸模与凹模均通过固定板用螺钉和销钉固定在上、下模座上,用固定挡料销定位,卸料工作由箍在凸模上的硬橡皮完成。该模具的优点是结构简单,制造成本低。其缺点是模具无导向装置,凸模的运动只能依靠冲床滑块导向,工作中不易保证合理的均匀间隙,制件精度不高,模具安装困难,工作部分容易磨损,生产率低,安全性较差。所以,这种模具只适用于生产批量不多,精度要求不高,外形比较简单零件(坯料)的冲裁工作。

（2）导板模。导板模如图 5-41 所示,它与无导向模不同之处是在凹模的上部装有一块起导向作用的导板,在冲裁工作中,凸模始终在导板孔内运动,同时导板又起卸料作用。条料送进是由固定在凹模上的钩形挡料销和导尺定位。

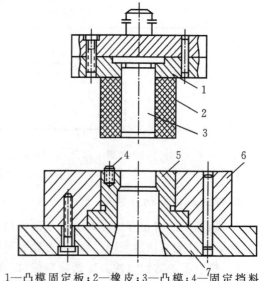

1—凸模固定板;2—橡皮;3—凸模;4—固定挡料销;5—凹模;6—下模座;7—凹模固定板

图 5-40　无导向模

这种模具的优点是工作时凸凹模之间的间隙能得到保证,提高了制件的精度,使用寿命较长,安装容易,安全性较好。缺点是模具制作比较麻烦,导板孔需要与凸模配制,冲压设备行程小时,才能保证工作时凸模始终不脱离导板。导板模只适用于小件或形状不十分复杂零件(或坯料)的冲裁工作。

(3)导柱模。导柱模如图 5-42 所示。它本身具有两个导往和导套,导柱的下端压入下模座的孔内,导套压入上模座的孔内,导柱与导套之间采用 IT12 级精度的间隙配合,工作时利用导柱和导套的配合而起导向作用。模具的凸模是用螺钉直接与上模座固定并采用孔口定位,凹模由螺钉和销钉固定在下模座上。条料送进后,左右用导尺导向,前面用挡料销定位,以保证条料在冲模上有正确的位置。导尺上面装有卸料板,起卸料作用。

这种模具的优点是导向作用好,保证了凸凹模之间的间隙均匀,能提高制件的精度,减轻工作部分的磨损,模具安装方便。缺点是模具制造复杂成本高。导柱模适用于生产批量大、精度要求高的零件冲裁工作。

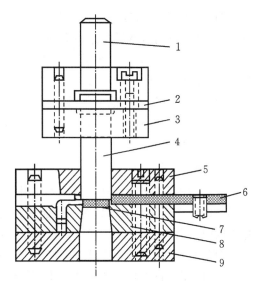

1—模柄;2—垫板;3—凸模固定板;4—凸模;
5—导板;6—板料;7—钩形挡料销;8—凹模;
9—凹模固定板

图 5-41　导板模

2.连续冲模

连续冲模可在冲床滑块的一次冲程内,完成两个以上的冲裁工序。工作时随着条料的连续送进,在模具的几对凸模和凹模的作用下,分别完成冲孔和落料工作。

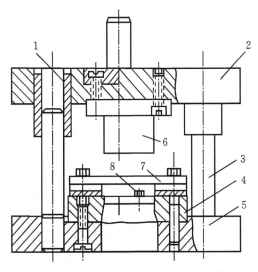

1—导套;2—上模室;3—导柱;4—凹模;
5—下模座;6—凸模;7—卸料板;8—定位销

图 5-42　导柱模

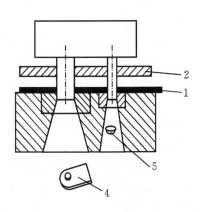

1—条料;2—卸料板;3—冲孔废料;4—制件

图 5-43　连续冲模

图 5-43 所示为冲制长方形零件的连续冲模示意图。其工作过程是首先由冲孔凸模和凹模冲出制件的内孔，然后将条料向前送进一个步距，利用落料凸模和凹模进行落料，即可得到所需的制件(或坯料)。这种模具因为在前一个制件落料的同时，冲孔凸模和凹模又冲出下一个制件上的孔，如此循环进行，每次送进距离由挡料销控制。

连续冲模的优点是能节省模具材料，便于操作和实现自动化，制件精度和生产率较高，适用于大批量生产。其缺点是模具制造复杂，结构尺寸大而成本高，在冲制稍厚板料时，易使制件产生拱弯现象。

3.复合冲模

复合冲模又叫多工序模，是在冲床滑块一次冲程内完成两个以上冲裁工序的冲模。这种模具最大特点是本身结构具有一个能落料的凸模和一个能冲孔的凹模组成的凸凹模，可以同时实现内孔及外形的冲裁，因此它不同于连续冲模。

图 5-44 所示为冲制圆形垫圈的复合冲模。该模具的冲孔凸模与落料凹模都固定在上模座上，下模座上的凸凹模冲孔时起凹模作用，落料时起凸模作用。当冲床上的滑块向下运动时，落料出来的制件被卡在凹模内，由顶件器顶出并压紧，冲孔出来的废料通过下模孔内排出。当滑块向上运动时，由弹性卸料器将箍在下模周边的废料推出，此时取下制件，将条料向前送进。条料送进后，左右由导尺导向，前面由挡料销定位。

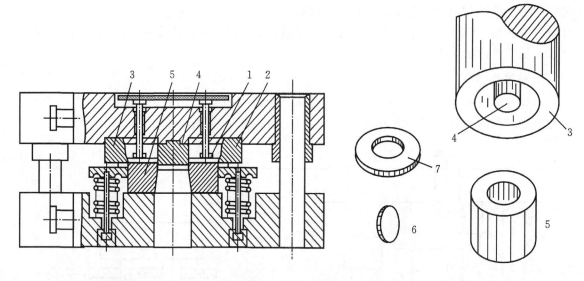

1—压料板；2—卸料板；3—落料凹模；4—冲孔凸模；5—凸凹模；6—废料；7—垫圈(制件)

图 5-44 复合冲模

复合冲模的优点是结构紧凑，制件精度高，孔与制件外形的同心度易得到保证，工效高，适用于大批量生产。缺点是结构复杂成本高，制造周期长。

综上所述，冲模结构一般是由工作部分和辅助部分所组成。工作部分包括凸模和凹模，辅助部分则根据模具的形状不同而异，其中有导向零件(导板、导柱和导套)、连接零件(上下模板、模柄及各种螺钉)、定位零件(定位销、导尺)等。这些零件都要求具有一定的硬度和强度，特别是工作部分的凸模和凹模还要能承受冲击并耐用。

对于形状比较复杂，外形尺寸较大的凸模和凹模，一般采用镶块式。即工作部分选用冷冲模合金钢制作,非工作部分则采用一般结构钢材料。这样有利于模具的加工和修理,提高模具的使用寿命,同时能节省贵重钢材。

(二)凸模与凹模

凸模与凹模是冲裁模具中关键性的工作零件,它对确保制件的质量,延长模具的使用寿命,提高生产效率均起着决定性的作用。

1.凸模与凹模的形式

(1)凸模的形式。常见的凸模有台肩式(见图5-45)、直通式(见图5-46)、护套式(见图5-47)三种。

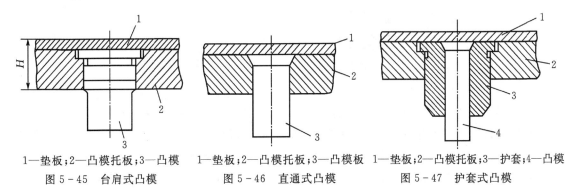

1—垫板;2—凸模托板;3—凸模　　1—垫板;2—凸模托板;3—凸模板　　1—垫板;2—凸模托板;3—护套;4—凸模

图5-45　台肩式凸模　　　　　图5-46　直通式凸模　　　　　图5-47　护套式凸模

台肩式凸模加工简单,装配修磨方便,具有很好的冲裁性能,通常用于落料和冲孔工作。

直通式制造过程简单,凸模在长度方向具有相同的断面,适用于冲制形状复杂的中、小型制件。

护套式凸模主要用于冲制较小孔径的制件。

(2)凹模的形式。凹模按孔口形状的不同,分为柱形孔口(见图5-48)、锥形孔口(见图5-49)、过渡圆柱形孔口(见图5-50)三种。

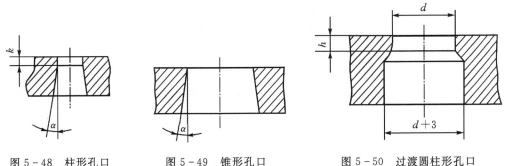

图5-48　柱形孔口　　　　　图5-49　锥形孔口　　　　　图5-50　过渡圆柱形孔口

柱形孔口凹模工作刃口的强度较高,修磨后工作部分尺寸不变,主要用于冲制形状复杂或精度要求较高的制件。

锥形孔口凹模工作部分刃口的强度较差,同时刃口经过修磨后,工作部分的尺寸略有增大,因此只适用于冲制精度要求不高且形状简单的小型零件(或坯料)。

过渡圆柱形凹模孔口的下部,由于用圆柱来代替圆锥,故使凹模制造方便,主要用于冲制尺寸较小而板料较薄($d \leqslant 5mm$)的制件(或坯料)。

三、冲裁工艺

(一)板料的冲裁过程与工艺分析

冲裁时板料放在凹模上,因为凸模的直径略小于凹模洞口的孔径,故两者之间存在着一定的间隙,由于凸模与凹模工作部分相互组成为一对锋利的刃口,当冲床上的连杆装置带着滑块向下运动时,引导凸模进入凹模,将板料切断分离,完成冲裁工作(见图 5-51)。

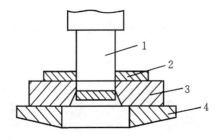

1—凸模;2—板料;3—凹模;4—工作台

图 5-51　板料的冲裁过程

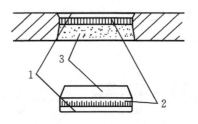

1—圆角带;2—光亮带;3—剪裂带

图 5-52　冲裁件的冲切断面

分析制件与板料的相互分离,虽然是在瞬时完成的,但其变形过程仍然经表 5-1 中的三个阶段。冲裁件的冲切断面不是光滑垂直的,存在着比较明显的圆角带、光亮带和剪裂带,同时并带有一定的锥度,与冲裁时板料变形过程的三个阶段相对应,如图 5-52 所示。

表 5-1　冲裁变形过程的三个阶段

名称	简图	说明
弹性变形阶段		1.坯料表面承受拉伸和压缩,形成墙角; 2.坯料上翘,间隙大,上翘亦严重
塑性变形阶段		1.坯料内部应力达到屈服极限,凹模压入坯料出现光亮带; 2.纤维产生弯曲与拉伸,间隙大,弯曲和拉伸亦严重
剪裂分离阶段		1.坯料内部应力达到屈服极限,冲裁力达到最大值,受剪处光亮带终止; 2.由于拉应力和应力集中,靠近凸模和凹模刃口处首先出现裂缝; 3.在合理间隙情况下,上下裂缝向内扩展到最后重合,冲裁件被分离,形成粗糙纤维剪裂带

实践证明,板料冲裁时,发生塑料变形的部分(即靠近裁边揭围的圆角带),形成了金属冷

作硬化层,该层的硬度较原有硬度增加约 $40\%\sim60\%$;硬化层的深度(径向)与材料的性能、厚度、模具间隙及刃口锋利程度等情况有关,一般为材料厚度的 $30\%\sim60\%$。硬化层的存在,不但使材料硬度增加,降低了塑性,同时还将改变材料的导磁等物理性能。所以对有些经冲裁后的制件,为消除圆角带内所存在的硬化层,一般需经退火处理后再继续进行冷变形加工。

(二)冲裁件的结构工艺性

冲裁零件的形状、尺寸和精度要求,必须符合冲裁的工艺要求。这就是冲裁件的工艺性问题,对冲裁件的具体工艺要求如下:

(1)冲裁件的形状应力求简单、对称,尽可能采用圆形或矩形等规则形状,应避免过长的悬臂和切口,悬臂和切口的宽度 b 要大于板厚 t 的两倍,如图 5-52(a)所示。

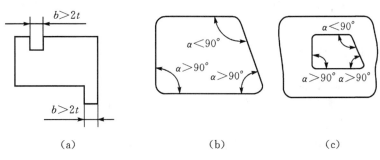

(a)　　　　　　(b)　　　　　　(c)

图 5-52 冲裁件的工艺性

若用条料冲裁两端带圆弧的制件,其圆角半径 R 应入于料宽 B 的二分之一,否则将产生台肩,见图 5-53(b)。

(2)冲裁件的外形和内形的转角处,应以圆弧过渡,避免尖角,以便于模具加工,减少热处理或冲压时在尖角处开裂的现象。同时也能防止尖角部位刃口的过快磨损。

圆角半径 r 的大小可由板厚 t 而定,见图 5-52(b)。当尖角 $\alpha>90°$ 时,取 $r\geqslant(0.3\sim0.5)t$;$\alpha<90°$ 时,取 $r\geqslant(0.6\sim0.7)t$。

(3)冲孔时孔的尺寸越小,虽冲床负荷越小,但不能过小,因为孔过小时,凸模单位面积上的压力增大,使凸模材料不能胜任。孔的最小尺寸与孔的形状、板厚 t 和材料的机械性能有关。采用一般冲模在软铜或黄铜上所能冲出的最小孔径为:冲圆孔的最小孔径为 t;冲方孔的最小边长为 $0.9t$;冲矩形孔的最小短边为 $0.8t$;冲长圆孔的两对边的最小距离为 $0.7t$。

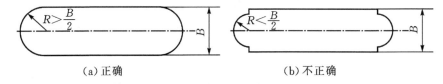

(a)正确　　　　　　　　(b)不正确

图 5-53 对冲裁件圆弧尺寸的要求

(4)零件上孔与孔之间或孔与边缘之间的距离,受凹模强度和零件质量的限制,也不能太近,设上述距离为 a,则取 $a\geqslant2t$,并使 $a>3\sim4mm$。

思考题

1.简述钣金剪切下料时的设备和工具。

2.剪长料和剪短料的方法有什么不同?

3.剪切圆料时如何操作?为什么图 5-27(b)的做法是错误的?

4.剪切板料时如何保证剪切质量?

5.落料和冲孔有什么不同？

6.冲裁过程包括哪几个阶段？

任务 5.4　钣金件手工加工技术

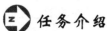 **任务介绍**

　　钣金制品往往通过手工加工成型,本任务主要介绍常用钣金制品的手工弯曲、放边、收边、拔缘、拱曲、卷边、折方、卷圆等加工技术。

 任务目标

　　1.知识目标

　　掌握常用钣金件的手工弯曲、放边、收边、拔缘、拱曲、卷边、折方、卷圆等加工技术。

　　2.能力目标

　　能正确进行常用钣金件的手工弯曲、放边、收边、拔缘、拱曲、卷边、折方、卷圆等操作。

 知识分布网络

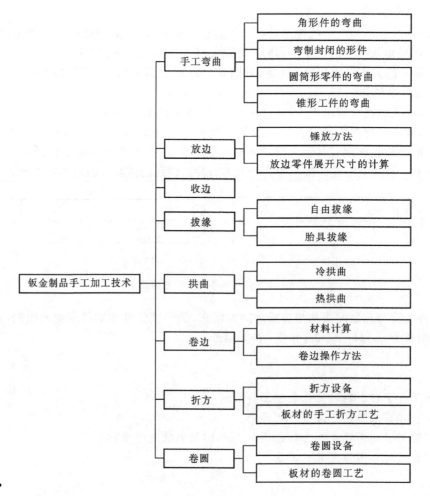

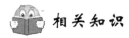相关知识

5.4.1　手工弯曲

手工弯曲在钣金制品中是常见的加工方法,手工弯曲是采用必要的工夹具,通过手工操作来弯曲板料。下面举例介绍手工弯曲操作的过程。

一、角形件的弯曲

首先,按板厚里皮计算出毛坯料的展开长度,然后在板料上画出弯曲位置线,用样冲打出印迹。弯曲时,如图 5-54(a)所示,将钢板放在规铁上,并压上压铁,要注意板料的弯曲线与规铁、压铁的棱边相重合。用手锤或拍板将板料的两端弯成一定角度方便定位,使料在锤击中会移位。然后,一点挨着一点地从一端向另一端移动,锤击时要轻。所要求的弯曲角度要分多次锤击而成。弯曲后的工件如图 5-54(b)所示。如果弯曲后直角不足,可以放于如图 5-54(c)所示的角钢模上用形锤整形。图 5-54(d)是在铁轨上用拍板折弯的情况。

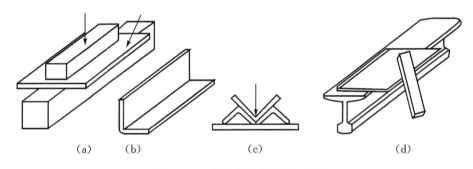

(a)　　　(b)　　　　　(c)　　　　　　　(d)

图 5-54　直角弯曲件的手工弯曲

二、弯制封闭的形件

如图 5-55 所示,弯曲口形工件时,首先在展开料上画线,然后以线定位,用规铁夹在虎钳上,并使弯曲线与规铁的棱边相重合,规铁高出垫板 2～3mm,然后用手锤锤击。

锤击时用力要均匀,并有向下的分力,以免把弯曲线拉出而跑线,然后再弯曲合拢边。这时使用的规铁的形状尺寸必须和图样上的口形工件内部尺寸相同。弯曲两面后,将规铁放在 U 形工件里,底部与工件靠严,规铁上部仍要高出垫板 2～3mm,下部加垫块,夹紧后,用手锤弯曲成形。

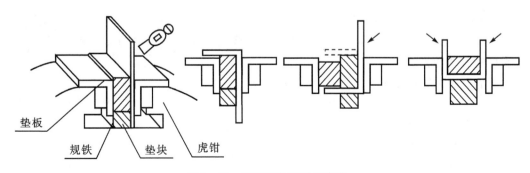

垫板　　　规铁　　　垫块　　　虎钳

图 5-55　口形工件的手工弯曲

三、圆筒形零件的弯曲

如将薄板料弯曲成圆筒,应事先取一段与所要弯曲零件尺寸相适应的钢轨或圆钢作胎具。如果圆筒的料较薄,尺寸较小,可以自制简易模具,如图5-56所示。弯曲时,应先将料的两端头弯制好。开始弯曲时应使板料的边缘始终与胎具保持平行,逐渐向内直至形成中心弯曲。当钢板两边缘接触时,进行点固焊对接。焊接后再在钢轨或钢管上修圆。为了避免工件表面被击伤,留下锤痕,影响工件的表面质量,要用木质拍板或木锤、胶质锤。弯曲板厚1mm以下的圆筒时,一般情况下将零件垫在钢管上或钢轨上手工弯曲。

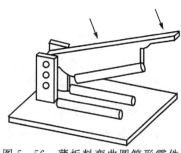

图5-56 薄板料弯曲圆筒形零件的简易手压模具

四、锥形工件的弯曲

圆锥台的毛坯坯料呈扇形。首先均分上下口的圆弧长,画上若干条素线,即将坯料等分成若干个压制区,目的是控制弯曲方向和压线的疏密度。然后用弧锤和大锤按弯曲素线锤击,模具见图5-57。由于圆锥台大口和小口弯曲曲率不等,素线疏密度不同,应适当调节锤击力的大小。在手工弯曲过程中,应经常用样板检查弯曲程度,如果出现扭歪、错口等现象,要及时找正。

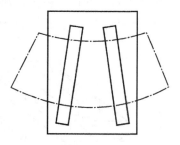

图5-57 弯曲圆锥台

5.4.2 放边

放边是通过锤击使零件某一边变薄伸长的工艺方法。

一、锤放方法

制造凹曲线弯边的零件,例如直角弯曲件的外弯,可将直角型材放在铁砧或平台边缘上捶放角材边缘,如图5-58所示,使边缘材料厚度变薄、面积增大、弯边伸长,越靠近角材边缘伸长越大,越靠近内缘伸长越小。这样,直线形角材就逐渐被捶放成了曲线弯边的角材。

放边时,角材底面必须与铁砧表面保持水平,握持角钢的手不能太高或太低,否则在放边过程中角材会产生翘曲。锤痕要均匀并呈放射形,捶击的面积占弯边宽度的3/4,不能锤击角材根处。只捶击要弯曲的部分,有直线段的角形零件,在直线段内不能敲打。在放边过程中,材料会产生冷作硬化,发现材料变硬后,要退火处理,否则易打裂。在操作过程中,随时用样板或量具检查外形,达到要求后要进行修整、校正。

二、放边零件展开尺寸的计算

如图5-59所示,半圆形零件的展开长度可用弯曲型材展开长度的公式计算。

图5-58 直角弯曲件的放边

角材展开料的宽度按里皮计算,即展开料宽度

$$B=a+b-2t$$

式中:B——展开料宽度;

   a、b——角钢边宽;

   t——板厚。

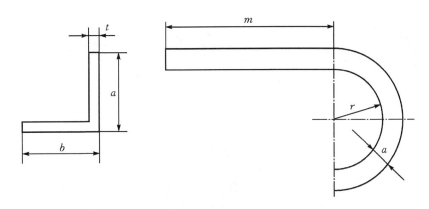

图 5-59 放边零件展开尺寸的计算

在弯曲直角时,由于零件的窜动,可能会产生边宽的误差,压制时尽量采用折边机。手工弯曲时,如果对边宽要求较高,可适当加宽下料尺寸,弯曲后再用砂轮修磨。

由于在放边的平面中各处材料伸展程度不同,外缘变薄量大、伸展的多,内缘变薄量小、伸展的少,所以展开长度取放边宽度 a 的一半处的弧长来计算。即

$$L = m + \pi(R + a/2)$$

式中:L——半圆加直边形零件展开料长度;

R——零件弯曲内半径;

a——放边一边的宽度;

m——零件直边长。

5.4.3 收边

收边是指角形件某一边材料被收缩,用长度减小、厚度增大的方法来制造内弯的零件。收边方法如下:

(1)先用折皱钳起皱,将板边起皱后,再收边,在规铁上用木锤敲平,使板边变厚,如图 5-60 所示。图 5-60(a)是成品图;图 5-60(b)是用折皱钳折皱,折皱钳用直径 8~10mm 的圆钢弯曲后焊成,圆钢表面要光滑,以免划伤工件表面;图 5-60(c)是折皱并弯曲后的状态;

(2)使用橡皮打板进行收边,如图 5-60(d)所示。在修整零件时,用橡皮抽打,使材料收缩。橡皮打板用中等硬度,宽度 60~70mm,厚 15~40mm 的橡皮板制造,长度可根据需要确定。然后用木锤打平,见图 5-60(e)。

(3)"搂"弯边,如图 5-60(f)所示,将坯料夹在形胎上,用铝锤顶住坯料,用木锤敲打顶住部分,这样坯料逐渐被收缩靠胎。

收边零件的展开计算与放边的计算方法相同,即按收边的中心计算圆弧展开长。

5.4.4 拔缘

拔缘是指在板料的边缘,利用手工锤击的方法弯曲成弯边。拔缘分为内拔缘和外拔缘。其目的主要是增加刚性,如图 5-61 所示。

外拔缘时,由于受到其中三角形多余金属的阻碍,所以采用收边的方法,使外拔缘弯边增厚。内拔缘时,由于受到内孔圆周边缘的牵制不能顺利地延伸,所以采用放边的方法,使内拔

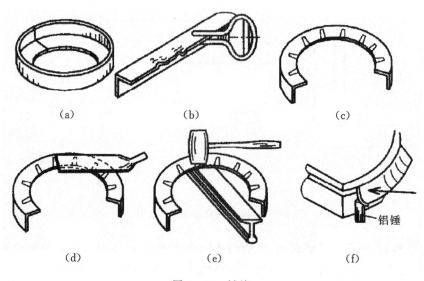

图 5－60 皱缩

缘弯边变薄。拔缘可以采用自由拔缘和胎型拔缘两种方法。自由拔缘一般用于塑性好的薄板料，在常温状态下的弯边零件；胎型拔缘多用于厚板料、孔拔缘及加温状态下进行弯边的零件。

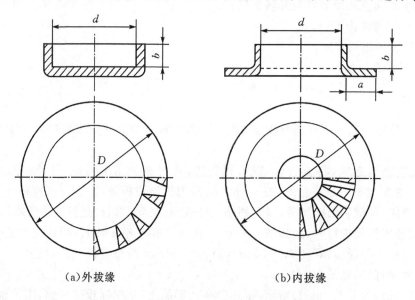

图 5－61 外拔缘折角弯边与内拔缘圆角弯边

一、自由拔缘

下面以外拔缘为例说明自由拔缘的操作过程。

1. 计算毛坯料直径 D

毛坯料的直径等于零件内直径加两倍拔缘宽度，如图 5－61(a)所示的毛坯料直径：$D = d + 2b$。一般零件直径与坯料直径之比为 $0.8 \sim 0.85$。

2.拔缘

计算出坯料直径后,画出加工的外缘宽度线,随后剪切、去毛刺。在铁砧上,按照零件外缘宽度线,用木锤敲打进行拔缘。首先将坯料周边弯曲,在弯边上起皱,然后打平,使弯边收缩成凸边。薄板拔缘时,必须经多次反复起皱打平,才能制成零件。拔缘时,锤击点的分布和锤击力的大小要稠密、均匀,不能操之过急,如锤击力量不匀,可能使弯边发生裂纹。操作过程如图5-62所示。

二、胎具拔缘

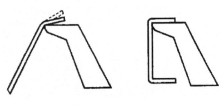

利用胎具外拔缘时,一般采用加热拔缘的方法。拔缘前,先在坯料的中心焊装一个钢套,以便在胎具上固定坯料拔缘的位置,如图5-63(a)所示。坯料加热温度为750～780℃,每次加热时间不宜过长,加热面略大于坯料边缘的宽度线,按照前述外拔缘过程分段依次进行,一次弯边成型。

图5-62 外拔缘操作过程

利用胎具内拔缘过程弯边比较困难,见图5-63(b),内孔直径不超过80mm的薄板拔缘时,可采用一个圆形木锤一次冲出弯边;较大的圆孔和椭圆孔的厚板内拔缘时,可制作一个圆形的钢凸模进行一次冲出弯边。

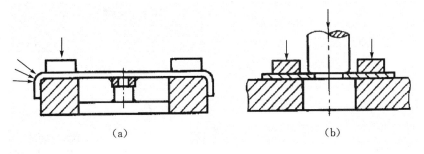

(a)　　　　　　　　　　　(b)

图5-63 胎具拔缘

5.4.5 拱曲

拱曲是指将薄板料用手工锤击,通过板料周边起皱向里收,中间打薄向外拉,这样反复进行,使薄板逐渐变形制成凸凹曲面形状的零件。一般拱曲可分为冷拱曲和热拱曲。

一、冷拱曲

冷拱曲一般是指在常温下用手工将板料锤击而成。

1.用顶杆手工拱曲法

拱曲深度较大的零件,主要是利用顶杆和手工锤击的方法制成弧形零件,如图5-64所示。图5-64(a)是拱曲件的厚度变化,边缘变厚,中间变薄。操作顺序如图5-64(b)、图5-64(c)所示。首先将毛料边缘做出皱褶,然后在顶杆上将皱褶打平,使边缘的毛料因皱缩向内弯曲。此时可用木锤轻轻而均匀地锤击中部,使中间的毛坯料伸展拱曲。锤击时锤击点要均匀稠密,边锤击边旋转毛坯料。根据目视随时调整锤击部位,使表面光滑。出现局部凸出应立即停止锤击,否则会越打越凸起。

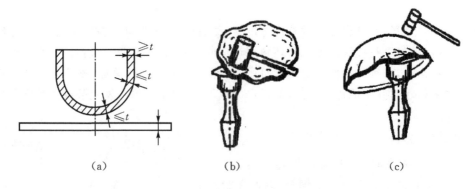

图 5-64　半球形零件的拱曲

锤击到毛料中心时,要沿圆周转动进行,不能集中到一处锤击,防止中心毛料伸展过多而凸起。依次收边锤击中部,并配合中间检查,直到符合要求为止。考虑最后修光时要产生回向变形,一般拱曲度要稍大些。最后用平头锤在圆顶杆上把拱曲成型好的零件修光,再按要求划线切割,修光边缘。

2. 在胎具上手工拱曲法

拱曲尺寸较大而深度较浅的零件,可直接在胎具上加工。操作时,先将毛坯料压紧在胎具上,用手锤从边缘开始逐渐向中心部分锤击,如图 5-65 所示,(a)、(b)、(c)图表示拱曲过程;图(d)表示在橡皮上伸展坯料。

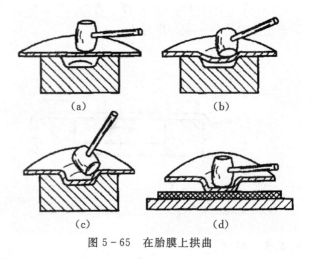

在拱曲过程中,注意不能操之过急,锤击要轻而均匀,使整个加工表面均匀地伸展,形成下凹趋势,使毛坯料逐渐全部贴合在胎具上。最后用平头锤在顶杆上打光锤击凸痕。此时,完成了手工成型的全过程。

图 5-65　在胎膜上拱曲

在胎模上进行较深的拱曲时,随着锤击的进行,制件的周边将会出现皱褶,此时应停止锤击中部,将皱褶的边缘贴紧模具,敲平皱褶。皱褶敲平之后,再继续对中部锤击拱曲。

对精度要求不高、拱曲度不大的制件,也可以在木墩上挖坑代替模具,较小的制件拱曲也可以利用废轴承圈作模具。

精度较高的制件可以在步冲机上进行,如图 5-66所示,上模不断地上下运动,同时手工移动制件完成拱曲。图 5-66(a)是压制示意图。图 5-66

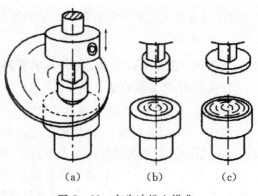

图 5-66　在步冲机上拱曲

(b)和图5-66(c)是多种上下模中的两个模具示意图。

二、热拱曲

热拱曲是将毛坯料加热后,利用冷却收缩产生拱起,主要用于零件尺寸比较大、钢板比较厚的制件。例如造船厂采用热拱曲的方法加工出扭曲的船边板。

图5-67　局部加热产生拱曲

热拱曲是利用金属热胀伸长量和冷却收缩量不均匀而产生构件形,如图5-67所示,对毛坯料进行三角形局部加热,一般采用大号气焊枪加热。受热时,加热部位的金属要向四周膨胀,但是其周围的金属并没有加热,钢板的传热性又不够好,由于该区处于高温状态,力学性能比未加热部位低,比较软,所以不但不能自由膨胀,反而被压缩变厚。当加热部位冷却时,金属的强度逐渐增加,即使周围限制其收缩,也不能阻止其产生收缩变形。加热部位在加热时不能自由伸长,而冷却时却要缩短,必然因加热部位的变小而使构件产生变形。但是,对同一部位的再次加热产生的再次变形量很小,对于脆性金属不宜采用。对于塑性好的金属,例如Q235,加热后可以浇水以增加变形量。拱曲程度与加热点多少有关,加热点越多越密,拱曲的程度越大。一般采用大号气焊枪加热。

5.4.6　卷边

卷边是将薄板制成的工件边缘卷成圆弧的加工方法,一般适用于1.2mm以下的普通钢板和镀锌板、小于1.5mm的铝板以及小于0.8mm的不锈钢板。卷边的目的是消除薄板边锐利的锋口,并且能够提高薄板边缘的强度和刚度。

卷边的方法大致有三种,一是空心卷边,二是夹丝卷边,三是实折边。夹丝卷边是指在所卷的工件内嵌入一根金属丝。金属丝的直径根据工件的尺寸和受力情况来确定,一般情况下金属丝的直径是板厚的3倍以上,而卷边金属丝的工件边缘尺寸应不大于金属丝直径的2.5倍。空心卷边是指卷边过程中嵌入金属丝,而在卷边完成后再将金属丝抽拉出来。

一、材料计算

图5-68为卷边部分长度计算原理。

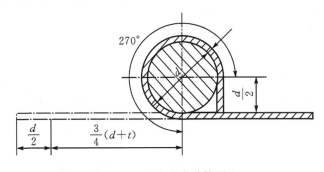

图5-68　卷边长度计算原理

卷边部分长度计算公式为:

$$L = \frac{d}{2} + \frac{3}{4}\pi(d+t)$$

式中:d 为卷丝直径;t 为板厚。

二、卷边操作方法

(1)在板料上划出卷边线。

(2)将板料放在平台、方铁或钢轨上,左手压住板料,右手用木锤或拍板击打下弯 80°～90°,不要打实,形成圆弧,如图 5-69(a)所示。

(3)将板料翻转,弯朝上,轻而均匀地拍打,卷边向里扣,使卷曲部分逐渐成半圆形,如图 5-69(b)所示。

(4)将铁丝放入卷边内,从端头开始扣好,将铁丝弯曲,弯曲程度大于所要求的曲率,以便于将铁丝靠紧。然后放一段扣一段,前面用钳子夹靠铁丝,后面用木锤或手锤扣打,见图 5-69(c)。扣完后,再依次轻轻敲打,使卷边紧裹金属丝。

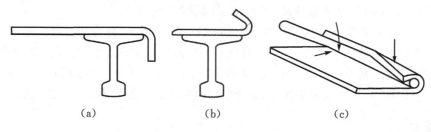

(a)   (b)   (c)

图 5-69 夹丝卷边过程

(5)翻转板料,使卷口靠住平台或钢轨的缘角,再次打靠,使边缘咬紧。在钢板的咬口处要去掉一些板料,只留一层用于包边。

空心卷边的操作过程与夹丝一样,就是使卷边与铁丝不太靠紧,最后把金属丝抽拉出来。抽拉时,只要把铁丝的一端夹住,将板件一边转,一边向外拉即可。

5.4.7 折方

制作矩形风管和部件时,应根据纵向咬口形式,对板材进行折方。

一、折方设备

当矩形风管或部件周长较小时,只有一个或两个角咬口(或接缝)时,板材就需折方。折方一般用折方机进行,当折方长度较短或钢板较薄时,也可用手工折方。

1.折方机

折方机如图 5-70 所示,主要用于矩形风管的直边折方。折方机的工作,是由电机带动齿轮、蜗杆,通过传动机构使折梁和压梁抬起或放下,完成折方操作。加工的板长超过 1m 时,应由两人配合操作,以保证折方质量。

2.手动扳边机

扳边机有手动和电动两种。手动扳边机适用于厚度为 12mm 以内的钢板咬口的折弯和矩形风管的折方。如图 5-71 所示。手动扳边机是由固定在墙板上的下机架、在墙板上可以上下滑动的上机架和在墙板上转动的活动翻板组成。上机架由两端的丝杠调节上下位置来压住或松开钢板。为了减轻扳动翻板的力量,在翻板的两端轴上,加设平衡铁锤。为使折角平直,上、下机架及翻板接触处,由刨平的刀片组成。

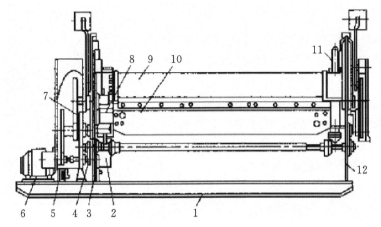

1—机架；2—调节螺钉；3—立柱；4、5—齿轮；6—电机；7—杠杆；
8—工作台；9—压梁；10—折梁；11—调节杠杆；12—立柱

图 5-70　折方机

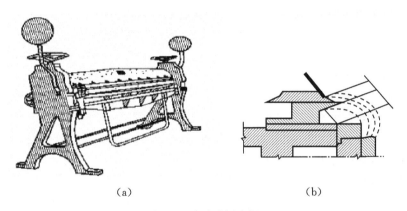

（a）　　　　　　　　　　　　　　（b）

图 5-71　手动折边机

操作时，扳动丝杠手轮，抬起上支架，使上刀片和下刀片之间留出空隙，将划好线的板材放入，并使上刀片的棱边对准折线，放下上机架并压紧，然后扳动活动翻板至 90°，则成单角咬口的立折边。若把活动翻板扳到底，即成单角咬口的平折边。当扳制单平咬口时，把钢板放入上、下刀片之间，放入的深度等于折边宽度，压紧钢板后，把活动翻板扳到底即可。

二、板材的手工折方工艺

手工折方前，应先在板材上划线，再把板材放在工作台上，使折线和槽钢边对齐，一般较长的风管由两人分别站在板材两端，一手把板材压紧在工作台上，不使板材移动，一手把板材向下压成 90°直角，然后用木方沿折方线打出棱角，并使折角两侧板材平整。由于手工折方劳动强度大，效率低，质量不易保证，因此，施工中一般都采用机械折方。

5.4.8　卷圆

制作圆形风管和部件时，应把板材卷圆。板材的卷圆可采用手工方法或机械方法。

一、卷圆设备

制作圆形风管一般用卷圆机进行机械卷圆,如图 5-72 所示。卷圆机适用于厚度为 2mm 以内,板宽为 2000mm 以内的板材卷圆。

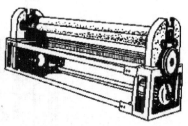

卷圆机由电动机通过皮带轮和变速机构减速,经齿轮带动两个下辊旋转,当板材送入辊轮间时,上辊轮靠与板材间的摩擦力而转动,上辊通过丝杠使滑块上下动作,以调节上、下辊的间距。操作时,应先把靠近咬口的板边,在钢管

图 5-72 卷圆机

上用手工拍圆,再把板材送入上、下辊之间,辊子带动板材转动,当卷出圆风管所需圆弧后,将咬口扣合,再送入卷圆机,根据加工的管径调整好丝杠,进行往返滚动即成。

二、板材的卷圆工艺

手工卷圆是将打好咬口的板材,把咬口边一侧板边在钢管上用方尺初步拍圆,然后先用手和方尺进行卷圆,使咬口能相互扣合,并把咬口打紧打实。接着再找圆,找圆时方尺用力应均匀,不宜过大,以免出现明显的折痕。找圆直到风管的圆弧均匀为止。

思考题

1.如何弯制角形件?

2.放边和收边有什么不同?

3.外拔缘和内拔缘有什么不同?

4.水桶的上边缘采用夹丝卷边,已知铁丝直径 $d=4mm$,铁皮厚 $t=0.5mm$,则水桶上边缘在下料时应预留的卷边余量为多少?

5.夹丝卷板如何操作?

任务 5.5　钣金件的连接

任务介绍

在通风空调工程中,用金属薄板制作风管和配件可用咬口连接(简称咬接)、铆接、焊接,其中咬接是最常用的一种连接方式。本任务主要介绍钣金件的咬接、铆接和焊接等连接方法。

任务目标

1.知识目标

(1)熟悉钣金件常见的咬接形式,掌握常见的咬接操作方法;

(2)熟悉铆接的相关知识,掌握铆接的基本操作;

(3)了解常见焊接方法。

2.能力目标

(1)能正确进行钣金件常见的咬口连接操作;

(2)能正确进行钣金件铆接操作。

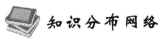

知识分布网络

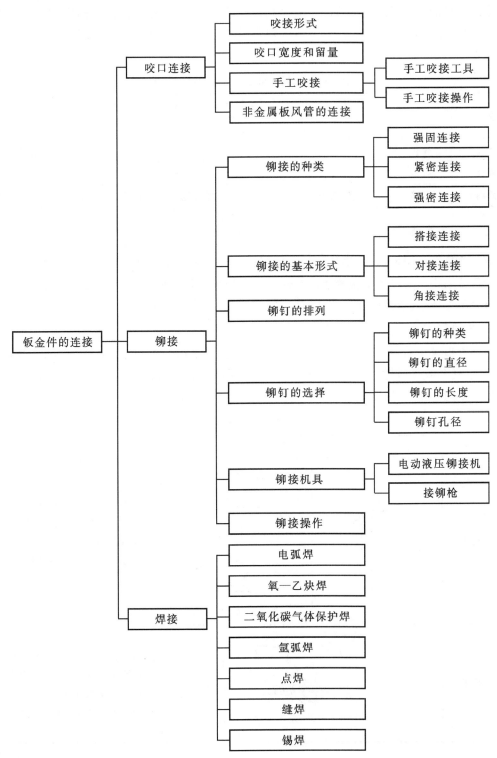

相关知识

金属薄板的连接形式主要取决于板厚及材质,见表5-2。用金属薄板制作的通风管道及部件,可根据板材的厚度及设计的要求,分别采用咬口连接、铆钉连接及焊接等方法进行板材之间的连接。

表5-2 金属薄板连接方式的适用范围

板材	板材厚度 δ(mm)			
	$\delta \leqslant 1.0$	$1.0 < \delta \leqslant 1.2$	$1.2 < \delta \leqslant 1.5$	$\delta > 1.5$
钢板	咬接	咬接	焊接(电焊)	焊接(电焊)
铝板	咬接	咬接	咬接	焊接(氩弧焊及气焊)
不锈钢板	咬接	焊接(氩弧焊及电焊)	焊接(氩弧焊及电焊)	焊接(氩弧焊及电焊)

5.5.1 咬口连接

咬口连接是采用折边法,将板材的板边折成曲线钩状,然后相互钩咬压紧的连接方法。板材咬接可分为手工咬接和机械咬接。在管道工程和采暖及通风设备等工程中,管道等钣金制件的材料多为薄板,咬接的连接方法被广泛采用,尤其是手工咬接。

一、咬接形式

根据钢板接头的构造,常用的咬接形式有:单咬接(单扣)、双咬接(双扣)、按扣式咬接、联合角咬接、转角咬接;根据钢板接头的外形可分为平咬接(卧扣)、立咬接(站扣);根据钢板接头的位置可分为纵咬接、横咬接。咬接的种类如表5-3所示。

表5-3 常用咬接形式

咬接类型	连接形式	说明
单平咬接	普通咬接(2b+b) / 内平咬接(2b+b) / 外平咬接(2b+b)	圆柱形、圆锥形和长方形管子连接使用。咬缝需附着在平面上或需要有气密性时使用光面咬缝,需要咬缝具有强度时才使用普通咬缝
双平咬接	3b+b	因加工较为复杂,较少采用;在严密性要求较高的风管系统中,一般都以焊接或在咬口缝上涂抹密封胶等方法代替双咬口连接

咬接类型	连接形式	说明
综合咬接	$3b+2b$	连接强度高,最为牢固,一般在建筑房屋时采用,用于屋顶的水沟等钣金制件
角式单咬接	$2b+b$	在制造折角联合肘管和盆、桶、壶等角形连接时用角式单咬缝或角式双咬缝。在工业通风管道和机床防护罩的角形连接时用角式复合咬缝
角式双咬接	$2b+b$	
角式复合咬接(联合角咬接)	$3b+b$	
立式单咬接	$2b+b$	在连接接管、肘管和从圆过渡到另一些截面时,用作各种过渡连接
立式双咬接	$3b+2b$	

单平咬接:用于板材的拼接缝、圆形风管或部件的纵向闭合缝。

单立咬接：用于圆形弯头、来回弯及风管的横向缝。

转角咬接：用于矩形风管或部件的纵向闭合缝及矩形弯头、三通的转角缝。

按扣式咬接：用于矩形风管或部件的纵向闭合缝及矩形弯头、三通的转角缝。

联合角咬接：使用的范围与转角咬接、按扣式咬接相同。

双平咬接和双立咬接：因加工较为复杂，较少采用；在严密性要求较高的风管系统中，一般都以焊接或在咬口缝上涂抹密封胶等方法代替双咬口连接。

单平咬接常用于一般制件的咬口，如桶、水壶等，这种咬接最简单，又具有一定的连接强度。风道和烟道均采用平咬接，只要求不漏水即可。综合咬接连接强度高，最为牢固，一般在建筑房屋时采用，用于屋顶的水沟等钣金制件。立咬接要求应具备较大的刚性时采用，因弯制较难，一般多用站扣半咬（单立咬接），如房盖的纵咬接（纵扣）大多为站扣半咬。

金属风管板材连接形式及适用范围如表 5－4 所示。

表 5－4　金属风管板材连接形式及适用范围

名称	连接形式		使用范围
单咬口		内平咬口	低、中、高压系统
		外平咬口	低、中、高压系统
联合角咬口			低、中、高压系统 矩形风管或配件四角咬接
转角咬口			低、中、高压系统 矩形风管或配件四角咬接
按扣式咬口			低、中压矩形风管或配件 四角咬接低压原型风管
立咬口			圆、矩形风管横向连接或纵向接缝圆形弯头制作不加铆钉
焊接			低、中、高压系统

二、咬口宽度和留量

咬口宽度按制作风管或部件的板材厚度和咬口机械的性能而定，一般应符合表 5－5 的要求。咬口留量的大小、咬口宽度与重叠层数和使用的机械有关，一般来说，对于单平咬接、单立咬接、单角咬接的咬口留量在一块板材上等于咬口宽,而在另一块板材上是两倍咬口宽,总的咬口留量就等于3倍咬口宽,例如,厚度为0.5mm的钢板,咬口宽度为7mm,其咬口留量等于7×3=21mm。联合角咬接在一块板材上等于咬口宽,而在另一块板材上是3倍咬口宽,因此,联合角咬接的咬口留量就等于4倍咬口宽度。应根据咬口的形式和需要,分别在一块板材的两边或两块板材留各自的拼接边。咬口留量如表5-6所示。

表 5-5　咬口宽度

板材厚度(mm)	咬口宽(mm)	角咬口宽(mm)
0.5 以下	6～8	6～7
0.5～1.0	8～10	7～8
1.0～1.2	10～12	9～10

表 5-6　咬口留量

咬口形式	咬口宽度(mm)	线至板边距离(mm)
单平咬口	6	5
	8	7
	10	8
单立咬口	6	10
	8	13
	10	16

三、手工咬接

手工咬接是使用手工工具,对下料板材进行折边、咬合压实连接的加工过程。手工咬接一般用于加工厚度小于1.2mm的普通薄钢板和镀锌薄钢板、厚度小于1.5mm的铝板、厚度小于0.8mm的不锈钢板。

1.手工咬接工具

手工咬接使用的工具有手锤、木锤、拍板、扁口、规铁等。拍板也称木方尺,用硬木制成,拍板的大小要合适,太大不宜掌握,太小拍打力度不够,一般规格为45×45×450(mm)。木锤多用于圆筒形制件的立咬口折边。除需要延展板边时采用钢制手锤外,凡是折边或打实咬口时,都应采用木方尺和木锤,以免在钢板上留下锤痕。

加工咬口在工作台上进行,将作为拍制咬口垫铁的槽钢或角钢、方钢固定在工作台上。各种型钢垫铁要求有尖固的棱角,并且平直。制作矩形风管时,用型钢作为垫铁。制作圆形风管时,可使用钢管作为垫铁,除咬口的垫铁外,还要使用手持衬铁和咬口套。

手工咬接常用工具如图5-73所示。

2.手工咬接的操作

手工加工咬口的操作过程,主要是折边(打咬口)和压实咬合。折边应宽度一致、平直,保证在咬合压实时不出现半咬口和开裂现象,确保咬缝的严密牢固。

板材采用手工咬接,是使用手工工具,对下料板材进行折边、咬合压实连接的加工过程。

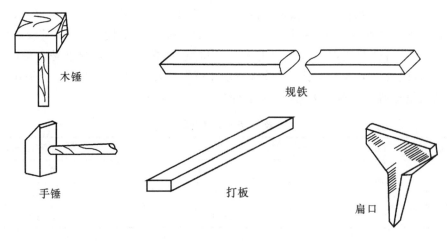

木锤

规铁

手锤

打板

扁口

图 5-73　手工咬接工具

要求达到折边宽度一致、平直,咬口缝严密牢固。

(1)单平咬接。将要连接的板材,放在固定有槽钢的工作台上,根据咬口宽度来确定折边宽度,实际上折边宽度比咬口宽度稍小,因为一部分留量变成了咬口厚度。

其操作过程如图 5-74 所示,操作方法如下:

①划折边线。根据板厚确定咬缝宽度,并放出 3 倍于咬缝宽度的咬接余量。在板料上分别划出折边线,一板边为咬缝宽度;另一板边为 2 倍于咬缝宽度。

②将板料放在规铁上,使板边的折弯线对准方杠的棱角或平台边棱,用拍板(打板)拍打折边线以外伸出的折边部分,使其成为 90°,如图 5-74(a)所示。

③将板料翻身,使折边向上,用拍板(打板)拍打板边进一步折弯,如图 5-74(b)所示。

④将板料在规铁上伸出折边,用打板向里拍打折边,使其成为 30°～50°形状,如图 5-74(c)所示。注意不可将折边扣死,应留出大于板厚的间隙,否则另一板边无法插入而不能咬接。

⑤用同样的方法,将第二块板料折边打好,并将其折边互相套合在一起,用打板将两块板料敲合在一起,如图 5-74(d)、5-74(e)所示。注意咬口边缘要敲凹,这样不仅便于敲打,而且不致将咬口打疵。为了使咬接紧密和严实,在拍打扣合后,还应用铁锤轻轻敲打一遍。

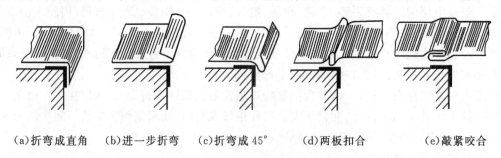

(a)折弯成直角　　(b)进一步折弯　　(c)折弯成45°　　(d)两板扣合　　　　(e)敲紧咬合

图 5-74　单平咬接的操作过程(一)

为使制作的风管或部件表面平整,通常把一块板材加工成如图 5-75(a)所示的折边,另一块板加工成带钩的折边,相互钩挂,并用木锤打平,再用咬口套把咬口压平、压实,加工成如图 5-75(b)所示的单平咬口。

图 5-78　单平咬接的操作过程(二)

(2)立式单咬接。立式单咬接又称站扣半咬,弯制站扣半咬的操作过程如图 5-76 所示。首先在一块板料上弯成站扣单扣,而把另一块板料的边缘弯成直角,然后互相扣合并用打板打紧。

图 5-76　单立咬接的操作过程

(3)端部单立咬接。端部单立咬口是将管子的一端做成双扣,将另一根管子的一端做成单扣,两者结合而成,用于圆形弯头或直管的横向缝,其加工操作步骤如图 5-77 所示。

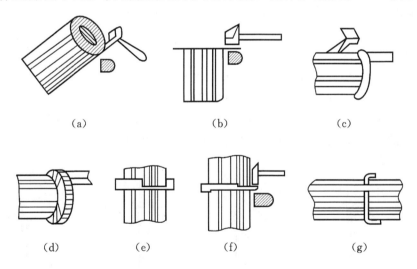

图 5-77　端部单立咬接的操作过程

加工双扣时,根据咬口宽度划线,咬口宽度为 6mm 时,线至板边的距离为 10mm;咬口宽度为 8mm 时,线至板边的距离为 13mm;咬口宽度为 10mm 时,线至板边的距离为 16mm。划线后,将管子放在方钢上,慢慢地转动管子,同时用方锤在整个圆周均匀錾出一条折印,如图5-77(a)。为了使管子圆正,錾折过程用力要均匀,并且应先用方锤的窄面把板边的外缘先展开,不要只做折线处,如只把折线处展延,而外缘处没有展延,就会产生裂缝。待逐步錾成直角后,用钢制方锤的平面把折边打平并整圆,如图 5-77(b)所示。然后再在折边上折回一半,如

图 5-77(c)、(d)所示,即成双扣。

制作单扣时,当咬口宽度为 6mm、8mm、10mm 时,卷边宽度分别为 5mm、7mm、8mm,用前述方法把管端折成直角,然后将单扣放在双扣内,如图 5-77(e)所示,用方锤在方钢上将两个管件紧密连接,即成单立咬口,如图 5-77(f)所示。

如果需要单平咬接,可将立咬口放在方钢或圆管上用锤打平打实即可,如图 5-77(g)所示。

(4)立式双咬接。立式双咬接又称站扣整咬,双立咬接与单立咬接的操作方法基本相同。双立咬接的操作过程如图 5-78 所示。首先在第一块板料上弯制出双扣,并将边缘弯成直角;而在第二块板料上做单扣,并翻转板料将边缘弯成直角,即做出站扣单扣。然后相互扣合并敲紧。

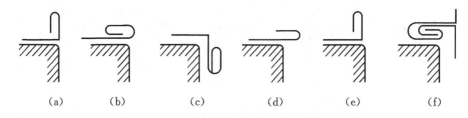

   (a)   (b)   (c)   (d)   (e)   (f)

图 5-78 双立咬接的操作过程

(5)角式单咬接。单咬缝的宽度由板料的厚薄来确定,一般在 3~8mm 之间,薄板取较小值,厚板则取较大值。角式单咬缝咬接余量为咬缝宽度的 3 倍。其操作过程如图 5-所示。

①根据板料的厚度确定咬缝宽度,放出咬接余量,一边为咬缝宽度,另一边为咬缝宽度的 2 倍,在板边划出折弯线。

②将折弯线对准平台或方杠棱角,用木槌折弯成直角,然后将板料翻身,用木槌敲击折弯,留出大于板厚的间隙,如图 5-79(a)、5-79(b)所示。

③将另一板折弯成直角,然后翻身让已折弯的板料挂扣于直边上,如图 5-79(c)所示。

④将挂扣的直边部分折弯、压紧完成咬合,如图 5-79(d)所示。

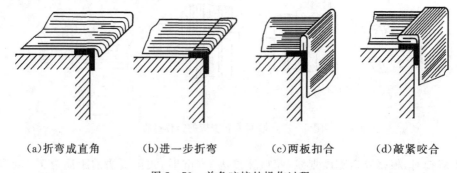

(a)折弯成直角   (b)进一步折弯   (c)两板扣合   (d)敲紧咬合

图 5-79 单角咬接的操作过程

(6)联合角咬接。联合角咬接的加工操作步骤,如图 5-80 所示。在固定有槽钢的工作台上,根据咬口宽度来确定折边宽度,用木方尺沿水平方向把板边打成 90°,折成直角后,将板材翻转向下打成直角,形成 S 形。将折成 90° 的片料 1′ 插入 S 形片料 5 口内,经锁缝加工成型。

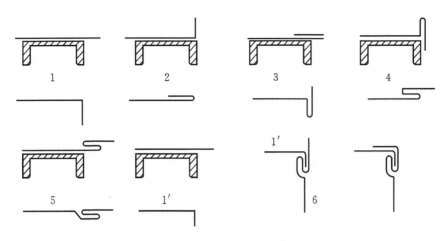

图 5-80　联合角咬接的操作过程

(7)综合平咬接。综合咬接形式是单平咬接和双平咬接形式的综合应用,其目的是加强咬口的强度和密封性能。其操作过程如图 5-81 所示,操作方法如下:

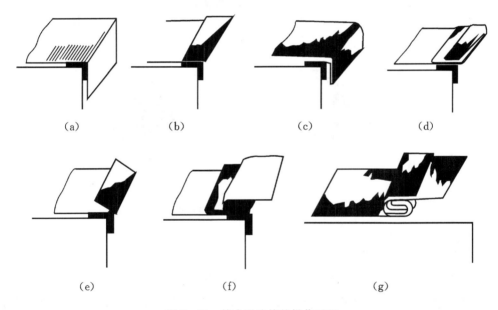

图 5-81　综合平咬接的操作过程

①划折边线。

②用打板沿接口至边缘咬口宽度的 3 倍处打出直角折边,翻转板料,将折边向里打平,如图 5-81(a)和图 5-81(b)所示。

③翻转板料向下,打出一个咬口宽度的折边,然后翻转板料向里打平。注意折边处应留出大于一个板厚的间隙,如图 5-81(c)和图 5-81(d)所示。

④把另一块板料按咬接加工余量,打出一个具有一定间隙的折边,原则上其折边的宽度应等于第一块板料的第二次折边的宽度。然后两块板料互套在一起,并用木锤打紧,如图 5-81(e)和图 5-81(f)所示。

⑤将综合咬接中的自由边扳起,用木锤将其向上包住第二块板料并打平压紧,打出扣和缝,使两块板料在同一平面上,如图5-81(g)所示。

(8)综合角形咬接。

综合角形咬接操作过程如下,如图5-82所示。

①计算咬接加工余量,并划出折边线。

②将一块板料折边,其宽度为咬口宽度的2倍,折边至30°～40°即可;翻转板料并向下再进行一次折边,其宽度等于咬口宽度,然后将板料再进行一次翻转,将第二次的折边打成叠边,并将第一次的折边扳向右边与整个板料位置平行,如图5-82(a)至图5-82(d)所示。

③将另一块板料打成直角折边,其宽度为咬口宽度的一倍,放入第一块板料的叠边内,用木锤将咬口敲合,并将第一块板料的伸出部分向下打平压紧,如图5-82(e)所示。

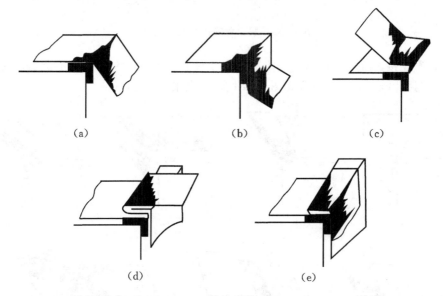

（a）　　　　　　　（b）　　　　　　　（c）

（d）　　　　　　　（e）

图5-82　综合角形咬接的操作过程

四、非金属板风管的连接

1.酚醛铝箔复合板风管与聚氨酯铝箔复合板风管制作

酚醛铝箔复合板与聚氨酯铝箔复合板风管制作,采用45°角粘接或采用"H"形加固条并在拼接处涂胶粘剂拼接而成。当风管边长小于或等于1600mm时,采用45°角形槽口直接粘接,并在粘接缝处两侧粘贴铝箔胶带,如图5-83所示。

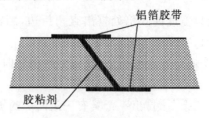

图5-83　45°角粘接

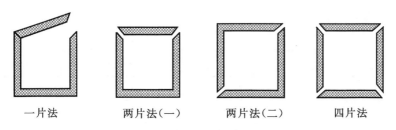

图 5-84　矩形风管 45°角组合方式

矩形风管组合,可采用一片法、两片法或四片法(见图 5-87),复合板材切割应使专用刀具,拼接处的切口应平直,风管的折角应平直,拼缝粘接应牢固平整,粘接材料宜为难燃材料。风管管板组合前应清除油渍、水渍、灰尘,组合时,45°角切口处应均匀涂满胶粘剂粘合。粘接缝应平整,不得有歪扭、错位、局部开裂等缺陷。铝箔胶带粘贴时,其接缝处单边粘贴宽度不应小于 20mm。风管内角缝应采用密封材料封堵,外角缝铝箔断开处,应采用铝箔胶带封帖。

“H”形加固条拼接,其接缝处应涂胶粘剂粘合,边长大于 1600mm 时,采用“H”形 PVC 或铝合金加固条在 90°角槽口处拼接,如图 5-85 所示。

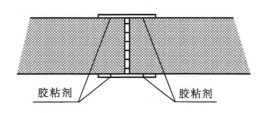

图 5-88　中间加“H”形加固条拼接

2.玻璃纤维复合板风管制作

玻璃纤维复合板风管制作,应采用整板材料。如板材需要拼接时,在结合缝处均匀涂满胶液,使板缝紧密粘合。应在外表面接缝处预留宽 30mm 的外护层,经涂胶密封后,用一层大于或等于 50mm 宽的热敏(压敏)铝箔胶带粘贴密封,接缝处单边粘贴宽度不应小于 20mm,内表面接缝处可用一层大于或等于 30mm 宽铝箔复合玻璃纤维布粘贴密封或采用胶粘剂抹缝,如图 5-86 所示。

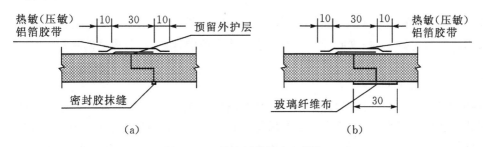

(a)　　　　　　　　　　(b)

图 5-86　玻璃纤维复合板拼接

风管制作,一般采用 45°角形或 90°梯形接口,应使用专用刀具切割成形,并且不能破坏铝箔表层,在组合风管的封口处留有大于 35mm 的外表面搭接边量,如图 5-87 所示。

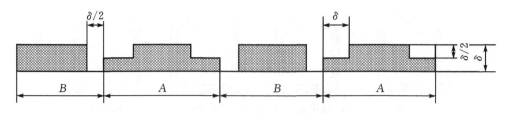

图 5-87　玻璃纤维复合板风管梯形接口

风管组合前,先清除管板表面的切割纤维、油渍、水渍。在风管组合时,调整好风管端面的平整度,槽口不得有间隙和错口,如图 5-88 所示。

风管内角接缝处用胶粘剂勾缝。风管外接缝应用预留外表层材料和热敏(压敏)铝箔胶带重叠粘贴密封。

丙烯酸树脂涂层应均匀,涂料重量不应小于 $105.7 \mathrm{g/m^2}$,且不得有玻璃纤维外露。

风管采用金属槽形框外加固时,应设置内支撑,并将内支撑与金属槽形框紧固为一体。负压风管的加固,应设在风管的内侧。风管采用外套角钢法兰、外套 C 形法兰连接时,其法兰连接处可视为一外加固点。其他连接方式,风管的边长 1200mm 时,距法兰 150mm,内应设纵向加固。采用阴、阳榫连接的风管,应在距榫口 100mm 内设纵向加固。风管加固内支撑件和管外壁加固件的螺栓穿过管壁处应进行密封处理。风管成形后,在外接缝处宜采用扒钉加固,其间距不宜大于 50mm,并应采用宽度大于 50mm 的热敏(压敏)铝箔胶带粘贴密封。

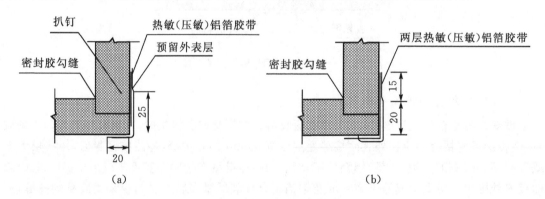

图 5-88　风管直角组合

风管成形后,管端为阴、阳榫的管段应水平放置,管端为法兰的管段可立放。风管应待胶液干燥固化后方可挪动、叠放或安装。风管应存放在防潮、防雨和防风沙的场地。

5.5.2　铆接

铆接,即铆钉连接,是指将两块需要连接的板材,按规定的尺寸用铆钉穿连铆合在一起的连接方法。在实际工程中,一般由于制作风管的板材较厚,手工咬接或机械咬接无法进行,或板材质地较脆不适于咬口连接时,按设计要求采用铆接或焊接。在风管制作中,铆接常用于板材与板材之间的连接、板材与角钢法兰的连接。铆接操作可采用手工铆接或机械铆接。

一、铆接的种类

由于对结构的要求不同,结构的基本连接种类可分如下几种:

1.强固连接

这种连接必须有足够的强度,才能承受强大的压力,但其接缝处的紧密度可不计较。各种钢架和各种桥梁结构的连接就属于这一类。

2.紧密连接

这种连接不能承受大的压力,只能承受较小的均匀压力。但对其接缝处要求是非常紧密的,以防止漏泄现象发生。气箱、水箱、油罐等结构的连接均属于这一类。

3.强密连接

这种连接除了要求具有足够的强度来承受很大的外力之外,还要求它的接缝处必须非常紧密,即在一定压力的液体或气体作用下保持不渗漏。船舶、锅炉、压缩空气罐和其他高压容器等结构的连接都属于这一类。

二、铆接的基本形式

铆接的基本形式是由零件相互结合的位置所决定的,主要有下列三种:

1.搭接连接

这是铆接最简单的连接形式。把一块钢板搭在另一块钢板上的铆接,称为搭接,如图 5-89(a)所示。如果要求两板在一个平面上,应把一块板先进行折边,然后再连接,如图 5-89(b)所示。

2.对接连接

将两块板置于同一平面内,其上覆有盖板,用铆钉铆合。分为单盖板式及双盖板式两种(见图 5-90)。

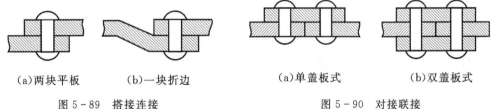

(a)两块平板　　　(b)一块折边	(a)单盖板式　　　(b)双盖板式
图 5-89　搭接连接	图 5-90　对接联接

3.角接连接

两块钢板互相垂直或组成一定角度的连接,并在角接处覆以角钢,用铆钉铆合。可覆以单根角钢,也可以覆两根角钢(见图 5-91)。

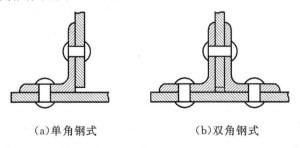

(a)单角钢式　　　　　　(b)双角钢式

图 5-91　角接连接

三、铆钉的排列

根据铆接缝的强度要求,可以把铆钉排列成单行、双行或多行不等。根据每一铆接缝上的铆钉排列行数,可分为以下几种:

(1)单行铆钉连接。连接所用的铆钉按主方向排列起来,仅是一行。

(2)双行铆钉连接。连接所用的铆钉按主方向排列起来,形成两行。

(3)多行铆钉连接。连接所用的铆钉按主方向排列起来,形成多行。

在双行铆钉连接时,根据每一主板上铆钉的排列位置,可分为以下几种:

(1)并列式连接。相邻排中的铆钉是成对排列的,如图5-92(a)所示。

(2)交错式连接。相邻排中的铆钉是交错排列的,如图5-92(b)所示。

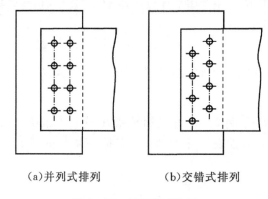

(a)并列式排列   (b)交错式排列

图5-92 铆钉排列位置

铆接连接在结构中有三种隐蔽性的破坏情况:沿铆钉中心线的板被拉断、铆钉被剪切断和孔壁被铆钉压坏。根据上述三种破坏情况,以及结构和工艺上的要求,铆钉的排列一般有如下规定:

①铆钉并列式排列时,钉距$t \geq 3d$(d为铆钉直径)。

②铆钉交错式排列时,铆钉对角间距$t \geq 3.5d$。

③由铆钉中心到板边的沿受力方向的距离大于等于$2d$,垂直受力方向的距离大于等于$1.5d$。

④为了保证板和板之间的紧密贴合,两个铆钉中心的最大距离$L \leq 8d$或$L \leq 12\delta$(δ为被铆接构件的厚度)。对于中间排的铆钉和刚性很大的构件连接,铆钉中心距离可以加大一些。对于受拉构件的连接,可达到$16d$或24δ;对于受压构件的连接,可达到$12d$或16δ。

⑤为了保证板边的紧密贴合,由铆钉中心到板边的最大距离$L \leq 4d$或$L \leq 8\delta$。

⑥单排与双排搭接连接的铆钉直径应取$d \approx 2\delta$,单排与双排双盖板连接的铆钉直径为$d \approx (1.5 \sim 1.75)\delta$。

三、铆钉的确定

1. 铆钉的种类

铆钉由钉头和圆柱钉杆组成,铆钉头多用锻模墩制而成,铆钉分实心铆钉和空心铆钉两种。实心铆钉的钉头形状有半圆头、沉头、半沉头、平锥头、平头等多种形式,见表5-7。空心铆钉重量轻,铆接方便,但钉头强度小,适用于轻载构架,如电子线路及有色金属的连接。

表 5-7　常用铆钉的形状及其一般用途

名称	形状	标准	规格范围(mm)		应用
			d	l	
半圆头		GB 863—1986(粗制)	12～36	20～200	用于承受较大横向载荷的铆缝
		GB 867—1986	0.6～16	1～110	
沉头		GB 865—1986(粗制)	12～36	20～200	表面须平滑受载不大的铆缝
		GB 869—1986	1～16	2～100	
半沉头		GB 866—1986(粗制)	12～36	20～200	表面须光滑受载不大的铆缝
		GB 870—1986	1～16	2～100	
平锥头		GB 864—1986(粗制)	12～36	20～200	常用在船壳、锅炉等腐蚀强烈处
		GB 868—1986	2～16	3～110	
平头		GB 109—1986	2～6	4～30	用于薄板、有色金属的连接,适用冷铆
		GB 872—1986(扁平头)	1.2～10	1.5～50	

用于风管铆接连接的铆钉,除了以上铆钉外,还常用抽芯铆钉。抽芯铆钉是用于铆接两个零件,使之成为一个整体的一种特殊铆钉。其特点是单面进行铆接工作,但需使用专用工具——拉铆枪(手动、电动、气动),特别适用于不便采用普通铆钉(需从两面进行铆接)的零件。其中以开口型扁圆头抽芯铆钉应用最广,沉头抽芯铆钉应用于表面不允许钉头露出的场合;封闭型抽芯铆钉应用于要求较高强度和一定密封性能的场合。抽芯铆钉的结构见图 5-93。

2.铆钉的直径

铆钉的直径和间距是由被铆钢板的厚度和结构的用途所决定的,因此,施工时必须按设计图纸的要求把钉孔的位置准确地号在钢板上,不应随意改动。

一般情况下,铆钉直径可参考表 5-8 进行选择。

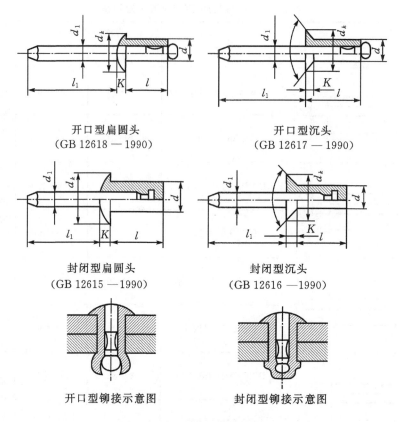

开口型扁圆头
(GB 12618 — 1990)

开口型沉头
(GB 12617 — 1990)

封闭型扁圆头
(GB 12615 — 1990)

封闭型沉头
(GB 12616 — 1990)

开口型铆接示意图

封闭型铆接示意图

图 5 - 93　抽芯铆钉结构原理图

表 5 - 8　铆钉直径的选择(mm)

板材厚度	5～6	7～9	9.5～12.5	13～18	19～24	25 以上
铆钉直径	10～12	14～25	20～22	24～27	27～30	30～36

表 5 - 8 中,构件的计算厚度可参照下列三点加以确定:

(1)钢板与钢板搭接铆接时,为较厚钢板的厚度。

(2)厚度相差较大的钢板相互铆接时,为较薄钢板的厚度。

(3)钢板与型钢铆接时,为两者的平均厚度。

3. 铆钉的长度

铆接质量的好坏与铆钉长度有很大的关系。铆钉杆过长,铆钉的墩头就过大,钉杆容易弯曲;铆钉杆过短,则墩粗量不足,钉头成型不完整,将会影响铆接的强度和紧密性。铆钉杆长度应根据被连接件的总厚度、钉孔与钉杆直径间隙和铆接工艺方法等因素确定。采用标准孔径的铆钉杆长度可按下列公式计算:

半圆头铆钉:$L = (1.65 \sim 1.75)d + 1.1\sum\delta$

沉头铆钉:$L = 0.8d + 1.1\sum\delta$

半沉头铆钉:$L = 1.1d + 1.1\sum\delta = 1.1(d + \sum\delta)$

式中：L 为铆钉杆长度(mm)；d 为铆钉杆直径(mm)；$\sum \delta$ 为被连接件总厚度(mm)。

以上各式计算的钉杆长度都是近似值，因此，铆钉杆实际长度还需试铆后确定。

4.铆钉孔径的确定

钻孔铆接时，应使铆钉孔直径略大于铆钉直径，以使铆钉能顺利通过铆钉孔。钻孔时，应根据铆钉直径选择钻头，铆钉直径和钻孔直径的标准见表 5-9 所示。铆钉孔直径不能太大或太小。若孔径太小，铆钉被强行打入，容易使连接板的孔壁受损，影响铆接强度；若孔径太大，铆接时容易使铆钉偏斜，造成铆钉与连接板孔壁接触不良，从而降低承载能力。

表 5-9　铆钉直径和钻孔直径(mm)

铆钉直径		4	5	6	7	8	10	11.5	13	16	19	22	25	28	30	34	38
钻孔直径	精配	4.1	5.2	6.2	7.2	8.2	10.5	12	13.5	16.5	20	23	26	29	31	35	39
	中等配合	4.2	5.5	6.5	7.5	8.5	10.5	12	13.5	16.5	20	23	26	29	31	35	39
	粗配	4.5	5.8	6.8	7.8	8.8	11	12.5	14	17	21	24	27	30	32	36	40

五、铆接机具

1.电动液压铆接机

手提电动液压铆接机是风管制作中的小型机具，如图 5-94 所示，其主要用于风管与角钢法兰及其他部件的铆接。手提电动液压铆接机统一使用直径为 4mm 的铆钉，可以完成薄钢板冲孔和铆接工艺，铆接 L25×3～L50×4 的角钢法兰。手提电动液压铆接机由液压系统和铆钉弓钳等组成，以液压为动力，将活塞丰杆与弓形体连接成铆接钳，由活塞做往复运动，一次完成冲孔、铆接工艺。使用电动液压铆接机铆接的风管与法兰，如图 5-95 所示。

2.拉铆枪

拉铆枪是进行拉铆铆接的常用工具，有手动拉铆枪和电动拉铆枪两种，它是进行拉铆铆接的常用工具。拉铆连接常用于只有在一面操作，不能内外操作的场合，例如在风管上开三通、开风口，只能在风管外面操作，因而采用拉铆连接。

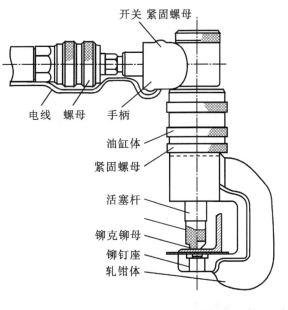

图 5-94　电动液压铆接机

（1）手动拉铆枪。手动拉铆枪如图 5-96 所示，由手动作功机构和工作机构组成。手动作功机构采用杠杆原理，操作手柄使拉铆杆移动，进行拉铆操作时，将手动拉铆枪的手柄升至最大位置处，首先选用拉铆头子，用拉铆铆钉的钉轴去配拉铆头子的孔径，以滑动为宜，把铆钉轴插入拉铆头子的孔内，并将选用的拉铆头子拧紧在导管上；松开导管上的拼帽，将导管退出一

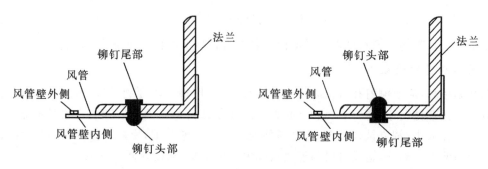

图 5-95　风管与法兰铆接

些,使拉铆头子孔口朝上,同时旋转导管,使铆钉轴能自由落入,不能调节过松,以免损伤机件,然后扳紧拼帽;铆钉孔与铆钉的间隙宜为滑动配合,铆钉孔比铆钉只能大 0.2mm,间隙过大将影响铆接强度;夹紧被铆钢板,将铆钉插入被铆接钢板孔内,扳动手柄带动工作机构的倒齿爪子自动夹紧铆钉轴,将铆钉轴拉断,完成铆接工序。有时一次不能拉断铆钉轴,可重复前面的动作。然后,将拉铆枪手柄张开,取出铆钉轴。抽芯铝铆钉拉铆范围 $\phi3\sim\phi5$,其拉铆头子孔径为 $\phi2$、$\phi2.5$、$\phi3.5$。

(2)电动拉铆枪。电动拉铆枪如图 5-97 所示,其外形像手电钻。电动拉铆枪由电动机、拉伸机构、退钉机构及变速箱等部件组成,最大拉铆钉为 $\phi5$。进行拉铆操作时,启动电动机旋转运动,经过齿轮减速由主轴传出,再通过拉伸机构将旋转扭力转变为轴向拉力,头部爪子夹紧铆钉轴,将铆钉轴拉断,完成铆接工序。拉伸机构回复原位,退钉机构将断芯退出机外。

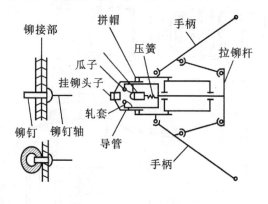

图 5-96　手动拉铆枪

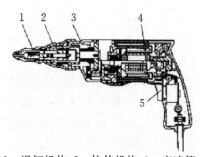

1—退钉机构;2—拉伸机构;3—变速箱;
4—电动机;5—开关
图 5-97　电动拉铆枪

六、铆接操作

1.选择适合的铆钉

根据板材的厚度选择铆钉的直径、长度。选择铆钉时也要考虑构件的材料,不锈钢风管与法兰铆接时,宜采用不锈钢铆钉,当法兰采用碳素钢时,其表面应采用镀铬或镀锌等处理。铝板风管与法兰铆接时,宜采用铝铆钉,当法兰采用碳素钢时,其表面应按设计要求作防腐处理。

2.铆接操作

手工铆接操作时,先进行板材划线,确定铆钉位置,再按铆钉直径钻出铆钉孔,然后把铆钉穿入,并垫好垫铁,铆接时,必须使铆钉中心垂直于板面,铆钉应把板材压紧,使板缝密合,且铆钉排列应整齐。用手锤把钉尾打堆,最后用窝子(罩模或铆钉克子)把铆钉打成半圆形的铆钉帽。如铆沉头铆钉(平钉),用锤打平即可,如图5-98所示。

为防止铆接时板材移位造成错孔,可先钻出两端的铆钉孔,先铆好,然后再把中间的铆钉孔钻出并铆好。板材之间的铆接,中间一般可不加垫料。但设计有规定时,应按设计要求进行。

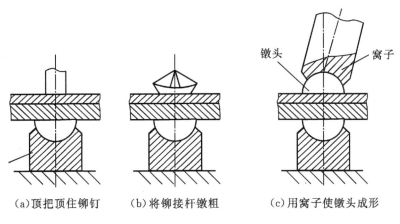

(a)顶把顶住铆钉　　(b)将铆接杆镦粗　　(c)用窝子使镦头成形

图5-98　手工铆接

壁厚小于或等于1.2mm的风管套入角钢法兰后,应将风管端面翻边,用铆钉铆接。铆接时,要求风管翻边平整、紧贴法兰、宽度均匀,翻边宽度不应小于6mm;风管折方线与法兰平面应垂直,然后用铆钉将风管与法兰铆固。咬缝及四角处应无开裂与孔洞,铆接连接应无脱铆和漏铆。

角钢法兰矩形风管的制作,连接螺栓和铆钉的规格及间距应符合表5-10的规定。

表5-10　角钢法兰连接招栓和铆钉的规格及间距(mm)

角钢规格	螺栓规格	铆钉规格	螺栓及铆钉间距	
			低、中压系统	高压系统
∟25×3	M6	$\phi 4$	≤150	≤100
∟30×3	M8			
∟40×3	M8			
∟50×5	M8			

圆形风管采用法兰连接时,低压和中压系统风管法兰的螺栓及铆钉间距应小于或等于150mm,高压系统风管应小于或等于100mm。

抽芯铝铆钉必须用拉铆枪进行铆接。使用机械拉铆铆接操作,如图5-99所示。

七、铆接的工艺要求

(1)铆接前应清除毛刺、铁锈、铁渣和钻孔时掉入的金属屑等脏物。

(2)铆接前,铆接部分应该用足够数量的螺栓把紧,板缝中预先刷好防锈油。在水密接头中,每隔3～4个钉孔设置一

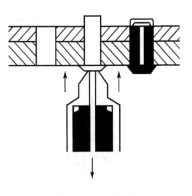

图5-99　拉铆

只螺栓;油密接头每隔2～3个钉孔设置一只螺栓;其他处每隔4～5个钉孔设置一只螺栓。

(3)使用空气铆钉枪进行铆接工作时,正常的空气压力一般不能少于表5-11所规定的范围。

表5-11　空气压力和铆钉直径的关系

铆钉直径(mm)	13	16	19	22
空气压力(kgf·cm^{-2})	3	4	5	6

(4)铆钉铆固后,其周围应与构件表面紧贴。

(5)铆固后的铆钉,任何一端都不允许有裂纹和深度大于2mm的压痕。铆钉周围的构件表面不允许有深度大于0.5mm的压痕。

(6)凡不松动的、只有间断漏水的铆钉,允许用捻缝或碾压止漏,但不允许用电焊点固。

(7)凡不符合结构质量要求的铆钉,应将铆钉拆掉重铆。

(8)对于那些铆焊混合结构,铆接工作应在其邻近结构的焊接工作和矫形完毕后进行。

5.5.3　焊接

焊接是制作、安装风管及部件的常用方法之一。在焊接时,要根据金属板材种类和设计要求确定焊接方式,经常采用的焊接方式有:电弧焊、氧—乙炔焊、氢弧焊、点焊、缝焊和锡焊等。此处仅介绍锡焊。

锡焊是用加热的烙铁将焊锡熔化后,使焊锡在金属焊口凝固后连接的方法。由于锡耐温低,强度差,所以在风管及部件制作中很少单独使用,通常在镀锌钢板制作管件时配合咬口使用,以增加咬口的严密性。锡焊使用电烙铁,也可用碳火加热的火热烙铁。焊锡用的烙铁,一般用紫铜制成。为了使锡焊牢固,锡焊前,要清除焊缝周边污渍、锈斑,然后在薄钢板焊缝处涂上氯化锌溶液,在镀锌钢板上涂50%盐酸的水溶液后,即可以进行锡焊。

钣金制品焊缝用锡焊密封的过程如图5-100所示。

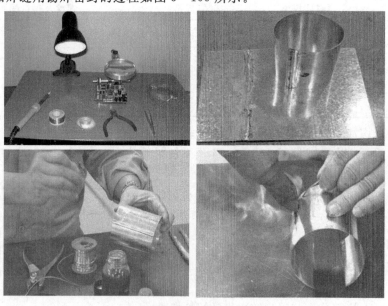

图5-100　锡焊操作示意图

思考题

1. 画出单平咬接、角式单咬接、角式双咬接、立式单咬接、立式双咬接的示意图。
2. 简述手工单平咬接的操作过程。
3. 简述手工单立咬接的操作过程。
4. 简述手工端部单立咬接的操作过程。
5. 简述手工角式单咬接的操作过程。
6. 简述手工综合平咬接的操作过程。
7. 铆接时强固连接、紧密连接和强密连接有什么不同？
8. 常用的铆钉有哪些类型？
9. 如何确定铆钉孔的大小？
10. 简述铆接的操作过程。

任务 5.6　风管的安装

任务介绍

目前在通风系统中，风管与风管、风管与部件（配件）之间的主要采用法兰连接这种形式。因为法兰连接拆卸方便，并能增加风管的刚性。为加快施工速度，保证安装质量，风管的安装多采用在现场地面组装，再分段吊装的施工方法。本任务主要介绍风管矩形法兰和圆形法兰的制作及风管的安装。

任务目标

1. 知识目标
(1)掌握风管矩形法兰和圆形法兰的制作；
(2)掌握风管的上架安装、无法兰安装；
(3)了解风管安装的质量标准。

2. 能力目标
(1)能正确制作矩形法兰和圆形法兰；
(2)能正确进行风管的上架安装、无法兰安装。

知识分布网络

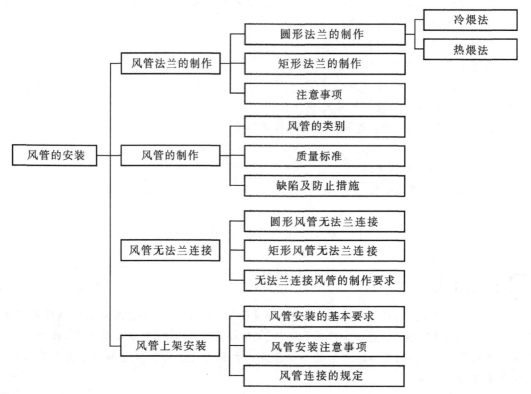

 相关知识

5.6.1 风管法兰的制作

风管法兰的加工顺序为：量尺下料→组合成形→焊接→成对钻孔。

一、圆形法兰的制作

1.冷煨法

在现场加工时常采用等边角钢为原材料,对于圆形法兰,一般采用冷弯法进行加工,其下料长度为：

$$L=\pi(D+B/2)$$

式中：L——法兰展开周长（mm）；

D——法兰内径（mm）；

B——角钢宽度（mm）。

按下料长度,将角钢或扁钢切断后,用冷煨法兰的下模煨制法兰,如图 5-101 所示。先将下模下端的方柱插在铁墩的方孔内,然后,将放入有槽形的下模内的角钢或扁钢,使用手锤一点点的打弯,并用外圆弧度等于内圆弧度的铁皮样板进行卡圆,使整个角钢或扁钢的圆周与样板重合,直到形成一个均匀的整圆后,截去多余部分或补上缺角,用电焊焊牢并找圆平整,即可进行钻螺栓孔或铆钉孔。

2.热煨法

采用热煨法时,应按需要的法兰直径先做好胎具,如图 5-102 所示。把角钢或扁钢切断后,放在炉子上加热至红黄色,然后取出放在胎具上,一人用放在胎具底盘上的钳子夹紧角钢的端部,另一人用左手扳转手柄,使角钢沿胎具圆周煨圆,右手使用手锤,使角钢更好地与胎具的圆周吻合,煨成圆形法兰,如图 5-103 所示。直径较大的法兰,可分段多次煨成。

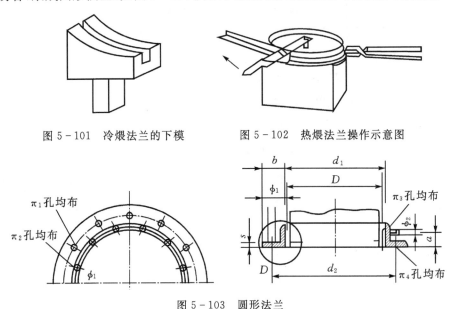

图 5-101 冷煨法兰的下模　　　图 5-102 热煨法兰操作示意图

图 5-103 圆形法兰

二、矩形法兰的制作

矩形法兰一般采用四根角钢焊接而成如图 5-104 所示。加工时应成对进行,同一批量加工的相同规格法兰的螺孔排列应一致,以便能方便地进行对口连接。

在矩形法兰加工时,应注意以下几点:

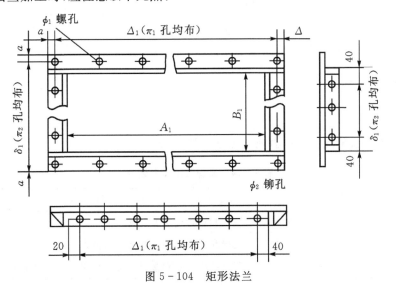

图 5-104 矩形法兰

（1）角钢切断后，应把角钢进行找正调直，并把两端的毛刺挫掉，然后在钻床上钻出铆钉孔，就可进行焊接。

（2）用钢板尺量对角线的长度来检查法兰四边是否角方，经检查合格后，再用电焊焊牢固。

（3）为了保证法兰平面的平整，焊接应在平台上进行。焊接前应仔细复核角钢长度，使焊成的法兰内径不大于允许误差。焊接时，先把大边和小边两根角钢点焊成直角，然后再拼成一个法兰。

（4）焊接后的法兰内径，不能小于风管的外径。

（5）焊好的法兰，可按规定的螺栓间距进行划线，并均匀地分出螺栓孔的位置，用样冲定点。为了安装方便，螺孔直径应比螺栓直径大 1.5mm，随后将两个相配套的法兰框用夹子夹在一起，在台钻上钻出螺孔。

三、制作风管法兰的注意事项

在加工风管法兰时应注意以下几点：

（1）金属风管法兰材料规格不应小于表 5-12 和表 5-13 的规定。

表 5-12　金属风管法兰材料规格（mm）

圆法兰直径 D	材料规格	矩形法兰长边 b	材料规格
$D \leqslant 140$	—20×4	$b \leqslant 630$	∟ 25×3
$140 < D \leqslant 280$	—25×4	$630 < b \leqslant 1500$	∟ 30×3
$280 < D \leqslant 630$	∟ 25×3	$1500 < b \leqslant 2500$	∠∟ 40×4
$630 < D \leqslant 1250$	∟ 30×4	$2500 < b \leqslant 4000$	∟ 50×5
$1250 < D \leqslant 2000$	∟ 40×4		

表 5-13　金属风管法兰螺栓规格（mm）

角钢规格	螺栓规格	螺栓间距	
		低、中压系统	高压系统
∟ 25	M6		
∟ 30	M8		
∟ 40	M8	$\leqslant 150$	$\leqslant 100$
∟ 50	M10		

（2）矩形风管法兰的四角部位应设有螺孔。

（3）空气洁净系统法兰的螺栓间距不应大于 120mm，法兰铆钉间距不应大于 100mm。

5.6.2　风管的制作

一、风管的类别

风管系统按其系统的工作压力划分为三个类别，如表 5-14 所示。

表 5-14　风管系统类别划分

系统类别	系统工作 P(pa)	密封要求
低压系统	$P \leqslant 500$	接缝和接管连接处严密
中压系统	$500 < P \leqslant 1500$	接缝和接管连接处增加密封措施
高压系统	$P > 1500$	所有的拼接缝和接管连接处均应采取密封措施

二、制作风管时应符合的质量标准

(1)风管的材料品种、规格、性能、厚度、严密性与成品外观质量等应符合设计和现行国家产品标准的规定。

(2)金属风管的制作。

①风管的咬口缝应紧密,宽度应一致,折角应平直,圆弧应均匀,两端面平行,风管无明显扭曲与翘角,表面应平整。

②焊接风管的焊缝应平整,不应有裂缝、凸瘤、穿透的夹渣、气孔及其他缺陷等。焊接后板材的变形应矫正,并将焊渣及飞溅物清除干净。

(3)法兰连接风管的制作。

①风管法兰的焊缝应熔合良好、饱满、无假焊和孔洞;同一批量加工的相同规格法兰的螺孔排列应一致,并具有互换性。

②风管与法兰采用铆接连接时,铆接应牢固,不应有脱铆和漏铆现象;翻边应平整、紧贴法兰,其宽度应一致,且不应小于6mm;咬缝与四角处不应有开裂与孔洞。

③风管与法兰采用焊接连接时,风管端面不得高于法兰接口平面。当风管与法兰采用点焊固定连接时,焊点应熔合良好,间距不应大于100mm;法兰与风管应紧贴,不应有穿透的缝隙或孔洞。

④当不锈钢板或铝板风管的法兰采用碳素钢时,应根据设计要求做防腐处理;铆钉应采用与风管材质相同或不产生电化学腐蚀的材料。

(4)注意成品保护。

①制作风管所用钢板应置于隔潮木垫架上,且应叠放整齐。

②型钢及法兰应分类码放,采取防雨雪措施。

③不锈钢板、铝板下料时应使用不产生划痕的划线工具,操作中不使用铁锤。

④风管成品置于平整、无积水的场地,并有防雨、雪措施。应按系统编号整齐、合理的码放,便于装运。

⑤装卸搬运时,风管应轻拿轻放,防止损坏成品。

三、加工风管易出现的缺陷及防止措施

加工风管易产生的质量问题及防止措施见表5-15。

表5-15 加工风管易产生的质量问题及防止措施

缺陷	产生原因	防止措施
圆形风管不同心,圆形三通角不准,咬口不严	板材下料不正确,咬口偏斜	展开下料正确,咬口认真操作,保证咬口符合要求
矩形风管扭曲、翘角	板材下料不正确,咬口预留余	下料正确,咬口预留量正确,咬口宽度一致
风管大边上有不同程度下沉,两侧面小边稍向外凸出,有明显变形	板材选用厚度小	按要求厚度选用板材
法兰翻边,四角漏风	制作时,未进行切角,四角有脱落	板材剪切时应切角,板材切角应符合要求,不能过大

缺陷	产生原因	防止措施
风管法兰连接不方正	法兰焊接时未进行检查,管端翻边不一致	采用方尺找正,使法兰为正方形,管端四边翻边长度、宽度一致
铆钉脱落	责任心不强,铆钉短	加强责任心教育,加长铆钉,铆后认真检查

5.6.3　风管无法兰连接

无法兰连接施工工艺,是把法兰与附件取消,而采取直接咬合、加中间件咬合、辅助夹紧件等方式完成风管的横向连接的方式。无法兰连接适用于通风与空调工程中的宽度小于1000mm 的风管。

无法兰连接的接头连接工艺简单,加工安装的工作量小,同时漏风量也小于法兰连接的风管,即使漏风也容易处理,而且省去了型钢的用量,降低了风管的造价。但无法兰连接风管由于受到材料、机具和施工的限制,每段风管的长度一般在 2m 以内。

一、圆形风管无法兰连接

圆形风管无法兰连接主要用于一般送排风系统的钢板圆风管和螺旋缝圆风管的连接。圆形风管无法兰连接形式、接口要求及使用范围见表 5－16。

表 5－16　圆形风管无法兰连接形式

无法兰连接形式		附件板厚(mm)	接口要求	使用范围
承插连接		—	插入深度≥30mm,有密封要求	低压风管,直径<700mm
带加强筋承插		—	插入深度≥20mm,有密封要求	中、低压风管
角钢加固承插		—	插入深度≥20mm,有密封要求	中、低压风管
芯管连接		≥管板厚	插入深度≥20mm,有密封要求	中、低压风管
立筋抱箍连接		≥管板厚	翻边与楞筋匹配一致,紧周严密	中、低压风管
抱箍连接		≥管板厚	对口尽量靠近不重叠,抱箍应居中	中、低压风管,宽度≥100mm

二、矩形风管无法兰连接

矩形风管无法兰连接,可按不同情况采用承插式、插条式及薄钢板弹簧等形式。矩形风管的无法兰连接形式、接口要求及使用范围见表 5－17。

为了防止风管漏风或减少漏风量,对于风管采用插条连接时,必须进行密封处理。一般采用玻璃丝布、铝箔密封带或密封胶,对风管的连接缝隙进行密封。对于圆形风管管段连接的密封形式,如图 5-105 所示。对矩形风管管段连接的密封,如图 5-106 所示。

表 5-17　矩形风管无法兰连接形式

无法兰连接方式		附件板厚(mm)	使用范围
S 形插条		≥0.7	低压风管单独使用,连接处必须有固定措施
C 形插条		≥0.7	中、低压风管
立插条		≥0.7	中、低压风管
立咬口		≥0.7	中、低压风管
包边立咬口		≥0.7	中、低压风管
薄钢板法兰插条		≥1.0	中、低压风管
薄钢板法兰弹簧夹		≥1.0	中、低压风管
直角形平插条		≥0.7	低压风管
立联合角形插条		≥0.8	低压风管

注:薄钢板法兰风管也可采用铆接法兰条连接的方法。

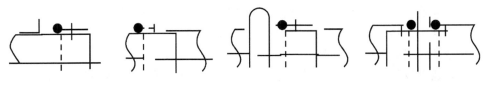

图 5-105　圆形风管管段连接的密封

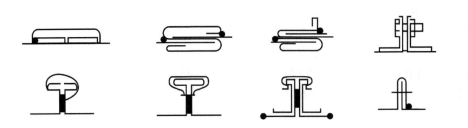

图 5-106　矩形风管管段连接的密封

三、无法兰连接风管的制作要求

无法兰连接风管的制作要求如下：

(1)薄钢板法兰矩形风管的接口及附件，其尺寸应准确，形状应规则，接口处应严密；薄钢板法兰的折边(或法兰条)应平直；弹性插条或弹簧夹应与薄钢板法兰相匹配；角件与风管薄钢板法兰四角接口的固定应稳固、紧贴，端面应平整；相连处不应有大于 2mm 的连续穿透缝。

(2)采用 C、S 形插条连接的矩形风管，其边长不应大于 630mm；插条与风管加工插口的宽度应匹配一致；连接应平整、严密，插条两端压倒长度不应小于 20mm。

(3)采用立咬口、包边立咬口连接的矩形风管，其立筋的高度应大于或等于同规格风管的角钢法兰宽度。同一规格风管的立咬口、包边立咬口的高度应一致；咬口连接铆钉的间距不应大于 150mm，间隔应均匀；立咬口四角连接处的铆固，应紧密、无孔洞。

5.6.4 风管上架安装

为加快施工速度，保证安装质量，风管的安装多采用在现场地面组装，再分段吊装的施工方法。风管安装前，应对安装好的支吊架、托架进一步检查，核对其位置、标高是否正确，安置是否牢固可靠，然后根据施工方案确定的吊装方法，按照先干管后支管的安装程序进行上架安装。

一、风管安装的基本要求

风管安装的基本要求如下：

(1)风管的纵向闭合缝应交错布置，不得置于风管底部。

(2)风管与配件、管件的可拆卸接口不得置于墙、楼板、屋面内。

(3)矩形保温风管不能与支吊架、托架直接接触，应垫上坚固的隔热材料，其厚度与保温层厚度相同。

(4)风管安装后明装风管水平度的允许偏差为 3/1000，总偏差不大于 2mm；明装风管垂直度的允许偏差为 2/1000，总偏差不大于 20mm；暗装风管位置应正确、无明显偏差。

(5)柔性短管的安装，应松紧适度，无明显的扭曲。

(6)可伸缩性金属和非金属软风管的长度不宜大于 2m 且不应有死弯和塌凹。

(7)风管与砖、混凝土风道的连接接口，应顺气流方向插入。

(8)输送的空气湿度较大时，风管应有 1%～1.5% 的坡度。

(9)用普通钢板制作的风管与配件、部件在安装前均应按设计要求做好防腐工作。

二、风管安装注意事项

风管安装应注意以下事项：

(1)安装前应清除风管内外杂物。

(2)风管组合连接后应使风管平直、不扭曲。

(3)风管组合连接时，对有拼接缝的风管应尽量使接缝置于背面，以保持美观；每组装一定长度的管段，均应及时拉线检测组装的风管平直度。如果检测结果超过要求的允许值，应拆掉调整后重新组合，直至达到要求。

(4)风管安装时距壁面间距不宜小于 150mm，以方便拧螺栓和后道上序的操作。

(5)除尘系统的风管，宜垂直或倾斜安装，与水平的夹角宜大于等于 45°。

(6)输送含有易燃、易爆介质气体的系统和在易燃易爆介质环境中的通风系统,应妥善接地,并尽量减少接口。通过生活间或其他辅助生产间必须严密,不能设置接口。

(7)对含有凝结水或其他液体的风管,坡度应符合设计要求,并在最低处设排液装置。风管底部不应设置纵向接缝,如有接缝应做密封处理。

(8)排风系统的风管穿出屋面时应设防雨罩;当穿出屋面高度大于 1.5m 时,应采用不少于三根拉索固定,拉索不应固定于风管法兰、风帽、避雷针(网)上。

(9)风管吊装可用滑轮、麻绳拉吊,滑轮应挂在可靠牢固的地方,也可根据风管的重量和同时操作人员的数量,用人力直接上架安装。不管用何种方法,均应注意安全,一般在风管离地 200~300mm 时,应略作停顿检查,确认安全后再继续抬升。在距地面 3m 以上进行风管的连接操作时,应检查梯子、脚手架、起落平台等的牢固性,操作人员应系安全带,做好防护工作。

(10)水平风管管段吊装到位后,及时用托、吊架找平、找正并固定;水平主管安装并经检查位置、标高均符合要求且固定牢固后,方可进行分支管或与立管的连接安装。

(11)垂直风管可分段自下而上进行安装,但每段风管的长度应结合场地的实际情况和预留施工洞的大小合理安排,以免出现预制风管体积过大无法移入的情况。

(12)风管安装完毕或暂停施工时,应将管开口处封闭,防止灰尘和异物进入。

三、金属风管安装应符合的规定

(1)金属风管的连接应符合下列规定:

①镀锌钢板及各类含有复合保护层的钢板应采用咬口连接或铆接,不得采用影响其保护层防腐性能的焊接连接方法。

②风管板材拼接的咬口缝应错开,不得有十字型拼接缝。

(2)金属风管的加固应符合下列规定:

①圆形风管(不包括螺旋风管)直径大于等于 800mm,管段长度大于 1250mm 或总面积大于 $4m^2$,均应采取加固措施。

②矩形风管边长大于 630mm,保温风管边长大于 800mm,管段长度大于 1250mm 或低压风管单边平面积大于 $1.2m^2$,中、高压风管大于 $1.0m^2$,均应采取加固措施。

③当采用加固方法提高了风管法兰部位的强度时,其法兰材料规格相应的使用条件可适当放宽。无法兰连接风管的薄钢板法兰高度,应参照金属法兰风管的规定执行。非规则椭圆风管的加固,应参照矩形风管执行。

思考题

1.如何制作风管圆法兰?

2.如何制作风管矩形法兰?

3.加工风管时容易出现哪些缺陷? 如何防止?

4.简述风管安装时的基本要求。

参考文献

［1］张鹏举,徐洪涛.建筑设备基本技能训练［M］.西安:西北工业大学出版社,2013.

［2］邢玉林.建筑设备基本技能操作训练［M］.北京:中国建筑工业出版社,2006.

［3］徐冬元.钳工工艺与技能训练［M］.北京:高等教育出版社,1998.

［4］谢增明.钳工技能训练［M］.4版.北京:中国劳动社会保障出版社,2005.

［5］杨兵兵.焊接实训［M］.北京:高等教育出版社,2009.

［6］雷世明.焊接方法与设备［M］.2版.北京:机械工业出版社,2010.

［7］张金和.水暖通风空调设备安装实习［M］.北京:中国电力出版社,2003.

［8］胡忆沩,刘欣中,等.实用管工手册［M］.3版.北京:化学工业出版社,2011.

［9］邹德元.管道工基本技能［M］.成都:成都时代出版社,2007.

［10］郑国明.管工常用技术手册［M］.上海:上海科学技术出版社,2008.

［11］赵力电.管工(中级)［M］.北京:机械工业出版社,2008.

［12］王铁三,王海燕,李磊.管道工操作技术要领图解［M］.济南:山东科学技术出版社,2007.

［13］周孝清.建筑设备工程［M］.北京:中国建筑工业出版社,2003.

［14］任义.实用电气工程安装技术手册［M］.北京:中国电力工业出版社,2006.

［15］勒计全.实用电工手册［M］.郑州:河南科学技术出版社,2002.

［16］王晋生,叶志琼.电工作业安装图集［M］.北京:中国电力工业出版社,2005.

［17］陈忠民.钣金工操作技法与实例［M］.上海:上海科学技术出版社,2009.

［18］汪显声.冷作钣金工实用技术［M］.沈阳:辽宁科学技术出版社,2004.

［19］闵庆凯,张立荣.铆工实际操作手册［M］.沈阳:辽宁科学技术出版社,2007.

［20］邢玉晶,王维中,付文俊,等.铆工［M］.2版.北京:化学工业出版社,2010.

高职高专"十三五"建筑及工程管理类专业系列规划教材

> **建筑设计类**
(1)建筑物理
(2)建筑初步
(3)建筑模型制作
(4)建筑设计概论
(5)建筑设计原理
(6)中外建筑史
(7)建筑结构设计
(8)室内设计基础
(9)手绘效果图表现技法
(10)建筑装饰制图
(11)建筑装饰材料
(12)建筑装饰构造
(13)建筑装饰工程项目管理
(14)建筑装饰施工组织与管理
(15)建筑装饰施工技术
(16)建筑装饰工程概预算
(17)居住建筑设计
(18)公共建筑设计
(19)工业建筑设计
(20)商业建筑设计
(21)城市规划原理
(22)建筑装饰装修工程施工
(23)建筑装饰综合实训

> **土建施工类**
(1)建筑工程制图与识图
(2)建筑识图与构造
(3)建筑材料
(4)建筑工程测量
(5)建筑力学
(6)建筑 CAD
(7)工程经济
(8)钢筋混凝土

(9)房屋建筑学
(10)土力学与地基基础
(11)建筑结构
(12)建筑施工技术
(13)钢结构
(14)砌体结构
(15)建筑施工组织与管理
(16)高层建筑施工
(17)建筑抗震设计
(18)工程材料试验
(19)无机胶凝材料项目化教程
(20)文明施工与环境保护
(21)地基与基础工程施工
(22)混凝土结构工程施工
(23)砌体工程施工
(24)钢结构工程施工
(25)屋面与防水工程施工
(26)现代木结构工程施工与管理
(27)建筑工程质量控制
(28)建筑工程英语
(29)建筑工程识图实训
(30)建筑工程技术综合实训

> **建筑设备类**
(1)建筑设备安装基本技能
(2)电工基础
(3)电子技术基础
(4)流体力学
(5)热工学基础
(6)自动控制原理
(7)单片机原理及其应用
(8)PLC 应用技术
(9)建筑弱电技术
(10)建筑电气控制技术

(11)建筑电气施工技术

(12)建筑供电与照明系统

(13)建筑给排水工程

(14)楼宇智能基础

(15)楼宇智能化技术

(16)中央空调设计与施工

＞ 工程管理类

(1)建设工程概论

(2)建筑工程项目管理

(3)建设法规

(4)建设工程招投标与合同管理

(5)建设工程监理概论

(6)建设工程合同管理

(7)建筑工程经济与管理

(8)建筑企业管理

(9)建筑企业会计

(10)建筑工程资料管理

(11)建筑工程资料管理实训

(12)建筑工程质量与安全管理

(13)工程管理专业英语

＞ 房地产类

(1)房地产开发与经营

(2)房地产估价

(3)房地产经济学

(4)房地产市场调查

(5)房地产市场营销策划

(6)房地产经纪

(7)房地产测绘

(8)房地产基本制度与政策

(9)房地产金融

(10)房地产开发企业会计

(11)房地产投资分析

(12)房地产项目管理

(13)房地产项目策划

(14)物业管理

＞ 工程造价类

(1)工程造价管理

(2)建筑工程概预算

(3)建筑工程计量与计价

(4)平法识图与钢筋算量

(5)工程计量与计价实训

(6)工程造价控制

(7)建筑设备安装计量与计价

(8)建筑装饰计量与计价

(9)建筑水电安装计量与计价

(10)工程造价案例分析与实务

(11)工程造价实用软件

(12)工程造价综合实训

(13)工程造价专业英语

欢迎各位老师联系投稿!

联系人:祝翠华

手机:13572026447　办公电话:029－82668526

电子邮件:zhu_cuihua@163.com　37209887@qq.com

QQ:37209887(加为好友时请注明"教材编写"等字样)

土建类教学出版交流群 QQ:290477505(加入时请注明"学校＋姓名＋方向"等)

图书在版编目(CIP)数据

建筑设备安装基本技能/徐洪涛主编. —西安:西安
交通大学出版社,2015.10(2020.8重印)
ISBN 978-7-5605-7986-3

Ⅰ.①建… Ⅱ.①徐… Ⅲ.①房屋建筑设备-建筑安
装-高等职业教育-教材　Ⅳ.①TU8

中国版本图书馆 CIP 数据核字(2015)第 231948 号

书　　名	建筑设备安装基本技能	
主　　编	徐洪涛	
责任编辑	王建洪	

出版发行	西安交通大学出版社
	(西安市兴庆南路 1 号　邮政编码 710048)
网　　址	http://www.xjtupress.com
电　　话	(029)82668357　82667874(发行中心)
	(029)82668315(总编办)
传　　真	(029)82668280
印　　刷	西安日报社印务中心

开　　本	787mm×1092mm　1/16　**印张** 23.875　**字数** 584 千字
版次印次	2016 年 3 月第 1 版　　2020 年 8 月第 2 次印刷
书　　号	ISBN 978-7-5605-7986-3
定　　价	48.50 元

读者购书、书店添货,如发现印装质量问题,请与本社发行中心联系、调换。
订购热线:(029)82665248　(029)82665249
投稿热线:(029)82668133
读者信箱:xj_rwjg@126.com